普通高等教育工程造价类专业系列教材

建设工程招投标与合同管理

主编　徐水太

参编　薛　飞　黄锴强　马彩薇　廖金萍　熊明裕
　　　张超美　汪亚波

主审　邹　坦

机械工业出版社

本书全面、系统地介绍了建设工程招标投标与合同管理的基本理论和方法等相关知识。

本书依据《中华人民共和国招标投标法》（2017年修正）、《中华人民共和国招标投标法实施条例》（2019年第三次修订）和《中华人民共和国民法典》等相关法律、法规，以及《标准施工招标文件》（2007年版）、《建设工程施工合同（示范文本）》（GF—2017—0201）、《建设工程勘察合同（示范文本）》（GF—2016—0203）、《建设工程设计合同示范文本（房屋建筑工程）》（GF—2015—0209）、《建设工程监理合同（示范文本）》（GF—2012—0202）、2017年版FIDIC合同条件等文件和规范编写，主要内容包括建设工程招标投标与建设工程合同等法律法规、建设工程招标与投标管理、建设工程施工合同管理、建设工程勘察设计合同管理、建设工程监理合同管理、建设工程物资采购合同管理、建设工程索赔管理、FIDIC合同等。

本书每章章前设置"引导案例"，章后设置"本章小结"和题型丰富的"习题"和"二维码形式客观题"（扫描二维码可在线做题，提交后可查看答案），方便读者学习。

本书主要作为高等学校工程管理、工程造价、土木工程等专业的本科教材，也可作为造价工程师、建造师、监理工程师等各类执业资格考试的应试参考用书，还可供从事工程合同管理的专业人士学习参考。

本书配有电子课件、习题参考答案等教学资源，免费提供给选用本书作为教材的授课教师。需要者请登录机械工业出版社教育服务网（www.cmpedu.com）注册后下载。

图书在版编目（CIP）数据

建设工程招投标与合同管理/徐水太主编. —北京：机械工业出版社，2022.1（2024.1重印）

普通高等教育工程造价类专业系列教材

ISBN 978-7-111-69711-4

Ⅰ. ①建… Ⅱ. ①徐… Ⅲ. ①建筑工程-招标-高等学校-教材②建筑工程-投标-高等学校-教材③建筑工程-合同-管理-高等学校-教材 Ⅳ. ①TU723

中国版本图书馆CIP数据核字（2021）第250037号

机械工业出版社（北京市百万庄大街22号　邮政编码100037）

策划编辑：刘　涛　　　　　　　责任编辑：刘　涛　高凤春
责任校对：张　力　张　薇　　　封面设计：马精明
责任印制：郜　敏
中煤（北京）印务有限公司印刷
2024年1月第1版第3次印刷
184mm×260mm · 17.75印张 · 427千字
标准书号：ISBN 978-7-111-69711-4
定价：58.00元

电话服务　　　　　　　　　　网络服务
客服电话：010-88361066　　　机　工　官　网：www.cmpbook.com
　　　　　010-88379833　　　机　工　官　博：weibo.com/cmp1952
　　　　　010-68326294　　　金　书　网：www.golden-book.com
封底无防伪标均为盗版　机工教育服务网：www.cmpedu.com

前　言

　　全面依法治国是坚持和发展中国特色社会主义的本质要求和重要保障。当前，我国建筑业面临新形势和新要求，工程招标投标与合同管理领域需要不断深化法制化和规范化改革，以全面落实依法治国这一治国安邦的基本方略。因此，面对不断变化的建筑市场和不断深化的建设管理体制改革，建筑业相关企业将越来越重视合同管理在企业经营和建设工程项目管理中的地位和作用。培养具有较好的法律和合同意识、系统掌握建设工程招标投标和合同管理的理论与方法、具备招标投标与合同管理实践能力的专业人才，成为高等学校工程管理、工程造价和土木工程等相关专业的主要任务之一。

　　本书依据《中华人民共和国招标投标法》（2017 年修正）、《中华人民共和国招标投标法实施条例》（2019 年第三次修订）和《中华人民共和国民法典》等相关法律、法规，以及《标准施工招标文件》（2007 年版）、《建设工程施工合同（示范文本）》（GF—2017—0201）、《建设工程勘察合同（示范文本）》（GF—2016—0203）、《建设工程设计合同示范文本（房屋建筑工程）》（GF—2015—0209）、《建设工程监理合同（示范文本）》（GF—2012—0202）、2017 年版 FIDIC 合同条件等招标投标与合同管理方面的文件和规范编写，全面反映了招标投标与合同管理领域的国内新变化和国际惯例。

　　本书第 1~3 章介绍了工程招标投标与合同管理基础知识，第 4~5 章主要围绕着《标准施工招标文件》（2007 年版）介绍了招标投标合同管理，第 6~9 章分别介绍了建设工程施工合同、建设工程勘察设计合同、建设工程监理合同、建设工程物资采购合同等不同类型合同的主要内容，第 10 章围绕着工程索赔介绍了相关的基本理论，第 11 章介绍了 FIDIC 合同的主要内容。

　　本书由徐水太担任主编，邹坦教授担任主审。具体编写分工如下：徐水太、黄锴强共同编写第 1~2 章，徐水太、廖金萍共同编写第 3 章，徐水太、薛飞共同编写第 4~5 章，徐水太、马彩薇共同编写第 6~7 章，徐水太、张超美共同编写第 8 章，徐水太、熊明裕共同编写第 9~10 章，徐水太、汪亚波共同编写第 11 章。

　　由于建设工程招标投标与合同管理的理论和方法还需要在工程实践中不断丰富、完善和发展，加之编者的学术水平和实践经验有限，书中难免有错误和不当之处，恳请读者和同行批评指正，在此表示衷心的感谢。

编　者

目　录

前言

第1章　招标投标与合同管理概述········· 1
　引导案例·· 1
　1.1　招标投标概述·························· 2
　　1.1.1　招标投标的概念与特点··········· 2
　　1.1.2　招标投标的发展历史··········· 3
　　1.1.3　招标投标的意义··········· 6
　　1.1.4　招标方式··········· 6
　　1.1.5　建设工程招标投标的程序··········· 8
　1.2　建设工程合同管理概述·········· 12
　　1.2.1　建设工程合同的含义·········· 12
　　1.2.2　建设工程合同管理的概念和
　　　　　目的·········· 15
　　1.2.3　建设工程合同管理在项目管
　　　　　理中的地位·········· 15
　本章小结·········· 16
　习题·········· 16
　二维码形式客观题·········· 17
第2章　招标投标法规及其案例分析 ··· 18
　引导案例·········· 18
　2.1　招标投标法概述·········· 19
　　2.1.1　招标投标法的概念·········· 19
　　2.1.2　招标投标法调整的法律关系····· 19
　　2.1.3　招标投标法在空间上的效力····· 19
　2.2　招标的法律规定·········· 20
　　2.2.1　招标人和招标代理机构·········· 20
　　2.2.2　招标方式·········· 20
　　2.2.3　强制招标的范围和规模标准····· 21
　　2.2.4　招标文件的禁止内容和招标
　　　　　人的保密义务·········· 23

　　2.2.5　招标文件的澄清和更改 ·········· 23
　　2.2.6　编制投标文件所需要的合理
　　　　　时间·········· 24
　2.3　投标的法律规定·········· 24
　　2.3.1　投标人·········· 24
　　2.3.2　编制投标文件·········· 24
　　2.3.3　投标文件的送达及补充、修
　　　　　改或撤回·········· 25
　　2.3.4　投标担保·········· 25
　　2.3.5　联合体投标·········· 25
　　2.3.6　投标的禁止性规定·········· 26
　2.4　开标、评标、中标的法律规定·········· 27
　　2.4.1　开标·········· 27
　　2.4.2　评标·········· 29
　　2.4.3　中标·········· 31
　2.5　招标投标的法律责任·········· 34
　　2.5.1　违反《招标投标法》的民事
　　　　　责任·········· 34
　　2.5.2　违反《招标投标法》的行政
　　　　　责任·········· 35
　　2.5.3　违反《招标投标法》的刑事
　　　　　责任·········· 36
　本章小结·········· 37
　习题·········· 37
　二维码形式客观题·········· 39
**第3章　建设工程合同法律及其
　　　　案例分析**·········· 40
　引导案例·········· 40
　3.1　合同概述·········· 41

3.1.1　合同的法律特征 ……… 41

3.1.2　合同遵守的基本原则 …… 42

3.1.3　合同的分类 …………… 43

3.1.4　合同的形式、内容和格式

条款 ……………………… 44

3.2　合同的订立 ………………… 46

3.2.1　要约 …………………… 46

3.2.2　要约邀请 ……………… 47

3.2.3　承诺 …………………… 48

3.2.4　缔约过失责任 ………… 49

3.3　合同的效力 ………………… 49

3.3.1　合同成立 ……………… 49

3.3.2　合同生效 ……………… 50

3.3.3　无效合同 ……………… 51

3.3.4　效力待定合同 ………… 51

3.3.5　可变更、可撤销合同 … 52

3.4　合同的履行 ………………… 53

3.4.1　合同履行的原则 ……… 53

3.4.2　合同履行的规则 ……… 54

3.4.3　合同履行中的抗辩权 … 55

3.4.4　合同的保全 …………… 56

3.5　合同担保 …………………… 57

3.5.1　保证 …………………… 58

3.5.2　抵押 …………………… 59

3.5.3　质权 …………………… 60

3.5.4　留置 …………………… 61

3.5.5　定金 …………………… 61

3.6　合同的变更和转让 ………… 62

3.6.1　合同履行中的债权转让和

债务转移 ………………… 62

3.6.2　合同的变更 …………… 62

3.6.3　合同的转让 …………… 64

3.7　合同的终止和解除 ………… 65

3.7.1　合同的终止 …………… 65

3.7.2　合同的解除 …………… 66

3.8　违约责任 …………………… 67

3.8.1　违约责任的特点 ……… 67

3.8.2　违约责任的承担方式 … 68

3.8.3　违约责任的免除 ……… 69

本章小结 ………………………… 69

习题 ……………………………… 69

二维码形式客观题 ……………… 72

第4章　建设工程招标管理 ……… 73

引导案例 ………………………… 73

4.1　招标前的准备工作 ………… 74

4.1.1　工程招标应当具备的条件 … 74

4.1.2　招标工程标段的划分 … 74

4.1.3　标底和招标控制价 …… 75

4.2　建设工程施工招标文件的编制 … 77

4.2.1　标准施工招标文件简介 … 77

4.2.2　工程招标文件的编制内容 … 78

4.2.3　编制招标文件应注意的问题 … 91

4.2.4　招标文件的风险与防范 … 92

4.3　建设工程评标方法和程序 … 93

4.3.1　评标准备 ……………… 94

4.3.2　初步评审 ……………… 94

4.3.3　澄清、说明或补正 …… 96

4.3.4　详细评审 ……………… 97

4.3.5　编制及提交评标报告 … 98

本章小结 ………………………… 99

习题 ……………………………… 99

二维码形式客观题 ……………… 100

第5章　建设工程投标管理 ……… 101

引导案例 ………………………… 101

5.1　投标前的准备工作 ………… 103

5.1.1　参加资格预审 ………… 103

5.1.2　研究招标文件 ………… 103

5.1.3　施工环境调查 ………… 104

5.1.4　建设工程投标工作程序 … 104

5.2　投标文件 …………………… 105

5.2.1　建设工程投标文件的编制

内容 ……………………… 105

5.2.2　投标文件的编制原则 … 105

5.2.3　投标文件的编制程序 … 105

5.2.4 编制资格预审文件和投标文
件时应注意的问题 ………… 106
5.2.5 工程量清单投标报价编制 …… 111
5.3 建设工程投标决策 ……………… 117
5.3.1 建设工程投标决策概述 ……… 117
5.3.2 投标决策阶段的划分 ………… 117
5.3.3 投标决策分析的原则依据 …… 118
5.3.4 投标决策的影响因素分析 …… 119
5.3.5 投标决策的方法 ……………… 120
5.4 投标报价的技巧 ………………… 123
5.4.1 报高价与报低价法 …………… 123
5.4.2 不平衡报价法 ………………… 124
5.4.3 零星用工（计日工）报价法 … 125
5.4.4 多方案报价法 ………………… 125
5.4.5 先亏后盈报价法 ……………… 126
5.4.6 突然降价法 …………………… 127
5.4.7 逐步升级法和扩大标价法 …… 127
本章小结 ……………………………… 127
习题 …………………………………… 128
二维码形式客观题 …………………… 129
第6章 建设工程施工合同管理 ……… 130
引导案例 ……………………………… 130
6.1 建设工程施工合同概述 ………… 131
6.1.1 建设工程施工合同的概念和
特点 ……………………… 131
6.1.2 建设工程施工合同的作用 …… 132
6.1.3 建设工程施工合同的订立 …… 132
6.2 《建设工程施工合同
（示范文本）》简介 ……………… 133
6.2.1 《建设工程施工合同（示范
文本）》概述 ……………… 133
6.2.2 《建设工程施工合同（示范
文本）》的组成 …………… 134
6.3 建设工程施工准备阶段的合同
管理 ……………………………… 134
6.3.1 施工合同的相关概念 ………… 134
6.3.2 施工合同文件的组成及优先
顺序 ……………………… 137

6.3.3 施工合同当事人及其他相关
方的工作与义务 ………… 137
6.4 建设工程施工合同的进度管理 …… 143
6.4.1 工期和进度 …………………… 143
6.4.2 施工进度计划 ………………… 143
6.4.3 开工 …………………………… 144
6.4.4 测量放线 ……………………… 144
6.4.5 工期延误 ……………………… 144
6.4.6 不利物质条件 ………………… 145
6.4.7 异常恶劣的气候条件 ………… 145
6.4.8 暂停施工 ……………………… 145
6.4.9 提前竣工 ……………………… 146
6.5 建设工程施工合同的质量管理 …… 147
6.5.1 工程质量 ……………………… 147
6.5.2 材料与设备 …………………… 149
6.5.3 试验与检验 …………………… 151
6.5.4 分部分项工程验收 …………… 152
6.5.5 竣工验收 ……………………… 152
6.5.6 工程试车 ……………………… 153
6.5.7 提前交付单位工程的验收 …… 154
6.5.8 施工期运行 …………………… 154
6.5.9 竣工退场 ……………………… 155
6.5.10 缺陷责任与保修 …………… 155
6.6 建设工程施工合同的成本管理 …… 156
6.6.1 合同价格、计量与支付 ……… 156
6.6.2 各项费用的约定 ……………… 160
6.6.3 价格调整 ……………………… 163
6.6.4 竣工结算 ……………………… 164
6.7 建设工程施工合同的安全、健康、
环境和风险管理 ………………… 166
6.7.1 安全管理 ……………………… 166
6.7.2 职业健康 ……………………… 167
6.7.3 环境保护 ……………………… 168
6.7.4 不可抗力 ……………………… 168
6.7.5 保险 …………………………… 169
本章小结 ……………………………… 170
习题 …………………………………… 170
二维码形式客观题 …………………… 173

第7章 建设工程勘察设计合同管理…………… 174

引导案例…………………………… 174

7.1 建设工程勘察设计合同概述 ………… 175

7.1.1 建设工程勘察设计合同的概念……………………… 175

7.1.2 建设工程勘察设计合同的特点……………………… 175

7.1.3 建设工程勘察设计合同的订立……………………… 176

7.2 建设工程勘察与设计合同（示范文本）简介 ………………… 177

7.2.1 《建设工程勘察合同（示范文本）》简介 ………… 177

7.2.2 《建设工程设计合同（示范文本）》简介 ………… 178

7.3 建设工程勘察合同的主要内容 …… 179

7.3.1 发包人权利和义务 ………… 179

7.3.2 勘察人权利和义务 ………… 180

7.3.3 勘察合同进度管理条款 …… 181

7.3.4 勘察合同质量管理条款 …… 182

7.3.5 勘察合同费用管理条款 …… 182

7.3.6 勘察合同管理的其他条款 … 183

7.4 建设工程设计合同的主要内容 …… 187

7.4.1 发包人的主要工作 ………… 187

7.4.2 设计人的主要工作 ………… 188

7.4.3 设计合同进度管理条款 ……… 190

7.4.4 设计合同质量管理条款 …… 192

7.4.5 设计合同费用管理条款 …… 194

7.4.6 设计合同管理的其他条款 … 195

本章小结………………………… 199

习题……………………………… 199

二维码形式客观题……………… 201

第8章 建设工程监理合同管理……… 202

引导案例…………………………… 202

8.1 建设工程监理合同概述 ………… 203

8.1.1 建设工程监理的概念 ……… 203

8.1.2 建设工程监理合同的概念和特点 ……………………… 204

8.2 《建设工程监理合同（示范文本）》简介 ……………………… 205

8.2.1 《建设工程监理合同（示范文本）》的组成 ………… 205

8.2.2 监理合同文件的解释顺序 …… 205

8.2.3 词语定义 ………………… 206

8.3 建设工程监理合同的主要内容 …… 206

8.3.1 双方的义务与责任 ………… 207

8.3.2 监理合同的支付 …………… 209

8.3.3 合同生效、变更、暂停与解除、终止及争议解决 …… 210

8.3.4 建设工程监理合同的其他条款 ……………………… 211

本章小结………………………… 212

习题……………………………… 212

二维码形式客观题……………… 214

第9章 建设工程物资采购合同管理……………… 215

引导案例…………………………… 215

9.1 建设工程物资采购合同概述 ……… 217

9.1.1 建设工程物资采购合同的概念……………………… 217

9.1.2 建设工程物资采购合同的特征……………………… 217

9.2 建筑材料采购合同的主要内容 …… 218

9.2.1 建筑材料采购合同的主要条款……………………… 218

9.2.2 采购和供应方式 …………… 219

9.2.3 建筑材料供应合同的履行 … 219

9.3 设备采购合同的主要内容 ……… 220

9.3.1 大型设备采购合同的主要内容………………………… 220

9.3.2 大型设备采购合同的设备监造……………………… 221

9.3.3 大型设备采购合同的现场
　　　交货 ············ 222
9.3.4 大型设备采购合同的设备
　　　安装验收 ········ 223
9.3.5 大型设备采购合同的价格
　　　与支付 ········· 224
本章小结 ············ 225
习题 ··············· 225
二维码形式客观题 ······· 226

第10章 建设工程索赔管理 ····· 227
引导案例 ············· 227
10.1 建设工程索赔概述 ······ 228
10.1.1 索赔及工程索赔的概念····· 228
10.1.2 工程索赔的特征 ······ 229
10.1.3 工程索赔的分类 ······ 229
10.1.4 工程索赔的原因 ······ 231
10.1.5 工程索赔的依据 ······ 232
10.2 施工索赔程序 ········· 233
10.2.1 施工索赔的一般程序 ··· 233
10.2.2 索赔文件 ·········· 234
10.3 工期索赔 ············ 236
10.3.1 工期延误的概念 ······ 236
10.3.2 工期延误的分类 ······ 236
10.3.3 工期索赔的分析和计算
　　　方法 ········· 237
10.4 费用索赔 ············ 239
10.4.1 费用索赔计算的基本原则 ····· 239
10.4.2 索赔费用的组成与计算 ········ 241
10.5 反索赔 ·············· 244
10.5.1 反索赔概述 ········ 244
10.5.2 反索赔的内容 ······· 245
10.5.3 反索赔的主要步骤 ····· 246
10.5.4 反驳索赔报告的内容 ··· 248
本章小结 ············ 249

习题 ··············· 249
二维码形式客观题 ······· 252

第11章 FIDIC 合同 ········· 253
引导案例 ············· 253
11.1 FIDIC 合同条件 ······· 254
11.1.1 FIDIC 组织简介 ····· 254
11.1.2 FIDIC 发布的标准合同条件 ··· 254
11.1.3 FIDIC《施工合同条件》
　　　简介 ········· 255
11.1.4 FIDIC《施工合同条件》
　　　中的部分重要定义 ········· 256
11.1.5 FIDIC《施工合同条件》
　　　各方的责任和义务 ········· 258
11.2 工程质量进度计价管理 ··· 259
11.2.1 工程前期业主工作 ···· 259
11.2.2 工程前期承包商工作 ··· 259
11.2.3 工程质量管理 ······· 259
11.2.4 施工进度管理 ······· 261
11.2.5 工程计量和估价 ······ 263
11.2.6 变更管理 ·········· 263
11.3 工程验收与缺陷责任及合同
　　　终止 ············ 265
11.3.1 竣工验收管理 ······· 265
11.3.2 缺陷责任管理 ······· 266
11.3.3 最终结算与支付 ······ 268
11.3.4 工程暂停和合同终止 ··· 268
11.4 风险管理、索赔和仲裁 ··· 269
11.4.1 风险管理 ·········· 269
11.4.2 索赔 ············· 270
11.4.3 争端和仲裁 ········· 271
本章小结 ············ 271
习题 ··············· 272
二维码形式客观题 ······· 274

参考文献············· 275

第1章
招标投标与合同管理概述

引导案例

鲁布革水电站项目招标投标对我国建设项目管理的冲击

鲁布革水电站项目，创造出多项中国"第一"：中国第一个面向国际公开招标投标的工程，国内第一个引进世界银行贷款的工程建设项目，中国第一次项目管理体制改革，首个土木施工国际招标项目，首个采用合同制管理的项目，首次引进监理制度的项目。

1977年，水电部就着手进行鲁布革水电站的建设，中国水利水电第十四工程局（简称水电十四局）开始修路，进行施工准备。但由于资金缺乏，工程一直未能正式开工，每年国家拨给工程局的少量资金，大部分用来维持施工队伍的基本开销，准备工程进展缓慢，前后拖延7年之久。

1981年，国家决定为鲁布革水电站项目申请世界银行贷款，1984年，该项目获得世界银行贷款1.454亿美元。

鲁布革水电站项目整个工程由首部枢纽拦河大坝、引水系统和厂房枢纽三部分组成。世界银行要求，设立项目管理机构，并将其中部分工程进行国际竞争性招标。

日本大成公司中标引水系统工程。标底：造价14958万元；工期1579天；日本大成公司投标：报价8463万元，工期1545天。最终合同中标价为标底的60%，合同工期1423天，质量要按合同规定达到要求。

1984年11月24日引水系统工程正式开工，1985年11月截流，1988年7月大成公司承担的引水系统工程全部完工。

日本大成公司在中标的引水隧洞工程标段的项目管理中，按照合同制管理，对工人按效率支付工资。日本大成公司派来的仅是一支30人组成的管理队伍，开工后，从水电十四局雇了424名工人开挖了三个月左右，单月平均进尺222.5m，相当于我国当时同类工程施工进度的2~2.5倍。1986年8月，大成公司在开挖直径8.8m的圆形发电隧洞中，创造出单头进尺373.7m的国际先进纪录。1986年10月30日，隧洞全线贯通，工程质量优良，比合同计划工期提前了5个月竣工。

相比之下，我国施工企业水电十四局承担的首部枢纽工程于 1983 年开工，工程进展迟缓。世界银行特别咨询团于 1984 年 4 月和 1985 年 5 月两次来工地考察，都认为按期完成截流的计划难以实现。

用的是同样的工人，两者差距为何那么大？此时，我国的施工企业意识到，奇迹的产生源于好的机制，高效益来自科学的管理。

鲁布革水电站项目引水系统施工节省工程成本，保证工程质量，提前竣工，与当时的国内水电建设项目的工程管理现状形成强烈对比。

1986 年时任国务院副总理李鹏视察鲁布革水电站工地时感叹："看来同大成的差距，原因不在工人，而在于管理，中国工人可以出高效率。" 1987 年 6 月，他在国务院召开的全国施工工作会议上提出全面推广鲁布革经验。

1.1　招标投标概述

1.1.1　招标投标的概念与特点

1. 招标投标的概念

招标投标是在市场经济条件下商品交易的一种方式。在这种交易方式下，通常是由商品（包括工程、货物和服务等）的采购方作为招标人，通过发布招标公告或者向一定数量的特定承包商或供应商发出招标邀请等方式发出招标信息，招标人就此提出招标所需商品的性质及其数量、质量、技术、交付时间等要求，招引他人承接，若干或众多投标人做出愿意参加业务承接竞争的意思表示，招标人按照规定的程序和条件择优选定中标人的活动。

招标是指招标人根据工程发包、货物买卖以及服务采购等的需要，提出条件或要求，以某种方式向不特定或一定数量的投标人发出投标邀请，并依据规定的程序和标准选定中标人的行为。工程招标是指招标人提出条件、要求，在诸多投标人中经过评比，选择信誉可靠、技术能力强、管理水平高、报价合理的单位（设计单位、监理单位、施工单位、供货单位）并与之签订工程建设承包合同的行为。

投标是指投标人接到招标通知后，响应招标人的要求，根据招标通知和招标文件的要求编制投标文件，并将其送交给招标人，参加投标竞争的行为。工程投标是指各投标人根据招标人的要求，依据自身的能力，争取成为实施者的竞争行为。

2. 招标投标的特点

（1）规范性　招标投标活动的规范主要指程序的规范以及标准的规范。招标投标双方之间都有相应的具有法律效力的规则来限制，招标投标的每一个环节都有严格的规定，一般不能随意改变。在确定中标人的过程中，一般按照目前各国的做法及国际惯例的标准进行评标。

（2）公开性　招标投标活动在整个过程中都是以一种公开的态度来进行的。从邀请潜在的投标人开始，招标人要在指定的报刊或其他媒体上发布招标公告，招标投标活动全过程被完全置于社会的公开监督之下，以防止腐败行为的发生。

（3）公平性　投标活动中，招标人一般处于主动地位，而投标人则处于响应的地位，所以公平性就显得尤为重要。招标人发布招标公告或投标邀请书后，任何有能力或有资格的投标人均可参加投标，招标人和评标委员会不得歧视某一个投标人，对所有的投标人一视同仁。

（4）竞争性　招标投标活动是最富有竞争性的一种采购方式。招标人的目的是使采购活动能尽量节省开支，最大限度地满足采购目标，所以在采购过程中，招标人会以投标人的最优惠条件（如报价最低）来选定中标人。投标人为了获得最终的中标，就必须竞相压低成本，提高标的物的质量。而且在遵循公平的原则下，投标人只能进行一次报价，并确定合理的方案投标，因此投标人在编写标书时必须考虑成熟且慎重。

从以上特点可以看出，招标投标活动对于规范采购程序，使参与采购的投标人获得公平的待遇，以及提高采购过程的透明度和客观性，促进投标人最大限度地参与竞争，节约采购资金和使采购效益最大化，杜绝腐败和滥用职权，都起到至关重要的作用。

1.1.2　招标投标的发展历史

1. 招标投标在国外的产生与发展

招标投标方式起源于 18 世纪末和 19 世纪初西方发达国家，尤其以英国和美国为代表，而且是随着政府采购制度的产生而产生的。随着市场经济的发展完善，社会工业化的不断深入，政府采购逐渐出现。1782 年，英国政府首先设立文具公用局，负责采购政府各部门所需的办公用品，而且采购的范围和数量也在不断加大。由于政府采购使用的是纳税人的钱，因此经常会出现浪费现象。更为严重的是，采购过程中的贪污腐败现象也时有发生。腐败现象的产生必然会引起公民的不满，进而政府不得不对其进行限制。又因为政府采购的规模往往比较大，需要比普通交易更为规范和严密的方式，同时政府的采购需要给供应商提供平等的竞争机会，也需要对其进行监督，而且招标人也只有在这些较大规模的投资项目或大宗货品交易中，才会感到采用招标方式能节省成本。因此，在 1803 年，英国政府颁布法令，在全国推行招标投标制，这样，招标投标制度也就应运而生。英国从设立文具公用局到颁布招标投标法令，中间经历了 21 年。后来，招标投标制度很快在各类物资采购和工程建设中得以推广，并迅速传播到西方其他国家，在政府机构和私人企业购买批量较大的货物以及兴办较大的工程项目时，常常采用招标投标方式。

美国联邦政府民用部门的招标采购历史可以追溯到 1792 年，当时有关政府采购的第一部法律将为联邦政府采购供应品的责任赋予美国首任财政部长亚历山大·汗弥尔顿。1861 年，美国又出台了一项联邦法案，规定超过一定金额的联邦政府采购，都必须采取公开招标的方式，并要求每一项采购不得少于 3 个投标人。1868 年，美国国会通过立法确立公开开标和公开授予合同的程序。1946 年，美国在联合国经济和社会理事会（Economic and Social Council，ECOSOC）的会议上提交了一份著名的《国际贸易组织宪章（草案）》，首次将政府采购提上国际贸易的议事日程，要求将国民待遇原则和最惠国待遇原则作为世界各国政府采购的原则。1949 年，美国国会通过《联邦财产与行政服务法》。该法为联邦服务总署（General Service Administrative，GSA）提供了统一的政策和方法，并确立 GSA 为联邦政府的绝大多数民用部门提供集中采购的服务和权利。

招标投标由一种交易方式成为政府强制行为。随着招标采购在国际贸易中迅速上升，招标投标制度已经成为一项国际惯例，并形成了一整套系统，成为各国政府和企业所共同遵循的国际规则。各国政府不断加强和完善本国相应的法律制度和规范体系，对促进国家间贸易和经济合作的发展发挥了重大作用。

西方发达国家以及世界银行等国际金融组织在货物采购、工程承包、咨询服务采购等交易活动中积极推行招标投标方式，使其日益成为各国和各国际经济组织所广泛认可的交易方式。

2. 招标投标在我国的产生与发展

据史料记载，我国最早采用招商比价（招标投标）方式承包工程的是 1902 年张之洞创办的湖北制革厂。5 家营造商参加开价比价，结果张同升以 1270.1 两白银的开价中标，并签订了以质量保证、施工工期、付款办法为主要内容的承包合同。1918 年汉阳铁厂的两项扩建工程曾在汉口《新闻报》刊登广告，公开招标。1929 年，当时的武汉市采办委员会曾公布招标规则，规定公有建筑或一次采购物料大于 3000 元以上者，均须通过招标决定承办厂商。

新中国成立后，以建设工程招标投标的发展为主线，可把我国招标投标的发展过程划分为三个发展阶段。

（1）第一阶段：招标投标制度初步建立　从新中国成立初期到党的十一届三中全会以前，这阶段我国实行的是高度集中的计划经济体制。在这一体制下，政府部门、国有企业及其有关公共部门基础建设和采购任务由主管部门用指令性计划下达，企业的经营活动都由主管部门安排，招标投标制度被中止。

20 世纪 80 年代，我国开始探索招标投标制度，主要发展历程如下：

1）1979 年，我国土木工程建筑企业开始参与国际市场竞争，以投标方式在中东、亚洲、非洲和我国港澳地区开展国际承包工程业务，取得了国际工程投标的经验与信誉。

2）1980 年 10 月 17 日，国务院在《关于开展和保护社会主义竞争的暂行规定》中首次提出，为了改革现行经济管理体制，进一步开展社会主义竞争，对于一些适于承包的生产建设项目和经营项目，可以试行招标投标的办法。1980 年，世界银行提供给我国的第一笔贷款，用于支持大学的发展项目，并以国际竞争性招标方式在我国（委托）开展其项目采购与建设活动。自此之后，招标活动在我国境内得到了重视，并获得了广泛的应用推广。

3）1981 年间，吉林省吉林市和深圳特区率先试行工程招标投标，并取得了良好效果。这个尝试在全国起到了示范作用，并揭开了我国招标投标的新篇章。

4）1984 年 9 月 18 日，国务院颁发了《关于改革建筑业和基本建设管理体制若干问题的暂行规定》，提出大力推行工程招标承包制，要改变单纯用行政手段分配建设任务的老办法，实行招标投标。

5）1984 年 11 月，国家计委和城乡建设环境保护部联合制定了《建设工程招标投标暂行规定》。1985 年，国务院决定成立中国机电设备招标中心，并在主要城市建立招标机构，招标投标工作正式纳入政府职能。此后，随着改革开放形势的发展和市场机制的不断完善，我国在基本建设项目、机械成套设备、进口机电设备、科技项目、项目融资、土地承包、城镇土地使用权出让、政府采购等许多政府投资及公共采购领域，逐步推行招标投标制度。随着经济体制改革的不断深化，《1988 年深化经济体制改革的总体方案》出台，我国逐步取消计划经济模式。

20 世纪 80 年代，我国招标投标经历了试行—推广—兴起的发展过程，招标投标主要侧重于宣传和实践，还属于社会主义计划经济体制下的一种探索。

（2）第二阶段：招标投标制度规范发展　1992 年全面推行市场经济政策，招标投标市场解放思想，改革开放，彻底取消了计划经济分配制度。各行业开始招标投标工作的转轨变型，强化服务深度，扩展服务领域，开展全新模式的招标投标工作。

20 世纪 90 年代初期到中后期，全国各地普遍加强对招标投标的管理和规范工作，也相继出台一系列法规和规章，招标方式从以议标为主转变为以邀请招标为主。

这一阶段是我国招标投标发展史上最重要的阶段，招标投标制度得到长足发展，全国的招标投标管理体系基本形成。

1）全国各省、自治区、直辖市、地级以上城市和大部分县级市都相继成立了招标投标监督管理机构，工程招标投标专职管理人员队伍不断壮大，全国已初步形成招标投标监督管理网络，招标投标监督管理水平不断提高。

2）招标投标法制建设步入正轨。1992 年建设部第 23 号令《工程建设施工招标投标管理办法》发布后，各省、自治区、直辖市相继发布《建筑市场管理条例》和《工程建设招标投标管理条例》，各市也制定有关招标投标的政府令，规范了招标投标行为。1997 年正式发布的《中华人民共和国建筑法》，对全国规范工程招标投标行为和制度起到极大的推动作用。特别是有关招标投标程序的管理细则陆续出台，为招标投标行为创造了公开、公平、公正的法律环境。

3）成立建设工程交易中心。自 1995 年起，全国各地陆续建立建设工程交易中心，将招标投标的管理和服务等功能有效结合起来，初步形成以招标投标为龙头，相关职能部门相互协作，具有"一站式"管理和"一条龙"服务特点的建筑市场监督管理新模式，为招标投标制度的进一步发展和完善开辟了新的道路。工程交易活动已由无形转为有形、隐蔽转为公开。信息公开化和招标程序规范化，有效遏制了工程建设领域的腐败行为，为在全国推行公开招标创造了有利条件。

（3）第三阶段：招标投标制度不断完善　1999 年 8 月 30 日，第九届全国人民代表大会常务委员会第十一次会议通过了《中华人民共和国招标投标法》（以下简称《招标投标法》），并于 2000 年 1 月 1 日起施行。2002 年 6 月 29 日，第九届全国人民代表大会常务委员会第二十八次会议通过了《中华人民共和国政府采购法》（以下简称《政府采购法》），并于 2003 年 1 月 1 日起施行，确定了招标投标方式为政府采购的主要方式。

《招标投标法》和《政府采购法》的实施，确立了招标投标的法律地位，标志着我国工程建设项目招标投标进入了法制化、程序化时代，从而极大地推动了建设工程招标投标工作在全国范围的开展。

随后，围绕着招标投标市场，国务院、建设行政主管等部门先后制定了招标代理管理办法、评标专家库的管理等办法，为建立与健全有形建筑市场，下发了建设工程施工标准招标文件及资格预审示范文本等。2011 年 11 月 30 日，国务院第 183 次常务会议通过了《中华人民共和国招标投标法实施条例》（以下简称《招标投标法实施条例》），并于 2012 年 2 月 1 日起实施。2013 年 2 月 4 日，国家发展和改革委员会第 20 号令发布《电子招标投标办法》及其附件《电子招标投标系统技术规范》，自 2013 年 5 月 1 日起施行。推行电子招标投标对于提高采购透明度、节约资源和交易成本、促进政府职能转变具有非常重要的意义。《招标投标法》于 2017 年 12 月 27 日进行了修正；《招标投标法实施条例》分别于 2017 年 3 月 1 日、2018 年 3 月 19 日和 2019 年 3 月 2 日进行了三次修订，这些法律法规的修订进一步完善了招标投标制度。

1.1.3 招标投标的意义

实行建设工程项目的招标投标是我国建筑市场趋向规范化、完善化的重要举措，对择优选择承包单位、全面降低工程造价，进而使工程造价得到合理有效的控制，具有十分重要的意义，具体表现在：

1）建设工程项目的招标投标基本形成了由市场定价的价格机制，使工程价格更加趋于合理。

2）实行建设工程项目的招标投标能够不断降低社会平均劳动消耗水平，使工程价格得到了有效控制。

3）实行建设工程项目的招标投标便于供求双方更好地进行相互选择，使工程价格更加符合价值基础，进而更好地控制工程造价。

4）实行建设工程项目的招标投标有利于规范价格行为，使公开、公平、公正的原则得以贯彻。

5）实行建设工程项目的招标投标能够减少交易费用，节省人力、物力、财力，进而使工程造价有所降低。

1.1.4 招标方式

招标投标制度在国际上已有数百年的实践，也产生了许多招标投标方式，这些方式决定着招标投标的竞争程度。总体来看，目前世界各国和有关国际组织通常采用的招标方式大体分为两类：竞争性招标和非竞争性招标。

1. 竞争性招标

竞争性招标包括公开招标和邀请招标，这也是《招标投标法》规定的两种招标方式。《招标投标法》第十条规定："招标分为公开招标和邀请招标。公开招标，是指招标人以招标公告的方式邀请不特定的法人或者其他组织投标。邀请招标，是指招标人以投标邀请书的方式邀请特定的法人或者其他组织投标。"

（1）公开招标 公开招标也称为无限竞争性招标，采用这种招标方式时，招标人在国内外主要报纸、有关刊物、电视、广播等新闻媒体上发布招标广告，说明招标项目的名称、性质、规模等要求事项，公开邀请不特定的法人或其他组织来参加投标竞争。凡是对该项目感兴趣的、符合规定条件的承包商、供应商，不受地域、行业和数量的限制，均可申请投标，获取资格预审文件或招标文件，参加投标。

优点：可为所有的承包商提供一个平等竞争的机会，广泛吸引投标人，招标投标程序的透明度高，容易赢得投标人的信赖，较大程度上避免了招标投标活动中的贿标行为；招标人可以在较广的范围内选择承包商或者供应商，竞争激烈，择优率高，有利于降低工程造价，提高工程质量和缩短工期。

缺点：由于参与竞争的投标人可能很多，准备招标、对投标申请者进行资格预审和评标的工作量大，招标时间长，费用高；同时，参与竞争的投标人越多，每个参与者中标的机会越小，风险越大；在投标过程中也可能出现一些不诚实、信誉又不好的承包商为了"抢标"，故意压低投标报价，以低价挤掉那些信誉好、技术先进而报价较高的承包商。因此采用此种招标方式时，招标人要加强资格预审，组织工作要认真。

按照公开招标的范围，又可以分为国际竞争性招标和国内竞争性招标。

（2）邀请招标　邀请招标也称为有限竞争性招标或选择性招标。采用邀请招标，招标人不公开发布公告，而是根据项目要求和掌握的承包商的资料等信息，向有承担该项工程承包能力的 3 个以上（含 3 个）承包人发出投标邀请书。收到投标邀请书的承包人才有资格参加投标。

优点：邀请的形式使投标人的数量减少，这样不仅可以使招标投标的时间大大缩短，节约招标费用，而且提高了每个投标人的中标机会，降低了投标风险；由于招标人对于投标人已经有了一定的了解，清楚投标人具有较强的专业能力，因此便于招标人在某种专业要求下进行选择。

缺点：投标人的数量比较少，竞争就不够激烈。如果数量过少，也就失去了招标投标的意义，因此《招标投标法》规定，招标人采用邀请招标方式的，应当向 3 个以上具备承担招标项目的能力、资信良好的特定的法人或者其他组织发出投标邀请书。而投标人数的上限，则根据具体招标项目的规模和技术要求而定，一般不超过 10 个。同时，由于没有公开发布招标公告，某些在技术上或报价上有竞争力的供应商、承包商就收不到招标信息，在一定程度上限制了这部分供应商参与竞争的机会，也可能使最后的中标结果标价过高。

由于邀请招标在竞争的公平性和价格方面存在一些不足之处，但是如果拟招标项目只有少数几个承包商能承接，采用公开招标方式会导致开标后仍是这几家投标或无人投标的结果，此时如改为邀请招标，就会影响招标的效率。因此，对于工程规模不大、投标人的数目有限或专业性比较强的工程，邀请招标还是十分适宜的。《招标投标法》规定，国家重点项目和省、自治区、直辖市的地方重点项目不宜进行公开招标的，经批准后可以进行邀请招标。

2. 非竞争性招标

非竞争性招标主要指议标，也称为谈判招标或指定性招标。这种招标方式是指招标人只邀请少数几家承包商，分别就承包范围内的有关事宜进行协商，直到与某一承包商达成协议，将工程任务委托其完成为止。

议标的中标者是由谈判产生的，与前两种招标方式比较，其投标不具公开性和竞争性，不便于公众监督，容易导致非法交易，《招标投标法》没有将其列为招标投标采购方式。而且在很多情况下，它是被严禁使用的招标方式。世界各国对议标项目都做了相应的规定，只有特殊工程才能由议标确定中标人。

3. 其他招标方式

（1）两阶段招标　两阶段招标也称为两步法招标，是公开招标和邀请招标相结合的一种招标方式。它是在采购物品技术标准很难确定、公开招标方式无法采用的情况下，为了确定技术标准而设计的招标方式。采用这种方式时，先用公开招标，再用邀请招标，分两段进行。具体做法是先通过公开招标，进行资格预审和技术方案比较，经过开标、评标，淘汰不合格者，然后合格的投标人提交最终的技术建议书和带报价的投标文件，再从中选择业主认为合乎理想的投标人，并与之签订合同。

（2）排他性、地区性和保留性招标　排他性、地区性和保留性招标属于限制性招标的范畴。排他性招标是指在利用政府贷款采购物资或者工程项目时，一般都规定必须在借款国和贷款国同时进行招标，且该工程只向贷款国和借款国的承包公司招标，第三国的承包者不得参加投标，有时甚至连借款国的承包商和第三国承包商的合作投标也在排除之列。地区性招标是指由于项目资金来源于某一地区的组织，如地区性开发银行贷款等，因此招标限制只有属于该组织的成员国的公司才能参加投标。保留性投标是指招标人所在国为了保护本国投标人的利益，将原来适合于公开招标的工程仅允许由本国承包商投标，或保留某些部分给本国承包商的招标形式。这种方式适合于资金来源是多渠道的项目招标，如世界银行贷款加国内配套投资的项目。

（3）联合招标　联合招标是现代增值采购中的一种新兴方式，是指有共同需求的多个招标人联合起来或共同委托一个招标代理人，对由不同招标人有共同需求的项目组成一个标的进行一次批量招标，从而获得更多市场利益的行为。联合招标的好处具体表现在以下几个方面：①集中采购带来规模效益；②有利于推动完全竞争市场的形成；③提高采购效率，节省采购费用。

1.1.5　建设工程招标投标的程序

招标是招标人选择中标人并与其签订合同的过程，而投标则是投标人力争获得实施合同的竞争过程，招标人和投标人均需遵循招标投标法律法规的规定进行招标投标活动。按照招标人和投标人的参与程度划分，建设工程招标投标程序（图1-1）一般都包括招标准备阶段、招标投标阶段和定标签约阶段。

1. 招标准备阶段

（1）成立招标机构　业主在决定进行某项目的建设以后，为了使招标工作得以顺利进行，达到预期的目的，需要成立一个专门机构，负责招标的整个工程。具体人员可根据建设项目的具体性质和要求而定。按照惯例，招标机构至少要由3类人员组成。招标机构的职责是审定招标项目；拟定招标方案和招标文件；组织投标、开标、评标和定标；组织签订合同。

（2）落实招标项目应具备的条件　在招标正式开始之前，招标人除了要成立相应的招标机构并对招标工作进行总体策划外，还应完成两项重要的准备工作：一是履行项目审批手续，二是落实资金来源。

1）履行项目审批手续。根据现行的投融资管理体制，强制招标项目大多需要按照国家有关规定履行项目审批手续。只有经有关部门的审核批准且建设资金或资金来源已经落实后，才能进行招标。审批报建时应交验的资料主要有立项批准文件（概算批准文件、年度投资计划）、固定资产投资许可证、建设工程规划许可证、资金证明文件等。

2）落实资金来源。由于一些项目的建设周期比较长，中标合同的履行期限也比较长，招标人应当确认招标项目的相应资金或者资金来源已经落实，并在招标文件中注明。

（3）确定招标方式　在招标正式开始之前，还应确定采用哪种方式进行招标。如前所述，在招标活动中，公开招标和邀请招标是最常采用的两种方式。而且一般情况下都采用公开招标，邀请招标只有在招标项目符合一定条件时才可以采用。具体采用哪种招标方式要根据项目的规模、性质和要求等情况确定。

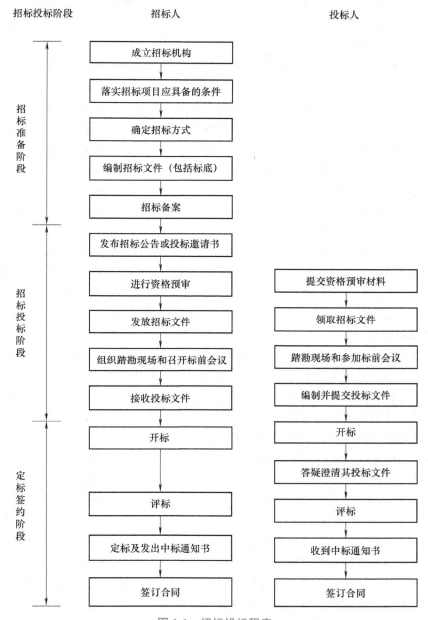

图 1-1　招标投标程序

（4）编制招标文件　招标人应当根据招标项目的特点和需要来编制招标文件。招标文件是招标的法律依据，也是投标人投标和准备标书的依据。如果招标文件准备不充分、考虑不周，就会影响整个招标过程，出现价格不好、条件不合理、双方权利义务不清等不良现象。因此，招标文件一定要力求完整和准确。同时，招标人编写的招标文件在向投标人发放的同时应向建设行政主管部门备案。建设行政主管部门发现招标文件有违反法律、法规内容的，应责令其改正。

（5）编制招标标底和招标控制价　招标人在招标前都会估算预计需要的资金，这样可以确定筹集资金的数量，因此标底是招标人对招标项目的预期价格。在国外，标底一般被称为"估算成本""合同估价"或"投标估值"。当然，招标人根据项目的招标特点，可以在招标前预设标底，也可以不设标底。虽然《招标投标法》没有强制编制标底的规定，但长期以来，我国工程建设项目招标都编制标底，而其他领域的招标对标底的编制则不是十分重视。对设有工程标底的招标项目，所编制的标底在评标时应当给予参考。

编制标底时，首先要保证其准确，应当由具备资格的机构和人员，依据国家的计价规范规定的工程量计算规则和招标文件规定的计价方法及要求编制；其次要做好保密工作，对于泄露标底的有关人员要追究其法律责任。为了防止泄露标底，有些地区还规定投标截止后编制标底。一个招标工程只能编制一个标底。

招标控制价，也称为拦标价，是招标人可以承受的最高投标限价，故是投标人投标报价的上限。招标人设有招标控制价的，应当在招标文件中明确最高投标限价或最高投标限价的计算方法，招标人不得规定最低投标限价。

（6）招标备案　在招标准备过程中，招标人应向建设行政主管部门办理招标备案。招标备案文件包括招标工作范围、招标方式、计划工期、对投标人的资质要求、招标项目的前期准备工作的完成情况、自行招标还是委托代理招标等内容。建设行政主管部门自收到备案资料之日起 5 个工作日内没有异议的，招标人可发布招标公告或投标邀请书。

2. 招标投标阶段

（1）发布招标公告或投标邀请书　招标备案后，招标人根据招标方式发布招标公告或投标邀请书。招标人采用公开招标方式的，应当发布招标公告。招标公告是指采用公开招标方式的招标人（包括招标代理机构）向所有潜在的投标人发出的一种广泛的通告。投标邀请书是指采用邀请招标方式的招标人，向 3 个以上具备承担招标项目的能力、资信良好的特定法人或者其他组织发出的参加投标的邀请。

《工程建设项目施工招标投标办法》第十四条规定："招标公告或者投标邀请书应当至少载明下列内容：（一）招标人的名称和地址；（二）招标项目的内容、规模、资金来源；（三）招标项目的实施地点和工期；（四）获取招标文件或者资格预审文件的地点和时间；（五）对招标文件或者资格预审文件收取的费用；（六）对投标人的资质等级的要求。"

（2）进行资格预审　招标人可以根据招标项目本身的要求，对潜在的投标人进行资格审查。资格审查分为资格预审和资格后审两种。资格预审是指招标开始之前或者开始初期，由招标人对申请参加投标的所有潜在投标人进行资质条件、业绩、信誉、技术、资金等多方面情况的资格审查。只有在资格预审中被认定为合格的潜在投标人，才可以参加投标。如果国家对投标人的资格条件有规定的，依照其规定。资格后审是在投标后（一般是在开标后）进行的资格审查。资格后审是在招标文件中加入资格审查的内容，投标人在填报投标文件的同时，按要求填写资格审查资料。评标委员会在正式评标前先对投标人进行资格审查，再对资格审查合格的投标人进行评标，对不合格的投标人，不进行评标。两种审查的内容基本相同，通常公开招标采用资格预审和资格后审，邀请招标则采用资格后审。

资格预审委员会结束评审后，即向所有申请投标并报送资格预审资料的承包商发出合格或不合格的通知。通知书以挂号信的方式发出。不合格通知仅仅向投标申请人告知其资格预审不合格，并不详细说明为什么不合格，这是招标人的权利。所有资格预审合格的承包商接到的是批准通知书，他们必须在规定的时间内和指定的地点获取标书，准备参加投标。投标通知也同时在报纸上公布，但不公布获得投标资格的公司名称。

（3）发放招标文件　经过资格预审之后，招标人可以按照合格投标人名单发放招标文件。采用邀请招标方式的，直接按照投标邀请书发放招标文件。招标文件既是全面反映业主建设意图的技术经济文件，又是投标人编制标书的主要依据，因此招标文件的内容必须正确，原则上不能修改或补充。如果必须修改或补充的，须报相关主管部门备案。同时招标文件要澄清、修改或补充的内容应以书面形式通知所有招标文件收受人，并且作为招标文件的组成部分。

（4）组织踏勘现场和召开标前会议　组织踏勘现场是指招标人组织投标人对项目实施现场的经济、地理、地址、气候等客观条件和环境进行的现场调查，目的在于让投标人了解工程现场场地情况和周围环境情况，收集有关信息，使投标人能够结合现场条件编制施工组织设计或施工方案以及提出合理的报价。同时也是要求投标人通过自己的实地考察确定投标的原则和策略，避免合同履行过程中以不了解现场情况为由推卸应承担的合同责任。但踏勘项目现场并不是必需的，是否实行要根据招标项目的具体情况。

按照惯例，对于大型采购项目尤其是大型工程的招标，招标人通常在投标人购买招标文件后安排一次投标人会议，即标前会议，也称为投标预备会，召开的时间和地点在招标文件中就应该有所规定。标前会议的目的在于招标人解答投标人提出的招标文件和踏勘现场中的疑问或问题，包括会议前由投标人书面提出的和在答疑会上口头提出的质疑。标前会议后，招标人应整理会议记录和解答内容，并以书面形式将所有问题及解答向所有获得招标文件的投标人发放。这些文件常被视为招标文件的补充，成为招标文件的组成部分。若标前会议的问题与解答内容与已发放的招标文件有不一致之处，以会议记录的解答为准。同时，问题及解答也要向建设行政主管部门备案。

（5）接收投标文件　投标人应当按照招标文件的要求编制投标文件。投标文件应当对招标文件提出的实质性要求和条件做出响应，如拟派出的项目负责人与主要技术人员的简历、业绩和拟用于完成招标项目的机械设备等，以及中标后中标项目的部分非主体、非关键性工程的分包情况等。

投标人必须在投标截止时间前，将投标文件及投标保证金或保函送达指定的地点，并按规定进行密封和做好标志。在招标文件要求提交投标文件的截止时间后送达的投标文件，招标人应当拒收。投标人少于 3 个的，招标人应当重新招标。招标人在收到投标文件及其担保后应向投标人出具标明签收人和签收时间的凭证，并妥善保存投标文件，不得开启。投标担保可以采用投标保函或投标保证金的方式，投标保证金可以使用支票、银行汇票等。《招标投标实施条例》第二十六条规定："招标人在招标文件中要求投标人提交投标保证金的，投标保证金不得超过招标项目估算价的 2%。投标保证金有效期应当与投标有效期一致。"

投标人在要求提交投标文件的截止时间前，可以补充、修改或者撤回已提交的投标文件，并书面通知招标人。补充、修改的内容为投标文件的组成部分。

3. 定标签约阶段

（1）开标　开标就是招标人按招标公告或投标邀请书规定的时间、地点将投标人的投标书当众拆开，宣布投标人名称、投标报价、交货期、交货方式等活动的总称。这是定标签约阶段的第一个环节。

（2）评标　评标是审查确定中标人的必经程序，是一项关键性的而又十分细致的工作，它直接关系到招标人能否得到最有利的投标，是保证招标成功的重要环节。评标由招标人依法组建的评标委员会负责。评标委员会应当充分熟悉、掌握招标项目的主要特点和需求，认真阅读招标文件及其评标办法、评标因素和标准、主要合同条款、技术规范等，并按照以下步骤进行评标：

1）初步评审。评标委员会对所有的投标文件都要进行资格评审和响应性的初步评审，核查投标文件是否按照招标文件的规定和要求编制、签署；投标文件是否实质上响应招标文件的要求。

2）详细评审。详细评审是指评标委员会根据招标文件确定的评标标准和方法，对经过初步评审合格的投标文件的技术部分、商务部分做进一步的评审和比较，确定投标文件的竞争性。

详细评审通常分为技术标评审和商务标评审。评标方法包括经评审的最低投标标价法、综合评估法或者法律、行政法规允许的其他评标方法。

（3）定标及发出中标通知书　定标又称为决标，即在评标完成后确定中标人，是业主对满意的合同要约人做出承诺的法律行为。招标人可以根据评标委员会提出的书面评标报告和推荐的中标候选人确定中标人，也可以授权委托评标委员会直接确定中标人。

《招标投标法实施条例》第五十四条规定："依法必须进行招标的项目，招标人应当自收到评标报告之日起 3 日内公示中标候选人，公示期不得少于 3 日。"《招标投标法》第四十五条规定："中标人确定后，招标人应当向中标人发出中标通知书，并同时将中标结果通知所有未中标的投标人。"中标通知书应包括招标人名称、建设地点、工程名称、中标人名称、中标价、中标工期、质量标准等主要内容。中标通知书对招标人和中标人都具有法律约束力。中标通知书发出后，招标人改变中标结果的，或者中标人放弃中标项目的，应当依法承担法律责任。招标人对未中标的投标人也应及时发出评标结果。

（4）签订合同　中标人接到中标通知书以后，按照国际惯例，应立即向招标人提交履约担保，用履约担保换回投标保证金，并在规定的时间内与招标人签订承包合同。《招标投标法》第四十六条规定："招标人和中标人应当自中标通知书发出之日起三十日内，按照招标文件和中标人的投标文件订立书面合同。招标人和中标人不得再行订立背离合同实质性内容的其他协议。"如果中标人拒绝在规定的时间内提交履约担保和签订合同，招标人报请招标管理机构批准后取消其中标资格，并按规定没收其投标保证金，同时考虑与另一参加投标的投标人签订合同。招标人若拒绝与中标人签订合同的，除双倍返还投标保证金以外，还需赔偿有关损失。招标人应及时通知其他未被接受的投标人按要求退回招标文件、图纸和有关技术资料；收取投标保证金的，招标人应当将投标保证金退还给未中标人，但因违反规定被没收的投标保证金不予退回。

至此，招标投标工作全部结束，中标人便可着手准备工程的开工建设。招标人应将开标、评标过程中的有关纪要、资料、评标报告、中标人的投标文件的副本报招标管理机构备案。

1.2　建设工程合同管理概述

1.2.1　建设工程合同的含义

《中华人民共和国民法典》（以下简称《民法典》）第七百八十八条规定："建设工程

合同是承包人进行工程建设，发包人支付价款的合同。建设工程合同包括工程勘察、设计、施工合同。"建设工程实行监理的，发包人应当与监理人采用书面形式订立委托监理合同。

狭义的建设工程合同是依据《民法典》的规定，仅包括勘察合同、设计合同和施工合同三个。

广义的建设工程合同是一个合同体系，是一项工程项目实施过程中所有与建设活动相关的合同总和，包括勘察合同、设计合同、施工合同、委托监理合同、咨询合同、采购供应合同、贷款合同、工程保险合同等，如图 1-2 所示。

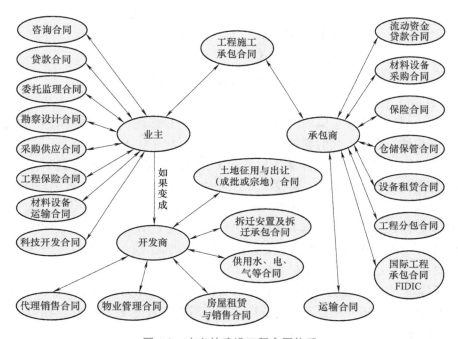

图 1-2　广义的建设工程合同体系

其中，业主作为工程（或服务）的买方，是工程的所有者，可能是政府、企业、其他投资者或几个企业的组合，或政府与企业的组合（如 PPP 模式）。业主的主要合同关系有工程施工承包合同、勘察设计合同、委托监理合同、咨询合同、材料设备运输合同、采购供应合同、工程保险合同、贷款合同等。若业主为开发商，则还有土地、拆迁等方面的合同、物业管理合同、代理销售合同、房屋租赁与销售合同等。

承包商是工程施工的具体实施者，是工程施工承包合同的执行者。承包商要完成合同约定范围内的施工，需要为工程提供劳动力、施工设备、材料，有时也涉及技术设计。任何承包商不可能也不具备所有的专业工程施工能力、材料和设备的生产和供应能力。因此，承包商需要将一些工作委托出去。承包商也有自己的复杂的合同关系，主要有工程施工承包合同、工程分包合同、材料设备采购合同、运输合同、仓储保管合同、设备租赁合同、流动资金贷款合同、保险合同等。

此外，设计单位、各供应商也可能存在各种形式的分包；设计—施工总承包的承包商也会委托设计单位，签订设计合同；联合体投标、联营承包之间还会签订联营合同。

综上所述，建设项目的合同主体众多（图 1-3），这些合同主体互相依存、互相约束，在合同中承担不同的职责，共同促进工程建设的顺利开展。

图 1-3　广义的建设工程合同主体

建设工程合同具有合同主体的严格性、合同标的的特殊性、合同履行期限的长期性、计划和程序的严格性、合同形式的要式要求等特征。

（1）合同主体的严格性　《中华人民共和国建筑法》（以下简称《建筑法》）对建设工程合同主体有非常严格的要求。建设工程合同中的发包人一般是经过批准进行工程项目建设的法人，必须取得准建证件（如土地使用证、规划许可证、施工许可证等），投资计划已经落实；国有单位投资的经营性基本建设大中型项目，在建设阶段必须组建项目法人，由项目法人对项目的策划、资金筹措、建设实施、生产经营、债务偿还和资产保值增值承担责任。

建设工程合同中的承包人则必须具备法人资格，而且应当具备从事勘察、设计、施工等业务的相应资质。无营业执照或无承包资质的单位不能作为建设工程合同的主体，资质等级低的单位不能越级承包建设工程。

（2）合同标的的特殊性　建设工程合同是从承揽合同中分化出来的，也属于一种完成工作的合同。尽管一些国家和地区的法律将建设工程合同纳入承揽合同范畴，但是建设工程合同与承揽合同实际存在着很大的不同：建设工程合同的标的为不动产建设项目，其基础部分与大地相连，不能移动，不可能批量生产；建设工程具有产品的固定性、单一性和工作流动性。这就决定了每个建设工程合同的标的都是特殊的，相互之间具有不可替代性。

（3）合同履行期限的长期性　建设工程由于结构复杂体积大、建筑材料类型多、工作量大，与一般的工业产品的生产相比，它的合同履行期限都较长；由于建设工程投资大、风险也大，建设工程合同的订立和履行一般都需要较长的准备期；在合同的履行过程中，还可能因为不可抗力、工程变更、材料供应不及时等原因而导致合同期限顺延。所有这些情况，决定了建设工程合同的履行期限具有长期性。

（4）计划和程序的严格性　由于工程建设对国家的经济发展、人民的工作和生活都有重大影响。因此，国家对建设工程的计划和程序都有严格的管理制度。订立建设工程合同必须以国家批准的投资计划为前提，即便是国家投资以外的、以其他方式筹集的投资，也要受到当年贷款规模和批准限额的限制，纳入当年投资规模，并经过严格的审批程序。建设工程合同的订立要符合国家基本建设程序的规定，《招标投标法》还规定了强制招标的范围。合同履行过程中，有关行政主管部门有权对违反法律规定的行为给予行政处罚。

（5）合同形式的要式要求　由于建设工程合同涉及的工程量通常较大，履行周期长，当事人的权利、义务关系复杂，同时在履行过程中经常会发生影响合同履行的纠纷，因此，《民法典》第七百八十九条规定："建设工程合同应当采用书面形式。"

1.2.2　建设工程合同管理的概念和目的

建设工程合同管理是对工程项目中相关合同的策划、签订、履行、变更、索赔和争议解决的管理。它是工程项目管理的重要组成部分。建设工程合同管理既包括各级工商行政管理机关、建设行政主管部门、金融机构对工程合同的管理，也包括业主、承包商、监理单位对工程合同的管理。建设工程合同管理可以分为两个层次：第一层次是国家机关及金融机构对工程合同的管理，即合同的外部管理，侧重于宏观管理；第二层次则是工程合同的当事人及监理单位对工程合同的管理，即合同的内部管理。

建设工程合同管理是为项目总目标和企业总目标服务的，其目的是保证项目总目标和企业总目标的实现。具体目的包括：

1）质量、成本和进度三大目标控制。进行质量、成本和进度三大目标控制，目的是使整个工程项目在预定的成本、工期范围内完成，达到预定的质量和功能要求。由于建设工程活动耗费资金巨大、持续时间长，结构质量关乎人民的生命财产安全，一旦出现质量问题，将导致建筑物部分或全部报废，造成大量浪费。在成本控制的问题上，业主与承包商存在冲突，而又必须协调，因此合理的工程价款为成本控制奠定基础，是合同中的核心条款。工程项目涉及的流程复杂、消耗人材物多，再加上一些不可预见因素，这些都为工期控制增加了难度。

2）各方保持良好关系、合同争执少、合同符合法律要求。工程建设参与各方都有自己的利益，不可避免要发生冲突。在这种情况下，各方都应尽量与其他各方协调关系，使项目顺利实施，合同争议较少，都能够圆满地履行合同责任。在工程结束时使双方都感到满意，业主按计划获得一个合格的工程，达到投资目的；承包人不但获得合理的利润，还赢得了信誉，建立双方友好合作关系。这是企业经营管理和发展战略对合同管理的双赢要求。要保证整个工程合同的签订和实施过程符合法律的要求。

1.2.3　建设工程合同管理在项目管理中的地位

在工程项目管理中，合同决定着工程项目的目标。工程项目管理的合同其实也就是工程项目管理的目标和依据，所以合同管理作为项目管理的起点，控制并制约着安全管理、质量管理、进度管理、成本管理等方面，合同规定并调节着双方在合同实施中的责权利关系并且是工程实施中双方的最高行为准则，合同一经签订，只要有效，双方的经济关系就限制在合同范围内。由于双方权利和义务互为条件，所以合同双方都可以利用合同保护各自利益，限制和制约对方。合同不但决定双方在工程实施过程中的经济地位，而且合同地位受法律保护，在当事人之间，合同是至高无上的，如果不履行合同或者违反合同规定，必将受到经济甚至法律的制裁。合同是解决双方争执的依据。在工程实施中争执经常发生，合同对争执的解决有两个重要作用：争执的判定以合同作为法律依据，即以合同条文判定争执的性质，谁对争执负责，负什么样的责任等；争执的解决方案和程序由合同规定。

合同是项目管理的一种工具或手段，合同管理的目标就是使这种手段更先进，使合同更好地发挥作用，更好地保障项目管理目标的实现。广义地说，工程项目实施和管理的全部工作都可以纳入合同管理的范围。合同管理作为其他工作的指南，对整个项目的实施起总控制和总保证作用。在现代工程中，没有合同意识，则项目总体目标不明确；没有合同管理，则项目管理难以形成系统，难以有高效率；没有有效的合同管理，则不可能实现有效的工程项目管理，不可能实现工程项目的目标。合同管理直接为项目总目标和企业总目标服务，保证它们的顺利实现。

本章小结

本章主要对招标投标、建设工程合同管理的内容做了概述，本章的学习，需要理解招标投标与建设工程合同管理的基本知识；了解招标投标的发展历史；了解建设工程合同管理的含义、特征和工程合同体系；了解建设工程合同管理的概念、目的和建设工程合同管理在项目管理中的地位。熟悉招标投标的概念和特点、招标投标方式和建设工程招标投标的程序；掌握公开招标与邀请招标的含义与优缺点。

习　题

1. 单项选择题

(1)《招标投标法》于（　　）年起施行的。

A. 1985　　　　　　　B. 1990　　　　　　　C. 2000　　　　　　　D. 2012

(2) 采用邀请招标方式的，招标人应当向（　　）家以上具备承担招标项目的能力、资信良好的特定的法人或者其他组织发出投标邀请书。

A. 3　　　　　　　　B. 4　　　　　　　　C. 5　　　　　　　　D. 7

(3) 招标投标活动的公正原则与公平原则的共同之处在于创造一个公平合理、（　　）的投标机会。

A. 自由竞争　　　　B. 平等竞争　　　　C. 表现企业实力　　　　D. 展示企业业绩

(4) 与邀请招标相比，公开招标的特点是（　　）。

A. 评标量小　　　　B. 竞争程度低　　　　C. 费用低　　　　D. 招标时间长

(5) 以下不属于建设工程合同特征的是（　　）。

A. 合同主体的严格性　　　　　　　　　　B. 合同标的的特殊性

C. 合同履行期限的严格性　　　　　　　　D. 合同形式的特殊要求

2. 多项选择题

(1) 依法必须招标的工程建设项目，施工招标应当具备的前提条件包括（　　）。

A. 有施工方案　　　　　　　　　　　　　B. 招标人已经依法成立

C. 有招标所需的设计图　　　　　　　　　D. 初步设计及概算已获批准

E. 招标范围、招标方式和招标组织形式等应当履行核准手续的，已获核准

(2) 工程建设项目施工招标，关于投标有效期延长的规定，下列说法正确的是（　　）。

A. 如因特殊情况需要延长投标有效期，投标单位必须以书面形式予以答复

B. 投标人同意延长投标有效期，应相应延长其投标保证金的有效期

C. 投标人拒绝延长投标有效期，无权收回投标保证金

D. 延长投标有效期造成投标人损失的，招标人应给予赔偿

E. 投标人同意延长投标有效期，可以修改投标文件的实质性内容

（3）公开招标和邀请招标的区别包括（　　　）。

A. 对投标人资质的要求不同　　　　　　B. 邀请投标人的方式不同

C. 招标费用不同　　　　　　　　　　　　D. 竞争程度不同

E. 评标工作量不同

（4）建设工程招标投标活动的公开原则是指（　　　）。

A. 招标信息公开　　　　　　　　　　　　B. 开标程序公开

C. 评标标准和程序公开　　　　　　　　　D. 评标过程公开

E. 中标结果公开

（5）建设工程合同的特征是（　　　）。

A. 合同主体的严格性　　　　　　　　　　B. 合同标的的特殊性

C. 合同履行期限的长期性　　　　　　　　D. 计划和程序的严格性

E. 合同内容的无偿性

3. 思考题

（1）简述招标投标的含义和特点。

（2）常用的招标方式有哪些？这些招标方式各有哪些优缺点？

（3）简述招标投标的程序。

（4）简述建设工程合同的含义。

（5）简述建设工程合同的体系。

（6）简述建设工程合同管理的概念和目标。

二维码形式客观题

扫描二维码可在线做题，提交后可查看答案。

第 1 章
客观题

第2章
招标投标法规及其案例分析

引导案例

招标单位与投标单位相互串通而导致中标无效

  某高校建设单位准备建一栋学生宿舍，建筑面积 $8000m^2$，预算投资 400 万元，建设工期为 10 个月。工程采用公开招标的方式确定承包商。按照《招标投标法》和《建筑法》的规定，建设单位编制了招标文件，并向当地的建设行政主管部门提出招标申请，得到了批准。但是在招标之前，该建设单位就已经与甲施工公司进行了工程招标沟通，对投标价格、投标方案等实质性内容达成了一致的意向。招标公告发布后，有甲、乙、丙三家公司通过了资格预审。按照招标文件规定的时间、地点和招标程序，三家施工单位向建设单位递交了标书。在公开开标的过程中，甲、乙承包商在施工技术、施工方案、施工力量和投标报价上相差不大，乙公司在总体技术和实力上较甲公司好一些。但是，定标的结果是甲公司中标。乙公司对此很不满意，但最终接受了这个竞标结果。20多天后，一个偶然机会，乙公司接触到甲公司的一名中层管理人员，甲公司的这名员工透露说，在招标之前，该建设单位已经和甲公司进行了多次接触，中标条件和标底是双方议定的，参加投标的其他人都蒙在鼓里。对此情节，乙公司认为该建设单位严重违反了法律的有关规定，遂向当地的建设行政主管部门举报，要求建设行政主管部门依照职权宣布该招标结果无效。经建设行政主管部门审查，乙公司的陈述属实，遂宣布本次招标结果无效。

  本案例涉及的是招标单位与投标单位相互串通而导致中标无效的问题。

  《招标投标法》第五十五条明确规定："依法必须进行招标的项目，招标人违反本法规定，与投标人就投标价格、投标方案等实质性内容进行谈判的，给予警告，对单位直接负责的主管人员和其他直接责任人员依法给予处分。前款所列行为影响中标结果的，中标无效。"

2.1　招标投标法概述

2.1.1　招标投标法的概念

招标投标法是调整市场竞争中因招标投标活动而产生的社会关系的法律规范的总称。狭义的招标投标法是指《中华人民共和国招标投标法》，由第九届全国人民代表大会常务委员会第十一次会议于 1999 年 8 月 30 日通过，自 2000 年 1 月 1 日起施行；第十二届全国人民代表大会常务委员会于 2017 年 12 月 27 日修正了《招标投标法》，自 2017 年 12 月 28 日起施行。《招标投标法》是我国招标投标法律体系中的基本法律，标志着我国招标投标活动走入了法制轨道，对引导招标投标活动的公平竞争和规范运作具有重要的意义。凡在我国境内进行招标的采购活动，必须依照该法的规定进行。广义的招标投标法是指所有调整招标投标活动的法律规范，除《招标投标法》以外，还包括《招标投标法实施条例》《政府采购法》《民法典》《中华人民共和国反不正当竞争法》（以下简称《反不正当竞争法》）、《中华人民共和国刑法》（以下简称《刑法》）、《建筑法》等法律中有关招标投标的规定，也包括《工程建设项目招标范围和规模标准规定》《招标公告发布暂行办法》《建设工程招标投标暂行规定》《工程设计招标投标暂行办法》《招标投标公证程序细则》《机电设备招标投标指南》等行政法规、规章。目前，我国招标投标法律体系已经处于实施的成熟阶段。

2.1.2　招标投标法调整的法律关系

1. 招标投标中的民事关系

招标投标中的民事关系主要发生在招标人与投标人之间，也会发生在招标人与招标代理人、招标人与评标委员会、投标人与投标人之间。对于这些民事关系，招标投标法都要进行调整。在这些民事关系中，如果一方违反招标投标法的规定，给对方造成损失的，应当承担相应的民事赔偿责任。

2. 招标投标中的行政关系

招标投标虽然是一种民事行为，但这种民事行为需要接受行政主管部门的监督，因此会产生相应的行政关系。这种行政关系主要发生在行政主管部门与招标人、投标人之间，也可能发生在行政主管部门与招标代理人、评标委员会之间。如果招标人、投标人、招标代理人、评标委员会等民事主体违反招标投标法的规定，行政主管部门有权对其进行行政处罚，包括没收财产、罚款、取消招标代理资格、取消投标资格、取消担任评标委员会成员的资格等。

2.1.3　招标投标法在空间上的效力

招标投标法的空间效力是指招标投标法生效的地域范围，即招标投标法在哪些地方具有约束力。根据国家主权原则，一国的法律在其主权管辖的全部领域内有效，包括领土、领海和领空，以及延伸意义上的领土，即本国驻外大使馆、领事馆，在本国领域外的本国船舶和飞行器。

根据招标投标法及其相关规定，凡在中华人民共和国境内进行的招标投标活动，均应适用于招标投标法。但是，对于利用外资的项目，也可适用资金提供方对招标的特殊规定。对使用国际组织或者外国政府贷款、援助资金的项目进行招标，而贷款方、资金提供方对招标投标的具体条件和程序有不同规定的，可以适用其规定，但不得违背中华人民共和国的社会公共利益。

2.2　招标的法律规定

招标是整个招标投标过程中的主要环节，也是对投标、评标、定标有直接影响的环节，所以《招标投标法》对这个环节确立了一系列明确的规范，要求在招标中有严格的程序、较高的透明度、严谨的行为规则，以便有效地调整招标过程中形成的社会经济关系。

2.2.1　招标人和招标代理机构

1. 招标人

我国《招标投标法》第八条规定，招标人是依照本法规定提出招标项目、进行招标的法人或者其他组织。

法人是指具有民事权利能力和民事行为能力，并依法享有民事权利和承担民事义务的组织，包括企业法人、机关法人、事业单位法人和社会团体法人。法人必须具备以下条件：①必须依法成立；②必须有必要的财产或经费，有自己的名称、组织机构和场所；③能够独立承担民事责任。

招标人具有编制招标文件和组织评标能力的，可以自行办理招标事宜，并应当向有关行政监督部门备案。不具备招标评标组织能力的招标人，或者不愿自行招标的，应当委托具有相应资格条件的专业招标代理机构，由其代理招标人进行招标。

2. 招标代理机构

我国《招标投标法》第十三条规定，招标代理机构是依法设立、从事招标代理业务并提供相关服务的社会中介组织。招标代理机构应当符合下列条件：

1）有从事招标代理业务的营业场所和相应资金。

2）有能够编制招标文件和组织评标的相应专业力量。

3）招标代理机构与行政机关和其他国家机关不得存在隶属关系或者其他利益关系。

《招标投标法实施条例》第十三条规定："招标代理机构在招标人委托的范围内开展招标代理业务，任何单位和个人不得非法干涉。招标代理机构代理招标业务，应当遵守招标投标法和本条例关于招标人的规定。招标代理机构不得在所代理的招标项目中投标或者代理投标，也不得为所代理的招标项目的投标人提供咨询。"

招标代理机构可以承担的招标事宜：①拟订招标方案，编制和出售招标文件、资格预审文件；②审查投标人资格；③编制标底；④组织投标人踏勘现场；⑤组织开标、评标，协助招标人定标；⑥草拟合同；⑦招标人委托的其他事项。

2.2.2　招标方式

《招标投标法》第十条规定："招标分为公开招标和邀请招标。公开招标是指招标人以招标公告的方式邀请不特定的法人或者其他组织投标；邀请招标是指招标人以投标邀请书的方式邀请特定的法人或者其他组织投标。"《工程建设项目施工招标投标办法》第九条、《房屋建筑和市政基础设施工程施工招标投标管理办法》第八条、《水运工程施工招标投标管理办法》第十二条及《通信建设项目招标投标管理暂行规定》第十一条也都规定招标方式分为公开招标和邀请招标。由于公开招标公开程度高，参加竞争的投标人多，竞争比较充分，招标人的选择余地大，所以在《招标投标法》中鼓励采用公开招标方式。但在某些特定的情况下也可以采用邀请招标方式，如《招标投标法》第十一条规定："国务院发展计划部门确定的国家重点项目和省、自治区、直辖市人民政府确定的地方重点项目不适宜公开招标的，经国务院发展计划部门或者省、自治区、直辖市人民政府批准，可以进行邀请招标。"这项规定实质上也是要求在两种招标方式中，若有可能，尽量优先选用公开招标方式。公开招标与邀请招标有以下区别：

（1）发布信息的方式不同　公开招标采用公告的形式发布，邀请招标采用投标邀请书的形式发布。

（2）选择的范围不同　公开招标因使用招标公告的形式，针对的是一切潜在的对招标项目感兴趣的法人或其他组织，招标人事先不知道投标人的数量；邀请招标针对已经了解的法人或其他组织，而且事先已经知道投标人的数量。

（3）竞争的范围不同　公开招标使所有符合条件的法人或其他组织都有机会参加投标，竞争的范围较广，竞争性体现得也比较充分，招标人拥有绝对的选择余地，容易获得最佳招标效果；邀请招标中投标人的数量有限，竞争的范围有限，招标人拥有的选择余地相对较小，有可能提高中标的合同价，也有可能将某些在技术上或报价上更有竞争力的供应商或承包商遗漏。

（4）公开的程度不同　公开招标中，所有的活动都必须严格按照预先指定并为大家所知程序标准公开进行，大大减少了作弊的可能；相比而言，邀请招标的公开程度低一些，产生不法行为的机会也就多一些。

（5）时间和费用不同　邀请招标不发公告，招标文件只送给有限数量的投标人，这样整个招标投标的时间大大缩短，招标费用也相应减少。

2.2.3　强制招标的范围和规模标准

1. 强制招标的范围

《招标投标法》第三条规定，在中华人民共和国境内进行的工程建设项目，包括项目的勘察、设计、施工、监理以及与工程建设有关的重要设备、材料等的采购，必须进行招标。具体包括：

（1）大型基础设施、公用事业等关系社会公共利益、公众安全的项目

1）煤炭、石油、天然气、电力、新能源等能源基础设施项目。

2）铁路、公路、管道、水运，以及公共航空和 A1 级通用机场等交通运输基础设施项目。

3）电信枢纽、通信信息网络等通信基础设施项目。

4）防洪、灌溉、排涝、引（供）水等水利基础设施项目。

5）城市轨道交通等城建项目。

根据国家发展改革委《必须招标的基础设施和公用事业项目范围规定》（发改法规规〔2018〕843号，简称843号文），作为《必须招标的工程项目规定》（国家发展和改革委员会令第16号）的配套文件，大幅缩小了必须招标的基础设施、公用事业项目范围，843号文坚持"确有必要、严格限定"的原则，将原《工程建设项目招标范围和规模标准规定》（国家发展计划委第3号令）规定的12大类必须招标的基础设施和公用事业项目，压缩到能源、交通、通信、水利、城建5大类，大幅放宽对市场主体特别是民营企业选择发包方式的限制。

（2）全部或者部分使用国有资金投资或者国家融资的项目　国有资金是指国家财政性资金（包括预算内资金和预算外资金）和国家机关、国有企事业单位的自有资金。全部或者部分使用国有资金投资的项目是指使用预算资金200万元人民币以上，并且该资金占投资额10%以上的项目。使用国有资金投资项目的范围包括：

1）使用各级财政预算资金的项目。

2）使用纳入财政管理的各种政府性专项建设基金的项目。

3）使用国有企业事业单位自有资金，并且国有资产投资者实际拥有控制权的项目。

国家融资的工程项目是指使用国家通过对内履行政府债务或向外国政府及国际机构举借主权外债所筹资金进行的工程建设项目。这些以国家信用为担保进行筹集，由政府统一筹措、安排、使用、偿还的资金也应视为国有资金。国家融资项目的范围包括：

1）使用国家发行债券所筹资金的项目。

2）使用国家对外借款或者担保所筹资金的项目。

3）使用国家政策性贷款的项目。

4）国家授权投资主体融资的项目和国家特许的融资项目。

（3）使用国际组织或者外国政府贷款、援助资金的项目　这些贷款大多属于国家的主权债务，由政府统借统还，在性质上应视同为国有资金投资。包括：

1）使用世界银行、亚洲开发银行等国际组织贷款资金的项目。

2）使用外国政府及其机构贷款、援助资金的项目。

3）使用国际组织或者外国政府援助资金的项目。

2. 强制招标的规模标准

根据《必须招标的工程项目规定》，强制规定范围内的项目，其勘察、设计、施工、监理以及与工程建设有关的重要设备、材料等的采购达到下列标准之一的，必须招标：

1）施工单项合同估算价在400万元人民币以上。

2）重要设备、材料等货物的采购，单项合同估算价在200万元人民币以上。

3）勘察、设计、监理等服务的采购，单项合同估算价在100万元人民币以上。

同一项目中可以合并进行的勘察、设计、施工、监理以及与工程建设有关的重要设备、材料等的采购，合同估算价合计达到上述规定标准的，必须招标。

3. 可以不进行招标的范围

根据规定，需要审批的工程建设项目，属于下列情形之一的，经相关建设行政主管部门批准，可以不进行招标：

1）涉及国家安全、国家秘密或者抢险救灾而不适宜招标的。

2）属于利用扶贫资金实行以工代赈需要使用农民工的。

3）施工主要技术采用特定的专利或者专有技术的。

4）施工企业自建自用的工程，且该施工企业资质等级符合工程要求的。

5）在建工程追加的附属小型工程或者主体加层工程，原中标人仍具备承包能力的。

6）法律、行政法规规定的其他情形。

2.2.4 招标文件的禁止内容和招标人的保密义务

在招标文件的编制过程中，应注意其所禁止的内容。如《招标投标法》第二十条明确规定："招标文件不得要求或者标明特定的生产供应者以及含有倾向或者排斥潜在投标人的其他内容。"因此，在招标文件中，标明的技术规格除有国家强制性标准以外，一般应当采用国际或国内公认的标准。各项技术规格均不得要求或标明某一特定的生产厂家、供货商、施工单位或注明某一特定的商标、名称、专利、设计及原产地，以防止招标人和投标人恶意串通，变相指定投标人。但在招标文件中，确实无法准确或清楚地说明拟招标项目的特点和要求，而注明诸如"相当于"或"同等品"等字样，也是允许的。如果招标人在招标文件中虽然没有指定特定的厂家或产品，但招标文件特别是其技术规格中规定的内容，暗含有利于或排斥特定的潜在投标人，也属于针对有利于特定厂家或产品，而限制和排斥其他厂家或产品的做法。

招标投标是通过投标人之间的公平竞争来达到最优化效果，其基本原则是公开、公平、公正和诚实信用。在招标投标的实践中，常常会发生招标人泄露招标事宜的事情。如果潜在的投标人得到了其他潜在投标人的名称、数量及其他可能影响公平竞争的招标情况，可能会采用不正当竞争手段影响招标活动的正当竞争，就使招标投标的公平性失去意义，使招标投标流于形式，损害其他投标人的利益。对此，《招标投标法》第二十二条做了禁止性规定，同时还规定如果招标人设有标底的，标底必须保密。

2.2.5 招标文件的澄清和更改

招标文件对招标人具有法律约束力，一经发出，不得随意更改。招标人在编制招标文件时，应当尽可能考虑到招标项目的各项要求，并在招标文件中做出相应的规定，力求使所编制的招标文件内容准确完整、含义明确。但有时也难免会出现招标文件内容的疏漏或意思表达不明确、含义不清，以及因情况变化而需要对招标文件进行修改的情况。允许招标人对已发出的招标文件在遵守法定条件的前提下做出必要的澄清或修改也是国际上通行的做法，这既是对招标人权益的合理保护，也有利于保证招标项目的投资合理及有效的利用。但《招标投标法》第二十三条规定："招标人对已发出的招标文件进行必要的澄清或者修改的，应当在招标文件要求提交投标文件截止时间至少十五日前，以书面形式通知所有招标文件收受人。该澄清或者修改的内容为招标文件的组成部分。"因此，从招标人发出对招标文件进行澄清、修改的通知到规定的投标截止日期之间，应该为投标人留出一段合理的时间。这样既能照顾到招标人的利益，又能使投标人有合理的时间对自己的投标文件做出相应的调整。同时，每一位投标人应接到同样的澄清或修改通知，这样可确保所有投标人得到同等的待遇，也保证投标竞争的公开和公平。投标单位在收到澄清和修改通知后，应书面予以确认。招标人和投标人都应保管好证明澄清或修改通知已发出的有关文件，如邮件回执等。

2.2.6 编制投标文件所需要的合理时间

投标人编制投标文件需要一定的时间。如果时间过短，则某些投标人可能因来不及编制投标文件而不得不放弃投标；如果时间过长，也会拖延招标采购的进程，损害招标人的利益。因此，《招标投标法》第二十四条规定："招标人应当确定投标人编制投标文件所需要的合理时间；但是，依法必须进行招标的项目，自招标文件开始发出之日起至投标人提交投标文件截止之日止，最短不得少于二十日。"

编制投标文件的时间由招标人根据招标项目的具体情况确定。但是《招标投标法》所确定的投标文件编制时间是由招标人确定的投标人编制投标文件的最短时间，而且只适用于依法必须进行的招标项目。不属于法定强制招标的项目，可以由采购人自愿选择招标采购方式的，不受该条款限制。

2.3 投标的法律规定

2.3.1 投标人

《招标投标法》和《工程建设项目施工招标投标办法》规定投标人应符合以下 3 个条件：

1）应该是响应招标、参加投标竞争的法人或者其他组织。潜在投标人要符合投标资格，必须获得招标信息，购买招标文件，编制投标文件，准备参加投标活动。如果不响应招标，就不会成为投标人；没有准备投标的实际表现，就不会进入投标人的行列。

2）应当具备承担招标项目的能力。主要表现在企业的资质等级上，资质等级证书是企业进入建筑市场的唯一合法证件。禁止任何部门采取资质等级以外的其他任何资信、许可等限制进入建筑市场。

3）应当符合其他条件。招标文件对投标人的资格条件有规定的，投标人应当符合该规定条件。但是，招标人不得以不合理的条件限制或排斥潜在投标人，不得对潜在投标人实行歧视待遇。

2.3.2 编制投标文件

招标文件是由招标人编制的、希望投标人向自己发出要约的意思表示，招标文件属于要约邀请，投标人编制的投标文件就为要约。投标文件一般包括以下内容：①投标函；②投标报价；③施工组织设计；④商务和技术偏差表；⑤其他材料。依据上述规定结合工程实际，投标文件要求提供的其他材料一般包括以下内容：①投标保证书；②证明书或授权委托书；③项目负责人、主要工程管理人员和技术人员的简历；④工程和分包商的情况；⑤提供的其他材料；⑥文件的送达。

因此，为了达到中标的目的，投标人必须针对招标文件中所提出的实质性要求和条件，认真研究，结合自身条件争取提出符合招标人要求的报价以及方案，不能泛泛而谈，不接触问题的实质，或者遗漏、回避招标文件中的问题，更不能提出任何附带条件。

2.3.3　投标文件的送达及补充、修改或撤回

《招标投标法》第二十八条规定："投标人应在招标文件要求提交投标文件的截止日期前，将投标文件送达投标地点。招标人收到投标文件后，应当签收保存，不得开启。"《工程建设项目施工招标投标办法》第三十八条规定："投标人应当在招标文件要求提交投标文件的截止时间前，将投标文件密封送达投标地点。招标人收到投标文件后，应当向投标人出具标明签收人和签收时间的凭证，在开标前任何单位和个人不得开启投标文件。"投标人向招标人递交的投标文件是决定投标人能否中标的依据，因此其必须稳妥和及时地送达。但是投标人在将认真编制完备的投标文件邮寄或直接送达招标人后，若发现自己的投标文件中有疏漏之处，则投标人可以在递交投标文件截止时间前，对投标文件进行补充、修改或撤回。因此，《招标投标法》第二十九条和《工程建设项目施工招标投标办法》第三十九条均规定：投标人在招标文件要求提交投标文件的截止时间前，可以补充、修改、替代或者撤回已提交的投标文件，并书面通知招标人；补充、修改的内容为投标文件的组成部分。但是需要注意的是，根据有关规定，在提交投标文件截止时间后到招标文件规定的投标有效期终止之前，投标人不得补充、修改、替代或者撤回其投标文件；投标人补充、修改、替代投标文件的，招标人不予接受；投标人撤回投标文件的，其投标保证金将被没收。

2.3.4　投标担保

投标担保就是为防止投标人不审慎地进行投标而设定的一种担保方式。

《工程建设项目施工招标投标办法》第三十七条规定："招标人可以在招标文件中要求投标人提交投标保证金。投标保证金除现金外，可以是银行出具的银行保函、保兑支票、银行汇票或现金支票。投标保证金不得超过项目估算价的百分之二，但最高不得超过八十万元人民币。投标保证金有效期应当与投标有效期一致。投标人应当按照招标文件要求的方式和金额，将投标保证金随投标文件提交给招标人或其委托的招标代理机构。依法必须进行施工招标的项目的境内投标单位，以现金或者支票形式提交的投标保证金应当从其基本账户转出。"

投标保证金既然是为了防止投标人不审慎投标而收取的保证金，因此在下列两种情况下，投标保证金将被没收：①投标人在投标有效期内撤回其投标文件的；②中标人未能在规定的期限内提交履约保证金或签署合同协议。所以投标人一定要谨慎地对待投标活动，以避免由此带来的经济损失。

2.3.5　联合体投标

联合体投标是指两个以上的法人或者其他组织组成一个联合体，以一个投标人的身份共同投标。参加投标的联合体各方均应具备承担招标项目的相应能力，国家有关规定或者招标文件对投标人资格条件有规定的，联合体各方均应具备其规定的相应资格条件。由同一专业的单位组成的联合体，按照资质等级较低的单位确定资质等级。

《招标投标法》第三十一条和《政府采购法》第二十四条规定：联合体各方应当签订共同投标协议，明确约定各方拟承担的工作和责任，并将共同投标协议连同投标文件一并提交招标人；联合体中标的，联合体各方应当共同与招标人签订合同，就中标项目向招标人承担连带责任。

2.3.6 投标的禁止性规定

1. 串通投标

串通投标是共同违法行为，它破坏了招标投标制度"公开、公平、公正"的市场竞争原则。从形式上来说，串通投标可以分为投标人之间串通投标和投标人与招标人串通投标。

（1）投标人之间串通投标　投标人串通投标的主体是所有参加投标的投标人，其目的是避免相互间竞争，协议轮流在类似项目中中标。这种行为损害了招标人的利益。

《招标投标法》第三十二条规定："投标人不得相互串通投标报价，不得排挤其他投标人的公平竞争，损害招标人或者其他投标人的合法权益。"《招标投标法实施条例》第三十九条规定："禁止投标人相互串通投标。"

有下列情形之一的，属于投标人相互串通投标：

1）投标人之间协商投标报价等投标文件的实质性内容。

2）投标人之间约定中标人。

3）投标人之间约定部分投标人放弃投标或者中标。

4）属于同一集团、协会、商会等组织成员的投标人按照该组织要求协同投标。

5）投标人之间为谋取中标或者排斥特定投标人而采取的其他联合行动。

《招标投标法实施条例》第四十条规定，有下列情形之一的，视为投标人相互串通投标：

1）不同投标人的投标文件由同一单位或者个人编制。

2）不同投标人委托同一单位或者个人办理投标事宜。

3）不同投标人的投标文件载明的项目管理成员为同一人。

4）不同投标人的投标文件异常一致或者投标报价呈规律性差异。

5）不同投标人的投标文件相互混装。

6）不同投标人的投标保证金从同一单位或者个人的账户转出。

（2）投标人与招标人串通投标　投标人与招标人串通投标的主体是招标人与特定投标人，其目的是使招标投标流于形式，排挤竞争对手的公平竞争。这种行为损害了国家利益、社会公共利益或者其他任何合法权益行为。

《招标投标法》第三十二条规定："投标人不得与招标人串通投标，损害国家利益、社会公共利益或者他人的合法权益。"

《招标投标法实施条例》第四十一条规定："禁止招标人与投标人串通投标。"

有下列情形之一的，属于招标人与投标人串通投标：

1）招标人在开标前开启投标文件并将有关信息泄露给其他投标人。

2）招标人直接或者间接向投标人泄露标底、评标委员会成员等信息。

3）招标人明示或者暗示投标人压低或者抬高投标报价。

4）招标人授意投标人撤换、修改投标文件。

5）招标人明示或者暗示投标人为特定投标人中标提供方便。

6）招标人与投标人为谋求特定投标人中标而采取的其他串通行为。

【案例】2017年6月，某市某水厂工程在该市公共资源交易中心招标，标底为9800万元，经资格预审后，有 11 家投标企业入围。令人不解的是，其中有一家企业投标报价只比标底下浮 1%，而其他 10 家投标报价分别下浮 9%~29% 不等。将近一个亿的工程只下浮一个百分点，按现行评标办法，这一家投标企业无论如何也中不了标，要么就是这一家企业不想中标。既然不想中标，为什么还要投标呢？

这是典型的一种合谋串标案。业内人士表示，实质上该投标人的目的是抬高所有报价的平均值，有他和没有他，平均值相差两个百分点，一个亿的工程，两个百分点就是 200 万元。可见，有了这个 "1%"，无论谁中标都要多赚 200 万元，而国家就要多掏 200 万元。

2. 以行贿手段谋取中标

《招标投标法》第三十二条规定："禁止投标人以向招标人或者评标委员会成员行贿的手段谋取中标。"

投标人以行贿的手段谋取中标是投标人以谋取中标为目的，给予招标人（包括其工作人员）或者评标委员会成员财物（包括有形财务和其他好处）的行为。它违背了《招标投标法》中规定的基本原则，破坏了招标投标活动的公平竞争，损害了其他投标人的利益，而且还可能损害到国家利益和社会公共利益。投标人以行贿手段谋取中标的法律后果是中标无效，有关责任单位应当承担相应的行政责任或刑事责任，给他人造成损失的，还应当承担民事赔偿责任。

3. 以低于成本的报价竞标

《招标投标法》第三十三条规定："投标人不得以低于成本的报价竞标。"

这里的成本是指个别企业的成本。投标人的报价一般由成本、税金和利润 3 部分组成，当报价为成本价时，企业利润为零。如果投标人以低于自己成本的报价竞标，就很难保证工程质量，偷工减料、以次充好的现象也会随之产生。因此，投标人以低于成本的报价竞标的手段是法律所不允许的。投标人以低于成本的报价竞标，其目的主要是排挤其他对手，但是这样不符合市场的竞争规则，对招标人和投标人自己都无益处。

4. 以非法手段骗取中标

《招标投标法》第三十三条和《工程建设项目施工招标投标办法》第四十八条规定，投标人不得以他人名义投标或者以其他方式弄虚作假，骗取中标。

《招标投标法实施条例》规定："投标人有下列情形之一的，属于《招标投标法》第三十三条规定的以其他方式弄虚作假的行为：（一）使用伪造、变造的许可证件；（二）提供虚假的财务状况或者业绩；（三）提供虚假的项目负责人或者主要技术人员简历、劳动关系证明；（四）提供虚假的信用状况；（五）其他弄虚作假的行为。"

无论哪一种违法形式，在投标过程中都应该是被禁止的，因此，《评标委员会和评标方法暂行规定》第二十条规定："在评标过程中，评标委员会发现投标人以他人的名义投标、串通投标、以行贿手段谋取中标或者以其他弄虚作假方式投标的，该投标人的投标应作废标处理。"

2.4　开标、评标、中标的法律规定

2.4.1　开标

招标投标活动经过招标阶段和投标阶段之后，便进入了开标阶段。开标是指在投标人提

交投标文件的截止日期后，招标人依据招标文件所规定的时间和地点，开启投标人提交的投标文件，公开宣布投标人的名称、投标价格及投标文件中的其他主要内容的活动。

1. 开标的时间和地点

为了保证招标投标的公平、公正，开标的时间和地点应遵守法律和招标文件中的规定。《招标投标法》第三十四条规定："开标应当在招标文件确定的提交投标文件截止日期的同一时间公开进行；开标地点应当为招标文件中预先确定的地点。"

根据这一规定，提交投标文件的截止日期即是开标时间，这样可以避免开标与投标截止时间有间隔，从而防止有人利用间隔时间对已提交的投标文件进行作弊或泄露投标。同时这也是顺应国际上的通行做法。

开标的时间、地点为招标文件预先确定，使每一投标人都能事先知道开标的准确时间和地点，以便届时参加，按时到达，确保开标过程的公开、透明。应该说明一点，招标活动并不都必须在有形的建筑市场内进行。

2. 开标的主持人和参加人

《招标投标法》第三十五条规定："开标由招标人主持，邀请所有投标人参加。"

开标既然是公开进行的，就应当有一定的相关人员参加，这样才能达到公开性，使投标人的投标为各投标人及有关方面所共知。开标的主持人可以是招标人，也可是招标人委托的招标代理机构。开标时，为了保证开标的公正性，除邀请所有投标人参加以外，也可以邀请招标监督部门、监察部门的有关人员参加，还可以委托公证部门参加。

3. 开标应当遵守的法定程序

根据《招标投标法》的相关规定，开标程序应当遵守以下 3 个步骤：

（1）开标前的检查　《招标投标法》第三十六条规定："开标时，由投标人或者其推选的代表检查投标文件的密封情况，也可以由招标人委托的公证机构检查并公证。"

投标人数较少时，可由投标人自行检查；投标人数较多时，也可以由投标人推举代表进行检查。招标人也可以根据情况委托公证机关进行检查并公证。是否需要委托公证机关检查并公证，完全由招标人根据具体情况决定。招标人委托公证机构公证的，应当遵守《招标投标公证程序细则》的有关规定，若投标文件没有密封或有被开启的痕迹，应被认定为无效。

（2）投标文件的拆封和当众宣读　《招标投标法》第三十六条规定："经确认无误后，由工作人员当众拆封，宣读投标人名称、投标价格和投标文件的其他主要内容。招标人在招标文件要求提交投标文件的截止日期前收到的所有投标文件，开标时都应当众予以拆封、宣读。"

投标人、投标人推选的代表或者公证机关对投标文件的密封情况进行检查后，确认密封情况良好、没有问题时，则可以由现场的工作人员在所有在场人员的监督下进行当众拆封。招标人不得以任何理由拒绝开封在规定时间前收到的投标文件，不得内定投标人，而使其他投标人成为陪衬。拆封后，现场工作人员应当高声宣读投标人的名称、每一个投标的投标价格以及投标文件中的其他主要内容。如果要求或者允许替代方案，还应包括替代方案投标的总金额。这样做的目的可以使全体投标人明确各家投标人的报价和自己在其中的顺序，了解其他投标人的基本情况，充分体现公开开标的透明度。

（3）开标过程的记录和存档　《招标投标法》第三十六条规定："开标过程应当记录，

并存档备查。"

在宣读投标人名称、投标价格和投标文件的其他主要内容时，主持开标的招标人应当安排人员对公开开标所读的每一页，按照开标时间先后顺序进行记录，开标机构应当事先准备好开标记录的登记表册，填写后作为正式记录，保存于开标机构。这是保证开标过程透明、公正，维护投标人利益的必要措施。要求对开标过程进行记录，可以使权益受到侵害的投标人行使要求复查的权利，有利于确保招标人尽可能自我完善，加强管理，少出漏洞。此外也有助于有关行政主管部门进行检查。同时，对开标过程进行记录，存档备查，也是国际上的通行做法。

开标记录的内容包括项目名称、投标号、刊登招标公告的日期、发售招标文件的日期、购买招标文件的单位名称、投标人的名称及报价、投标截止后收到投标文件的处理情况等。开标记录由主持人和其他工作人员签字确认后，存档备案。

4. 开标时投标文件无效的几种情况

一般情况下，在开标时，招标人对有下列情况之一的投标文件，可以拒绝或按无效标处理：

1）逾期送达。

2）未按招标文件要求密封。

3）投标文件中投标函未加盖投标人的企业及企业法定代表人印章的，或者企业法定代表人委托代理人没有合法、有效的委托书（原件）及委托代理人印章的。

4）投标文件的关键内容字迹模糊、无法辨认的。

5）投标人未按照招标文件的要求提供投标保函或者投标保证金的。

6）组成联合体投标的，投标文件未附联合体各方共同投标协议的。

2.4.2 评标

评标的质量决定着能否从众多投标竞争者中选出最能满足招标项目各项要求的中标者。

1. 评标委员会

（1）评标委员会的组成 评标由招标人组建的评标委员会负责。评标委员会由招标人的代表以及技术、经济等方面的专家组成，成员人数为 5 人以上（包含 5 人），其中，技术、经济等方面的专家不得少于成员总数的 2/3。

评标委员会设负责人的，评标委员会负责人由评标委员会成员推举产生或由招标人指定。评标委员会负责人与其他成员有同等表决权。

（2）评标委员会专家的选取 评标委员会专家应当从事相关领域工作满 8 年并具有高级职称或者具有同等专业水平，由招标人从国务院有关部门或者省、自治区、直辖市人民政府有关部门提供的专家名册或招标代理机构的专家库内的相关专业的专家名单中确定。

（3）评标专家的确定方式 确定评标专家，可以采取随机抽取或者直接确定的方式。一般招标项目，可以采取随机抽取的方式；技术特别复杂、专业性要求特别高或者国家有特殊要求的招标项目，采取随机抽取方式确定的专家难以胜任的，可以由招标人直接确定。

（4）评标委员会组成成员的回避和保密 与投标人有利害关系的人不得进入相关项目的评标委员会；已经进入的应当更换。评标委员会成员的名单在中标结果确定前应当保密。

（5）评标委员会的权利和义务 根据《评标专家和评标专家库管理暂行办法》规定：

评标专家享有下列权利：①接受招标人或其招标代理机构聘请，担任评标委员会成员；②依法对投标文件进行独立评审，提出评审意见，不受任何单位或者个人的干预；③接受参加评标活动的劳务报酬；④法律、行政法规规定的其他权利。

评标专家负有下列义务：①有《招标投标法》第三十七条和《评标委员会和评标方法暂行规定》第十二条规定情形之一的，应当主动提出回避；②遵守评标工作纪律，不得私下接触投标人，不得收受他人的财物或者其他好处，不得透露对投标文件的评审和比较、中标候选人的推荐情况以及与评标有关的其他情况；③客观公正地进行评标；④协助、配合有关行政监督部门的监督、检查；⑤法律、行政法规规定的其他义务。

2. 评标的程序

《招标投标法》第四十条规定："评标委员会应当按照招标文件确定的评标标准和方法，对投标文件进行评审和比较；设有标底的，应当参考标底。评标委员会完成评标后，应当向招标人提出书面评标报告，并推荐合格的中标候选人。招标人根据评标委员会提出的书面评标报告和推荐的中标候选人确定中标人。招标人也可以授权评标委员会直接确定中标人。国务院对特定招标项目的评标有特别规定的，从其规定。"《评标委员会和评标方法暂行规定》也做了相应规定。

3. 中标的条件

《招标投标法》第四十一条和《评标委员会和评标方法暂行规定》第四十六条规定："中标人的投标应当符合下列条件之一：（一）能够最大限度地满足招标文件中规定的各项综合评价标准；（二）能够满足招标文件的实质性要求，并且经评审的投标价格最低，但是投标价格低于成本的除外。"

中标的条件是与评标的方法相联系的。在这一规定中，第一种情况所采用的评标方法是综合评价法。综合评价法是指按照价格和非价格标准对投标文件进行总体评估和比较，以能够最大限度地满足招标文件规定的各项要求的投标作为中标，它侧重的是投标文件的技术性指标和商务性指标。因此，合同授予评标价最低的投标，但不一定是报价最低的投标。第二种情况所采用的评标方法是最低价中标法，就是投标报价最低的投标人中标，但要注意投标必须符合招标文件的实质性要求和投标单位的个别成本要求。

4. 评标中废标、否决所有投标和重新招标

（1）应作为废标处理的几种情况

1）以虚假方式谋取中标。在评标过程中，评标委员会发现投标人以他人的名义投标、串通投标、以行贿手段谋取中标或者以其他虚假方式投标的，该投标人的投标应作为废标处理。

2）以低于成本的报价竞标。在评标过程中，评标委员会发现投标人的报价明显低于其他投标报价，或者在设有标底时，明显低于标底，使得其投标报价可能低于成本的，应当要求该投标人做出书面说明并提供相关证明材料。投标人不能合理说明或者不能提供相关证明材料的，由评标委员会认定该投标人以低于成本的报价竞标，其投标作为废标处理。

3）不符合投标的资格条件或拒不对投标文件做必要的澄清、说明或补正。投标人的资格条件不符合国家有关规定和招标文件要求的，或者拒不按照要求对投标文件进行澄清、说明或补正的，评标委员会可以否决其投标。

4）未能对招标文件提出的实质性要求和条件做出响应。评标委员会应当审查每一投标文件是否对招标文件提出的所有实质性要求和条件做出响应；未能做出响应的，投标应作为废标处理。

（2）否决所有投标的情况　评标委员会经评审，认为所有投标都不符合招标文件要求的，可以否决所有投标。

（3）重新招标的情况　依法必须进行招标的项目，所有投标被否决的，招标人应当依照《招标投标法》重新招标。

5. 投标偏差

评标委员会应当根据招标文件，审查并逐项列出投标文件的全部投标偏差。投标偏差分为重大偏差和细微偏差。下列情况属于重大偏差：

1）投标文件没有投标人授权的代表签字和加盖公章。

2）投标文件载明的招标项目完成期限超过招标文件规定的期限。

3）明显不符合技术规格、技术标准的要求。

4）投标文件载明的货物包装方式、检验标准和方法等不符合招标文件的要求。

5）投标文件附有招标人不能接受的条件。

6）不符合招标文件中规定的其他实质性要求。

投标文件有上述情形之一的，未能对招标文件做出实质性响应的，作为废标处理。对投标文件的重大偏差另有规定的，从其规定。

细微偏差是指投标文件在实质上响应招标文件的要求，但在个别地方存在漏项或者提供了不完整的技术信息和数据等情况，并且补上这些遗漏或者不完整的情况不会对其他投标人造成不公平的结果。细微偏差不影响投标文件的有效性。评标委员会应当书面要求投标人对存在细微偏差的投标文件在评标结束前予以补正。拒不补正的，在详细评审时可以对细微偏差做不利于该投标人的量化，量化标准应当在招标文件中规定。

2.4.3 中标

中标是指招标人依据评标委员提交的书面评标报告和推荐的中标候选人，经认真审查研究，最终决定中标人。中标人一经确定，招标人应当尽快向中标人发出书面的中标通知书。

1. 中标通知书

（1）中标通知书的概念　中标通知书是指招标人在确定中标人后，向中标人通知其中标的书面凭证，是对招标人和中标人都有约束力的法律文书。《招标投标法》第四十五条规定："中标人确定后，招标人应当向中标人发出中标通知书，并同时将中标结果通知所有未中标的投标人。"因此，中标通知书的内容应当简明扼要，只要告知中标人招标项目已经由其中标，并确定签订合同的时间、地点即可，时限上要在确定中标人后不延迟地发出。《评标委员会和评标方法暂行规定》第四十九条规定："中标人确定后，招标人应当向中标人发出中标通知书，同时通知未中标人，并与中标人在投标有效期内以及中标通知书发出之日起30日之内签订合同。"

投标人提交投标保证金的，招标人此时还应当退还未中标的投标人的投标保证金。投标保证金是指投标人按照招标文件的要求向招标人出具的、以一定金额表示的投标责任担保。投标人保证其投标被接受后，对其投标书中规定的责任不得撤销或反悔；否则，招标人对投标保证金予以没收。对于未中标的投标人的投标保证金，应当在发出中标通知书后的一定时间内尽快退还投标人。

（2）中标通知书的法律效力　中标通知书对招标人和中标人都具有法律效力。中标通知书发出后，招标人改变中标结果的，或者中标人放弃中标项目的，应当依法承担法律责任。

2. 订立招标合同

（1）招标合同　招标人和中标人应当自中标通知书发出之日起 30 天内，按照招标文件和中标人的投标文件订立书面合同；招标人和中标人不得再行订立背离合同实质性内容的其他协议。

招标合同是指招标人和中标人依照招标文件和投标文件订立的确定招标人和中标人之间的权利义务关系的书面协议。招标合同必须采用书面形式。招标合同的内容，应该是对招标文件和投标文件所载内容的肯定。承诺生效后，合同成立，但合同成立并不意味着合同马上生效，只有招标人和中标人在合同上签字或者盖章时合同才生效。招标人和中标人不得再行订立背离合同实质性内容的其他协议，否则就违背了招标投标活动的初衷，对其他投标人而言也是不公平的。

【案例】某房地产公司通过招标选择建筑公司为其施工，该市所有公开招标项目均要求进公共资源交易中心。为了应付市主管部门的检查，该房地产公司按照市招标办的程序及要求发招标公告、出售招标文件、投标、开标、评标，但在签订合同的时候，在利益的驱动下，中标人暗中与房地产公司磋商，与房地产公司重新起草签订了一份新的合同，该份新合同提高了招投标文件中的价款。房地产公司清楚这样一份内容与招标投标文件不同的合同在主管部门一定审核不过，于是招标人又和中标人签订一份与投标文件内容不一致的合同，但是双方约定以私下签订的合同为准。

这是招标投标中典型的有关阴阳合同的不规范案例。违法了《招标投标法》第四十六条规定："招标人和中标人应当自中标通知书发出之日起三十日内，按照招标文件和中标人的投标文件订立书面合同。招标人和中标人不得再行订立背离合同实质性内容的其他协议。"

（2）履约保证金　《招标投标法》第四十六条规定："招标文件要求中标人提交履约保证金的，中标人应当提交。"要求中标人提交履约保证金是招标人的一项权利，其目的是保证完全履行合同，拒绝提交的，视为放弃中标项目。

履约保证金是指招标人要求投标人在接到中标通知后，提交的保证履行合同各项义务的担保金。履约保证金一般有 3 种形式：银行保函、履约担保书和保留金。

1）银行保函是由商业银行开具的担保证明。银行保函分为有条件的银行保函和无条件的银行保函。有条件的银行保函是指在投标人没有实施合同或者未履行合同义务时，由招标人出具证明并说明情况，并由担保人对已执行的合同部分和未执行的部分加以鉴定，确认后才能收兑银行保函，由招标人得到保函中的款项。建筑行业通常偏向于这种形式的保函。无条件的银行保函是指招标人不需要出具任何证明和理由，只要看到承包人违约，就可以对银行保函进行收兑。

2）履约担保书是指当中标人在履行合同过程中违约时，由开出担保书的担保公司和保险公司用该项担保金去完成施工任务或者向招标人支付该项保证金。

3）保留金是指在合同支付条款中规定一定百分比的保留金。如果作为中标人的承包商或者供应商没有按照合同规定履行其义务，招标人将扣留这部分金额作为损失补偿。

履约保证金的大小一般取决于招标项目的类型和规模，但大体上应当能够保证中标人违约时，招标人所受的损失能得到补偿。一般来说，履约保证金不得超过中标合同金额的10%，招标人不得擅自提高履约保证金，不得强制要求中标人垫付中标项目建设资金。在招标须知中，招标人应当规定使用何种形式的履约保证金，中标人应当按照招标文件中的规定提交履约保证金。

3. 招标投标备案制度

《招标投标法》第四十七条规定："依法必须进行招标的项目，招标人应当自确定中标人之日起十五日内，向有关行政监督部门提交招标投标情况的书面报告。"这是《招标投标法》规定的备案制度。需要指出的是，招标投标备案并不是说合法的中标结果和合同必须经行政部门审查批准后才生效，而是为了通过备案审查及时发现问题、解决问题，查处其中的违法行为。

另外，《建筑工程设计招标投标管理办法》和《房屋建筑和市政基础设施工程施工招标投标管理办法》对于招标人自行组织招标也规定了相应的备案制度。

4. 履行合同

《招标投标法》第四十八条规定了中标人履行合同的相应条件，主要有以下几方面内容：

1）中标人应当按照合同约定履行义务，完成中标项目。招标投标实质上是一种特殊的订立合同的方式，招标人通过招标投标活动选择了符合自己需要的中标人，并与其订立合同。中标人应当全面履行合同约定的义务。所谓全面履行合同约定的义务，是指中标人应当按照合同约定的有关招标项目的质量、数量、工期、造价及结算办法等要求，全面履行义务，不得擅自变更或者解除合同。如果中标人不依照合同约定履行义务或者不适当履行义务，则必须依法承担违约责任。当然，招标人也同样应当按照合同的约定履行义务。

2）中标人不得转让中标项目。合同订立后，中标人应当按照合同约定亲自履行义务，完成中标项目。中标人不得向他人转让中标项目，也不得将中标项目肢解后分别向他人转让。一些中标人就是通过将其承包的中标项目压价，然后倒手、转让来牟取不正当利益。在工程建设领域，中标人转让中标项目会使得一些建设工程转包后由不具备相应资质条件的承包方承揽，留下严重的工程质量隐患，甚至造成重大质量事故。而且转让行为也有损合同的严肃性，还可能损害招标人和其他投标人的合法权益。中标人转让中标项目，从合同法律关系上来说，属于擅自变更合同主体的违约行为。因此，《招标投标法》对转让中标项目做出了禁止性规定。

3）中标人可以依法将中标项目分包。分包与转让不同。中标项目虽然不能转让，但是可以依法分包。所谓分包，是指对中标项目实行总承包的中标人，将中标项目的部分工作再发包给其他人的行为。中标人应当独立完成中标项目，但是由于有的招标项目比较庞大、复杂，实行总承包与分包结合的方式，可以扬长避短，发挥各自的优势，对提高工作效率、降低工程造价、保证工程质量以及缩短工期等都有好处。

但是，分包必须按照法律的规定进行。依照有关规定，分包必须满足以下条件：①分包必须经招标人同意或按照合同约定进行；②中标人分包的只能是中标项目的部分非主体、非关键性工程，主体或关键性工程不得进行分包；③接受分包的人必须具有完成分包任务的相应资格条件；④分包只能进行一次，接受分包的人不得再次分包；⑤中标人应当就分包项目向招标人负责，接受分包的人就分包项目承担连带责任。如果分包工程出现问题，招标人既可以要求中标人承担责任，也可以直接要求分包人承担责任。

2.5　招标投标的法律责任

法律责任通常可以分为民事责任、行政责任和刑事责任。《招标投标法》第五章较为全面地规定了招标投标活动中当事人违反法定义务时所应承担的民事、行政及刑事法律责任。法律责任制度是《招标投标法》的重要组成部分，对于促进《招标投标法》的遵守和实施起着积极且重要的作用。

2.5.1　违反《招标投标法》的民事责任

民事责任是指违反民事法律所规定的义务而应当承担的不利后果。民事责任又可主要分为侵权责任和违约责任。侵权责任是指行为人直接违反民事法律所规定的义务或侵害了他人的权利而应当承担的责任。违约责任是指行为人违反与他人订立的合同所规定的义务而所承担的责任。根据《招标投标法》的相关规定，违反《招标投标法》的民事责任包括中标无效，转让、分包无效，履约保证金不予退还，承担赔偿责任等。

1. 中标无效及转让、分包无效

在下列情况下，中标无效或转让、分包无效：

1）招标代理机构泄密或者与招标人、投标人串通，影响中标结果的。

2）招标人向他人泄密，影响中标结果的。

3）投标人相互串通投标或者与招标人串通投标以及采用行贿手段谋取中标的。

4）投标人弄虚作假，骗取中标的。

5）招标人与投标人就投标的实质性内容进行谈判影响中标结果的。

6）招标人在评标委员会依法推荐的中标候选人以外确定中标人的，或依法必须进行招标的项目在所有投标被评标委员会否决后自行确定中标人的。

7）中标人转让中标项目，或者中标人非法分包的。

以上各种行为，实际上是由于违反了《招标投标法》的规定而成为无效的民事行为。对于导致民事行为无效的、有过错的当事人，根据《招标投标法》的规定，给他人造成损失的，应当依法承担赔偿责任。

2. 履约保证金的处理

中标人不履行与招标人订立合同的义务的，履约保证金不予退还，给招标人造成的损失超过履约保证金数额的，还应当对超过部分予以赔偿；没有提交履约保证金的，应当对招标人的损失承担赔偿责任。

实践中，经常出现投标人拼命压低投标价格，以获取中标，但在履约过程中，尤其在项目后期以面临破产或其他理由来要挟招标人，提出加价要求，给招标人带来极大损失的情况。因此，法律规定招标人可以要求中标人提交履约保证金，以保证其按照合同约定履行义务。当出现中标人违约的情况时，根据《招标投标法》的规定，履约保证金归招标人所有，投标人无权要求返还。

另外，如果投标人不能按照约定履行义务是由于不可抗力的缘故，则不适用履约保证金的规则。因不可抗力不履行合同的当事人不承担违约责任，法律另有规定的，依照其规定。

2.5.2 违反《招标投标法》的行政责任

行政责任是指因行为人违反行政法或行政法律规范所规定的义务而引起的责任和承担的不利后果。根据承担行政责任主体的不同，行政责任一般可分为行政主体承担的行政责任、国家公务员承担的行政责任和行政相对人承担的行政责任。违反《招标投标法》的行政责任包括责令改正、警告、罚款、暂停项目执行或者暂停资金拨付、对主管人员和其他直接责任人员给予行政处分或者纪律处分、没收违法所得、吊销营业执照等。

1. 招标人的违法行为及应承担的行政责任

1）招标人对必须招标的项目规避招标的，责令限期改正，可并处罚款；对使用国有资金的项目，暂停项目执行或者暂停资金拨付；对单位直接负责的主管人员和其他直接责任人员给予行政或者纪律处分。

2）招标代理机构违法泄密或者与招标人、投标人串通的，处以罚款，没收违法所得；对单位直接负责的主管人员和其他直接责任人员处以罚款；情节严重的，暂停直至取消招标代理资格。

3）招标人以不合理的条件限制或者排斥潜在投标人的，对潜在投标人实行歧视待遇的，强制要求投标人组成联合共同体共同投标的，或者限制投标人之间竞争的，责令改正，可并处罚款。

4）招标人向他人泄密的，给予警告，可以并处罚款；对单位直接负责的主管人员和其他直接责任人员依法给予处分。

5）招标人与投标人违法进行实质性内容谈判的，给予警告；对单位直接负责的主管人员和其他直接责任人员依法给予处分。

6）招标人违法确定中标人的，责令改正，可以并处罚款；对单位直接负责的主管人员和其他直接责任人员依法给予处分。

7）招标人与中标人不按照招标文件和中标人的投标文件订立合同的，或者招标人、中标人订立背离合同实质性内容的协议的，责令改正，可以并处罚款。

2. 投标人的违法行为及应承担的行政责任

1）投标人相互串通投标或者与招标人串通投标以及用行贿手段谋取中标的，对单位处以罚款；对单位直接负责的主管人员和其他直接责任人员处以罚款；有违法所得的，并处没收违法所得；情节严重的，取消投标资格直至吊销营业执照。

2）投标人弄虚作假，骗取中标的，处以罚款；有违法所得的，并处没收违法所得；情节严重的，取消投标资格直至吊销营业执照。

3. 中标人的违法行为及应承担的行政责任

1）中标人转包或者违法分包中标项目的，处以罚款；有违法所得的，并处没收违法所得；可以责令停业整顿；情节严重的，吊销营业执照。

2）中标人和招标人背离投标规则，不订立合同或者违反规定订立其他协议的，责令改正，并可处罚款。

3）中标人不履行合同情节严重的，取消其 2~5 年内参加依法必须进行招标的项目的投标资格，并予以公告直至吊销营业执照。

4. 其他违法行为及应承担的行政责任

1）任何单位和个人违法限制和排斥正常的投标竞争或者妨碍招标人招标的，责令改正；对单位直接负责的主管人员和其他直接责任人员依法给予行政处分。

2）有关国家机关工作人员徇私舞弊、滥用职权或者玩忽职守，不构成犯罪的，依法给予行政处分。

3）评标委员会成员收受投标人好处的，评标委员会成员或者有关工作人员泄密的，给予警告，没收收受的财物，可并处罚款，取消有违法行为的评标委员会成员担任评标委员会成员的资格。

5. 行政罚款的双罚制与罚款幅度

行政罚款的双罚制是指当违法人是单位时，不仅应当对单位进行罚款，同时还应当追究直接负责的主管人员及直接责任人员的经济责任，即对个人进行罚款。这种"双罚"原则可以增加对违法人的警示和制裁力度。

《招标投标法》规定的罚款，一般以比例数额表示，其罚款幅度为招标或者中标项目金额的 0.5% 以上 1% 以下；个人罚款数额为单位罚款数额的 5% 以上 10% 以下。另外，在下列 4 种情况下，罚款以绝对数额表示：①招标代理机构违反《招标投标法》，可处 5 万元以上 25 万元以下的罚款；②招标人对投标人实行歧视待遇或者强制投标人联合投标的，可处 1 万元以上 5 万元以下的罚款；③招标人向他人透露已获取招标文件的潜在投标人的名称、数量或者可能影响公平竞争的有关招标投标的其他情况的，或者泄露标底的，可以处 1 万元以上 10 万元以下的罚款；④评标委员会成员收受投标人的好处或者有其他违法行为的，可处 3000 元以上 5 万元以下的罚款。

2.5.3 违反《招标投标法》的刑事责任

刑事责任是指行为人违反刑事法律所规定的义务而应当承担的不利后果。刑事责任是一种最严重的法律责任。违反刑事法律所规定的义务要比违反其他法律规定的义务要承担更为严重的不利后果。根据规定，违反《招标投标法》的刑事责任针对的是招标投标活动中的严重违法行为。主要的情形包括以下方面：

1）招标代理机构违反法律规定，泄露应当保密的、与招标投标活动有关的情况和资料，或者与招标人、投标人串通损害国家利益、社会公共利益或者其他合法权益，构成犯罪的，依法追究刑事责任，也就是《刑法》第二百一十九条和第二百二十条规定的侵犯商业秘密罪的刑事责任。

2）依法必须进行招标的项目的招标人向他人透露已获取招标文件的潜在投标人的名称、数量或者可能影响公平竞争的有关招标投标的其他情况，或者泄露标底，构成犯罪的，依法追究刑事责任，也就是《刑法》第二百一十九条和二百二十条规定的侵犯商业秘密罪的刑事责任。

3）投标人相互串通投标，或者投标人与招标人串通投标，构成犯罪的，依法追究刑事责任，也就是《刑法》第二百二十三条规定的串通投标罪的刑事责任。

4）投标人以他人名义投标或者以其他方式弄虚作假，骗取中标，构成犯罪的，依法追究刑事责任，也就是《刑法》第二百二十四条规定的合同诈骗罪的刑事责任。

5）投标人以向招标人或者评标委员会成员行贿的手段谋取中标，构成犯罪的，依法追究刑事责任。对于这种情况，应当按照《刑法》第三百九十一条"对单位行贿罪"和第一百六十四条"对公司、企业人员行贿罪"，追究刑事责任。

6）评标委员会成员接受投标人的财物或者其他好处的，评标委员会成员或者参加评标的有关工作人员向他人透露对投标文件的评审和比较、中标候选人的推荐以及与评标有关的其他情况，构成犯罪的，依法追究刑事责任，也就是《刑法》规定的受贿罪和侵犯商业秘密罪的刑事责任。

7）对招标投标活动依法负有行政监督管理职责的国家工作人员徇私舞弊、滥用职权或者玩忽职守，构成犯罪的，依法追究刑事责任，也就是《刑法》规定的国家工作人员徇私舞弊罪、滥用职权罪或者玩忽职守罪的刑事责任。

从以上分析可以看出，根据《招标投标法》的规定，依据行为人违反的法律义务性质和侵害客体的不同，法律责任承担的形式可以是单一的，也可以是多重的。因此，违反《招标投标法》应当承担的法律责任既可能是单一的民事责任，也可能是复合的责任形式，即当事人同时承担民事责任、行政责任，甚至刑事责任。

本章小结

本章主要对《招标投标法》的条款内容进行了介绍。通过本章学习，应全面了解《招标投标法》的条款内容；熟悉招标、投标、开标、评标、中标的法律规定以及招标投标中的法律责任；掌握招标投标的主要法律法规及其条款；提高应用所学知识解决招标投标实际法律问题的能力，增强规避招标投标纠纷的法律意识。

习　题

1. 单项选择题

（1）投标保证的有效期限从（　　）之日起计算。

A. 招标文件出售　　　　B. 投标文件递交　　　　C. 投标截止　　　　D. 中标通知书发出

（2）下列关于施工邀请招标有关工作先后顺序的说法中，正确的是（　　）。

A. 发布招标公告、开标、审查投标人资格

B. 发出投标邀请书、开标、审查投标人资格

C. 发布招标公告、审查投标人资格、发售招标文件

D. 审查投标人资格、发出投标邀请书、发售招标文件

（3）下列关于招标阶段现场考察的说法中，正确的是（　　）。

A. 由招标人组织，费用由投标人承担　　　　B. 由招标人组织，费用也由招标人承担

C. 由投标人组织，费用由招标人承担　　　　D. 由投标人组织，费用也由投标人承担

（4）招标项目开标时，检查投标文件密封情况的应当是（　　）。

A. 投标人　　　　　　　　　　　　　　　B. 招标单位的纪检部门人员

C. 招标代理机构人员　　　　　　　　　　D. 招标人

（5）招标项目的中标人确定后，招标人对未中标投标人应做的工作是（　　）。

A. 通知中标结果并退还投标保证金　　　　B. 不通知中标结果，也不退还投标保证金

C. 通知中标结果，但不退还投标保证金　　　D. 不通知中标结果，但退还投标保证金

（6）招标公告的内容不包括（　　　）。

A. 招标条件　　　　B. 项目概况与招标范围　　C. 发布公告的媒介　　　D. 资格预审文件的获取

（7）某工程招标，投标文件内容未完全响应招标文件，但仍属于有效投标文件情况的是（　　　）。

A. 联合体投标没有提交联合体协议书　　　　B. 投标保函金额少于招标文件的要求

C. 投标工期长于招标文件中要求的工期　　　D. 未详细说明使用专利施工的技术细节

（8）在评标委员会成员中，不能包括（　　　）。

A. 招标人代表　　　　B. 技术专家　　　　C. 招标人上级主管代表　　D. 经济专家

（9）根据《招标投标法》的有关规定，评标委员会由招标人的代表和有关技术、经济等方面的专家组成，成员人数为（　　　）以上单数，其中技术、经济等方面的专家不得少于成员总数的2/3。

A. 9 人　　　　　　　B. 7 人　　　　　　　C. 5 人　　　　　　　D. 3 人

（10）下列选项中（　　　）不是关于投标的禁止性规定。

A. 投标人以低于成本的报价竞标

B. 投标者之间进行内部竞价，内定中标人，然后再参加投标

C. 投标人以高于成本的报价竞标

D. 招标者预先内定中标者，在确定中标者时以此决定取舍

2. 多项选择题

（1）根据《招标投标法》的有关规定，下列说法符合开标程序的有（　　　）。

A. 开标应当在招标文件确定的提交投标文件截止时间的同一时间公开进行

B. 开标地点应当为招标文件中预先确定的地点

C. 在招标文件规定的开标时间前收到的所有投标文件，开标时都应当众予以拆封、宣读

D. 开标过程应当记录，并存档备

E. 开标由招标人主持，邀请中标人参加

（2）某招标项目由于主观原因，导致在招标文件规定的投标有效期内没有完成评标和定标，则投标人有权（　　　）。

A. 要求撤回投标文件　　　　　　　　　　　B. 要求退还投标保证金

C. 拒签延长投标保函有效期　　　　　　　　D. 要求将合同授予他们协商推举的中标人

E. 要求赔偿损失

（3）在总投资为 2 千万元的使用国有资金的一个建设项目中，必须通过招标签订合同的有（　　　）。

A. 单项合同估算价为 1000 万元的施工项目

B. 单项合同估算价为 270 万元的材料采购项目

C. 单项合同估算价为 30 万元的设计项目

D. 单项合同估算价为 20 万元的勘察项目

E. 单项合同估算价为 120 万元的监理项目

（4）在招标程序中，（　　　）等将作为未来合同文件的组成部分。

A. 招标文件　　　　B. 中标函　　　　　　C. 中标人的投标文件

D. 发出中标通知书后双方协商对投标价格的修改

E. 未发中标通知书前双方协商对投标价格的修改

（5）建设行政主管部门发现（　　　）情况时，可视为招标人违反《招标投标法》的规定。

A. 没有委托代理机构招标的

B. 在资格审查条件中设置不允许外地区承包商参与投标的规定

C. 没有编制标底

D. 强制投标人必须结成联合体投标的

E. 在评标方法中设置对外系统投标人压低分数的规定

（6）下列事宜中，依法可以由招标代理机构承担的包括（　　）。

A. 出售资格预审文件　　　　　　　　B. 组织开标、评标

C. 编写评标报告　　　　　　　　　　D. 向投标人解析评标过程

E. 编制投标文件

3. 思考题

（1）简述招标投标法调整的法律关系。

（2）强制招标的范围和规模标准是什么？

（3）简述建设工程施工招标、投标的程序。

（4）投标联合体应遵守哪些规定？

（5）《招标投标法》和《招标投标法实施条例》对招标投标工作有哪些禁止性规定？

（6）投标保证金和履约保证金有哪些规定要求？

（7）简述法律法规对评标委员会成员组成的要求。

（8）开标应当遵守怎样的法定程序？

（9）归纳《招标投标法》和《招标投标法实施条例》中有关日期时间限定的规定。

（10）什么是法律责任？招标投标的法律责任有哪些？

二维码形式客观题

扫描二维码可在线做题，提交后可查看答案。

第 2 章
客观题

3

第 3 章
建设工程合同法律及其案例分析

引导案例

建筑合同无效时法院怎么判?

2018 年 7 月, A 建筑工程有限责任公司 (以下简称 "A 公司") 与 B 房地产置业有限公司 (以下简称 "B 公司") 签订建设工程施工合同, 8 月经双方协商, 又对合同中工程价款、施工范围等方面内容进行了调整, 并在建设局备案。2018 年 10 月 A 公司、B 公司、C 建工集团有限公司 (以下简称 "C 公司") 签订三方合作协议书 (以下简称 "三方协议"), 约定项目 21 层以上, B 公司同意 C 公司委托建筑公司施工。后 A 公司以 B 公司严重拖欠工程进度款为由, 诉至法院, 请求 B 公司支付工程款 1500 万元及利息。

法院经审理认为, A 公司与 B 公司在 2018 年 7 月签订的合同及 8 月签订的合同均因未经过公开招标投标程序因而无效。A 公司的工程款, 应参照双方实际履行的 2018 年 7 月签订合同约定的价款予以确定。判决 B 公司向 A 公司支付工程款 300 万余元及利息。

一审宣判后, A 公司与 B 公司均不服, 提起上诉。

二审法院经审理认为, 2018 年 7 月签订的合同及 8 月签订的合同均无效, 其中 8 月签订的合同对工程价款等实质性内容做了重大变更, 经过了行政主管部门审查并备案, 其签订时间在后, 更能体现双方真实意思表示, 该工程经验收是合格工程, 故应参照 8 月签订的合同结算工程款。判决 B 公司向 A 公司支付工程款 800 万余元及利息。

本案争议的焦点: 一是当事人就同一工程签订的数份合同是否无效; 二是数份合同约定的工程款不同时, 当事人实际履行的合同难以确定时, 应当参照哪份合同进行结算? 数份合同是否无效?

A 公司与 B 公司前后签订了两份施工合同, 但均没有经过招标投标程序。《招标投标法》第四十九条规定: "违反本法规定, 必须进行招标的项目而不招标的, 将必须进行招标的项目化整为零或者以其他任何方式规避招标的, 责令限期改正。" 因此, A 公司与 B 公司就同一工程签订的两份合同因违反《招标投标法》的禁止性规定而无效。

　　2018 年 10 月 A 公司、B 公司、C 公司签订三方协议，约定建设项目 21 层以上，B 公司同意 C 公司委托建筑公司施工。《建筑法》第六十七条规定："承包单位将承包的工程转包的，或者违反本法规定进行分包的，责令改正，没收违法所得，并处罚款，可以责令停业整顿，降低资质等级；情节严重的，吊销资质证书。"对建设项目 21 层以上三方约定由 C 公司委托建筑公司施工，此约定属于违反法律规定进行分包，因此"三方协议"因违反《建筑法》的禁止性规定而无效。

　　本案例中，诉讼双方对以 2018 年 7 月签订的合同还是以 2018 年 8 月签订的合同作为结算工程款的参照依据产生争议。这两份合同除对工程质量约定一致以外，对工程价款、施工范围等合同实质性内容的约定均不一致。根据工程施工进度、工程款支付等实际履行情况看，因双方均未按照两份合同的约定严格履行，难以确定双方实际履行的是哪份合同。就工程价款优惠率等合同实质性内容的约定而言，2018 年 8 月签订的合同比 2018 年 7 月签订的合同更趋公平、合理，且经过了行政主管部门的审查备案，签订时间也在后，所以，终审判决以 2018 年 8 月签订的合同作为结算工程款的参照依据，符合最高人民法院建设工程司法解释的精神。

3.1　合同概述

　　《民法典》第四百六十四条规定："合同是民事主体之间设立、变更、终止民事法律关系的协议。"本条还规定，婚姻、收养、监护等有关身份关系的协议，适用有关该身份关系的法律规定；没有规定的，可以根据其性质参照适用《民法典》合同编用的规定。

　　因此，合同有广义和狭义之分。广义的合同是指所有法律部门中确定权利、义务内容的协议，即一切合同，例如民事合同、行政合同、劳动合同等。

　　狭义合同是指一切财产合同和身份合同的民事合同。其中，财产合同包括债权合同、物权合同、准物权合同、知识产权合同；身份合同包括婚姻、收养、监护等有关身份关系的协议。最狭义合同仅指民事合同中的债权合同，是指两个以上民事主体之间设立、变更、终止债权债务关系的协议。

　　本书主要介绍最狭义的合同，也就是《民法典》第三编"合同"中的第一分编"通则"中规定的相关内容。在市场经济中，财产的流转主要依靠合同。特别是工程项目，标的大、履行时间长、协调关系多，合同尤为重要。建筑市场中的各方主体都要依靠合同确立相互之间的关系，这些合同都属于《民法典》中规范的范畴。

3.1.1　合同的法律特征

　　（1）合同是一种合法的民事法律行为　民事法律行为是指民事主体实施的能够设立、变更、终止民事权利义务关系的行为。民事法律行为以意思表示为核心，且按照意思表示的内容产生法律后果。作为民事法律行为，合同应当是合法的，即只有在合同当事人所做出的意思表示符合法律要求，才能产生法律约束力，受到法律保护。如果当事人的意思表示违法，即使双方已经达成协议，也不能产生当事人预期的法律效果。

（2）合同是两个或两个以上当事人意思表示一致的协议　合同是两个或两个以上的民事主体在平等自愿的基础上互相或平行做出意思表示，且意思表示一致而达成的协议。因此，合同的成立首先必须有两个或两个以上的合同当事人；其次，合同的各方当事人必须相互或平行做出意思表示；最后，各方当事人的意思表示一致。

（3）合同以设立、变更、终止财产性的民事权利义务关系为目的　当事人订立合同都有一定目的，为了各自的经济利益或共同的经济利益，即设立、变更、终止财产性的民事权利义务关系；同时，合同当事人为了实现或保证各自的经济利益或共同的经济利益，以合同的方式来设立、变更、终止财产性的民事权利义务关系。

（4）合同的订立、履行应当遵守法律、行政法规的规定　合同的主体必须合法，订立合同的程序必须合法，合同的形式必须合法，合同的内容必须合法，合同的履行必须合法，合同的变更、解除必须合法等。

（5）合同依法成立即具有法律约束力　所谓法律约束力，是指合同的当事人必须遵守合同的规定，如果违反，就要承担相应的法律责任。合同的法律约束力主要体现在以下两个方面：①不得擅自变更或解除合同；②违反合同应当承担相应的违约责任。除了不可抗力等法律规定的情况外，合同当事人不履行或者不完全履行合同时，必须承担违反合同的责任，即按照合同或法律的规定，由违反合同的一方承担违反合同的责任；同时，如果对方当事人仍要求违约方履行合同时，违反合同的一方当事人还应当继续履行。

3.1.2　合同遵守的基本原则

（1）平等原则　在合同法律关系中，当事人之间在合同的订立、履行和承担违约责任等方面，都处于平等的法律地位，彼此的权利义务对等。不论是自然人、法人还是非法人组织，不论所有制性质和经济实力，也不论有无上下级隶属关系，合同一方当事人不得将自己的意志强加给另一方当事人。

（2）自愿原则　自然人、法人及非法人组织是否签订合同、与谁签订合同以及合同的内容和形式，除法律另有规定外，完全取决于当事人的自由意志，任何单位和个人不得非法干预。合同的自愿原则体现了民事活动的基本特征，是合同关系不同于行政法律关系、刑事法律关系的重要标志。

（3）公平原则　当事人设定民事权利和义务，承担民事责任等时要公正、公允，合情合理。不允许在订立、履行、终止合同关系时偏袒一方。合同的公平原则要求当事人依据社会公认的公平观念从事民事活动，体现了社会公共道德的要求。

（4）诚实信用原则　诚实信用原则是指当事人在行使权利、履行义务时，当事人在订立、履行合同的全过程中，都应当以真诚的善意，相互协作、密切配合、实事求是、讲究信誉，全面地履行合同所规定的各项义务。诚实信用原则的本质是将道德规范和法律规范合为一体，兼有法律调节和道德调节的双重职能。

（5）遵守法律和公序良俗原则　遵守法律与公序良俗原则是指自然人、法人和非法人组织在从事民事活动时，不得违反各种法律的强制性规定，不得违背公共秩序和善良习俗。公序良俗原则要求民事主体遵守社会公共秩序，遵循社会主体成员所普遍认可的道德准则，它可以弥补法律禁止性规定的不足。公序良俗是建设法治国家与法治社会的重要内容，也是衡量社会主义法治与德治建设水准的重要标志。公民在进行民事活动时既要遵守法律的规定，又要符合道德的要求。

3.1.3　合同的分类

对合同做出科学的分类，不仅有助于针对不同合同确定不同的规则，而且便于准确适用法律。一般来说，合同可做如下分类：

1. 要式合同与不要式合同

根据合同的成立是否需要特定的形式，合同可以分为要式合同与不要式合同。

要式合同是指法律要求必须具备特定形式（如书面、登记、审批等形式）才成立的合同。例如，《民法典》第七百八十九条规定："建设工程合同应当采用书面形式。"因此，建设工程合同是要式合同。

不要式合同是指法律不要求必须具备一定形式和手续的合同。除法律有特别规定以外，均为不要式合同。因此，实践中，不要式合同居多。

2. 双务合同与单务合同

根据当事人双方权利义务的分担方式，合同可以分为双务合同与单务合同。

双务合同是指当事人双方相互享有权利、承担义务的合同。在双务合同中，一方享有的权利正是对方所承担的义务，反之亦然，每一方当事人既是债权人又是债务人。例如，买卖、租赁、承揽、运输、保险等合同均为双务合同。

单务合同是指只有一方当事人负担义务的合同。例如，赠与、借用合同等。

3. 有偿合同与无偿合同

根据当事人取得权利是否以偿付为代价，合同可以分为有偿合同与无偿合同。

有偿合同是指当事人一方享有合同规定的权利，须向另一方付出相应代价的合同。例如，买卖、租赁、运输、承揽等合同。有偿合同是商品交换最典型的合同形式。实践中，绝大多数合同是有偿合同。

无偿合同是指一方当事人享有合同规定的权益，但无须向另一方付出相应代价的合同。例如，无偿借用合同、赠与合同。

有些合同既可以是有偿的也可以是无偿的，由当事人协商确定，如委托、保管等合同。双务合同都是有偿合同；单务合同原则上为无偿合同，但有的单务合同也可为有偿合同，如有息贷款合同。

4. 有名合同与无名合同

根据法律是否赋予特定合同名称并设有专门规则，合同可以分为有名合同与无名合同。

有名合同，也称为典型合同，是指法律上已经确定一定的名称，并设定具体规则的合同。如《民法典》中规定的 19 种合同：买卖合同，供用电、水、气、热力合同，赠与合同，借款合同，保证合同，租赁合同，融资租赁合同，保理合同，承揽合同，建设工程合同，运输合同，技术合同，保管合同，仓储合同，委托合同，物业服务合同，行纪合同，中介合同，合伙合同。

无名合同也称为非典型合同，是指法律上尚未确定专门名称和具体规则的合同，是《民法典》中规定的 19 种合同之外的合同。例如，我国社会生活中的肖像权使用合同，其内容是关于肖像权的使用及其报酬等事项，属无名合同。

5. 诺成合同与实践合同

根据合同的成立是否必须交付标的物，合同可以分为诺成合同与实践合同。

诺成合同，又称为不要物合同，是指当事人双方意思表示一致就可以成立的合同。大多数合同都属于诺成合同，如建设工程合同、买卖合同、租赁合同等。

实践合同，又称为要物合同，是指除当事人双方意思表示一致以外，还须交付标的物才能成立的合同。例如，保管、借款、定金、寄存等合同。

6. 主合同与从合同

根据合同相互之间的主从关系，合同可以分为主合同与从合同。

主合同是指能够独立存在的合同；依附于主合同方能存在的合同为从合同。例如，发包人与承包人签订的建设工程施工合同为主合同。

从合同是指为确保主合同的履行，发包人与承包人签订的履约保证合同。

7. 格式合同与非格式合同

按条款是否预先拟定，合同可以分为格式合同与非格式合同。

格式合同也称为定式合同、标准合同、附从合同。《民法典》第四百九十六条规定："格式条款是当事人为了重复使用而预先拟定，并在订立合同时未与对方协商的条款。"采用格式条款的合同称为格式合同。对于格式合同的非拟定条款的一方当事人而言，要订立格式合同，就必须接受全部合同条件；否则，就不订立合同。现实生活中的车票、船票、飞机票、保险单、提单、仓单、出版合同等都是格式合同。

非格式合同是指格式合同以外的其他合同。

对格式条款的理解发生争议的，应当按照通常理解予以解释。对格式条款有两种以上解释的，应当做出不利于提供格式条款一方的解释。格式条款和非格式条款不一致的，应当采用非格式条款。

3.1.4　合同的形式、内容和格式条款

1. 合同的形式

合同的形式又称为合同的方式，是指合同当事人双方对合同的内容、条款经过协商，做出共同的意思表示的具体形式。合同的形式是合同内容的外在表现，是合同内容的载体。

《民法典》第四百六十九条规定："当事人订立合同，可以采用书面形式、口头形式或者其他形式。"

（1）书面形式　书面形式是指合同书、信件、电报、电传、传真等可以有形地表现所载内容的形式。以电子数据交换、电子邮件等方式能够有形地表现所载内容，并可以随时调取查用的数据电文，视为书面形式。

书面合同的优点在于有据可查、权利义务记载清楚、便于履行，发生纠纷时容易举证和分清责任。书面合同是实践中广泛采用的一种合同形式。建设工程合同应当采用书面形式。

（2）口头形式　口头形式是指当事人用谈话的方式订立的合同，如当面交谈、电话联系等。口头合同形式一般运用于标的数额较小和即时结清的合同。例如，到商店、集贸市场购买商品，基本上都是采用口头合同形式。

以口头形式订立合同，其优点是建立合同关系简便、迅速、缔约成本低。但在发生争议时，难以取证、举证，不易分清当事人的责任，可通过开发票、购物小票等凭证加以补救。

（3）其他形式　其他形式是指除书面形式、口头形式以外的方式来表现合同内容的形式，主要包括默示形式和推定形式。默示形式是指当事人既不用口头形式、书面形式，也不用实施任何行为，而是以消极的不作为的方式进行的意思表示。默示形式只有在法律有特别规定的情况下才能运用。推定形式是指当事人不用语言、文字，而是通过某种有目的的行为表达自己意思的一种形式，从当事人的积极行为中，可以推定当事人已进行意思表示，如在自动售货机投币购物。

2. 合同的内容

合同的内容，即合同当事人的权利、义务，除法律规定的以外，主要由合同的条款确定。合同的内容由当事人约定，一般包括以下条款：

（1）当事人的姓名或者名称和住所　这是合同必备的条款，要把各方当事人的名称或者姓名和住所都规定准确、清楚。

（2）标的　标的即合同法律关系的客体。标的可以是货物、劳务、工程项目或者货币等。标的是合同的核心，它是合同当事人权利和义务的焦点。尽管当事人双方签订合同的主观意向各有不同，但最后必须集中在一个标的上，因此，当事人双方签订合同时，首先要明确合同标的，没有标的或者标的不明确，必然会导致合同无法履行，甚至产生纠纷。

（3）数量　数量是衡量合同当事人权利义务大小、程度的尺度。因此，合同标的的数量一定要确切，并应当采用国家标准或行业标准中确定的，或者当事人共同接受的计量方法和计量单位。

（4）质量　合同中应当对质量问题尽可能规定细致、准确和清楚。国家有强制性标准的，必须按照强制性标准执行。当事人可以约定质量检验方法、质量责任期限和条件、对质量提出异议的条件与期限等。

（5）价款或者报酬　价款通常是指一方当事人为取得对方标的物，而支付给对方一定数额的货币。报酬通常是指一方当事人向另一方提供劳务、服务等，从而向对方收取一定数额的货币报酬。

（6）履行期限、地点和方式　履行期限是指享有权利的一方要求对方履行义务的时间要求，它是权利主体行使请求权的时间界限，是确认合同是否按期履行或迟延履行的客观标准。履行地点是指合同当事人履行或接受履行合同规定义务的地点。履行方式是指当事人采用什么样的方式和手段来履行合同规定的义务，往往是根据合同的内容不同而不同，例如，交货方式、验收方式、付款方式、结算方式。

（7）违约责任　违约责任是指当事人不履行或者不适当履行合同规定的义务所应承担的法律责任。

为了保证合同义务的严格履行，及时解决合同纠纷，可以在合同中约定定金、违约金、赔偿金额以及赔偿金的计算方法等。

（8）解决争议的方法　解决争议的方法是指合同争议的解决途径，对合同条款发生争议时的解释以及法律适用等。解决争议的方法主要有4种：①和解；②调解；③仲裁；④诉讼。当事人可以约定解决争议的方法，如若通过诉讼解决争议则不用约定。

当事人可以参照各类合同的示范文本订立合同。

3. 合同的格式条款

《民法典》第四百九十六条规定："格式条款是当事人为了重复使用而预先拟定，并在订立合同时未与对方协商的条款。"

采用格式条款订立合同的，提供格式条款的一方应当遵循公平原则确定当事人之间的权利和义务，并采取合理的方式提示对方注意免除或者减轻其责任等与对方有重大利害关系的条款，按照对方的要求，对该条款予以说明。

对格式条款的限制有以下几点：①提供格式条款的一方未履行提示或者说明义务，致使对方没有注意或者理解与其有重大利害关系的条款的，对方可以主张该条款不成为合同的内容；②提供格式条款一方不合理地免除或者减轻其责任、加重对方责任、限制对方主要权利，该条款无效；③对格式条款有两种以上解释的，应当做出不利于提供格式条款一方的解释；④格式条款和非格式条款不一致的，应当采用非格式条款；⑤提供格式条款一方排除对方主要权利，该条款无效；⑥对格式条款的理解发生争议的，应当按照通常理解予以解释。

【案例】李某与雇主刘某签订的合同中有"若不注意安全，受伤后责任自己承担"的条款。2018 年 10 月，李某工作期间摔伤，发生医疗费 60 000 余元。李某找雇主刘某要求给予赔偿，被拒绝。李某咨询律师能要求刘某赔偿吗？

这是典型的格式条款中的无效条款。《民法典》明确规定，"提供格式条款一方不合理地免除或者减轻其责任、加重对方责任、限制对方主要权利"，该格式条款无效。李某与刘某约定的该条款属于无效条款。刘某作为雇主，应赔偿李某的摔伤损失。

3.2 合同的订立

3.2.1 要约

《民法典》第四百七十二条规定："要约是希望与他人订立合同的意思表示，该意思表示应当符合下列条件：（一）内容具体确定；（二）表明经受要约人承诺，要约人即受该意思表示约束。"

发出要约的一方称要约人，接受要约的一方称受要约人，例如招标投标中投标人属于要约人，招标人属于受要约人。

（1）要约的构成要件 要约的构成要件包括以下内容：①要约是由具有订约能力的特定人做出的意思表示；②要约必须具有订立合同的意图；③要约必须向要约人希望与之缔结合同的受要约人发出；④要约的内容必须具体确定；⑤要约必须送达到受要约人。

（2）要约生效的时间 要约到达受要约人时生效。因要约的送达方式不同，其"到达"的时间界定也不同。采用直接送达的方式发出要约的，记载要约的文件交给受要约人即为到达；采用普通邮寄方式送达要约的，受要约人收到要约文件或要约送达到受要约人信箱的时间为到达时间；采用数据电文形式（包括电报、电传、传真、电子数据交换和电子邮件）发出要约的，数据电文进入收件人指定的特定系统的时间或者在未指定特定系统情况下数据电文进入收件人的任何系统的首次时间作为要约到达时间。

（3）要约的撤回和撤销 要约的撤回是指要约在发生法律效力之前，要约人宣布收回发出的要约，使其不产生法律效力的行为。撤回要约的通知应当在要约到达受要约人之前或者与要约到达受要约人同时。

要约的撤销是指要约在发生法律效力之后，要约人取消该要约，使该要约的效力归于消灭的行为。撤销要约的通知应当在受要约人发出承诺通知之前到达受要约人。但有下列情形之一的，要约不得撤销：①要约人以确定承诺期限或者其他形式明示要约不可撤销；②受要约人有理由认为要约是不可撤销的，并已经为履行合同做了合理准备工作。

（4）要约的失效　要约失效也称为要约消灭，是指要约丧失了法律效力，要约人和受要约人均不再受其约束。要约在以下 4 种情况下失效：①要约被拒绝；②要约被依法撤销；③承诺期限届满，受要约人未做出承诺；④受要约人对要约的内容做出实质性变更。如果受要约人对要约的主要内容做出限制、更改或扩大，则构成反要约，即受要约人拒绝了要约，同时又向原要约人提出了新的要约。但如果受要约人只是更改了要约的非实质内容，则不构成新要约，要约也不会失效，除非要约人及时表示反对或要约表明承诺不得对要约内容做任何改变。

【案例】2018 年 7 月 5 日，我国某钢铁公司向新加坡一家公司发盘：以每吨 8000 元人民币的价格出售冷轧板卷 100t，7 月 25 日前承诺有效。新加坡公司总经理接到电话后，要求我方将单价降至 7200 元。经研究，我方决定将价格降为 7500 元，并于 8 月 1 日通知对方"此为我方最后出价，8 月 10 日前承诺有效"。可是发出这个要约以后，我方就收到国际市场冷轧板卷涨价的消息，每吨冷轧板卷涨价约 800 元人民币。于是，我方在 8 月 6 日致函撤盘，新加坡公司于 8 月 8 日来电接受我方最后发盘，新加坡公司认为合同已成立，我方撤盘是违约行为，后经仲裁，以我方赔偿新加坡公司 10 万元人民币而告终。本案例中的要约承诺了期限不可撤销，因此新加坡公司要求我方赔偿属于合法，我国公司因忽略了这个问题而导致赔偿。

3.2.2　要约邀请

要约邀请又称为要约引诱，是指一方希望他人向自己发出要约的意思表示。《民法典》第四百七十三条规定："要约邀请是希望他人向自己发出要约的表示。拍卖公告、招标公告、招股说明书、债券募集办法、基金招募说明书、商业广告和宣传、寄送的价目表等为要约邀请。商业广告和宣传的内容符合要约条件的，构成要约。"

要约邀请与要约虽然最终的目的都是订立合同，但两者存在较大区别。最重要的区别就是法律约束力不同。要约邀请对行为人无法律约束力，在发出要约邀请后可随时撤回其邀请，只要没有造成信赖利益损失的，要约邀请人一般不承担法律责任。而要约一旦发出且受要约人承诺，合同便成立；即使受要约人不承诺，要约人在一定时间内也应受到要约的约束，不得违反法律规定擅自撤回或撤销要约，不得随意变更要约的内容。

【案例】A 因建造大楼急需水泥，遂向本市宝华水泥厂发出函电，函电中称："我公司急需标号为 425 号的水泥 100 吨，若贵厂有货，请速来函电，我公司愿派人前往购买。"水泥厂在收到函电以后，均先后回复函电告知备有现货，且告知了水泥的价格。而水泥厂在发出函电同时即派车给 A 送去 50t 水泥。

本案例中 A 的函电属于要约邀请，因为没有约定价格，本意不具有签订合同的意思。

水泥厂的回复具有要约的法律效力，即在承认原来函电的情况下，约定了价格，对方接受即为合同成立。

3.2.3 承诺

1）《民法典》第四百七十九条规定："承诺是受要约人同意要约的意思表示。"受要约人无条件同意要约的承诺一经送达到要约人则发生法律效力，这是合同成立的必经程序。

承诺的有效成立必须具备以下条件：①承诺必须由受要约人向要约人做出；②承诺必须在规定的期限内到达要约人；③承诺的内容必须与要约的内容一致。

2）承诺的方式。《民法典》第四百八十条规定，承诺应当以通知的方式做出；但是，根据交易习惯或者要约表明可以通过行为做出承诺的除外。也就是说，承诺方式原则上是以通知的方式做出，包括口头、书面等明示的形式。

3）承诺的生效时间。承诺通知到达要约人时生效。承诺不需要通知的，根据交易习惯或者要约的要求做出承诺的行为时生效。采用数据电文形式订立合同的，承诺到达的时间适用于要约到达受要约人时间的规定。

4）承诺的撤回。承诺的撤回是指在承诺没有发生法律效力之前，承诺人宣告取消承诺的意思表示。鉴于承诺一经送达要约人即发生法律效力，合同也随之成立，所以撤回承诺的通知应当在承诺通知到达要约人之前或者承诺通知同时到达要约人。若撤回承诺的通知晚于承诺通知到达要约人，此时承诺已然发生法律效力，合同已经成立，则承诺人就不得撤回其承诺。

5）承诺超期。也即承诺迟到，是指超过承诺期限到达要约人的承诺。按照迟到的原因不同，《民法典》对承诺的有效性做出了以下规定：

《民法典》第四百八十六条规定："受要约人超过承诺期限发出承诺，或者在承诺期限内发出承诺，按照通常情形不能及时到达要约人的，为新要约；但是，要约人及时通知受要约人该承诺有效的除外。"

《民法典》第四百八十七条规定："受要约人在承诺期限内发出承诺，按照通常情形能够及时到达要约人，但是因其他原因致使承诺到达要约人时超过承诺期限的，除要约人及时通知受要约人因承诺超过期限不接受该承诺外，该承诺有效。"

【案例】甲建筑公司因施工需要于 2020 年 4 月 6 日向乙水泥厂发去购买水泥的电报，"要求以 500 元/t 的价格，标号为 425，数量为 500t，并于 2020 年 4 月 7 日 14 点前送到甲建筑公司的×××工地"；乙水泥厂于 2020 年 4 月 6 日回电说："完全同意甲建筑公司购买水泥的要求。"到此为止，双方要约与承诺已经结束，合同就此成立。

本案例中，甲建筑公司为要约人，乙水泥厂为受要约人；购买水泥的电报属于要约，水泥厂于 2020 年 4 月 6 日回电属于承诺；表明经受要约人承诺，要约人即受该意思表示约束。案例中，甲建筑公司购买水泥的电报（要约）经水泥厂于 2020 年 4 月 6 日回电（承诺），那么水泥厂按价、按质、按时送到甲建筑公司的×××工地时，甲建筑公司必须完全接收该水泥，不得少收或拒收（这就是所谓的"要约人即受该意思表示约束"）。

3.2.4　缔约过失责任

1. 缔约过失责任的概念和特点

缔约过失责任是指在合同订立过程中，由于当事人一方未履行依据诚实信用原则应承担的义务，而导致当事人另一方受到损失，并应承担损害赔偿责任。《民法典》第七条规定："民事主体从事民事活动，应当遵循诚信原则，秉持诚实，恪守承诺。"

缔约过失责任的特点：①缔约过失责任发生在合同订立过程中；②一方违背其依据诚实信用原则所应负的义务；③造成他人信赖利益的损失。

2. 缔约过失责任的具体表现形式

1）假借订立合同，恶意进行磋商。

2）故意隐瞒与订立合同有关的重要事实或者提供虚假情况。

3）有其他违背诚信原则的行为。

4）违反缔约中的保密义务。

【案例】　某高校综合实验大楼，于 2018 年 3 月公开招标，招标文件确定的投标截止时间和开标时间是 2018 年 5 月 30 日。共有 8 家投标人按照招标文件的要求提交了各自的投标文件和投标保证金 50 万元。但直至 2019 年 1 月，招标人仍未通知开标，各投标人都为此与招标方进行了交涉，事后才得知该高校法定代表人和领导班子成员都被更换，班子内部对应当按照原定招标方案开标，还是进行重新设计和重新招标意见不一，争执不下。

正在这时，其中一家投标人因反复交涉无果，向法院提起诉讼，要求判决招标人承担缔约过失责任，退还投标保证金 50 万元，并赔偿利息、投标费用和延期开标造成的损失共计 30 万元。法院判定业主因更换班子中断招标应负缔约过失责任，判决生效之日退还投标保证金，并赔偿由被告的缔约过失造成原告的损失 30 万元。

3.3　合同的效力

履行合同是指履行有效的合同，因此，判断合同是否有效是履行合同的前提。

3.3.1　合同成立

合同成立是指双方当事人依照有关法律对合同的内容进行协商并达成一致的意见。合同成立的判断依据是承诺是否生效。合同成立是合同生效的前提条件。如果合同不成立，是不可能生效的。但合同成立也并不意味着合同就生效了。

1. 合同成立的时间

《民法典》第四百八十三条规定："承诺生效时合同成立。"合同成立的时间是由承诺实际生效的时间决定的。这就是说，承诺在何时生效，当事人就应当在何时受合同关系的约束，因此，承诺生效时间以承诺到达要约人的时间为准，即承诺何时到达要约人，便在何时生效。合同订立的方式决定合同成立的时间。

1）采用口头形式订立合同的，自口头承诺生效时成立。

2）采用合同书形式订立合同的，《民法典》第四百九十条规定："当事人采用合同书形式订立合同的，自当事人均签名、盖章或者按指印时合同成立。在签名、盖章或者按指印之前，当事人一方已经履行主要义务，对方接受时，该合同成立。法律、行政法规规定或者当事人约定合同应当采用书面形式订立，当事人未采用书面形式但是一方已经履行主要义务，对方接受时，该合同成立。"

3）采用信件、数据电文形式订立合同的，《民法典》第四百九十一条规定："当事人采用信件、数据电文等形式订立合同要求签订确认书的，签订确认书时合同成立。当事人一方通过互联网等信息网络发布的商品或者服务信息符合要约条件的，对方选择该商品或者服务并提交订单成功时合同成立，但是当事人另有约定的除外。"

2. 合同成立的地点

《民法典》第四百九十二条规定："承诺生效的地点为合同成立的地点。"根据承诺生效时间规定的不同，合同成立的时间规定也不同，合同成立的地点也不同。

1）承诺需要通知的，要约人所在地为合同成立地。

2）承诺不需要通知的，受要约人根据交易习惯或者要约的要求做出承诺行为的地点为合同成立的地点。

3）《民法典》第四百九十三条规定："当事人采用合同书形式订立合同的，最后签名、盖章或者按指印的地点为合同成立的地点，但是当事人另有约定的除外。"

4）采用数据电文形式订立合同的，收件人的主营业地为合同成立的地点；没有主营业地的，其住所地为合同成立的地点。当事人另有约定的，按照其约定。

3.3.2　合同生效

1. 合同生效的要件

合同成立与合同生效是两个不同的概念。合同成立就是各方当事人的意思表示一致，达成合意。合同生效是指合同产生法律上的约束力。合同生效的要件要具备以下条件：

1）当事人须有缔约能力。当事人的缔约能力是指当事人应具备相应的民事权利能力和民事行为能力。民事权利能力是指法律赋予民事主体享有民事权利和承担民事义务的资格；民事行为能力是指民事主体独立实施民事法律行为的资格。我国法律规定，我国公民从出生开始到死亡都享有民事权利能力；法人和非法人组织从成立始至终止在其法定经营范围内享有民事权利能力。法人和非法人组织的民事行为能力的享有与其民事权利能力相同；公民的民事行为能力则分为完全行为能力、限制行为能力和无行为能力3种。完全行为能力人方能订立合同，限制行为能力人订立的合同，经法定代理人追认后有效；如果是纯获利益的合同或者与当事人年龄、智力、精神健康状况相适应而订立的合同，不经法定代理人追认，也有效。

2）意思表示真实。意思表示真实是指当事人在自觉自愿的基础上，做符合其内在意志的表示行为。在正常情况下，行为人的意志是与其外在表现相符的，但有时由于某些主观或客观的原因，也可能出现两者不相符的情形，行为人的意思表示就会不真实，所订立的合同不具有法律效力或者可以撤销。

3）不违反法律和社会公共利益。合同如果不具备合法性，只能归于无效。所以合同的内容和目的都不得违反国家法律和社会公共利益。

4）合同的形式合法。合同的形式合法是指订立合同必须采取符合法律规定的形式。法律规定用特定形式的，应当依照法律规定。例如，法律、行政法规规定应当办理批准、登记等手续的，依照其规定。

2. 合同生效时间及附款合同

（1）合同生效时间　依法成立的合同，自成立时生效。依照法律、行政法规规定应当办理批准、登记等手续的，待手续完成时合同生效。

（2）附款合同　附款合同包括附条件的合同和附期限的合同。

1）附条件的合同。当事人对合同的效力可以约定附条件。附生效条件的合同，自条件成就时生效；附解除条件的合同，自条件成就时失效。当事人为自己的利益不正当地阻止条件成就的，视为条件已成就；不正当地促成条件成立的，视为条件不成立。

2）附期限的合同。当事人对合同的效力可以约定附期限。附生效期限的合同，自期限届至时生效；附终止期限的合同，自期限届满时失效。

3.3.3　无效合同

无效合同是指当事人违反了法律规定的条件而订立的，国家不承认其效力，不给予法律保护的合同。无效合同从订立之时起就没有法律效力，不论合同履行到什么阶段，合同被确认无效后，这种无效的确认要溯及到合同订立时。无效合同的确认权归人民法院或者仲裁机构，合同当事人或其他任何机构均无权认定合同无效。无效合同一般有以下几种：①一方以欺诈、胁迫的手段订立合同，损耗国家利益；②恶意串通，损害国家、集体或第三人利益；③以合法形式掩盖非法目的；④损坏社会公共利益；⑤违反法律、行政法规强制性规定。

【案例】2017 年 9 月，某钢铁总厂（甲方）与某建筑安装公司（乙方）签订建设工程施工合同。合同约定：甲方的 150m 高炉改造工程由乙方承建，2017 年 9 月 15 日开工，2018 年 5 月 1 日具备投产条件；从乙方施工到 1000 万元工作量的当月起，甲方按月计划报表的 50% 支付工程款，月末按统计报表结算。合同签订后，乙方按照约定完成工程，但甲方未支付全额工程款，截至 2018 年 12 月，尚欠应付工程 2000 万元。2019 年 2 月 3 日，乙方起诉甲方，要求支付工程款、延期付款利息及滞纳金。甲方主张，因合同中含有垫资承包条款，所以合同无效，甲方可以不承担违约责任。

虽然垫资条款违反了政府行政主管部门的规定，但是不违反法律、行政法规的禁止性、强制性规定。法律有广义和狭义之分，狭义的法律仅指全国人民代表大会及其常务委员会制定的规范性文件。而行政法规则是国务院制定的规范性文件。两者均属于广义的法律的一部分。《民法典》中"不违反法律、行政法规的强制性规定"中的"法律"指的是狭义的法律。部门规章、地方政府规章、地方性行政法规等属于广义的法律，违反其规定的合同不会导致合同无效。

3.3.4　效力待定合同

效力待定合同是指合同已经成立，要经合同权利人追认才具有法律效力，没有追认的，合同无效但合同效力能否产生尚不能确定的合同。《民法典》对效力待定合同规定有以下 2 种。

1. 限制民事行为能力人订立的合同

《民法典》第一百四十五条规定："限制民事行为能力人实施的纯获利益的民事法律行为或者与其年龄、智力、精神健康状况相适应的民事法律行为有效；实施的其他民事法律行为经法定代理人同意或者追认后有效。相对人可以催告法定代理人自收到通知之日起三十日内予以追认。法定代理人未作表示的，视为拒绝追认。民事法律行为被追认前，善意相对人有撤销的权利。撤销应当以通知的方式作出。"

2. 无权代理人订立的合同

《民法典》第五百零三条规定："无权代理人以被代理人的名义订立合同，被代理人已经开始履行合同义务或者接受相对人履行的，视为对合同的追认。"

《民法典》第五百零四条规定："法人的法定代表人或者非法人组织的负责人超越权限订立的合同，除相对人知道或者应当知道其超越权限外，该代表行为有效，订立的合同对法人或者非法人组织发生效力。"

3.3.5 可变更、可撤销合同

可变更、可撤销合同是指欠缺合同的有效条件，但当事人一方可依照自己的意思使合同的内容得以变更或者使合同的效力归于消灭的合同。可变更、可撤销合同的效力取决于当事人的意思，属于相对无效的合同。当事人根据其意思，若主张合同有效，则合同有效；若主张合同无效，则合同无效；若主张合同变更，则合同可以变更。

1. 合同可以变更或者撤销的情形

1）因重大误解订立的合同。重大误解的合同是指当事人对合同的重要内容产生错误理解，并基于这种错误理解而订立的合同。在司法实践中，重大误解主要有以下几种。

① 对合同性质的误解。如误以借贷为赠与，误以出租为出卖；在信托、委托、保管、信贷等以信用为基础的合同中，将甲公司误认为乙公司而与之订立合同。

② 对标的物品种类的误解。如将轧铝机误认为轧钢机而购买，从而使订立合同的目的落空。

③ 对标的物质量、数量、规格、包装、履行方式、履行地点等内容的误解，在给误解人造成较大损失时，构成重大误解。

2）在订立合同时显失公平的合同。显失公平的合同是指对一方当事人明显有利而对另一方当事人有重大不利的合同。这类合同往往表现为当事人双方的权利和义务极不对等、经济利益上不平衡，因而违反了公平原则，并且超过了法律允许的限度。这类合同一般是在受害人缺乏经验或紧迫的情况下订立的。

3）一方以欺诈、胁迫的手段或者乘人之危，使对方在违背真实意思的情况下订立的合同。

【案例】2017 年 7 月 15 日，某村委会与本县农资公司在县城签订买卖杀虫剂的合同。合同约定：由农资公司供给村委会杀虫剂 1000 瓶，每瓶单价 100 元（当时市场价格是 50 元一瓶），价款总计 10 万元；由农资公司于同年 8 月 8 日将货送到村委会所在地，村委会验收无误后，货款于交货第二天即 8 月 9 日一次性付清。合同签订后，农资公司按合同规定将1000 瓶农药送到村委会；村委会验收无误，于 8 月 9 日一次付给农资公司款项 5 万元，并言：每瓶 100 元的价格是被迫所承诺，因而只能按本地区市场价格付款。农资公司多次向村委会催款未成，遂起诉到法院，要求村委会支付余款 5 万元及逾期付款的利息。村委会当庭提出撤销合同价款，改为市场价每瓶 50 元的请求。经审理法院判决：认定县农资公司属于乘人之危，双方签订的合同属于可撤销、可变更的合同。本合同只是部分无效，除价格条款以外，其余条款都合法有效，并且已经履行完毕。因此，村委会申请撤销合同价款的请求予以支持，农资公司应对价格条款的无效负全部责任。

2. 撤销权的消灭

撤销权是指受损害的一方当事人对可撤销的合同依法享有的、可请求人民法院或仲裁机构撤销该合同的权利。享有撤销权的一方当事人称为撤销权人。撤销权应由撤销权人行使，并应向人民法院或者仲裁机构主张该项权利。而撤销权的消灭是指撤销权人依照法律享有的撤销权由于一定法律事由的出现而归于消灭的情形。

有下列情形之一的，撤销权消灭：

1）当事人自知道或者应当知道撤销事由之日起一年内、重大误解的当事人自知道或者应当知道撤销事由之日起九十日内没有行使撤销权。

2）当事人受胁迫，自胁迫行为终止之日起一年内没有行使撤销权。

3）当事人知道撤销事由后明确表示或者以自己的行为表明放弃撤销权。

3. 无效合同或者被撤销合同的法律后果

无效合同或者被撤销合同自始没有法律约束力。合同部分无效，不影响其他部分效力的，其他部分仍然有效。合同无效、被撤销或者终止的，不影响合同中独立存在的有关解决争议方法的条款的效力，如《中华人民共和国仲裁法》规定，仲裁协议独立存在，合同的变更、解除、终止或者无效，不影响仲裁协议的效力。

合同无效或被撤销后，履行中的合同应当终止履行；尚未履行的，不得履行。根据不当得利返还责任和缔约过失责任原则，对当事人依据无效合同或者被撤销合同而取得的财产应当依法进行如下处理：

1）返还财产或折价补偿。当事人依据无效合同或者被撤销合同所取得的财产，应当予以返还；不能返还或者没有必要返还的，应当折价补偿。

2）赔偿损失。合同被确认无效或者被撤销后，有过错的一方应赔偿对方因此所受到的损失。双方都有过错的，应当各自承担相应的责任。

3）收归国家所有或者返还集体、第三人。当事人恶意串通，损害国家、集体或者第三人利益的，因此取得的财产收归国家所有或者返还集体、第三人。

3.4　合同的履行

合同的履行是指合同当事人按照合同的规定，全面履行各自应尽的义务，实现各自的权利，使各方的目的得以实现的行为。

3.4.1　合同履行的原则

1. 全面履行原则

《民法典》第五百零九条规定："当事人应当按照约定全面履行自己的义务。"全面履行也称为正确履行、适当履行、实际履行，是指当事人应按照合同的规定不折不扣地履行合同义务，包括履行义务的主体、标的、数量、质量、价款或者报酬以及履行的期限、地点、方式等。

2. 诚实信用原则

《民法典》第五百零九条规定："当事人应当遵循诚信原则，根据合同的性质、目的和交易习惯履行通知、协助、保密等义务。"在合同关系中除了要履行公司义务，还要履行附随义务。附随义务指法律并无明确规定，当事人在缔约时也无约定，但基于诚信原则和社会上的一般交易观念当事人应负担的义务。

3. 节约环保原则

《民法典》第五百零九条规定："当事人在履行合同过程中，应当避免浪费资源、污染环境和破坏生态。"

4. 协作履行原则

协作履行原则是指当事人不仅适当履行自己的合同债务，而且应协助对方当事人履行债务的履行原则。协作履行原则是贯穿于合同履行全过程的互助协作精神。

合同的履行，只有债务人的给付行为，没有债权人的受领，合同的内容仍难实现。不仅如此，在建设工程合同、技术开发合同、技术转让合同、提供服务合同等场合，债务人实施给付行为也需要债权人的积极配合，否则，合同的内容也难以实现。因此履行合同不仅是债务人的事，也是债权人的事，而协助履行往往是债权人的义务。只有双方当事人在合同履行过程中相互配合、相互协作，合同才会得到适当履行。

协作履行是诚实信用原则在合同履行方面的具体体现，一方面需要双方当事人之间相互协助，另一方面也表明协助不是无限度的。一般认为，协作履行原则含有以下内容：①债务人履行合同债务，债权人应适当受领给付；②债务人履行债务，可以要求债权人创造必要的条件，提供方便；③因故不能履行或不能完全履行时，当事人应积极采取措施避免或减少损失，否则还要就扩大的损失自负其责；④发生合同纠纷时，应各自主动承担责任，不得推诿。

协作履行原则并不漠视当事人的各自独立的合同利益，不降低债务人所负债务的力度。那种以协作履行为借口，加重债权人负担，逃避自己义务的行为，是与协作履行原则相悖的。

3.4.2　合同履行的规则

1. 合同无约定或约定不明确

合同履行的规则也称合同履行条款没有约定或者约定不明确。

《民法典》第五百一十条规定："合同生效后，当事人就质量、价款或者报酬、履行地点等内容没有约定或者约定不明确的，可以协议补充；不能达成补充协议的，按照合同相关条款或者交易习惯确定。"

《民法典》第五百一十一条规定，当事人就有关合同内容约定不明确，依据前条规定仍不能确定的，适用下列规定：

1）质量要求不明确的，按照强制性国家标准履行；没有强制性国家标准的，按照推荐性国家标准履行；没有推荐性国家标准的，按照行业标准履行；没有国家标准、行业标准的，按照通常标准或者符合合同目的的特定标准履行。

2）价款或者报酬不明确的，按照订立合同时履行地的市场价格履行；依法应当执行政府定价或者政府指导价的，依照规定履行。

《民法典》第五百一十三条规定："执行政府定价或者政府指导价的，在合同约定的交付期限内政府价格调整时，按照交付时的价格计价。逾期交付标的物的，遇价格上涨时，按照原价格执行；价格下降时，按照新价格执行。逾期提取标的物或者逾期付款的，遇价格上涨时，按照新价格执行；价格下降时，按照原价格执行。"

3）履行地点不明确，给付货币的，在接受货币一方所在地履行；交付不动产的，在不动产所在地履行；其他标的，在履行义务一方所在地履行。

4）履行期限不明确的，债务人可以随时履行，债权人也可以随时请求履行，但是应当给对方必要的准备时间。

5）履行方式不明确的，按照有利于实现合同目的的方式履行。

6）履行费用的负担不明确的，由履行义务一方负担；因债权人原因增加的履行费用，由债权人负担。

2. 电子合同标的交付时间

《民法典》第五百一十二条规定："通过互联网等信息网络订立的电子合同的标的为交付商品并采用快递物流方式交付的，收货人的签收时间为交付时间。电子合同的标的为提供服务的，生成的电子凭证或者实物凭证中载明的时间为提供服务时间；前述凭证没有载明时间或者载明时间与实际提供服务时间不一致的，以实际提供服务的时间为准。电子合同的标的物为采用在线传输方式交付的，合同标的物进入对方当事人指定的特定系统且能够检索识别的时间为交付时间。电子合同当事人对交付商品或者提供服务的方式、时间另有约定的，按照其约定。"

3. 履行币种约定不明时的处理

《民法典》第五百一十四条规定："以支付金钱为内容的债，除法律另有规定或者当事人另有约定外，债权人可以请求债务人以实际履行地的法定货币履行。"

3.4.3　合同履行中的抗辩权

抗辩权是指在双务合同中，当事人一方有依法对抗对方要求或否认对方权利主张的权利。根据《民法典》，双务合同履行中的抗辩权，包括同时履行抗辩权、后履行抗辩权和不安抗辩权。

1. 同时履行抗辩权

同时履行抗辩权是指双务合同的当事人在无先后履行顺序时，应当同时履行。一方在对方履行之前有权拒绝其履行要求；一方在对方履行债务不符合要求时，有权拒绝其相应的履行要求。

同时履行抗辩权的成立条件为：①双方基于同一双务合同且互负债务；②在合同中未约定履行顺序；③当事人另一方未履行债务；④对方的对待给付是可能履行的义务。倘若对方所承担的债务没有履行的可能性，即同时履行的目的已不可能实现时，则不发生同时履行抗辩权问题，当事人可以依照法律规定解除合同。例如，施工合同中期付款时，对承包人施工质量不合格时，发包人有权拒绝支付该部分工程款；反之，如果建设单位拖欠工程款，则承包人也可以放慢施工进度，甚至可以停工，产生的后果由违约方承担。

2. 后履行抗辩权

后履行抗辩权是指合同当事人互负债务，有先后履行顺序，先履行一方未履行或履行债务不符合约定的，后履行一方有权拒绝其相应的履行要求。

后履行抗辩权的成立条件为：①双方基于同一双务合同且互负债务；②合同中约定了履行的顺序；③应当先履行合同的一方没有履行债务或者履行债务不符合约定。例如，材料供应合同按照约定应由供货方先行支付订购的货款，采购后，采购方再行付款结算；若合同履行过程中供货方支付的材料质量不符合约定的标准，采购方有权拒绝付款。

3. 不安抗辩权

不安抗辩权是指合同中约定了履行的顺序，应当先履行义务的一方，有确切证据证明后履行一方有未来不履行或者无力履行合同的情形时，可以中止履行。

不安抗辩权的成立条件为：①双方基于同一双务合同且互负债务；②合同中约定了履行的顺序且履行顺序在先的一方行使；③履行顺序在后的一方履行能力明显下降，有丧失或可能丧失履行债务能力的情形。

先履行合同的一方有确切证据证明对方有下列情形之一的，可以中止履行：①经营状况严重恶化；②转移财产、抽逃资金，以逃避债务；③丧失商业信誉；④有丧失或可能丧失履行债务能力的其他情形。当事人没有确切证据中止履行的，应当承担违约责任。

《民法典》第五百二十八条规定："当事人依据前条规定中止履行的，应当及时通知对方。对方提供适当担保的，应当恢复履行。中止履行后，对方在合理期限内未恢复履行能力且未提供适当担保的，视为以自己的行为表明不履行主要债务，中止履行的一方可以解除合同并可以请求对方承担违约责任。"

3.4.4 合同的保全

保全是指为防止因债务人的财产不当减少而给债权人带来损害，允许债权人行使代位权或撤销权，以保护其债权。合同的保全包括代位权和撤销权两种。

1. 代位权

代位权是指债务人怠于行使其到期债权，而危害到债权人的权利时，债权人可以取代债务人的地位，行使债务人的权利。如建设单位拖欠施工单位工程款，施工单位拖欠施工人员工资，而施工单位不向建设单位追讨，同时，也不给施工人员发放工资，则施工人员有权向人民法院请求以自己的名义直接向建设单位追讨。

《民法典》第五百三十五条规定："因债务人怠于行使其债权或者与该债权有关的从权利，影响债权人的到期债权实现的，债权人可以向人民法院请求以自己的名义代位行使债务人对相对人的权利，但是该权利专属于债务人自身的除外。代位权的行使范围以债权人的到期债权为限。债权人行使代位权的必要费用，由债务人负担。"

代位权特点主要有以下四种：①代位权是债权人代替债务人向债务人的债务人（即次债务人）主张权利，体现了债的对外效力；②代位权是一种法定债权的权能，无论第三人是否约定，债权人都享有此种权能；③代位权是债权人以自己的名义行使债务人的权利；④代位权在内容上并不是对于债务人和第三人的请求权。在内容上，代位权是债权人为了保全债权，而代替债务人行使债务人的权利，而且不能就收取的债务人的财产优先受偿。

代位权成立要件：①债权人对债务人的债权合法、确定，且必须已届清偿期；②债务人怠于行使其到期债权；③债务人怠于行使权利的行为已经对债权人造成损害；④债务人的债权不是专属于债务人自身的债权。专属于债务人自身的债权是指基于扶养关系、抚养关系、赡养关系、继承关系产生的给付请求权和劳动报酬、退休金、养老金、抚恤金、安置费、人寿保险、人身伤害赔偿请求权等权利。

2. 撤销权

撤销权是指因债务人放弃其到期债权或者无偿转让财产，对债权人造成损害的，债权人可以请求人民法院撤销债务人的行为。

《民法典》第五百三十八条规定："债务人以放弃其债权、放弃债权担保、无偿转让财产等方式无偿处分财产权益，或者恶意延长其到期债权的履行期限，影响债权人的债权实现的，债权人可以请求人民法院撤销债务人的行为。"

《民法典》第五百三十九条规定："债务人以明显不合理的低价转让财产、以明显不合理的高价受让他人财产或者为他人的债务提供担保，影响债权人的债权实现，债务人的相对人知道或者应当知道该情形的，债权人可以请求人民法院撤销债务人的行为。"

《民法典》第五百四十条规定："撤销权的行使范围以债权人的债权为限。债权人行使撤销权的必要费用，由债务人负担。"

《民法典》第五百四十一条规定："撤销权自债权人知道或者应当知道撤销事由之日起一年内行使。自债务人的行为发生之日起五年内没有行使撤销权的，该撤销权消灭。"

《民法典》第五百四十二条规定："债务人影响债权人的债权实现的行为被撤销的，自始没有法律约束力。"

【案例】 李某拖欠王某债务 200 万元到期未归还，为转移资产，李某串通张某以高出市场价 3 倍的价格从张某处受让住宅一套，王某能否向裁判机构请求撤销李某以高价受让住宅的行为？

本案例中李某以高出市场价 3 倍的价格从相对人张某处受让住宅的行为属于《民法典》第五百三十九条规定的"以明显不合理的高价受让他人财产"，并且张某对此等情形知晓，因此王某能够请求撤销李某高价受让住宅的行为。

3.5　合同担保

担保是指当事人根据法律法规或者双方约定，为促使债务人履行债务，实现债权人权利的法律制度。

《民法典》第三百八十七条规定："债权人在借贷、买卖等民事活动中，为保障实现其债权，需要担保的，可以依照本法和其他法律的规定设立担保物权。"担保方式为保证、抵押、质权、留置和定金五种。

担保通常是由当事人双方订立担保合同，担保合同是主合同的从合同，被担保合同是主合同，如主合同无效，则从合同无效，但担保合同另有约定的按照约定。担保合同被确认无效后，债务人、担保人、债权人有过错的，应当根据其过错各自承担相应的民事责任。

3.5.1 保证

1. 保证的概念

在建设工程活动中，保证是最为常用的一种担保方式。所谓保证，是指保证人和债权人约定，当债务人不履行债务时，保证人按照约定履行债务或者承担责任的行为。保证法律关系必须有三方参加，即保证人、被保证人（债务人）和债权人。具有代为清偿债务能力的法人、其他组织或者公民，可以作保证人。但在建设工程活动中，由于担保的标的额较大，保证人往往是银行，也有信用较高的其他担保人，如担保公司。银行出具的保证通常称为保函，其他保证人出具的书面保证一般称为保证书。

2. 保证合同

保证合同是为保障债权的实现，保证人和债权人约定，当债务人不履行到期债务或者发生当事人约定的情形时，保证人履行债务或者承担责任的合同。保证合同是主债权债务合同的从合同。主债权债务合同无效的，保证合同无效，但是法律另有规定的除外。保证合同被确认无效后，债务人、保证人、债权人有过错的，应当根据其过错各自承担相应的民事责任。

保证合同一般包括以下内容：①被保证的主债权种类、数额；②债务人履行债务的期限；③保证的方式；④保证担保的范围；⑤保证的期间；⑥双方认为需要约定的其他事项。

3. 保证方式

《民法典》第六百八十六条规定：“保证的方式包括一般保证和连带责任保证。”

当事人在保证合同中约定，债务人不能履行债务时，由保证人承担保证责任的，为一般保证。一般保证的保证人在主合同纠纷未经审判或者仲裁，并就债务人财产依法强制执行仍不能履行债务前，有权拒绝向债权人承担保证责任，但是有下列情形之一的除外：①债务人下落不明，且无财产可供执行；②人民法院已经受理债务人破产案件；③债权人有证据证明债务人的财产不足以履行全部债务或者丧失履行债务能力；④保证人书面表示放弃《民法典》第六百八十七条规定的权利。

当事人在保证合同中约定保证人与债务人对债务承担连带责任的，为连带责任保证。连带责任保证的债务人在主合同规定的债务履行期届满没有履行债务的，债权人可以要求债务人履行债务，也可以要求保证人在其保证范围内承担保证责任。当事人在保证合同中对保证方式没有约定或者约定不明确的，按照一般保证承担保证责任。

4. 保证人资格

机关法人不得为保证人，但是经国务院批准为使用外国政府或者国际经济组织贷款进行转贷的除外。以公益为目的的非营利法人、非法人组织不得为保证人。保证合同生效后，保证人就应当在合同约定的保证范围和保证期间承担保证责任。

保证担保的范围包括主债权及利息、违约金、损害赔偿金和实现债权的费用。保证合同另有约定的，按照约定。当事人对保证担保的范围没有约定或者约定不明确的，保证人应当对全部债务承担责任。

保证期间，债权人依法将主债权转让给第三人的，保证人在原保证担保的范围内继续承担保证责任。保证合同另有约定的，按照约定。保证期间，债权人许可债务人转让债务的，应当取得保证人书面同意，保证人对未经其同意转让的债务，不再承担保证责任。债权人与债务人协议变更主合同的，应当取得保证人书面同意，未经保证人书面同意的，保证人不再承担保证责任。保证合同另有约定的，按照约定。

一般保证的保证人未约定保证期间的，保证期间为主债务履行期届满之日起6个月。连带责任保证的保证人与债权人未约定保证期间的，债权人有权自主债务履行期届满之日起6个月内要求保证人承担保证责任。

5. 建设工程常用的担保种类

（1）投标保证金　投标保证金是指投标人按照招标文件的要求向招标人出具的，以一定金额表示的投标责任担保。其实质是为了避免因投标人在投标有效期内随意撤销投标或中标后不能提交履约保证金和签署合同等行为而给招标人造成损失。

（2）履约保证金　《招标投标法》规定，招标文件要求中标人提交履约保证金的，中标人应当提供。施工合同履约保证金，是为了保证施工合同的顺利履行而要求承包人提供的担保。施工合同履约保证金多为提供第三人的信用担保（保证），一般是由银行或者担保公司向招标人出具履约保函或者保证书。

（3）工程款支付担保　《工程建设项目施工招标投标办法》规定，招标人要求中标人提供履约保证金或其他形式履约担保的，招标人应当同时向中标人提供工程款支付担保。

工程款支付担保，是发包人向承包人提交的、保证按照合同约定支付工程款的担保，通常采用由银行出具保函的方式。

（4）预付款担保　预付款担保是指承包人向发包人提供的用于实现承包人按合同规定进行施工，偿还发包人已支付的全部预付金额的担保。如果承包人违约，使发包人不能在规定期限内从应付工程款中扣除全部预付款，则发包人有权行使预付款担保权利作为补偿。

3.5.2　抵押

1. 抵押的概念

抵押是指债务人或者第三人向债权人以不转移占有的方式提供一定的财产作为抵押物，用以担保债务履行的担保方式。《民法典》第三百九十四条规定："为担保债务的履行，债务人或者第三人不转移财产的占有，将该财产抵押给债权人的，债务人不履行到期债务或者发生当事人约定的实现抵押权的情形，债权人有权就该财产优先受偿。"提供抵押财产的债务人或者第三人为抵押人，债权人为抵押权人，提供担保的财产为抵押财产。

2. 抵押合同

抵押人和抵押权人应当以书面形式订立抵押合同。抵押合同应当包括以下内容：①被担保的主债权种类、数额；②债务人履行债务的期限；③抵押物的名称、数量、质量、状况、所在地、所有权权属或者使用权权属；④抵押担保的范围；⑤当事人认为需要约定的其他事项。

3. 抵押物

债务人或者第三人提供担保的财产为抵押物。由于抵押物是不转移其占有的，因此能够成为抵押物的财产必须具备一定的条件。这类财产轻易不会灭失，其所有权的转移应当经过一定的程序。

债务人或者第三人有权处分的下列财产可以抵押：①建筑物和其他土地附着物；②建设用地使用权；③海域使用权；④生产设备、原材料、半成品、产品；⑤正在建造的建筑物、船舶、航空器；⑥交通运输工具；⑦法律、行政法规未禁止抵押的其他财产。

抵押人可以将上述所列财产一并抵押。对于以上第①项至第③项规定的财产或者第⑤项规定的正在建造的建筑物抵押的，应当办理抵押登记。抵押权自登记时设立。

下列财产不得抵押：①土地所有权；②宅基地、自留地、自留山等集体所有土地的使用权，但是法律规定可以抵押的除外；③学校、幼儿园、医疗机构等为公益目的成立的非营利法人的教育设施、医疗卫生设施和其他公益设施；④所有权、使用权不明或者有争议的财产；⑤依法被查封、扣押、监管的财产；⑥法律、行政法规规定不得抵押的其他财产。

以动产抵押的，抵押权自抵押合同生效时设立；未经登记，不得对抗善意第三人。

4. 抵押的效力

抵押担保的范围包括主债权及利息、违约金、损害赔偿金和实现抵押权的费用。当事人也可以在抵押合同中约定抵押担保的范围。

抵押人有义务妥善保管抵押物并保证其价值。抵押期间，抵押人经抵押权人同意转让抵押财产的，应当将转让所得的价款向抵押权人提前清偿债务或者提存。转让的价款超过债权数额的部分归抵押人所有，不足部分由债务人清偿。抵押期间，抵押人未经抵押权人同意，不得转让抵押财产，但受让人代为清偿债务消灭抵押权的除外。抵押人的行为足以使抵押财产价值减少的，抵押权人有权要求抵押人停止其行为。

抵押权与其担保的债权同时存在。抵押权不得与债权分离而单独转让或者作为其他债权的担保。

5. 抵押权的实现

债务人不履行到期债务或者发生当事人约定的实现抵押权的情形，抵押权人可以与抵押人协议以抵押财产折价或者以拍卖、变卖该抵押财产所得的价款优先受偿。协议损害其他债权人利益的，其他债权人可以请求人民法院撤销该协议。抵押权人与抵押人未就抵押权实现方式达成协议的，抵押权人可以请求人民法院拍卖、变卖抵押财产。抵押财产折价或者变卖的，应当参照市场价格。

抵押财产折价或者拍卖、变卖后，其价款超过债权数额的部分归抵押人所有，不足部分由债务人清偿。

同一财产向两个以上债权人抵押的，拍卖、变卖抵押财产所得的价款依照下列规定清偿：①抵押权已经登记的，按照登记的时间先后确定清偿顺序；②抵押权已经登记的先于未登记的受偿；③抵押权未登记的，按照债权比例清偿。其他可以登记的担保物权，清偿顺序参照上述规定。

3.5.3　质权

1. 质权的概念

质权又称为质押，是指债务人或者第三人将其动产或权利移交债权人占有，将该动产或权利作为债权的担保。债务人不履行债务时，债权人有权依照法律规定以该动产或权利折价或者以拍卖、变卖该动产或权利的价款优先受偿。

质权是一种约定的担保物权，以转移占有为特征。债务人或者第三人为出质人，债权人为质权人，移交的动产或权利为质物。

2. 质权合同

《民法典》第四百二十七条规定："设立质权,当事人应当采用书面形式订立质押合同。"

质押合同一般包括下列条款:①被担保债权的种类和数额;②债务人履行债务的期限;③质押财产的名称、数量等情况;④担保的范围;⑤质押财产交付的时间、方式。

3. 质权的分类

质权分为动产质权和权利质权。

动产质权是指债务人或者第三人将其动产移交债权人占有,将该动产作为债权的担保。法律、行政法规禁止转让的动产不得出质。质权自出质人交付质权财产时设立。权利质权一般是将权利凭证交付质权人的担保。可以质权的权利包括:①汇票、本票、支票;②债券、存款单;③仓单、提单;④可以转让的基金份额、股权;⑤可以转让的注册商标专用权、专利权、著作权等知识产权中的财产权;⑥现有的以及将有的应收账款;⑦法律、行政法规规定可以出质的其他财产权利。

以汇票、本票、支票、债券、存款单、仓单、提单出质的,质权自权利凭证交付质权人时设立;没有权利凭证的,质权自办理出质登记时设立。法律另有规定的,依照其规定。

3.5.4　留置

1. 留置的概念

留置是指债权人按照合同约定占有债务人的动产,债务人不按照合同约定的期限履行债务的,债权人有权依照法律规定留置该财产,以该财产折价或者以拍卖、变卖该财产的价款优先受偿。

《民法典》第四百五十三条规定:"留置权人与债务人应当约定留置财产后的债务履行期限;没有约定或者约定不明确的,留置权人应当给债务人六十日以上履行债务的期限,但是鲜活易腐等不易保管的动产除外。债务人逾期未履行的,留置权人可以与债务人协议以留置财产折价,也可以就拍卖、变卖留置财产所得的价款优先受偿。"

留置权人负有妥善保管留置财产的义务。因保管不善致使留置财产毁损、灭失的,留置权人应当承担民事责任。

留置权是一种法定担保形式。

2. 留置权范围

因保管合同、仓储合同、运输合同、加工承揽合同发生的债权,债务人不履行债务的,债权人有留置权。法律规定可以留置的其他合同,适用留置的规定。

留置担保的范围包括主债权及利息、违约金、损害赔偿金、留置物保管费用和实现留置权的费用。

3.5.5　定金

定金是指当事人双方为了保证债务的履行,约定由当事人一方先行支付给对方一定数额的货币作为担保。定金合同采用书面形式,并在合同中约定交付定金的期限,定金合同从实际交付定金之日起生效。债务人履行债务后,定金应当抵作价款或者收回。

《民法典》第五百八十六条规定:"当事人可以约定一方向对方给付定金作为债权的担

保。定金合同自实际交付定金时成立。定金的数额由当事人约定；但是，不得超过主合同标的额的百分之二十，超过部分不产生定金的效力。实际交付的定金数额多于或者少于约定数额的，视为变更约定的定金数额。"

当事人一方不履行合同或者拒绝履行合同时，适用定金法则，即给付定金的一方不履行约定债务的，无权要求返还定金；收受定金的一方不履行约定债务的，应当双倍返还定金。

《民法典》第五百八十八条规定："当事人既约定违约金，又约定定金的，一方违约时，对方可以选择适用违约金或者定金条款。定金不足以弥补一方违约造成的损失的，对方可以请求赔偿超过定金数额的损失。"

3.6 合同的变更和转让

3.6.1 合同履行中的债权转让和债务转移

合同内可以约定，履行过程中由债务人向第三人履行债务或由第三人向债权人履行债务，但合同当事人之间的债权和债务关系并不因此而改变。

1. 由债务人向第三人履行债务

合同内可以约定由债务人向第三人履行部分义务。例如，发包方与空调供应商签订5台空调的采购合同。合同约定，空调供应商向施工现场甲方代表办公室交付2台，向现场监理机构办公室供应3台。这种情况的法律特征表现为：

1）第三人不是合同的当事人。这种合同的主体不变，仍然是原合同中的债权人和债务人，第三人只是作为接受债权的人，债权的转让在合同内有约定，但不改变当事人之间的权利义务关系。

2）合同的当事人合意由第三人接受债务人的履行。这种合同往往是基于债权人方面的各种原因，所以，债权人应当经过债务人的同意，向第三人履行的约定而产生效力。

3）债务人必须向债权人指定的第三人履行合同义务，否则，不能产生履行的效力。同时，在合同履行期限内，第三人可以向债务人请求履行，债务人不得拒绝。

4）向第三人履行原则上不能增加履行难度和履行费用，如果增加履行费用，可以由双方当事人协商确定；若协商不成，则应当由债权人承担增加的费用。

2. 由第三人向债权人履行债务

合同内可以约定由第三人向债权人履行部分义务，如施工合同的分包。这种情况的法律特征表现为：

1）部分义务由第三人履行属于合同内的约定，但当事人之间的权利义务关系并不因此而改变。

2）在合同履行期限内，债权人可以要求第三人履行债务，但不能强迫第三人履行债务。

3）第三人不履行债务或履行债务不符合约定，仍由合同当事人的债务方承担违约责任，即债权人不能直接追究第三人的违约责任。

3.6.2 合同的变更

合同的变更是指合同依法成立后尚未履行或尚未完全履行时，经双方当事人同意，依照法律规定的条件和程序，对原合同条款进行的修改和补充所达成的协议。

合同变更有广义与狭义之分。广义的合同变更是指合同的主体和合同的内容发生变化，主体变更主要指以新的主体取代原合同关系的主体，这种变更并未使合同的内容发生变化，也即合同的转让。狭义的合同变更主要是指合同内容的变更，即合同成立后，尚未履行或者未完成履行以前，当事人就合同的内容达成修改或补充的协议。《民法典》第五百四十三条规定："当事人协商一致，可以变更合同。"《民法典》的这一条款，实际上就是指狭义的合同变更。

1. 合同变更的特点

（1）合同的变更仅是合同的内容发生变化，而合同的当事人保持不变　合同有效成立后，其主体和内容均可能因某一法律事实而发生变化，但此处的合同变更仅指合同内容的变化，合同主体的变动属于合同转让的范畴。合同内容的变化，可表现为合同标的物的数量或质量、规格、价款数额或计算方法、履行时间、履行地点、履行方式等合同内容的某一项或数项发生变化（如标的物数量变化，价款也随之变化）。

（2）合同的变更是合同内容的局部变更，是合同的非根本性变化　合同变更只是对原合同关系的内容做些修改和补充，而不是对合同内容的全部变更。如果合同内容已全部发生变化，则实际上已导致原合同关系的消灭，一个新合同的产生，并且对原合同关系所做修改和补充的内容仅限于非要素内容，例如标的数量的增减、履行地点、履行时间、价款及结算方式的变更等。在非根本性变更的情况下，变更后的合同关系与原有的合同关系在性质上不变，属于同一法律关系，学说上称为具有"同一性"。如果合同的要素内容发生变化，即给付发生重要部分的变化，导致合同关系失去同一性，则构成合同的根本性变更，称为合同的更新。何为重要部分，应依当事人的意思和一般交易观念加以确定，如合同标的的改变、履行数量或价款的巨大变化，合同性质的变化等，都是合同的更新而非合同的变更。

（3）合同的变更通常依据双方当事人的约定，也可以是基于法律的直接规定　合同的变更有两种：一是根据当事人之间的约定对合同进行变更，即约定的变更；二是当事人依据法律规定请求人民法院或仲裁机构进行变更，即法定的变更。我国《民法典》第三编第一分编第六章所规定的合同变更实际上就是约定的变更。

（4）合同的变更只能发生在合同成立后，尚未履行或尚未完全履行之前　合同未成立，当事人之间根本不存在合同关系，也就谈不上合同的变更。合同履行完毕后，当事人之间的合同关系已经消灭，也不存在变更的问题。

2. 合同变更的条件

（1）原已存在合同关系　合同的变更是在原合同的基础上，通过当事人双方的协商，改变原合同关系的内容。因此，不存在原合同关系，就不可能发生变更问题。对无效合同和已经被撤销的合同，不存在变更的问题。对可撤销而尚未被撤销的合同，当事人也可以不经人民法院或仲裁机关裁决，而采取协商的手段，变更某些条款，消除合同中的重大误解或显失公平的现象，使之成为符合法律要求的合同。合同变更，通常要遵循一定的程序或依据某项具体原则或标准。这些程序、原则、标准等可以在订立合同时约定，也可以在合同订立后约定。

（2）合同的变更在原则上必须经过当事人协商一致　《民法典》第五百四十三条规定："当事人协商一致，可以变更合同。"在协商变更合同的情况下，变更合同的协议必须符合民事法律行为的有效要件，任何一方不得采取欺诈、胁迫的方式来欺骗或强制他方当事人变更合同。如果变更合同的协议不能成立或不能生效，则当事人仍然应按原合同的内容履行。如果当事人对变更的内容约定不明确的，应视为未变更。此外，合同变更还可以依据法律直接规定而发生。例如，《民法典》第一百四十七条规定："基于重大误解实施的民事法律行为，行为人有权请求人民法院或者仲裁机构予以撤销。"《民法典》第一百四十八条规定："一方以欺诈手段，使对方在违背真实意思的情况下实施的民事法律行为，受欺诈方有权请求人民法院或者仲裁机构予以撤销。"

（3）合同的变更必须遵循法定的程序和方式　《民法典》第五百零二条规定："依照法律、行政法规的规定，合同应当办理批准等手续的，依照其规定。"依此规定，如果当事人在法律、行政法规规定变更合同应当办理批准、登记手续的情况下，未遵循这些法定方式的，即便达成了变更合同的协议，也是无效的。由于法律、行政法规对合同变更的形式未做强制性规定，因此可以认为，当事人变更合同的形式可以协商决定，一般要与原合同的形式相一致。如原合同为书面形式，变更合同也应采取书面形式；如原合同为口头形式，变更合同既可以采取口头形式，也可以采取书面形式。

（4）合同变更使合同内容发生变化　合同变更仅指合同的内容发生变化，不包括合同主体的变更，因而合同内容发生变化是合同变更不可或缺的条件。当然，合同变更必须是非实质性内容的变更，变更后的合同关系与原合同关系应当保持同一性。

3.6.3　合同的转让

合同的转让是指在合同依法成立后，改变合同主体的法律行为，即合同当事人一方依法将其合同债权和债务全部或部分转让给第三方的行为。它主要包括债权转让、债务转让、债权债务一并转让3种类型。合同转让是合同变更的一种特殊形式，它不是变更合同中规定的权利义务内容，而是变更合同主体，即广义的合同变更。

1. 债权转让

债权转让是指在不改变合同权利义务内容的基础上，享有权利的当事人将其权利转让给第三人享有。债权人可以将合同的权利全部或者部分转让给第三人，但有下列情形之一的除外：①根据债权性质不得转让；②按照当事人约定不得转让；③依照法律规定不得转让。

《民法典》第五百四十五条规定："当事人约定非金钱债权不得转让的，不得对抗善意第三人。当事人约定金钱债权不得转让的，不得对抗第三人。"

若债权人转让权利，债权人应当通知债务人。未经通知，该转让对债务人不发生效力。除非经受让人同意，债权人转让权利的通知不得撤销。

债权让与后，该债权由原债权人转移给受让人，受让人取代让与人（原债权人）成为新债权人，依附于主债权的从债务也一并转移给受让人，如抵押权、留置权等。为保护债务人利益，不致其因债权转让而蒙受损失，凡债务人对让与人的抗辩权（如同时履行的抗辩权等），可以向受让人主张。

2. 债务转移

债务转移是指合同债务人与第三人之间达成协议，并经债权人同意，将其义务全部或部分转移给第三人的法律行为。有效的合同转让将使转让人（原债务人）脱离原合同，受让人取代其法律地位而成为新的债务人。但是，在债务部分转让时，只发生部分取代，而由转让人和受让人共同享有合同债务。

《民法典》第五百五十一条规定："债务人将债务的全部或者部分转移给第三人的，应当经债权人同意。债务人或者第三人可以催告债权人在合理期限内予以同意，债权人未作表示的，视为不同意。"

债权人同意是债务转移的重要生效条件。债务人转移债务后，原债务人享有的对债权人的抗辩权也随债务转移而由新债务人享有，新债务人可以主张原债务人对债权人的抗辩权。与主债务有关的从债务，如附随于主债务的利息债务，也随债务转移而由新债务人承担。

被转移的债务应具有可转移性。以下合同不具有可转移性：

1）某些合同债务与债务人的人身有密切联系，如以特别人身信任为基础的合同（如委托监理合同）。

2）当事人特别约定合同债务不得转移的。

3）法律强制性规范规定不得转移债务的，如建设工程施工合同中，主体结构不得分包。

3. 债权债务一并转让

《民法典》第五百五十五条规定："当事人一方经对方同意，可以将自己在合同中的权利和义务一并转让给第三人。"

《民法典》第五百五十六条规定："合同的权利和义务一并转让的，适用债权转让、债务转移的有关规定。"

债权债务一并转让是指合同当事人一方经对方同意，将其合同权利义务一并转让给第三方，由第三方继受这些权利义务。

经对方同意是债权债务一并转让的必要条件。因为债权债务一并转让包含了债权的转让，而债务转移要征得债权人的同意。

3.7　合同的终止和解除

3.7.1　合同的终止

合同的终止又称为合同的消灭，是指合同当事人之间的债权债务关系因一定法律事实的出现而不复存在。我国《民法典》规定了终止合同的 6 种情形。

1. 债务已经履行

债务按期履行，即合同因履行而终止，当事人订立合同的目的得到实现，这是合同终止的最主要形式。

2. 债务相互抵消

债务相互抵消是指合同双方当事人互负到期债务，而依照一定的规则，同时消灭各自的债权。债务相互抵消有两种形式：法定抵消和协议抵消。

（1）法定抵消　法定抵消是指当事人互负到期债务，该债务的标的物种类、品种相同的，任何一方可以将自己的债务与对方的债务抵消。法定抵消的限制为：①依照法律规定或者按照合同性质不得抵消的，则不能行使抵消权；②当事人主张抵消的，应当通知对方，通知自到达对方时生效；③抵消的通知不得附条件或者期限。

（2）协议抵消　协议抵消是指当事人互负到期债务，该债务的标的物种类、品质不相同的，经双方协商一致，也可抵消。可见，对不同种类、品质的债务，当事人不能单方面主张债务抵消，只能通过双方协商一致，方可抵消。

3. 债务人依法将标的物提存

提存是指由于债权人的原因致使债务人无法向债权人清偿其所负债务时，债务人将合同标的物交给提存机关，从而使债权债务归于消灭。

（1）提存的原因　提存的原因有以下4个方面：①债权人无正当理由拒绝受领标的物；②债权人下落不明；③债权人死亡未确定继承人、遗产管理人或者丧失民事行为能力未确定监护人；④法律规定的其他情形。

但并非所有符合上述条件的标的物都可以提存，如果标的物不适于提存或提存费用过高的，债务人可以拍卖或者变卖标的物，提存所得的价款。债务人可以从"所得价款"中扣除拍卖或变卖费、提存费等费用。

（2）提存通知　债务人提存标的物后，应及时通知债权人或者债权人的继承人、监护人，债权人下落不明的除外。债务人履行"及时通知"的义务也是为了促使债权人及时行使权利。

4. 债权人免除债务

债权人免除债务是债权人放弃债权而使得债权债务关系终止。债权人可以免除债务人的全部债务，也可以只免除债务人的部分债务。免除全部债务的，合同权利义务全部终止；免除部分债务的，合同的权利义务部分终止。

5. 债权债务同归于一人

债权债务同归于一人又称为债的混合，是指合同的债权主体和债务主体合为一体，引起债权债务混同的事由主要有当事人合并和债权债务的转让两种。

6. 法律规定或者当事人约定终止的其他情形

在现实生活中，还存在着其他法律规定可以终止合同的情形，还可能有合同当事人约定终止合同的情形，因此，《民法典》关于终止合同的情形的第六种情形规定的较为弹性。

3.7.2　合同的解除

合同的解除是指当事人一方在合同规定的期限内未履行、未完全履行或者不能履行合同时，另一方当事人或者发生不能履行情况的当事人可以根据法律规定的或者合同约定的条件，通知对方解除双方合同关系的法律行为。

1. 合同解除的条件

合同解除的条件可分为约定解除条件和法定解除条件。

1）约定解除包括协议解除和约定解除权两种情形。协议解除就是在合同成立后，当合同存在无法继续履行情况时，双方通过协商解除合同，《民法典》第五百六十二条规定："当事人协商一致，可以解除合同。"这条正是协议解除的规定。约定解除权是指双方事前在合同中约定了，当合同无法履行时，一方当事人对某种解除合同的条件享有解除权，通过行使这种解除权，来使合同关系得到消灭。

【案例】张某和李某签订买卖合同，约定李某的工厂于中秋节前半个月向张某提供指定的月饼100箱。同时约定了如果超时三天无法供货，则张某有权解除合同。后李某的工厂在合同约定到期后三天仍无法按时向张三供货，于是张某向李某的工厂发出解除合同的通知。

2）法定解除，即法律规定的明确赋予合同当事人合法解除合同的权利。包括：①因不可抗力致使不能实现合同目的；②在履行期限届满前，当事人一方明确表示或者以自己的行为表明不履行主要债务；③当事人一方迟延履行主要债务，经催告后在合理期限内仍未履行；④当事人一方迟延履行债务或者有其他违约行为致使不能实现合同目的；⑤法律规定的其他情形。以持续履行的债务为内容的不定期合同，当事人可以随时解除合同，但是应当在合理期限之前通知对方。

2. 合同解除权的行使

不论是行使约定解除权还是法定解除，都必须按照合同解除的程序进行。

（1）行使解除权的一方须做出意思表示

1）当事人一方在符合法定或约定解除情况时，主张解除合同的，应当通知另一方。

通知应明确合同自动解除的届满期限。如果另一方对于解除合同存有异议的，那么任一方均可向人民法院或仲裁机构确定解除行为的效力。

2）如果一方未通知另一方，而是直接以诉讼或者申请仲裁的方式主张解除，那么经过人民法院和仲裁机构审理确认该合同解除的，合同自起诉状副本或者仲裁申请书副本送达对方时解除。

（2）解除权必须在规定期限内行使

1）法律规定或者当事人约定了解除权行使期限的，那么期限届满不行使权利的，则视为权利消灭。

2）法律无规定或者当事人无约定解除权行使期限的，那么自解除权人知道（或应当知道）解除事由之日起一年内不行使权利的，或者经对方催告后，在合理期限不行使的，则视为该权利消灭。

3.8　违约责任

违约责任是指合同当事人任何一方不履行合同义务或者履行合同义务不符合合同约定的，应依法承担的民事责任。《民法典》第五百七十七条规定："当事人一方不履行合同义务或者履行合同义务不符合约定的，应当承担继续履行、采取补救措施或者赔偿损失等违约责任。"

3.8.1　违约责任的特点

1）违约责任以有效合同为前提。与侵权责任和缔约过失责任不同，违约责任必须以当事人双方事先存在的有效合同关系为前提。如果双方不存在合同关系，或者虽订立过合同，但合同无效或已被撤销，则当事人不可能承担违约责任。

2）违约责任以违反合同义务为要件。违约责任是当事人违反合同义务的法律后果。因此，只有当事人违反合同义务，不履行或者不适当履行合同时，才应承担违约责任。

3）违约责任可由当事人在法定范围内约定。违约责任主要是一种赔偿责任，因此，可由当事人在法律规定的范围内自行约定。只要约定不违反法律，就具有法律约束力。

4）违约责任是一种民事赔偿责任。首先，它是由违约方向守约方承担的民事责任，无论是违约金还是赔偿金，均是平等主体之间的支付关系；其次，违约责任的确定，通常应以补偿守约方的损失为标准，贯彻损益相当的原则。

3.8.2　违约责任的承担方式

当事人不履行合同义务或者履行合同义务不符合约定的，应当承担继续履行、采取补救措施或者赔偿损失等违约责任。

（1）继续履行　继续履行是指在合同当事人一方不履行合同义务或者履行合同义务不符合合同约定时，另一方合同当事人有权要求其在合同履行期限届满前继续按照原合同约定的主要条件履行合同义务的行为。继续履行是合同当事人一方违约时，其承担违约责任的首选方式。

1）违反金钱债务时的继续履行。《民法典》第五百七十九条规定："当事人一方未支付价款、报酬、租金、利息，或者不履行其他金钱债务的，对方可以请求其支付。"

2）违反非金钱债务时的继续履行。《民法典》第五百八十条规定："当事人一方不履行非金钱债务或者履行非金钱债务不符合约定的，对方可以请求履行，但是有下列情形之一的除外：（一）法律上或者事实上不能履行；（二）债务的标的不适于强制履行或者履行费用过高；（三）债权人在合理期限内未请求履行。"

（2）采取补救措施　如果合同标的物的质量不符合约定，应当按照当事人的约定承担违约责任，对违约责任没有约定或者约定不明确的，可以协议补充；不能达成补充协议的，按照合同有关条款或者交易习惯确定。依照上述办法仍不能确定的，受损害方根据标的的性质以及损失的大小，可以合理选择请求对方承担修理、重作、更换、退货、减少价款或者报酬等违约责任。

（3）赔偿损失　《民法典》第五百八十三条规定："当事人一方不履行合同义务或者履行合同义务不符合约定的，在履行义务或者采取补救措施后，对方还有其他损失的，应当赔偿损失。"

《民法典》第五百八十四条规定："当事人一方不履行合同义务或者履行合同义务不符合约定，造成对方损失的，损失赔偿额应当相当于因违约所造成的损失，包括合同履行后可以获得的利益；但是，不得超过违约一方订立合同时预见到或者应当预见到的因违约可能造成的损失。"

（4）违约金　《民法典》第五百八十五条规定："当事人可以约定一方违约时应当根据违约情况向对方支付一定数额的违约金，也可以约定因违约产生的损失赔偿额的计算方法。约定的违约金低于造成的损失的，人民法院或者仲裁机构可以根据当事人的请求予以增加；约定的违约金过分高于造成的损失的，人民法院或者仲裁机构可以根据当事人的请求予以适当减少。当事人就迟延履行约定违约金的，违约方支付违约金后，还应当履行债务。"

（5）定金　如果当事人在合同中约定了定金条款，当事人可以依照《民法典》当事人可以约定一方向对方给付定金作为债权的担保。违约金和定金是不可并用的，合同当事人既约定违约金，又约定定金的，只能就违约金和定金中的一项进行选择，不能同时使用。《民法典》第五百八十八条规定："当事人既约定违约金，又约定定金的，一方违约时，对方可以选择适用违约金或者定金条款。定金不足以弥补一方违约造成的损失的，对方可以请求赔偿超过定金数额的损失。"

3.8.3　违约责任的免除

违约责任的免除是指没有履行或者没有完全履行合同义务的当事人，依法可以免除承担的违约责任。合同当事人在履行合同过程中如遇不可抗力，根据该不可抗力的影响，可以免除全部或者部分责任。

1. 不可抗力的概念

不可抗力是指不能预见、不能避免并不能克服的客观情况。这种客观情况既包括自然现象，如地震、海啸、水灾、火灾、雷击等；也包括社会现象，如战争、瘟疫、骚乱、戒严、暴动、罢工等。对不可抗力的范围，当事人可以在合同中以列举方式做出明确的约定。

2. 不可抗力的法律效力

《民法典》第五百九十条规定："当事人一方因不可抗力不能履行合同的，根据不可抗力的影响，部分或者全部免除责任，但是法律另有规定的除外。因不可抗力不能履行合同的，应当及时通知对方，以减轻可能给对方造成的损失，并应当在合理期限内提供证明。当事人迟延履行后发生不可抗力的，不免除其违约责任。"

本章小结

本章主要围绕《民法典》合同编条款内容进行了介绍。通过本章学习，应全面了解《民法典》合同编的条款内容；熟悉合同的订立，合同的效力，合同的履行与担保，合同的变更与转让，合同的终止与解除，合同的违约责任及合同争议的解决方式；掌握合同法的基本原则，合同的内容与格式条款，合同订立过程中的要约、要约邀请、承诺和缔约过失责任相关知识，有效合同与无效合同的判别，合同履行中的抗辩权及 5 种担保形式；提高应用所学知识解决合同法律实际问题的能力，增强合同的法律意识。

习　　题

1. 单项选择题

（1）下列有关无效合同的说法中，错误的是（　　）。

A. 一方当事人无权确认合同无效　　　　　　B. 建设主管部门有权确认合同无效

C. 无效合同从订立时起就没有法律效力　　　D. 合同被确认无效后，履行中的合同应终止履行

（2）按照《民法典》规定，要约人撤销要约的通知应在（　　）到达受要约人，才能取消该项要约。

A. 承诺通知到达要约人之前　　　　　　　　B. 受要约人发出承诺通知之后

C. 要约到达受要约人之前　　　　　　　　　D. 受要约人发出承诺通知之前

（3）一般情况下（　　）订立的合同有效。

A. 法定代表人越权　　　　　　　　　　　　B. 无代理权人

C. 限制民事行为能力人　　　　　　　　　　D. 无处分权人处分他人财产

（4）下列关于留置担保的说法中，正确的是（　　）。

A. 留置不以合法占有对方财产为前提　　　B. 可以留置的财产仅限于动产

C. 留置担保可适用于建设工程合同　　　　D. 留置以合法占有对方固定资产为前提

（5）在法律和当事人双方对合同形式、程序均没有特殊要求时，合同成立时间为（　　　）。

A. 要约生效　　　　　　　　　　　　　　B. 承诺生效

C. 附生效条件的合同条件具备　　　　　　D. 附生效期限的合同期限届至

（6）下列情形中，承诺是指（　　　）。

A. 甲向乙发出要约，丙得知后向甲表示完全同意要约的内容

B. 甲向乙发出要约，要求 10 天内给予答复，过期则视为承诺，但是乙却没有如期做出答复

C. 甲向乙发出要约，乙向丁表示完全同意要约的内容

D. 甲按照某公司广告上的价格，向该公司汇款购买其产品，该公司给甲邮寄其指定的产品

（7）合同履行中，如合同内容约定不明确，依照《民法典》中第五百一十条仍不能确定的，可适用《民法典》第五百一十一条规定，下列表述中正确的是（　　　）。

A. 质量要求不明确的，可按照国家标准、地方标准履行

B. 履行期限不明确的，债权人可以随时要求履行

C. 履行地点不明确，给付货币的，在履行义务一方所在地履行

D. 价款不明确的，可按照合同签订时履行地的市场价格履行

（8）依据《民法典》，债权人决定将合同中的权利转让给第三人时，转让行为（　　　）。

A. 无须征得对方同意，但应提供担保　　　B. 无须征得对方同意，也无须通知对方

C. 无须征得对方同意，但要通知对方　　　D. 必须征得对方同意

（9）某工程项目材料供应合同中约定，供货方支付订购的材料后，采购方再行支付货款，合同履行过程中，由于供货方交付的材料质量不符合约定标准，采购方拒付货款，采购方行使的是（　　　）。

A. 同时履行抗辩权　　B. 后履行抗辩权　　　C. 先诉抗辩权　　　　D. 不安抗辩权

（10）某工程施工合同的发包人拖欠工程进度款，承包人按照合同的约定及时调整了施工进度，放慢施工速度。依照《民法典》的规定，承包人行使的是（　　　）。

A. 同时履行抗辩权　　B. 后履行抗辩权　　　C. 不安抗辩权　　　　D. 先履行抗辩权

（11）根据《民法典》有关合同转让的规定，下列关于债权转让的说法中，正确的是（　　　）。

A. 主权利转让后从权利并不随之转让　　　B. 债权人应当经债务人同意才可转让

C. 债权人应当通知债务人　　　　　　　　D. 无论何种情形合同债权都可以转让

（12）合同的转让实质是（　　　）的一种特殊形式。

A. 合同变更　　　　B. 合同订立　　　　　C. 合同履行　　　　　D. 合同终止

（13）依据《民法典》的规定，下列文件中，属于要约的是（　　　）。

A. 招标公告　　　　B. 寄送的价目表　　　C. 投标书　　　　　　D. 招股说明书

（14）下列属于效力待定合同的是（　　　）。

A. 与第三人恶意串通的代理人订立的合同　B. 限制民事行为能力人订立的合同

C. 被代理人予以追认的无代理权人订立的合同　D. 因发生不可抗力导致无法履行的合同

（15）下列有关合同履行中行使代位权的说法，正确的是（　　　）。

A. 债权人必须以债务人的名义行使代位权

B. 债权人代位权的行使必须通过诉讼程序，且范围以其债权为限

C. 代位权行使的费用由债权人自行承担

D. 债权人代位权的行使必须取得债务人的同意

（16）甲与乙订立合同，规定甲应于 2019 年 8 月 1 日交货，乙应于同年 8 月 7 日付款。8 月底，甲发现乙财产状况恶化，已没有支付货款的能力，并有确切证据，遂提出终止合同，但乙未允。基于上述情况，甲于 8 月 1 日未按约定交货。依照《民法典》的原则，下列关于甲行为的论述中，正确的是（　　　）。

A. 甲应按合同约定交货，如乙不支付货款可追究其违约责任

B. 甲必须按合同约定交货，但可以仅先交付部分货物

C. 甲有权不按合同约定交货，除非乙提供了相应的担保

D. 甲必须按合同约定交货，但可以要求乙提供相应的担保

(17) 债务人将其权利移交给债权人占有，用以担保债务履行的方式是（　　）。

A. 抵押　　　　　　　B. 留置　　　　　　　C. 保证　　　　　　　D. 质押

2. 多项选择题

(1) 根据《民法典》，合同被确认无效后，当事人因履行产生的财产应当（　　）。

A. 返还财产　　　　　　B. 赔偿损失　　　　　　C. 没收财产

D. 上缴法院所有　　　　E. 追缴收归国库

(2) 下列关于合同订立过程的说法中，正确的有（　　）。

A. 发布招标公告是要约邀请　　　　　　B. 发布招标公告是要约

C. 投标是要约　　　　　　　　　　　　D. 发出中标通知书是承诺

E. 发出中标通知书是新要约

(3) 撤销权的行使期间从（　　）起计。

A. 当事人知道撤销事由的时间　　　　　B. 当事人权利受到侵害的时间

C. 订立合同的时间　　　　　　　　　　D. 当事人被告知权利受到侵害的时间

E. 当事人应当知道撤销事由的时间

(4) 依据《民法典》，当债务人的行为可能造成债权人权益受到损害时，债权人可以行使撤销权。债务人的行为包括（　　）。

A. 无偿转让财产　　　　　　　　　　　B. 放弃到期债权

C. 怠于行使到期债权　　　　　　　　　D. 受让人知道的情况下，以明显不合理低价转让财产

E. 未按约定提供担保

(5) 下列关于合同无效的表述中，正确的有（　　）。

A. 一方以欺诈、胁迫的手段订立的合同　　B. 恶意串通，损害国家、集体或者第三人利益

C. 以合法形式掩盖非法目的　　　　　　D. 损害社会公共利益

E. 违反法律、地方性法规的强制性规定

(6) 下列情形中，要约失效的情形包括（　　）。

A. 拒绝要约的通知到达要约人　　　　　B. 要约人依法撤销要约

C. 要约向不特定的人发出　　　　　　　D. 承诺期限届满受要约人未做出承诺

E. 受要约人对要约的内容做出实质性变更

(7) 下列关于格式条款的表述中，错误的有（　　）。

A. 格式条款是经双方协商采用的标准合同条款

B. 若对争议条款有两种解释时，应做出不利于提供格式条款方的解释

C. 提供格式条款方设置排除对方主要权利的条款无效

D. 若对争议条款有两种解释时，应做出有利于提供格式条款方的解释

E. 当格式条款与非格式条款不一致时，应当采用非格式条款

(8) 根据《民法典》，下列合同中属于可撤销合同的有（　　）的合同。

A. 因重大误解而订立　　　　　　　　　B. 一方以欺诈、胁迫的手段订立

C. 以合法形式掩盖非法目的　　　　　　D. 订立合同时显失公平

E. 损害社会公共利益

(9) 建设单位以无资金为由拖欠施工单位工程款，而建设单位在其他单位有已到期的债权却不积极行使，施工单位（　　）。

A. 可以行使代位权　　　　　　　　　　B. 可以行使撤销权

C. 可以建设单位名义行使权利　　　　　D. 可以自己的名义行使权利

E. 只能对建设单位行使权利

(10) 甲乙两公司签订了一份执行国家定价的购销合同。在乙公司逾期交货的情况下，依照《民法典》对迟延履行的规定，当交货时的价格浮动变化时，则该产品的结算价格（　　）。

A. 无论上涨或下降，仍按原定价格执行　　　　B. 遇价格上涨时，按原价格执行

C. 遇价格下降时，按原价格执行　　　　D. 遇价格下降时，按新价格执行

E. 遇价格上涨时，按新价格执行

(11) 依据《民法典》的规定，当合同履行地点约定不明确，且又不能达成补充协议时，（　　）履行。

A. 交付不动产的，在不动产所在地　　　　B. 设备采购，在采购方所在地

C. 交付动产的，在接受动产一方所在地　　　　D. 材料采购，在供货方所在地

E. 给付货币的，在给付货币一方所在地

(12) 依据《民法典》，法定解除合同的条件有（　　）。

A. 合同履行过程中发生不可抗力

B. 合同履行期限届满之前，当事人的行为表明不履行主要债务

C. 当事人一方迟延履行主要债务

D. 当事人一方违约行为致使合同目的不能实现

E. 合同履行期限届满之前当事人一方明确表示不履行

(13) 依据《民法典》的规定，（　　）不能作为保证合同的保证人。

A. 幼儿园　　　　B. 银行　　　　C. 学校　　　　D. 企业　　　　E. 医院

(14) 可以是第三人做出担保的方式有（　　）。

A. 保证　　　　B. 抵押　　　　C. 质押　　　　D. 留置　　　　E. 定金

(15) 依据《民法典》的规定，只能由当事人本人做出担保的方式有（　　）。

A. 保证　　　　B. 抵押　　　　C. 质押　　　　D. 留置　　　　E. 定金

(16) 可以进行抵押的财产有（　　）。

A. 高等学校的教室、实验室和学生宿舍

B. 有房屋买卖合同和购房发票但尚未办理产权证的商品房

C. 建设审批程序规范的在建工程

D. 土地所有权

E. 抵押人依法承包并经发包人同意的荒滩的土地使用权

(17) 如果（　　）履行过程中发生债权，债权人有权行使留置。

A. 买卖合同　　　　B. 保管合同　　　　C. 运输合同　　　　D. 工程承揽合同　　　　E. 施工合同

3. 思考题

(1) 简述合同的分类。

(2) 合同的形式和基本内容有哪些？

(3) 关于要约和承诺有哪些具体规定？

(4) 缔约过失责任的构成条件有哪些？

(5) 哪些合同属于效力待定合同？

(6) 合同的履行有哪些原则？

(7) 合同担保的方式有哪些及概念？

(8) 合同终止和合同解除有哪些条件？

(9) 什么是违约责任？承担违约责任有哪些方式？

二维码形式客观题

扫描二维码可在线做题，提交后可查看答案。

第3章
客观题

第4章
建设工程招标管理

引导案例

招标文件项目负责人资质要求违法

2019年，××市某大型国有企业房地产开发项目，总投资约2亿多元，建筑面积约9000m²，该项目于2019年2月16日在该市公共资源交易中心开标，经评标委员会评审，A公司中标。中标结果公示期间，参与该项目投标而未中标的B公司提出质疑并投诉，反映该项目招标文件中对项目负责人的资质要求违反了《建筑法》《注册建造师执业管理办法》（建市〔2008〕48号）等相关法律法规。

证据一：《建筑法》第十四条规定："从事建筑活动的专业技术人员，应当依法取得相应的执业资格证书，并在执业资格证书许可的范围内从事建筑活动。"《注册建造师执业管理办法》第五条规定："大中型工程施工项目负责人必须由本专业注册建造师担任。一级注册建造师可担任大、中、小型工程施工项目负责人，二级注册建造师可以承担中、小型工程施工项目负责人。"该项目楼宇超过25层，明显属于大型土建工程，理应由一级建造师担任项目负责人，但招标文件中对人员资质要求却注明为：项目负责人（项目经理）应具备建筑工程专业二级以上注册建造师，因此违反了《建筑法》第十四条、《注册建造师执业管理办法》第五条的相关规定。

证据二：《招标投标法实施条例》第二十三条规定："招标人编制的资格预审文件、招标文件的内容违反法律、行政法规的强制性规定，违反公开、公平、公正和诚实信用原则，影响资格预审结果或者潜在投标人投标的，依法必须进行招标的项目的招标人应当在修改资格预审文件或者招标文件后重新招标。"

证据三：《招标投标法实施条例》第八十一条规定："依法必须进行招标的项目的招标投标活动违反招标投标法和本条例的规定，对中标结果造成实质性影响，且不能采取补救措施予以纠正的，招标、投标、中标无效，应当依法重新招标或者评标。"

最终，经市公共资源交易委员会管理办公室查明，招标文件违反法律法规相关规定，该项目废标，待重新修改招标文件后重新招标。

4.1 招标前的准备工作

4.1.1 工程招标应当具备的条件

工程项目的建设应当按照建设管理程序进行。为了保证工程项目的建设符合国家或地方的总体发展规划，以及能使招标后工作顺利开展，工程招标项目需要满足相应的条件。

《招标投标法》第九条规定："招标项目按照国家有关规定需要履行项目审批手续的，应当先履行审批手续，取得批准。招标人应当有进行招标项目的相应资金或者资金来源已经落实，并应当在招标文件中如实载明。"

《工程建设项目施工招标投标办法》第八条规定，依法必须招标的工程建设项目，应当具备下列条件才能进行施工招标：

1）招标人已经依法成立。

2）初步设计及概算应当履行审批手续的，已经批准。

3）有相应资金或资金来源已经落实。

4）有招标所需的设计图及技术资料。

此外，《工程建设项目施工招标投标办法》第十条规定："按照国家有关规定需要履行项目审批、核准手续的依法必须进行施工招标的工程建设项目，其招标范围、招标方式、招标组织形式应当报项目审批部门审批、核准。项目审批、核准部门应当及时将审批、核准确定的招标内容通报有关行政监督部门。"

4.1.2 招标工程标段的划分

一些招标项目，特别是大型、复杂的建设工程项目通常需要划分不同的标段，由不同的承包商进行承包。招标项目需要划分标段、确定工期的，招标人应当合理划分标段、确定工期，并在招标文件中载明。

1. 标段划分的限制

根据《招标投标法实施条例》第二十四条的规定，招标人对招标项目划分标段的，应当遵守《招标投标法》的有关规定，不得利用划分标段限制或者排斥潜在投标人。依法必须进行招标的项目的招标人不得利用划分标段"化整为零、规避招标"。

根据《工程建设项目施工招标投标办法》第二十七条的规定，施工招标项目需要划分标段、确定工期的，招标人应当合理划分标段、确定工期，并在招标文件中载明。对工程技术上紧密相连、不可分割的单位工程不得分割标段。

根据《招标投标法》第四十九条的规定，必须进行招标的项目而不招标的，将必须进行招标的项目化整为零或者以其他任何方式规避招标的，责令限期改正，可以处项目合同金额千分之五以上千分之十以下的罚款；对全部或者部分使用国有资金的项目，可以暂停项目执行或者暂停资金拨付；对单位直接负责的主管人员和其他直接责任人员依法给予处分。

2. 分标段招标的利弊分析

（1）分标段招标的优点

1）分标段招标施工可以缩短工期。由于分标段实施是选择不同的施工单位同时进行施工，可投入足够的人力、财力、物力，为缩短工期提供了保证。

2）分标段施工有利于竞争。由于施工现场有多个施工单位进行施工，建设单位对各标段的工程质量、施工进度、安全文明及总包的组织管理水平、协调组织能力等有较直观的比较，也为各施工单位创造了公平竞争的机会。

3）分期分标段实施施工，资金也可相应逐步到位，可以缓解招标投标双方的资金压力。

（2）分标段招标的缺点

1）分标段招标施工过程中，由于现场有多个独立的施工单位，会增加临时生产生活设施、材料堆场，容易造成对现场场地的使用产生交叉干扰。

2）分标段招标施工会增添建设单位在管理上的工作量，且招标的工作量也增大。由于管理对象的增多，现场各标段间的组织协调工作也会随之增加。

3）分标段招标施工会造成投资的相应增加。由于有多个施工单位分标段施工，所以会造成进场费、临时设施费、措施费的增加。

3. 标段划分的影响因素

招标人应当合理地划分标段、确定工期，且必须符合项目施工的科学流程，以节约资金、保证质量为基本前提条件，划分标段时主要应考虑以下几方面影响因素：

（1）招标项目的专业要求　如果招标项目的各部分内容专业要求接近，则该项目可以考虑作为一个整体进行招标。如果该项目的各部分内容专业要求相距甚远，则应当考虑划分为不同的标段分别招标。例如，一个项目中的土建和设备安装两部分内容就应当分别发包。

（2）招标项目的管理要求　若是一个项目的各部分内容相互之间干扰不大，方便招标人对其进行统一管理，这时就可以考虑对各部分内容分别进行招标；反之，如果各个独立的承包商之间的协调管理十分困难，则应当考虑将整个项目发包给一个承包商，由该承包商分包后统一协调管理。

（3）对工程投资的影响　标段划分对工程投资也有一定的影响。这种影响是由多方面的因素造成的，但直接影响是由管理费的变化引起的。一个项目作为一个整体招标，则承包商需要进行分包，分包的价格在一般情况下不如直接发包的价格低，但一个项目作为一个整体招标，有利于承包商的统一管理，人工、机械设备、临时设施等可以统一使用，又可以降低费用。因此，应当具体情况具体分析。

（4）工程各项工作的衔接　在划分标段时还应当考虑项目在建设过程中的时间和空间的衔接。应当避免产生平面或者立面交接工作责任不清。如果建设项目各项工作的衔接、交叉和配合较少，责任清晰，则可考虑分别发包；反之，则应考虑将项目作为一个整体发包给一个承包商，因为，此时由一个承包商进行协调管理较容易做好衔接工作。

4.1.3　标底和招标控制价

1. 概念

1）标底：是指招标人根据招标项目的具体情况，编制的完成招标项目所需的全部费用，是依据国家规定的计价依据和计价办法计算出来的工程造价，是招标人对建设工程的期望价格。标底由成本、利润、税金等组成，一般应控制在批准的总概算及投资包干限额内。

2）招标控制价：又称为拦标价，是招标人可以承受的最高工程造价，也就是投标人投标报价的上限。

2. 区别

1）相同点：①编制主体相同，都是招标人编制或者招标人委托招标代理机构编制；②编制时间大致相同，都是在招标前就应该编制完成；③本质相同，都反映的是建设工程的价格。

2）不同点：①编制作用不同，标底是一个期望合同价格，在将来的评标中起到决定作用，而招标控制价则是一个最高限额，投标人不超过即可；②保密程度不同，标底是需要绝对保密的，而招标控制价则是公开的，而且还要到工程所在地建设主管部门备案；招标控制价还可以调整，当投标人发现招标控制价存在明显问题时，可以向备案部门反映，核实后还可以调整。

3. 标底和招标控制价的相关规定

（1）标底的相关规定

1）招标人可根据项目特点决定是否编制标底，招标项目可以不设标底，进行无标底招标；任何单位和个人不得强制招标人编制或报审标底，或干预其确定标底。

2）标底编制过程和标底在开标前必须保密。编制人员应在保密的环境中编制标底，完成之后需送审的，应将其密封送审。标底经审定后应及时封存，直至开标。在整个招标活动过程中，所有接触过标底的人员都有对其保密的义务。

3）标底只能作为评标的参考，不得以投标报价是否接近标底作为中标条件，投标报价超过标底上下浮动范围作为否决投标的条件。

4）招标项目编制标底时，应根据批准的初步设计、投资概算，依据有关计价办法，参照有关工程计价定额，结合市场供求状况，综合考虑投资、工期和质量等方面的因素合理确定。

5）标底由招标人自行编制或委托中介机构编制。接受委托编制标底的中介机构不得参加受托编制标底项目的投标，也不得为该项目的投标人编制投标文件或者提供咨询。

（2）招标控制价的相关规定

1）国有资金投资的建设工程招标，招标人必须编制招标控制价。

2）招标控制价应由具有编制能力的招标人或受其委托具有相应资质的工程造价咨询人编制和复核。

3）工程造价咨询人接受招标人委托编制招标控制价，不得再就同一工程接受投标人委托编制投标报价。

4）招标控制价按照国家计价规范规定编制，不应上调或下浮。

5）招标控制价超过批准的概算时，招标人应将其报原概算审批部门审核。

6）招标控制价及有关资料报送工程所在地（或有该工程管辖权的行业管理部门）工程造价管理机构备查。

7）招标人设有招标控制价的，应当在招标文件中明确招标控制价或者招标控制价的计算方法。招标人不得规定最低投标限价。

4.2　建设工程施工招标文件的编制

4.2.1　标准施工招标文件简介

1. 标准施工招标文件

2007 年 11 月 1 日，国家发改委、财政部、建设部（现住房和城乡建设部）、铁道部、交通部（现交通运输部）、信息产业部（现工业和信息化部）、水利部、中国民用航空总局（现中国民用航空局）、国家广播电影电视总局（现国家新闻出版广电总局）等 9 部委联合制定了《〈标准施工招标资格预审文件〉和〈标准施工招标文件〉试行规定》，自 2008 年 5 月 1 日起施行。《标准施工招标文件》简称《标准文件》。

2013 年 3 月 11 日，国家发改委、工业和信息化部、财政部、住房和城乡建设部、交通运输部、铁道部、水利部、国家广播电影电视总局、中国民用航空局等 9 部委令第 23 号《关于废止和修改部分招标投标规章和规范性文件的决定》对《〈标准施工招标资格预审文件〉和〈标准施工招标文件〉试行规定》做出修改，将"《〈标准施工招标资格预审文件〉和〈标准施工招标文件〉试行规定》"修改为"《〈标准施工招标资格预审文件〉和〈标准施工招标文件〉暂行规定》"，并对与此相关规章条文内容进行了删除和修改。

《标准文件》共包含封面格式和四卷八章的内容，第一卷包括第一章至第五章，内容分别为招标公告（投标邀请书）、投标人须知、评标办法、合同条款及格式、工程量清单。其中，第一章和第三章并列给出了不同情况，由招标人根据招标项目特点和需要分别选择；第二卷由第六章图纸组成；第三卷由第七章技术标准和要求组成；第四卷由第八章投标文件格式组成。

2. 简明标准施工招标文件

2011 年 12 月 20 日，为落实中央关于建立工程建设领域突出问题专项治理长效机制的要求，进一步完善招标文件编制规则，提高招标文件编制质量，促进招标投标活动的公开、公平和公正，国家发改委会同工业和信息化部、财政部、住房和城乡建设部、交通运输部、铁道部、水利部，国家广播电影电视总局、中国民用航空局等 9 部委编制了《简明标准施工招标文件》和《标准设计施工总承包招标文件》，自 2012 年 5 月 1 日起实施。

《简明标准施工招标文件》共八章，分别为招标公告（或投标邀请书）、投标人须知、评标办法、合同条款及格式、工程量清单、图纸、技术标准和要求、投标文件格式。

3. 使用规定

（1）应当不加修改地引用《标准文件》的内容　《标准文件》中的"投标人须知"（投标人须知前附表和其他附表除外）、"评标办法"（评标办法前附表除外）、"通用合同条款"，应当不加修改地引用。

（2）行业主管部门可以做出的补充规定　国务院有关行业主管部门可根据本行业招标特点和管理需要，对《简明标准施工招标文件》中的"专用合同条款""工程量清单""图纸""技术标准和要求"，《标准设计施工总承包招标文件》中的"专用合同条款""发包人要求""发包人提供的资料和条件"做出具体规定。其中，"专用合同条款"可对"通用合同条款"进行补充、细化，但除"通用合同条款"明确规定可以做出不同约定外，"专用合同条款"补充和细化的内容不得与"通用合同条款"相抵触，否则抵触内容无效。

（3）招标人可以补充、细化和修改的内容

1）"投标人须知前附表"用于进一步明确"投标人须知"正文中的未尽事宜，招标人或者招标代理机构应结合招标项目具体特点和实际需要编制和填写，但不得与"投标人须知"正文内容相抵触，否则抵触内容无效。

2）"评标办法前附表"用于明确评标的方法、评审因素、标准和程序。招标人应根据招标项目具体特点和实际需要，详细列明全部审查或评审因素、标准，没有列明的因素和标准不得作为资格审查或者评标的依据。

3）招标人或者招标代理机构可根据招标项目的具体特点和实际需要，在"专用合同条款"中对《标准文件》中的"通用合同条款"进行补充、细化和修改，但不得违反法律、行政法规的强制性规定，以及平等、自愿、公平和诚实信用原则，否则相关内容无效。

4）因出现新情况，需要对《标准文件》不加修改地引用的内容做出解释或修改的，由国家发改委会同国务院有关部门做出解释或修改。该解释和修改与《标准文件》具有同等效力。

4.2.2 工程招标文件的编制内容

一般情况下，各类工程施工招标文件的内容大致相同，但组卷方式可能有所区别。此处以《标准文件》为范本介绍工程施工招标文件的内容和编写要求。

1. 封面格式

《标准文件》的封面格式包括以下内容：项目名称、标段名称（如有）、标识出"招标文件"这四个字、招标人名称和单位印章、时间。

2. 招标公告与投标邀请书

招标公告与投标邀请书是《标准文件》的第一章。对于未进行资格预审项目的公开招标项目，招标文件应包括招标公告；对于邀请招标项目招标文件应包括投标邀请书；对于已经进行资格预审的项目招标文件也应包括投标邀请书（代资格预审通过通知书）。

（1）发布公告的媒介　我国规定，依法应当公开招标的工程，必须在主管部门指定的媒介上发布招标公告。我国国家发改委指定发布招标公告的媒介为《中国日报》《中国经济导报》《中国建设报》和中国采购与招标网，国际招标项目的招标公告应在《中国日报》发布。地方的有形建筑市场也可以在自己的网络发布招标公告。在两个以上媒介发布的同一招标项目的招标公告，其内容应当相同。

（2）对发布人的要求　招标公告的发布应当充分公开，任何单位和个人不得非法限制招标公告的发布地点和发布范围。指定媒介发布依法必须发布的招标公告，不得收取费用，但发布国际招标公告的除外。招标人或其委托的招标代理机构发布招标公告，应当向指定的媒体提供营业执照（或法人证书）、项目批准文件的复印件等证明文件。

（3）对发布内容的要求　招标公告应当载明招标人的名称和地址、招标工程项目的性质、数量、实施地点和时间、投标截止日期以及获取招标文件的办法等事项。招标人或其委托的招标代理机构应当保证招标公告的真实准确和完整。拟发布的招标公告文本应当由招标人或其委托的招标代理机构的主要负责人签名并加盖公章。

（4）其他要求 拟发布的招标公告文本有下列情形之一的，有关媒介可以要求招标人或其委托的招标代理机构及时予以改正、补充或调整：①字迹潦草、模糊，无法辨认的；②载明的事项不符合规定的；③没有招标人或其委托的招标代理机构主要负责人签名并加盖公章的；④在两家以上媒介发布的同一招标公告的内容不一致的。指定媒介发布的招标公告的内容与招标人或其委托的招标代理机构提供的招标公告文本不一致，并造成不良影响的，应当及时纠正，重新发布。

住建部推荐采用的招标公告范本如下：

招标公告（未进行资格预审）

_____（项目名称）_____标段施工招标公告

1. 招标条件

本招标项目_____（项目名称）已由_____（项目审批、核准或备案机关名称）以_____（批文名称及编号）批准建设，项目业主为_____，建设资金来自_____（资金来源），项目出资比例为_____，招标人为_____。项目已具备招标条件，现对该项目的施工进行公开招标。

2. 项目概况与招标范围

_____（说明本次招标项目的建设地点、规模、计划工期、招标范围、标段划分等）。

3. 投标人资格要求

3.1 本次招标要求投标人须具备_____资质，_____业绩，并在人员、设备、资金等方面具有相应的施工能力。

3.2 本次招标_____（接受或不接受）联合体投标。联合体投标的，应满足下列要求：_____。

3.3 各投标人均可就上述标段中的____（具体数量）个标段投标。

4. 招标文件的获取

4.1 凡有意参加投标者，请于____年____月____日至____年____月____日（法定公休日、法定节假日除外），每日上午____时至____时，下午____时至____时（北京时间，下同），在_____（详细地址）持单位介绍信购买招标文件。

4.2 招标文件每套售价____元，售后不退。图纸押金____元，在退还图纸时退还（不计利息）。

4.3 邮购招标文件的，需另加手续费（含邮费）____元。招标人在收到单位介绍信和邮购款（含手续费）后____日内寄送。

5. 投标文件的递交

5.1 投标文件递交的截止时间（投标截止时间，下同）为____年__月__日__时____分，地点为_____。

5.2 逾期送达的或者未送达指定地点的投标文件，招标人不予受理。

6. 发布公告的媒介

本次招标公告同时在_____（发布公告的媒介名称）上发布。

7. 联系方式

招标人：_____ 招标代理机构：_____
地　址：_____ 地　址：_____
邮　编：_____ 邮　编：_____
联系人：_____ 联系人：_____
电　话：_____ 电　话：_____
传　真：_____ 传　真：_____

电子邮件：＿＿＿＿＿＿＿＿＿＿＿＿＿　　　电子邮件：＿＿＿＿＿＿＿＿＿＿＿＿＿
网　　址：＿＿＿＿＿＿＿＿＿＿＿＿＿　　　网　　址：＿＿＿＿＿＿＿＿＿＿＿＿＿
开户银行：＿＿＿＿＿＿＿＿＿＿＿＿＿　　　开户银行：＿＿＿＿＿＿＿＿＿＿＿＿＿
账　　号：＿＿＿＿＿＿＿＿＿＿＿＿＿　　　账　　号：＿＿＿＿＿＿＿＿＿＿＿＿＿
　　　　　　　　　　　　　　　　　　　　　　　＿＿＿＿年＿＿月＿＿＿日

　　邀请招标的投标邀请书一般包括项目名称、被邀请人名称、投标条件、项目概况与招标范围、投标人资格要求、投标文件的获取、投标文件的递交、确认和联系方式等内容，其中大部分内容与招标公告基本相同，唯一的区别是：投标邀请书无须说明发布公告的媒介，但增加了投标人确认是否参加投标的时限要求。

　　住建部推荐采用的投标邀请书范本如下：

投标邀请书（代资格预审通过通知书）

＿＿＿＿＿＿＿＿＿（项目名称）＿＿＿＿＿＿＿＿＿＿标段施工投标邀请书

＿＿＿＿＿＿＿＿＿＿（被邀请单位名称）：

　　你单位已通过资格预审，现邀请你单位按招标文件规定的内容，参加＿＿＿＿＿＿＿＿＿（项目名称）＿＿＿＿＿＿＿＿＿＿＿＿标段施工投标。

　　请你单位于＿＿＿年＿＿＿月＿＿日至＿＿＿年＿＿＿月＿＿＿日（法定公休日、法定节假日除外），每日上午＿＿＿时至＿＿＿时，下午＿＿＿时至＿＿＿＿时（北京时间，下同），在＿＿＿＿＿＿＿＿＿＿＿＿（详细地址）持本投标邀请书购买招标文件。

　　招标文件每套售价为＿＿＿＿＿元，售后不退。图纸押金＿＿＿＿＿＿元，在退还图纸时退还（不计利息）。邮购招标文件的，需另加手续费（含邮费）＿＿＿＿＿＿元。招标人在收到邮购款（含手续费）后＿＿＿＿＿＿日内寄送。

　　递交投标文件的截止时间（投标截止时间，下同）为＿＿＿年＿＿月＿＿日＿＿时＿＿分，地点为＿＿＿＿＿＿＿＿＿＿＿。

　　逾期送达的或者未送达指定地点的投标文件，招标人不予受理。

　　你单位收到本投标邀请书后，请于＿＿＿＿＿＿＿＿（具体时间）前以传真或快递方式予以确认。

招标　　人：＿＿＿＿＿＿＿＿＿＿＿＿＿　　招标代理机构：＿＿＿＿＿＿＿＿＿＿＿＿＿
地　　　址：＿＿＿＿＿＿＿＿＿＿＿＿＿　　地　　　　址：＿＿＿＿＿＿＿＿＿＿＿＿＿
邮　　　编：＿＿＿＿＿＿＿＿＿＿＿＿＿　　邮　　　　编：＿＿＿＿＿＿＿＿＿＿＿＿＿
联　系　人：＿＿＿＿＿＿＿＿＿＿＿＿＿　　联　系　　人：＿＿＿＿＿＿＿＿＿＿＿＿＿
电　　　话：＿＿＿＿＿＿＿＿＿＿＿＿＿　　电　　　　话：＿＿＿＿＿＿＿＿＿＿＿＿＿
传　　　真：＿＿＿＿＿＿＿＿＿＿＿＿＿　　传　　　　真：＿＿＿＿＿＿＿＿＿＿＿＿＿
电子邮件：＿＿＿＿＿＿＿＿＿＿＿＿＿　　电　子　邮　件：＿＿＿＿＿＿＿＿＿＿＿＿＿
网　　　址：＿＿＿＿＿＿＿＿＿＿＿＿＿　　网　　　　址：＿＿＿＿＿＿＿＿＿＿＿＿＿
开户银行：＿＿＿＿＿＿＿＿＿＿＿＿＿　　开　户　银　行：＿＿＿＿＿＿＿＿＿＿＿＿＿
账　　　号：＿＿＿＿＿＿＿＿＿＿＿＿＿　　账　　　　号：＿＿＿＿＿＿＿＿＿＿＿＿＿
　　　　　　　　　　　　　　　　　　　　　　　＿＿＿＿年＿＿月＿＿＿日

3. 投标人须知

　　投标人须知是招标投标活动应遵循的程序规则和对投标的要求。但投标人须知不是合同文件的组成部分，希望有合同约束力的内容应在构成合同文件组成部分的合同条款、技术标准与要求等文件中界定。投标须知包括两个部分：第一部分是投标人须知前附表；第二部分是投标人须知正文。投标人须知正文与投标人须知前附表内容衔接一致，互为补充，缺一不可。

（1）投标人须知前附表　投标人须知前附表主要作用有两个方面：一是将投标人须知中的关键内容和数据摘要列表，一目了然，关键内容可以用黑体字提醒，引起投标人重视，为投标人迅速掌握投标人须知内容提供方便；二是对投标人须知正文中关键的通用内容在投标须知前附表中给予了具体的约定。

（2）投标人须知正文　投标人须知正文是对投标人须知前附表中相关词语的解释和相关条款的补充说明。主要包括对总则、招标文件、投标文件、投标、开标、评标、合同授予等方面的说明和要求。

1）总则。总则由下列内容组成：

① 项目概况。应说明项目已具备招标条件、项目招标人、招标代理机构、项目名称、建设地点等。

② 资金来源和落实情况。应说明项目的资金来源、出资比例、资金落实情况等。

③ 招标范围、计划工期和质量要求。应说明招标范围、计划工期、质量要求等。对于招标范围，应采用工程专业术语填写；对于计划工期，由招标人根据项目建设计划来判断填写；对于质量要求，根据国家、行业颁布的建设工程施工质量验收标准填写，注意不要与各种质量奖项混淆。

④ 投标人资格要求。对于已进行资格预审的，投标人应是符合资格预审条件，收到招标人发出投标邀请书的单位；对于未进行资格预审的，建筑企业的资质管理规定对投标人资格提出明确的要求。

⑤ 费用承担。投标人准备和参加投标活动发生的费用自理。

⑥ 保密。要求参加招标投标活动的各方应对招标文件和投标文件中的商业和技术等保密。

⑦ 语言文字。可要求除专用术语外，均使用中文。

⑧ 计量单位。所有计量均采用中华人民共和国法定计量单位。

⑨ 踏勘现场。招标人根据项目的具体情况，可以组织潜在投标人踏勘项目现场，向其介绍工程场地和相关环境的情况。

⑩ 投标预备会。是否召开投标预备会，以及何时召开由招标人根据项目具体需要和招标进程安排确定。

⑪ 分包。由招标人根据项目具体特点来判断是否允许分包。如果允许分包，可进一步明确分包内容的名称或要求，以及分包项目金额和资质条件等方面的限制。

⑫ 偏离。偏离即《评标委员会和评标方法暂行规定》中的偏差。招标人根据项目具体特点来设定非实质性要求和条件允许偏离的范围和幅度。

2）招标文件。投标人须知要说明招标文件的组成、发售的时间、地点，以及招标文件的澄清和说明。

① 招标文件的组成。招标文件应包括下列内容：A. 招标公告（或投标邀请书）；B. 投标人须知；C. 评标办法；D. 合同条款及格式；E. 工程量清单；F. 图纸；G. 技术标准和要求；H. 投标文件格式；I. 投标人须知前附表规定的其他材料。

② 投标人应仔细阅读和检查招标文件的全部内容。如发现缺页或附件不全，应及时向招标人提出，以便补齐。如有疑问，应在投标人须知前附表规定的时间内以书面形式（包括信函、电报、传真等可以有形地表现所载内容的形式），要求招标人对招标文件予以

澄清。

③ 招标文件的澄清。招标文件的澄清将在投标人须知前附表规定的投标截止时间 15 天前以书面形式发给所有购买招标文件的投标人，但不指明澄清问题的来源。如果澄清发出的时间距投标截止时间不足 15 天，相应延长投标截止时间。投标人在收到澄清后，应在投标人须知前附表规定的时间内以书面形式通知招标人，确认已收到该澄清。

④ 招标文件的修改。在投标截止时间 15 天前，招标人可以书面形式修改招标文件，并通知所有已购买招标文件的投标人。如果修改招标文件的时间距投标截止时间不足 15 天，相应延长投标截止时间。投标人收到修改内容后，应在投标人须知前附表规定的时间内以书面形式通知招标人确认已收到该修改。

3）投标文件。投标文件是投标人响应招标文件的条件和实质性要求，向招标人发出的要约文件。招标人应在投标人须知中明确投标文件的组成、投标报价、投标有效期、投标保证金、资格审查资料、备选投标方案、投标文件的编制等要求。

① 投标文件的组成。投标文件应包括下列内容：A. 投标函及投标函附录；B. 法定代表人身份证明或附有法定代表人身份证明的授权委托书；C. 联合体协议书；D. 投标保证金；E. 已标价工程量清单；F. 施工组织设计；G. 项目管理机构；H 拟分包项目情况表；I. 资格审查资料；J. 投标人须知前附表规定的其他材料。

② 投标有效期。投标有效期从投标截止时间开始计算，主要用来满足组织并完成开标、评标、定标以及签订合同等工作所需要的时间。因此，关于投标有效期通常需要在招标文件中做出如下规定：A. 投标人在投标有效期内，不得要求撤销或修改其投标文件；B. 投标有效期延长。必要时，招标人可以书面通知投标人延长投标有效期。此时，投标人可以有两种选择：同意延长，并相应延长投标保证金有效期，但不得要求或被允许修改或撤销其投标文件；拒绝延长，投标文件失效，但有权收回其投标保证金。

③ 投标保证金。投标人在递交投标文件的同时，应按投标人须知前附表规定的金额、担保形式和"投标文件格式"规定的投标保证金格式递交投标保证金，并作为其投标文件的组成部分。联合体投标的，其投标保证金由牵头人递交，并应符合投标人须知前附表的规定。

投标人不按上述要求提交投标保证金的，其投标文件作废标处理。招标人与中标人签订合同后 5 个工作日内，向未中标的投标人和中标人退还投标保证金。

有下列情形之一的，投标保证金将不予退还：A. 投标人在规定的投标有效期内撤销或修改其投标文件；B. 中标人在收到中标通知书后，无正当理由拒签合同协议书或未按招标文件规定提交履约担保。

④ 资格审查资料。资格审查资料可根据是否已经组织资格预审提出相应的要求。已经组织资格预审的资格审查资料分为两种情况：A. 当评标办法对投标人资格条件不进行评价时，投标人资格预审阶段的资格审查资料没有变化的，可不再重复提交；资格预审阶段的资格审查资料有变化的，按新情况更新或补充；B. 当评标办法对资格条件进行综合评价或者评分的，按招标文件要求提交资格审查资料。

未组织资格预审或约定要求递交资格审查资料的，一般包括以下内容：A. 投标人基本情况；B. 近年财务状况；C. 近年完成的类似项目情况；D. 正在施工和新承接的项目情况；E. 信誉资料，如近年发生的诉讼及仲裁情况；F. 允许联合体投标的联合体资料。

⑤ 备选投标方案。如果招标文件允许提交备选标或者备选方案，投标人除编制提交满足招标文件要求的投标方案外，另行编制提交的备选投标方案或者备选标。通过备选方案，可以充分调动投标人的竞争潜力，使项目的实施方案更具科学性、合理性和可操作性，并克服招标人在编制招标文件乃至在项目策划或者设计阶段的经验不足和考虑欠周。被选用的备选方案一般能够带来"双赢"的局面，既符合招标人的需求，又能给投标人带来利益，根据《评标委员会和评标办法暂行规定》第三十八条以及《工程建设项目施工招标投标办法》第五十四条的规定，只有排名第一的中标候选人的备选投标方可予以考虑，即评标委员会才予以评审。

⑥ 投标文件的编制。投标文件的编制可做如下要求：

A. 投标文件应按"投标文件格式"进行编写，如有必要，可以增加附页，作为投标文件的组成部分。其中，投标函附录在满足招标文件实质性要求的基础上，可以提出比招标文件要求更有利于招标人的承诺。

B. 实质性响应。《招标投标法》第二十七条规定，投标文件应当对招标文件提出的实质性要求和条件做出响应。投标文件应当对招标文件有关工期、投标有效期、质量要求、技术标准和要求、招标范围等实质性内容做出响应。

C. 投标文件应用不褪色的材料书写或打印，并由投标人的法定代表人或其委托代理人签字或盖单位章。委托代理人签字的，投标文件应附法定代表人签署的授权委托书。投标文件应尽量避免涂改、行间插字或删除。如果出现上述情况，改动之处应加盖单位章或由投标人的法定代表人或其授权的代理人签字确认。签字或盖章的具体要求见投标人须知前附表。

D. 投标文件正本一份，副本份数见投标人须知前附表，正本和副本的封面上应清楚地标记"正本"或"副本"的字样，当副本和正本不一致时，以正本为准。投标文件的正本与副本应分别装订成册，并编制目录，具体装订要求见投标人须知前附表规定。

4）投标。包括投标文件的密封和标记、投标文件的递交、投标文件的修改和撤回等规定。

5）开标。包括开标时间、地点和开标程序等规定。

6）评标。包括评标委员会、评标原则和评标方法等规定。

7）合同授予。包括定标方式、中标通知、履约担保和签订合同。

① 定标方式。定标方式通常有两种：招标人授权评标委员会直接确定中标人；评标委员会推荐 1~3 名中标候选人，由招标人依法确定中标人。

② 中标通知。中标人确定后，招标人应当向中标人发出中标通知书，并同时将中标结果通知所有未中标的投标人。

③ 履约担保。签订合同前，中标人应按照招标文件规定的担保形式、金额和履约担保格式向招标人提交履约担保。履约担保的主要目的有两个：担保中标人按照合同约定正常履约，在中标人未能圆满实施合同时，招标人有权得到资金赔偿；约束招标人按照合同约定正常履约。招标人应在招标文件中对履约担保做出如下规定：

A. 履约担保的金额。一般约定为签约合同价的 5%~10%。

B. 履约担保的形式。一般有银行保函、非银行保函、保兑支票、银行汇票、现金和现金支票等。

C. 履约担保格式。通常招标人会规定履约担保格式，为了方便投标人，招标人也可以在招标文件履约担保格式中说明投标人可以提供招标人可接受的其他履约担保格式。

D. 未提交履约担保的后果。如果中标人不能按要求提交履约担保，视为放弃中标，投标保证金不予退还，给招标人造成的损失超过投标保证金数额的，中标人还应当对超过部分予以赔偿。

④ 签订合同。投标人须知中应就签订合同做出如下规定：

A. 签订时限。招标人和中标人应当自中标通知书发出之日起 30 日内，按照招标文件和中标人的投标文件订立书面合同。

B. 不签订合同的后果。中标人无正当理由不签订合同的，招标人取消其中标资格，其投标保证金不予退还；给招标人造成的损失超过投标保证金数额的，中标人还应当对超过部分予以赔偿。发出中标通知书后，招标人无正当理由拒签合同的，招标人向中标人退还投标保证金；给中标人造成损失的，还应当赔偿损失。

8）重新招标和不再招标。具体如下：

① 重新招标。根据《评标委员会和评标办法暂行规定》第二十七条，有下列情形之一的，招标人应当依法重新招标：投标人少于 3 个或评标委员会否决所有投标。评标委员会否决所有投标包含了两层意思：所有投标均被否决和有效投标不足 3 个；评标委员会经过评审后认为投标明显缺乏竞争，从而否决全部投标。

② 不再招标。重新招标后投标人仍少于 3 个或者所有投标被否决的，属于必须审批或核准的工程建设项目，经原审批或核准部门批准后不再进行招标。

9）纪律和监督。纪律和监督可分别包括对招标人、投标人、评标委员会、与评标活动有关的工作人员的纪律要求以及投诉监督。

10）附表格式。附表格式包括了招标活动中需要使用的表格文件格式，通常有：开标记录表、问题澄清通知、问题的澄清、中标通知书、中标结果通知书、确认通知等。

4. 评标办法

招标文件中的"评标办法"主要包括选择评标办法、确定评审因素和标准以及确定评标程序三方面内容。

（1）选择评标办法　评标办法一般包括经评审的最低投标价法、综合评估法和法律、行政法规允许的其他评标办法。

（2）确定评审因素和标准　评审因素和标准招标文件应针对初步评审和详细评审分别制定相应的评审因素和标准。

（3）确定评标程序　评标程序一般包括初步评审、详细评审、投标文件的澄清、说明或补正及评标结果等具体程序。

1）初步评审。按照初步评审因素和标准评审投标文件进行废标认定和投标报价算术错误修正。

2）详细评审。按照详细评审因素和标准分析评定投标文件。

3）投标文件的澄清、说明或补正。初步评审和详细评审阶段，评标委员会可以书面形式要求投标人对投标文件中不明确的内容进行书面澄清、说明或补正，或者对细微偏差进行补正。

4）评标结果。经评审的最低投标价法，评标委员会按照经评审的评标价格由低到高的顺序推荐中标候选人；对于综合评估法，评标委员会按照得分由高到低的顺序推荐中标候选人。评标委员会按照招标人授权，可以直接确定中标人。评标委员会完成评标后，应当向招标人提交书面评标报告。

5. 合同条款及格式

合同条件是招标文件的重要组成部分，合同条件又称为合同条款，主要规定了合同履行过程中当事人基本的权利和义务以及合同履行中的工作程序，监理工程师的职责与权力也应在合同条款中进行说明，目的是让承包人充分了解施工过程中将面临的监理环境。目前在国际上，由于承发包双方的需要，根据多年积累的经验，已编写了许多合同条件模式，在这些合同条件中有许多通用条件几乎已经标准化、国际化，无论在何处施工，都能适应承发包双方的需要。

（1）合同条款的分类　国际上通用的工程合同条款一般分为两大部分，即"通用合同条款"和"专用合同条款"。前者不分具体工程项目，不论项目所在国别均可使用，具有国际普遍适应性；而后者则是针对某一特定工程项目合同的有关具体规定。这种将合同条款分为两部分的方法，既可以节省招标者编写招标文件的工作量，又方便投标人投标，投标人只需要重点研究"专用合同条款"即可。

FIDIC 编制的一些合同条款，不仅 FIDIC 成员国采用，世界银行、亚洲开发银行的贷款项目也采用，各国可以稍加修改后用于国内项目。因此，在熟悉了 FIDIC 的各种合同条款后，对于编制合同条款或投标都是十分有用的。FIDIC 出版的《土木工程施工合同条款》也分为通用合同条款和专用合同条款。

《标准文件》中规定的通用合同条款包括以下内容：一般约定，发包人义务，监理人，承包人，材料和工程设备，施工设备和临时设施，交通运输，测量放线，施工安全、治安保卫和环境保护，进度计划，开工和竣工，暂停施工，工程质量，试验和检验，变更，价格调整，计量与支付，竣工验收，缺陷责任与保修责任，保险，不可抗力，违约，索赔，争议的解决等。

（2）专用合同条款的作用　专用合同条款是针对通用合同条款而言的，它和通用合同条款一起共同形成合同条款整体。专用合同条款作用如下：

1）将通用合同条款加以具体化。

2）对通用合同条款进行某些修改和补充。

3）对通用合同条款的删除。

（3）专用合同条款编制　专用合同条款的编制应注意以下几点：

1）专用合同条款与通用合同条款相对应。对通用合同条款的具体化、修改、补充和删除均应明确地与通用合同条款逐一对应，专用合同条款的代号应尽量与通用合同条款代号一致，便于对应阅读和理解。

2）根据工程管理需要对通用合同条款细化。通用合同条款不明确和不具体的条款，应在合同专用合同条款中具体化，以减少施工时双方因对合同条款的理解不同而产生分歧。

3）专用合同条款应充分反映业主对项目的建设要求和施工管理要求，如对质量的特殊要求、对计量与支付的要求、对工期的要求等。

4）所用语言应精练、准确、严密。

5）承包合同是一个体系，由多个分部组成，当各分部之间出现相互矛盾的情况时，以下述文件次序在先者为准。即组成合同的多个文件的优先支配地位的次序如下：

① 合同协议书及附件（含评标期间和合同谈判过程中的澄清文件和补充资料）。

② 中标通知书。

③ 投标书和投标书附录。

④ 合同专用条款及数据表（含招标文件补遗书中与此有关的部分）。

⑤ 合同通用条款。

⑥ 技术规范（含招标文件补遗书中与此有关的部分）。

⑦ 图纸（含招标文件补遗书中与此有关的部分）。

⑧ 标价的工程量清单。

⑨ 投标书附表。

⑩ 在本合同专用条款中可能规定的构成本合同组成部分的其他文件。

（4）合同文件的格式

1）合同协议书的格式。具体如下：

合同协议书

_____（发包人名称，以下简称"发包人"）为实施_____（项目名称），已接受_____（承包人名称，以下简称"承包人"）对该项目_____标段施工的投标。发包人和承包人共同达成如下协议。

1. 本协议书与下列文件一起构成合同文件：

（1）中标通知书。

（2）投标函及投标函附录。

（3）专用合同条款。

（4）通用合同条款。

（5）技术标准和要求。

（6）图纸。

（7）已标价工程量清单。

（8）其他合同文件。

2. 上述文件互相补充和解释，如有不明确或不一致之处，以合同约定次序在先者为准。

3. 签约合同价：人民币（大写）_____元（¥_____）。

4. 承包人项目经理：_____

5. 工程质量符合_____标准。

6. 承包人承诺按合同约定承担工程的实施、完成及缺陷修复。

7. 发包人承诺按合同约定的条件、时间和方式向承包人支付合同价款。

8. 承包人应按照监理人指示开工，工期为____日历天。

9. 本协议书一式____份，合同双方各执一份。

10. 合同未尽事宜，双方另行签订补充协议。补充协议是合同的组成部分。

发包人：_____（盖单位章）　　承包人：_____（盖单位章）

法定代表人或其委托代理人：_____（签字）　　法定代表人或其委托代理人：_____（签字）

____年____月____日　　　　　　　　　　　____年____月____日

2）履约担保格式。具体如下：

履约担保

_____（发包人名称）：

鉴于_____（发包人名称，以下简称"发包人"）接受_____（承包人名称，以下称"承包人"）于＿＿＿年＿＿月＿＿日参加＿＿＿＿＿＿＿＿＿＿（项目名称）＿＿标段施工的投标。我方愿意无条件地、不可撤销地就承包人履行与你方订立的合同，向你方提供担保。

1. 担保金额人民币（大写）＿＿＿＿＿＿＿＿＿＿元（￥＿＿＿＿＿＿＿＿＿＿）。

2. 担保有效期自发包人与承包人签订的合同生效之日起至发包人签发工程接收证书之日止。

3. 在本担保有效期内，因承包人违反合同约定的义务给你方造成经济损失时，我方在收到你方以书面形式提出的在担保金额内的赔偿要求后，在 7 天内无条件支付。

4. 发包人和承包人按《通用合同条款》第 15 条变更合同时，我方承担本担保规定的义务不变。

担保人：＿＿＿＿＿＿＿＿＿＿＿＿＿（盖单位章）

法定代表人或其委托代理人：＿＿＿＿＿（签字）

地　　址：＿＿＿＿＿＿＿＿＿＿

邮政编码：＿＿＿＿＿＿＿＿＿＿

电　　话：＿＿＿＿＿＿＿＿＿＿

传　　真：＿＿＿＿＿＿＿＿＿＿

＿＿＿＿＿年＿＿月＿＿日

3）预付款担保格式。具体如下：

预付款担保

＿＿＿＿＿＿＿＿＿＿（发包人名称）：

根据＿＿＿＿＿＿＿＿＿＿（承包人名称，以下称"承包人"）与＿＿＿＿＿＿＿＿＿＿（发包人名称，以下简称"发包人"）于＿＿＿年＿＿月＿＿日签订的＿＿＿＿＿＿＿（项目名称）＿＿＿＿＿标段施工承包合同，承包人按约定的金额向发包人提交一份预付款担保，即有权得到发包人支付相等金额的预付款。我方愿意就你方提供给承包人的预付款提供担保。

1. 担保金额人民币（大写）＿＿＿＿＿＿＿＿＿元（￥＿＿＿＿＿）。

2. 担保有效期自预付款支付给承包人起生效，至发包人签发的进度付款证书说明已完全扣清止。

3. 在本保函有效期内，因承包人违反合同约定的义务而要求收回预付款时，我方在收到你方的书面通知后，在 7 天内无条件支付。但本保函的担保金额，在任何时候不应超过预付款金额减去发包人按合同约定在向承包人签发的进度付款证书中扣除的金额。

4. 发包人和承包人按《通用合同条款》第 15 条变更合同时，我方承担本保函规定的义务不变。

担保人：＿＿＿＿＿＿＿＿＿＿＿＿＿（盖单位章）

法定代表人或其委托代理人：＿＿＿＿＿（签字）

地　　址：＿＿＿＿＿＿＿＿＿＿

邮政编码：＿＿＿＿＿＿＿＿＿＿

电　　话：＿＿＿＿＿＿＿＿＿＿

传　　真：＿＿＿＿＿＿＿＿＿＿

＿＿＿＿＿年＿＿月＿＿日

6. 工程量清单

（1）招标文件中对于工程量清单的编制要求

1）工程量清单是根据招标文件中包括的、有合同约束力的图纸以及有关工程量清单的国家标准、行业标准、合同条款中约定的工程量计量规则编制。约定计量规则中没有的子目，其工程量按照有合同约束力的图纸所标示尺寸的理论净量计算。计量采用中华人民共和国法定计量单位。

2）工程量清单应与招标文件中的投标人须知、通用合同条款、专用合同条款、技术标准和要求及图纸等一起阅读和理解。

3）本工程量清单仅是投标报价的共同基础，实际工程计量和工程价款的支付应遵循合同条款的约定及"技术标准和要求"的有关规定。

4）补充子目工程量计算规则及子目工作内容应参照工程量计价规范的规定和工程实际情况进行编制。

（2）工程量清单的主要内容　根据计价规范的规定，工程量清单由分部分项工程量清单、措施项目清单、其他项目清单、规费项目清单、税金项目清单组成。这五种清单的性质各有不同，分别介绍如下：

① 分部分项工程量清单为不可调整的闭口清单，投标人对招标文件提供的分部分项工程量清单必须逐一报价，对清单所列内容不允许做任何更改变动。投标人如果认为清单内容有不妥或遗漏，只能通过质疑的方式由清单编制人做统一的修改更正，并将修正后的工程量清单发往所有投标人。

② 措施项目清单为可调整的清单，投标人对招标文件中所列项目，可根据企业自身特点做适当的变更增减。投标人要对拟建工程可能发生的措施项目和措施费用进行通盘考虑，清单计价一经报出，即被认为是包括了所有应该发生的措施项目的全部费用。如果报出的清单中没有列项，且施工中又必须发生的项目，业主有权认为，其报价已经综合在分部分项工程量清单的综合单价中。将来措施项目发生时投标人不得以任何借口提出索赔与调整。

③ 其他项目清单是招标人在工程量清单中暂定并包括在合同价款中的一项清单。用于施工合同签订时尚未确定或者不可预见的所需材料、设备、服务的采购，施工中可能发生的工程变更、合同约定调整因素出现时的工程价款调整以及发生的索赔、现场签证确认等的费用。其他项目清单的内容主要包括暂定金额暂估价、计日工、总承包服务费。其他项目清单的费用待工程完工后依实决定，但有关费用的说明是决算时的计价依据。

④ 规费项目清单是根据工程所在地的有关规定及国家有关规定编制的。主要包括工程排污费、社会保障费（包括养老保险费、失业保险费、医疗保险费等）、住房公积金、危险作业意外伤害保险费、工伤保险费。

⑤ 税金项目清单应包括：增值税、城市维护建设税、教育费附加、地方教育附加等。

7. 图纸

图纸是合同文件的重要组成部分，是编制工程量清单以及投标报价的重要依据，也是进行施工和验收的依据。通常招标时的图纸并不是工程所需的全部图纸，在投标人中标后还会陆续发布新的图纸以及对招标时图纸的修改。因此，在招标文件中，除了附上招标图纸外，还应该列明图纸目录。图纸目录一般包括序号、图名、图号、版本、出图日期等。图纸目录以及相应的图纸对施工过程的合同管理以及争议解决发挥着重要作用。

8. 技术标准和要求

技术标准和要求也是合同文件的组成部分。技术标准的内容主要包括各项工艺指标、施工要求、材料检验标准，以及各分部、分项工程施工完工后的检验和验收标准等。有些项目根据所属行业的习惯，也将构成子项目的计量支付内容写进技术标准和要求中。项目的专业特点和所应用的行业标准的不同，决定了不同项目的技术标准和要求存在区别，同一项技术指标，可引用的行业标准和国家标准不止一个，招标文件可以引用，有些大型项目还有必要将其作为专门的科研项目来研究。

9. 投标文件格式

投标文件的格式要求是招标文件组成部分，投标人应按招标人提供的投标格式编制投标书，否则被认为不响应招标文件的实质性要求，视为废标。通常针对以下内容提出了相应的格式要求：

1）投标函及投标函附录。

2）法定代表人身份证明。

3）授权委托书。

4）联合体协议书。

5）投标保证金。

6）已标价工程量清单。

7）施工组织设计。

8）项目管理机构。

9）拟分包项目情况表。

10）资格审查资料。

11）其他材料。

（1）投标函及投标函附录的格式要求　投标函及投标函附录是招标文件的重要组成部分，是招标人对投标人关于投标事宜的技术及格式要求。投标函的编制中，至少包含以下内容：

1）投标有效期。投标有效期是指从招标文件规定的递交投标文件截止之日起算。一般在投标人须知的前附表中规定投标有效期的时间。

在原定投标有效期满之前，如因特殊情况，经招标管理机构同意后，招标单位可以向投标单位书面提出延长投标有效期的要求，此时，投标单位须以书面的形式予以答复，对于不同意延长投标有效期的，招标单位不能因此而没收其投标保证金。对于同意延长投标有效期的，不得要求在此期间修改其投标文件，而且应相应延长其投标保证金的有效期，对投标保证金的各种有关规定在延长期内同样有效。

2）投标担保。投标人在送交投标文件时，应同时按资料表规定的数额或比例提交投标担保。

投标人必须选择下列任一种投标担保形式：现金支票、银行汇票、银行保函或招标人规定的其他形式。

① 若采用现金支票或银行汇票，投标人应确保上述款项在投标文件提交截止时间前能划到招标人指定的账号上，否则，其投标担保视为无效。

② 若采用银行保函，则应由国有或股份制商业银行开具，银行级别由招标人根据项目的具体情况在投标人须知资料表中规定。银行保函采用招标文件第三卷中提供的格式。银行保函原件应在投标文件提交截止时间前单独密封递交给招标人。

③ 联合体的投标担保，应由联合体主办人按上述要求规定提交。

投标担保应当与投标有效期一致，招标人如果按投标须知的规定延长了投标文件有效期，则投标担保的有效期也相应延长。投标文件中必须装有投标保函（或现金支票、银行汇票）的复印件，未按规定提交投标担保的投标文件，招标人将予以拒绝。招标人与中标人签订合同协议书后 5 天内，应当向中标人和未中标的投标人退还投标担保。

3）投标文件的份数和签署。投标文件应明确标明"投标文件正本"和"投标文件副本"，其份数，按投标人须知前附表规定的份数提交，若投标文件的正本与副本有不一致时，以正本为准。投标文件均应使用不能擦去的墨水打印和书写，由投标单位法定代表人亲自签署并加盖法人公章和法定代表人印鉴。全套投标文件应无涂改和行间插字，若有涂改和行间插字处，应由投标文件签字人签字并加盖印鉴。

4）投标文件的递交。具体如下：

① 投标文件的密封与标志。投标单位应将投标文件的正本和副本分别密封在内层包封内，再密封在一个外层包封内，并在内包封上注明"投标文件正本"或"投标文件副本"。外层和内层包封都应写明招标单位和地址、合同名称、投标编号并注明开标时间以前不得开封。在内层包封上还应写明投标单位的邮政编码、地址和名称，以便投标出现逾期送达时能原封退回。

如果在内层包封未按上述规定密封并加写标志，招标单位将不承担投标文件错放或提前开封的责任，由此造成的提前开封的投标文件将予以拒绝，并退回投标单位。

② 投标截止日期。投标单位应按投标人须知前附表规定的投标截止日期的时间之前递交投标文件。招标单位因补充通知修改招标文件而酌情延长投标截止日期的，招标单位和投标单位在投标截止日期方面的全部权力、责任和义务，将适用延长后新的投标截止日期。

③ 投标文件的修改与撤回。投标单位在递交投标文件后，可以在规定的投标截止时间之前以书面形式向招标单位递交修改或撤回其投标文件的通知。在投标截止时间之后，则不能修改与撤回投标文件，否则，将没收投标保证金。

5）开标、评标及授予合同。在招标文件的投标人须知中，应将开标、评标及授予合同的有关事项进行说明。

在采用施工招标文件范本编制招标文件时，通常将重要信息用"投标人须知资料表"给出，招标人根据项目的具体情况对招标文件范本进行修改反映在"投标人须知资料表"中，这样有利于提高编制招标文件的效率和使招标文件规范化。

投标函

_____（招标人名称）：

1. 我方已仔细研究了_____（项目名称）_____标段施工招标文件的全部内容，愿意以人民币（大写）_____元（￥_____）的投标总报价，工期_____日历天，按合同约定实施和完成承包工程，修补工程中的任何缺陷，工程质量达到_____。

2. 我方承诺在投标有效期内不修改、撤销投标文件。

3. 随同本投标函提交投标保证金一份，金额为人民币（大写）_____元（￥_____）。

4. 如我方中标：

(1) 我方承诺在收到中标通知书后，在中标通知书规定的期限内与你方签订合同。

(2) 随同本投标函递交的投标函附录属于合同文件的组成部分。

(3) 我方承诺按照招标文件规定向你方递交履约担保。

(4) 我方承诺在合同约定的期限内完成并移交全部合同工程。

5. 我方在此声明，所递交的投标文件及有关资料内容完整、真实和准确，且不存在第二章"投标人须知"第1.4.3项规定的任何一种情形。

6. _____（其他补充说明）。

投标人：_____（盖单位章）

法定代表人或其委托代理人：＿＿＿＿＿＿（签字）

地址：＿＿＿＿＿＿＿＿＿＿＿＿＿＿＿

网址：＿＿＿＿＿＿＿＿＿＿＿＿＿＿＿

电话：＿＿＿＿＿＿＿＿＿＿＿＿＿＿＿

传真：＿＿＿＿＿＿＿＿＿＿＿＿＿＿＿

邮政编码：＿＿＿＿＿＿＿＿＿＿＿

＿＿＿年＿＿＿月＿＿＿日

投标函附录

序号	条款名称	合同条款号	约定内容	备注
1	项目经理	1.1.2.4	姓名：＿	
2	工期	1.1.4.3	天数：＿日历天	
3	缺陷责任期	1.1.4.5		
4	分包	4.3.4		
5	价格调整的差额计算	16.1.1	见价格指数权重表	
……	……	……	……	……

（2）施工组织设计的编写要求

1）投标人编制施工组织设计的要求。编制时应采用文字并结合图表形式说明施工方法；拟投入本标段的主要施工设备情况、拟配备本标段的试验和检测仪器设备情况、劳动力计划等；结合工程特点提出切实可行的工程质量、安全生产、文明施工、工程进度、技术组织措施，同时应对关键工序、复杂环节重点提出相应技术措施，如冬雨季施工技术、减少噪声、降低环境污染、地下管线及其他地上地下设施的保护加固措施等。

2）施工组织设计除采用文字表述外还包括以下图表：①拟投入本标段的主要施工设备表；②拟配备本标段的试验和检测仪器设备表；③劳动力计划表；④计划开工、竣工日期和施工进度网络图；⑤施工总平面图；⑥临时用地表。

4.2.3　编制招标文件应注意的问题

1. 招标文件应体现工程建设项目的特点和要求

招标文件牵涉的专业内容比较广泛，具有明显的多样性和差异性，编写一套适用于具体工程建设项目的招标文件，除需要具有较强的专业知识和一定的实践经验外，还要能准确把握项目专业特点。

编制招标文件时必须认真阅读研究有关设计与技术文件，与招标人充分沟通，了解招标项目的特点和需求，包括项目概况、性质、审批或核准情况、标段划分计划、资格审查方式、评标方法、承包模式、合同计价类型、进度时间节点要求等，并充分反映在招标文件中。

招标文件应该内容完整、格式规范、按规定使用标准招标文件，结合招标项目特点和需求，参考以往同类项目的招标文件进行调整、完善。

2. 招标文件必须明确投标人实质性响应的内容

投标人必须完全按照招标文件的要求编写投标文件，如果投标人没有对招标文件的实质性要求和条件做出响应，或者响应不完全，都可能导致投标人投标失败。所以，招标文件有需要投标人做出实质性响应的所有内容，如招标范围、工期、投标有效期、质量要求、技术标准和要求等，应具体、清晰、无争议，且宜以醒目的方式提示，避免使用模糊的或者容易引起歧义的词句。

3. 防范招标文件中的违法、歧视性条款

编制招标文件必须熟悉和遵守招标投标的法律法规，并及时掌握最新规定和有关技术标准，坚持公平、公正、遵纪守法的要求。严格防范招标文件中出现违法、歧视、倾向条款限制、排斥或保护潜在投标人，并要公平、合理划分招标人和投标人的风险责任。只有招标文件客观与公正才能保证整个招标投标活动的客观与公正。

4. 保证招标文件格式、合同条款的规范一致

编制招标文件应保证格式文件、合同条款规范一致，从而保证招标文件逻辑清晰、表达准确，避免产生歧义和争议。

招标文件合同条款部分如采用通用合同条款和专用合同条款形式编写，则正确的合同条款编写方式为：通用合同条款应全文引用，不得删改；专用合同条款应按其条款编号和内容，根据工程实际情况进行修改和补充。

5. 招标文件的语言要规范、简练

编制、审核招标文件应一丝不苟、认真细致。招标文件的语言文字要规范、严谨、正确、简练、通顺，要认真推敲，避免使用含义模糊或容易产生歧义的词语。

招标文件的商务部分与技术部分一般由不同人员编写，应注意两者间及各专业之间的相互结合与一致性，应交叉校核，检查各部分是否存在不协调、重复和矛盾的内容，确保招标文件的质量。

4.2.4　招标文件的风险与防范

在整个招标过程中，招标和投标双方都受法律保护，《招标投标法》明确规定按招标文件签订合同，实质性条款不能违背，因此招标人在工程项目招标过程中要非常严谨，应规避风险。

1. 招标文件不准确带来的风险

（1）招标文件描述不准确带来的风险　招标人应将对所需产品的名称、规格、数量，技术参数要求，质量等级要求，工期要求，保修服务要求和时间要求等各方面的要求和条件完全、准确地表述在招标文件中。这些要求和条件是投标人做出回应的主要依据。若招标文件没有将招标人的要求具体、准确地表述给投标人，投标人将会为取得中标按就低的原则选择报价，这时投标书提供的产品、服务有可能没有达到招标项目使用的技术要求标准。根据《评标委员会和评标方法暂行规定》，评标委员会应当根据招标文件规定的评标标准和方法，对投标文件进行系统的评审和比较，招标文件中没有规定的标准和方法不得作为评标的依据。

（2）招标文件中工程量清单不准确带来的风险　近年来，工程项目招标大多采用工程量清单计价，《建设工程工程量清单计价规范》不断更新，经评审合理低价中标模式在我国工程项目招标中被普遍采用。工程量清单必须作为招标文件的组成部分，其准确性和完整性由招标人负责，投标价由投标人自己确定。招标人承担着工程量计算不准确、工程量清单项目特征描述不清楚、工程项目组成不齐全、工程项目组成内容存在漏项、计量单位不正确等风险。投标人为获得中标和追求超额利润，在不提高总报价、不影响中标的前提下，在一定范围内有意识地调整工程量清单中某些项目的报价，采用低价中标、中间索赔、高价结算的做法，给招标人在工程项目造价和进度的控制等方面带来很大的风险。

2. 招标人对不平衡报价风险的防范

不平衡报价是招标人在工程施工招标阶段的主要风险之一。这种风险难以完全避免，但招标人可以在招标前期策划和编制招标文件时进行防范，以降低不平衡报价带来的风险。

（1）提高招标图纸的设计深度和质量 招标图纸是招标人编制工程量清单和投标人投标报价的重要依据。目前，大部分设计图还不能满足施工需要，于是在施工过程中还会出现大量的补充设计或设计变更，导致招标的工程量清单跟实际施工的工程量相差甚远，给投标人实施不平衡报价带来了机会。因此，招标人要认真审查图纸的设计深度和质量，避免出现边设计、边招标的情况，尽可能使用施工图招标，从源头上减少工程变更的出现。

（2）提高工程量清单编制质量 招标人要重视工程量清单的编制质量，消除把工程量清单作为参考而最终按实结算的依赖思想，要把工程量清单作为投标报价和竣工结算的重要依据、工程项目造价控制的核心和限制不平衡报价的关键。

由于不平衡报价一般是抓住了工程量清单的漏项、计算失误等错误，因此要安排有经验的造价工程师负责工程量清单的编制工作。工程量清单的编制要尽可能周全、详尽、具有可预见性，同时编制工程量清单时要严格执行《建设工程工程量清单计价规范》，要求数量准确，避免错项和漏项，防止投标单位利用清单中工程量的可能变化进行不平衡报价。对每一个项目的特征必须进行清楚、全面、准确的描述，需要投标人完成的工作内容应准确、详细，以便投标人全面考虑完成工程量清单项目所要产生的全部费用，避免因描述不清而引起理解上的差异，造成投标人报价时不必要的失误，影响招标投标工作的质量。

（3）在招标文件中增加关于不平衡报价的评审要求 在招标文件中，可以写明对各种不平衡报价的评审办法，尽量不给不平衡报价留有余地。例如，某分部分项工程的综合单价不平衡报价幅度大于某临界值（具体工程具体设定，一般不超过10%，国际工程可以接受的比例一般为15%）时，认定该标书为废标；设置评标主要项目清单或评标主要材料价格。招标人要掌握工程涉及的主要造价、重大的工程量清单子目和主要材料的价格，在招标文件中设置为评审得分项目。

4.3 建设工程评标方法和程序

评标方法一般包括经评审的最低投标价法、综合评估法或者法律、行政法规允许的其他评标方法。招标人应选择适宜招标项目特点的评标方法。

评标程序是评标委员会依法按照招标文件确定的评标方法和具体评标标准，对开标中所有拆封并唱标的投标文件进行审查、评价，比较每个投标文件对招标文件要求的响应情况。在投标文件评审过程中，还可以视情况依法进行澄清，并根据评审情况出具评标报告推荐中标候选人的过程。评标程序一般按以下5个步骤进行：评标准备；初步评审；澄清、说明或补正；详细评审；编制及提交评标报告。

4.3.1 评标准备

1. 评标委员会成员签到

评标委员会成员到达评标现场时，应在签到表上签到以证明其出席。

2. 评标委员会的分工

评标委员会首先推选一名评标委员作组长，招标人也可以直接指定评标委员会组长。评标委员会组长负责评标活动的组织领导工作。评标委员会组长在与其他评标委员会成员协商的基础上，可以将评标委员会划分为技术组和经济组。

3. 熟悉文件资料

招标人或招标代理机构应向评标委员会提供评标所需的信息和数据，包括招标文件、未在开标会上当场拒绝的各投标文件、开标会记录、资格预审文件及各投标人在资格预审阶段递交的资格预审申请文件（适用于已进行资格预审的）、招标控制价或标底（如果有）等。

评标委员会组长应组织评标委员会成员认真研究招标文件，了解和熟悉招标目的、招标范围、主要合同条件、技术标准和要求、质量标准和工期要求等，掌握评标标准和方法，熟悉评标表格的使用，未在招标文件中规定的标准和方法不得作为评标的依据。

4. 对投标文件进行基础性数据分析和整理

在不改变投标人投标文件实质性内容的前提下，评标委员会应当对投标文件进行基础性数据分析和整理（简称"清标"），从而发现并提取其中可能存在的对招标范围的理解的偏差、投标报价的算术性错误、错漏项、投标报价构成不合理、不平衡报价等存在明显异常的问题，并就这些问题整理形成清标成果。评标委员会对清标成果审议后，决定需要投标人进行书面澄清、说明或补正的问题，形成质疑问卷，向投标人发出问题澄清通知（包括质疑问卷）。

招标人或招标代理机构应向评标委员会提供评标所需的重要信息和数据，但不得明示或者暗示其倾向或者排斥特定投标人。

在不影响评标委员会成员的法定权利的前提下，评标委员会可委托由招标人专门成立的清标工作小组完成清标工作，在这种情况下清标工作可以在评标工作开始之前完成，也可以与评标工作平行进行。清标工作小组成员应为具备相应执业资格的专业人员，且应当符合有关法律法规对评标专家的回避规定和要求，不得与任何投标人有利益、上下级等关系，不得代行依法应当由评标委员会及其成员行使的权利。清标成果应当经过评标委员会的审核确认，经过评标委员会审核确认的清标成果视同是评标委员会的工作成果，并由评标委员会以书面方式追加对清标工作小组的授权。书面授权委托书必须由评标委员会全体成员签名。

投标人接到评标委员会发出问题澄清通知后，应按评标委员会的要求提供书面澄清资料并按要求进行密封，在规定的时间递交到指定地点。投标人递交的书面澄清资料由评标委员会开启。

4.3.2 初步评审

1. 形式评审

评标委员会根据评标办法前附表中规定的评审因素和评审标准（表4-1），对投标人的投标文件进行形式评审，并记录评审结果。

表 4-1 形式评审因素及标准

评 审 因 素	评 审 标 准
投标人名称	与营业执照、资质证书、安全生产许可证一致
投标函签字盖章	有法定代表人或其委托代理人签字或加盖单位章
投标文件格式	符合第八章"投标文件格式"的要求
联合体投标人	提交联合体协议书，并明确联合体牵头人（如有）
报价唯一	只能有一个有效报价
……	……

2. 资格评审

这里主要是资格后审，评标委员会根据评标办法前附表中规定的评审因素和评审标准（表 4-2），对投标人的投标文件进行资格评审，并记录审查结果。

表 4-2 资格评审因素及标准

评 审 因 素	评 审 标 准
营业执照	具备有效的营业执照
安全生产许可证	具备有效的安全生产许可证
资质等级	符合"投标人须知"中要求的规定
财务状况	符合"投标人须知"中要求的规定
类似项目业绩	符合"投标人须知"中要求的规定
信誉	符合"投标人须知"中要求的规定
项目经理	符合"投标人须知"中要求的规定
其他要求	符合"投标人须知"中要求的规定
联合体投标人	符合"投标人须知"中要求的规定（如有）
……	……

3. 响应性评审

评标委员会根据评标办法前附表中规定的评审因素和评审标准（表 4-3），对投标人的投标文件进行资格评审，并记录审查结果。

表 4-3 响应性评审因素及标准

评 审 因 素	评 审 标 准
投标内容	符合"投标人须知"中要求的规定
工期	符合"投标人须知"中要求的规定
工程质量	符合"投标人须知"中要求的规定
投标有效期	符合"投标人须知"中要求的规定
投标保证金	符合"投标人须知"中要求的规定
权利义务	符合"合同条款及格式"规定

（续）

评 审 因 素	评 审 标 准
已标价工程量清单	符合"工程量清单"给出的子目编码、子目名称、子目特征、计量单位和工程量
技术标准和要求	符合"技术标准和要求"规定
……	……

4. 算术错误修正

评标委员会依据规定的相关原则对投标报价中存在的算术错误进行修正，并根据算术错误修正结果计算评标价。

修正原则：投标文件中的大写金额和小写金额不一致的，以大写金额为准；总价金额与单价金额不一致的，以单价金额为准，但单价金额小数点有明显错误的除外；对不同文字文本投标文件的解释发生异议的，以中文文本为准。

4.3.3 澄清、说明或补正

《招标投标法》第三十九条规定："评标委员会可以要求投标人对投标文件中含义不明确的内容作必要的澄清或者说明，但是澄清或者说明不得超出投标文件的范围或者改变投标文件的实质性内容。"

评标过程中，评标委员会视投标文件情况，在需要时可以要求对投标文件进行澄清、说明或补正。通常，澄清、说明或补正应注意以下几个问题：

1）澄清、说明或补正是投标人应评标委员会的要求做出的。只有评标委员会能够启动澄清程序。其他相关主体，不论是招标人、招标代理机构，还是行政监督部门，均无权启动澄清程序。一旦评标委员会要求，投标人应相应地进行澄清、说明或补正，否则，将自行承担不利的后果。

2）评标委员会只有在投标文件符合法定状况时才能要求澄清。根据《评标委员会和评标方法暂行规定》的规定，投标文件中有含义不明确、对同类问题标书不一致或者有明显文字和计算错误的内容，或者投标人的报价明显低于其他投标报价或者设有标底时明显低于标底，使得其投标报价可能低于其个别成本的，应当要求该投标人做出书面说明并提供相关证明材料。根据《房屋建筑和市政基础设施工程施工招标投标管理办法》的规定，有下列情形之一的，评标委员会可以要求投标人做出书面说明并提供相关材料：①设有标底的，投标报价低于标底合理幅度的；②不设标底的，投标报价明显低于其他投标报价，有可能低于其企业成本的。

3）评标委员会的澄清、说明或补正要求不得违法。评标委员会仅能够依法对符合法定状况的投标文件提出澄清要求，不得提出带有暗示性或者诱导性的问题，或者向投标人明确其投标文件中的遗漏和错误，更不能以澄清之名要求，对实质性偏差进行澄清或者后补。

4）投标人的澄清不得超出投标文件的范围或者改变投标文件的实质性内容。

① 投标人只能针对评标委员会的要求，进行澄清、说明或者补正，不能超出评标委员会的要求。

② 澄清、说明或者补正的内容，不得超出投标文件的范围，不能提出在投标文件中没

有的新的投标内容。

③ 即便在投标文件范围内，也不能改变投标文件的实质性内容。所以，《工程建设项目施工招标投标办法》明确规定，投标文件不响应招标文件的实质性要求和条件的，招标人应当拒绝，并不允许投标人通过修正或撤销其不符合要求的差异或保留，使之成为具有响应性的投标。

5）澄清、说明或补正一般应以书面形式进行。评标委员会应以书面形式提出澄清、说明或补正要求，投标人也应以书面形式提供澄清、说明或者补正，通常投标人和评标委员会不得借澄清进行当面交流。

投标人拒不按照要求对投标文件进行澄清、说明或补正的，评标委员会可以否决其投标。

4.3.4　详细评审

只有通过了初步评审、被判定为合格的投标人方可进入详细评审。详细评审通常分为两个步骤进行：一是各投标书技术和商务合理性审查；二是运用综合评估法或经评审的最低投标价法进行各标书的量化评价。

1. 综合评估法

综合评估法一般适用于工程建设规模较大，履约工期较长，技术复杂，工程施工技术管理方案的选择性较大，且工程质量、工期和成本受不同施工技术管理方案影响较大，工程管理要求较高的施工招标项目的评标。

将评审内容分类后赋予不同权重，评标委员依据评分标准对各类内容细分的小项进行相应的打分，最后计算的累积分值反映投标人的综合水平，以得分最高的投标书为最优。表4-4为某施工招标项目采用的综合评估法打分表。

表4-4　某施工招标项目采用的综合评估法打分表

序　号		评审因素	分值	评分标准
价格分 （40分）	1	评标价	40	有效投标人中投标价格最低报价的评标价为评标基准价，实际得分＝（评标基准价/投标报价）×40
技术分 （36分）	1	质量控制技术措施	6	①优：5～6分；②良：3～4分；③一般：1～2分；④无：0分
	2	成本控制技术措施	6	①优：5～6分；②良：3～4分；③一般：1～2分；④无：0分
	3	进度控制措施	6	①优：5～6分；②良：3～4分；③一般：1～2分；④无：0分
	4	安全文明生产控制技术措施	6	①优：5～6分；②良：3～4分；③一般：1～2分；④无：0分
	5	工程重点、难点技术措施	6	①优：5～6分；②良：3～4分；③一般：1～2分；④无：0分

（续）

序　号		评审因素	分值	评分标准
技术分 （36 分）	6	针对重点、难点提出有效建议	6	①优：5~6 分；②良：3~4 分；③一般：1~2 分；④无：0 分
商务分 （24 分）	1	项目管理机构	6	在满足招标文件规定的项目人员基础上，每增加配备项目主要人员 1 人的加 2 分，最多得 6 分
	2	近三年同类业绩	6	承担工程施工造价 500 万元以上（含 500 万元）业绩的，每项得 2 分，最多得 6 分
	3	获得省级以上荣誉	6	①国家级奖励的，每一个得 2 分，最多得 4 分；②省级奖励的，每一个得 1 分，最多得 2 分
	4	履约信誉	6	①投标人近 5 年曾获得过国家工商行政管理部门颁发的"守合同重信用"证书者，得 6 分；②投标人近 5 年曾获得过省级工商行政管理部门颁发的"守合同重信用"证书者，得 3 分；③无，得 0 分
合计（100 分）			100	

2. 经评审的最低投标价法

经评审的最低投标价法一般适用于具有通用技术、性能标准或者招标人对其技术、性能没有特殊要求，工程施工技术管理方案选择性较小，且工程质量、工期、成本受施工技术管理方案影响较小，工程管理要求简单的施工招标项目的评标。

评标委员会根据评标办法前附表、规定的程序、标准和方法以及算术错误修正结果，对投标报价进行价格折算，计算出评标价。因此，评标价并不是投标价。评标价是以修正后的投标价（如果有需要修正的情形）为基础，依据招标文件中的计算方法计算出的评标价格，定标签订合同时，仍以投标价为中标的合同价。

以评标价最低的投标人为最优，投标价格低于成本价的除外。

4.3.5　编制及提交评标报告

评标委员会完成评标后，应当向招标人提交评标报告，并推荐合格的中标候选人，推荐的中标候选人名单不超过 3 家，并标明排序。评标报告应当由全体评标委员会成员签字。

评标报告一般包括以下内容：①基本情况和数据表；②评标委员会成员名单；③开标记录；④符合要求的投标一览表；⑤废标情况说明；⑥评标标准、评标方法或评标因素一览表；⑦经评审的价格或评分比较一览表；⑧经评审的投标人排序；⑨推荐的候选人名单（如果投标人须知前附表中授权评标委员会直接确定中标人，则为"确定中标人"）；⑩澄清、说明或补正事项纪要。

对评标结果有不同意见的评标委员会成员应当以书面形式说明其不同意见和理由，评标报告应当注明该不同意见。评标委员会成员拒绝在评标报告上签字又不书面说明其不同意见和理由的，视为同意评标结果。

本章小结

　　本章主要围绕建设工程招标管理介绍了招标前的准备、建设工程招标文件编制、建设工程评标方法和评标程序的有关内容。招标文件是建设工程项目招标工程中最重要、最基本的技术文件，编制招标文件是学习"建设工程招标投标与合同管理"课程需要掌握的基本技能之一。通过本章学习，应了解标底和招标控制价的区别，建设工程评标方法和程序；熟悉标准施工招标文件的相关内容，工程招标应具备的条件；掌握招标文件的组成和编制以及编写招标文件应注意的问题。

习　　题

1. 单项选择题

（1）一个工程编制的标底（　　　）。

A. 只能 1 个　　　　　　B. 2 个　　　　　　　　C. 3 个　　　　　　　　D. 允许多个

（2）根据《招标投标法实施条例》，关于工程建设项目招标标底的设置和作用，下列说法正确的是（　　　）。

A. 标底只能作为评标的参考

B. 标底应当在招标文件中明确规定并事先公布

C. 应当把投标报价是否接近标底作为中标条件

D. 评标基准价的设置应当以标底上下浮动一定幅度为依据

（3）下列关于最低评标价法的说法中，正确的是（　　　）。

A. 以报价最低的投标价为中标价　　　　　　B. 以中标人的评标价作为中标价

C. 以投标人的平均报价作为评标价　　　　　D. 以中标人的报价为中标价

（4）根据《招标投标法》，中标通知书发出后招标人和中标人应在（　　　）天内订立书面合同。

A. 10　　　　　　　　B. 20　　　　　　　　C. 30　　　　　　　　D. 40

（5）依法必须招标的项目，评标委员会成员未在评标报告中陈述不同意见和理由，也拒绝签字的，视为（　　　）。

A. 同意评标结果　　　B. 评标结论待定　　　C. 弃权　　　　　　　D. 保留意见

（6）某工程项目招标过程中，甲投标人研究招标文件后，以书面形式提出质疑问题。招标人对此问题给予了书面解答，则该解答（　　　）。

A. 只对甲投标人有效

B. 应发送给全体投标人，但不说明问题来源

C. 应发送给全体投标人，并说明问题来源

D. 对全体投标人有效，但无须发送给其他投标人

（7）某建设项目开标后，评标委员会发现某投标人的工程量清单中，总价金额和单价与工程量乘积之和的金额不一致。请该投标人澄清时，投标授权人经核算后，认为总价、单价都有错误，遂提出新的单价和总价。该投标书的报价应以（　　　）为准。

A. 原单价与工程量乘积之和　　　　　　　　B. 原总价

C. 新单价与工程量乘积之和　　　　　　　　D. 新总价

（8）招标过程中，由于招标人原因在投标文件规定的投标有效期内未能确定中标人。下列对投标保函的处理，正确的是（　　　）。

A. 要求评标报告推荐的候选中标人延长投标保函有效期

B. 要求所有投标人延长投标保函有效期

C. 要求评标报告中推荐候选中标人之外的投标人延长投标保函有效期

D. 返还所有投标人的投标保函

（9）某建设项目采用最低评标价法评标，其中一位投标人的投标报价为 3000 万元，工期提前获得评标优惠 100 万元，评标时未考虑其他因素，则评标价和合同价分别为（   ）。

A. 2900 万元，3000 万元　　　　　　　　　B. 2900 万元，2900 万元

C. 3100 万元，3000 万元　　　　　　　　　D. 3100 万元，2900 万元

（10）某施工项目招标，四家投标人的报价和评标价分别为：甲，1800 万元、1870 万元；乙，1850 万元、1890 万元；丙，1880 万元、1820 万元；丁，1990 万元、1880 万元。则中标候选人中排序第一的应为（   ）。

A. 甲　　　　　　　B. 乙　　　　　　　C. 丙　　　　　　　D. 丁

2. 多项选择题

（1）公开招标和邀请招标的区别包括（   ）。

A. 对投标人资质的要求不同　　　　　　　B. 邀请投标人的方式不同

C. 招标费用不同　　D. 竞争程度不同　　E. 评标工作量不同

（2）招标准备阶段招标人的主要工作包括（   ）。

A. 向建设行政主管部门办理申请招标手续　　B. 选择招标方式

C. 资格预审　　　　D. 编制招标有关文件　　E. 发布招标公告

（3）招标人可以没收投标保证金的情况有（   ）。

A. 投标人在投标截止日期前撤销投标书　　　B. 投标人在投标有效期内撤销投标书

C. 投标人有可能在合同履行中违约　　　　　D. 投标人在中标后拒交履约保函

E. 投标人在中标后拒签合同

（4）对招标项目的投标人在研究招标文件和现场考察后提出的质疑，招标人的正确处理方式有（   ）。

A. 以书面形式将质疑的解答通知所有投标人

B. 解答应说明问题的来源

C. 仅对提出质疑人给予书面形式的解答

D. 以口头形式将质疑的解答通知所有投标人

E. 在标前会上给予解答并记入会议纪要

（5）按照《招标投标法》的要求，招标人如果自行办理招标事宜，应具备的条件包括（   ）。

A. 有编制招标文件的能力　　　　　　　　B. 已发布招标公告

C. 具有开标场地　　　　　　　　　　　　D. 有组织评标的能力

E. 已委托公证机关公证

3. 思考题

（1）建设工程招标应当具备哪些条件？

（2）简述标段划分的利弊和影响因素。

（3）简述施工招标文件的组成。

（4）投标人须知包括哪些内容？

（5）简述标底和招标控制价的概念以及两者的联系和区别。

（6）简述招标工程量清单包括哪些内容？

（7）编写招标文件应注意哪些问题？

二维码形式客观题

扫描二维码可在线做题，提交后可查看答案。

第 4 章
客观题

第 5 章
建设工程投标管理

引导案例

项目经理身兼两职导致投标保证金被没收

原告交建集团诉称，原告于 2019 年 9 月 14 日向被告建工集团电汇了 29 万元投标保证金，并于 2019 年 9 月 18 日参加被告办公楼桩基工程施工项目投标。最终原告未中标，被告无合法理由拒不返还投标保证金。请求法院判令被告返还投标保证金 29 万元及其占用期间利息 46 569.17 元（按银行同期贷款基准利率计算）。

被告建工集团辩称，原告为本项目中标候选人，在中标公示期间，有人实名举报原告在投标文件中确定的项目经理在招标文件规定的时间内有在建项目。被告经核查，举报情况属实。原评标委员会重新审查认为原告的投标文件不满足招标文件要求。2019 年 10 月 22 日，因原告的投标文件弄虚作假，被告书面告知原告取消其中标候选人资格，没收其投标保证金，有事实和法律依据。因原告投标文件弄虚作假，导致诉争项目工程第一次招标结果无效，被告只得依法申请重新评标，给被告造成重大损失。

法院经审理查明，2019 年 9 月 17 日，原告就诉争工程进行投标，其投标文件所附的《投标承诺书》载明："我方（原告）保证：本次投标文件中提供的相关资料均真实、无虚假，否则招标人有权没收我单位的投标保证金并取消中标资格。"该项目招标文件第 37.1.11 条中载明"本招标文件所称的项目经理有在建工程的认定标准为：①在本招标工程以外的招标人发出中标通知书至工程竣工验收材料合格之日期间，即认定有在建工程；②变更有在建工程的项目经理，作为拟派出的项目经理的，须在变更满 6 个月后方有资格参加本投标项目（工程）的投标。投标人投标时，应提供建设单位同意变更的书面函件和已在工程所在地建设主管部门办理项目经理变更备案的证明材料（变更日期以变更备案日起算），并附在投标文件《项目经理无在建工程和现场管理人员到位承诺书》中。"

2019 年 9 月 18 日，本次招标项目开标，原告中标。中标公示期间，有实名举报原告在投标文件中确定的项目经理在招标文件规定的时间内有在建项目。被告接到该举报后立即着手调查。经核查，举报情况属实。2019 年 10 月 10 日，被告向市招标投标办提交申请重新审查拟中标单位履约能力的申请报告，市招标投标办向省发展改革委进行报告。2019年10月19日，省发展改革委通知该项目原评标委员会对原告的投标文件及履约能力进行重新审查。原评标委员会全体专家出具审核报告明确："交建集团的投标文件不满足招标文件要求，应取消其中标候选人资格，并没收投标保证金。"2019年10月22日，被告书面告知原告取消其中标候选人资格，并没收其投标保证金。另查，原告项目经理于2019年6月13日在高速公路收费站房建工程项目中担任项目经理，当年8月25日该项目经理变更，9月原告的投标文件中将其作为涉案项目项目经理。

法院认为，原告所订立的《投标承诺书》是原告对在投标活动中遵守法律及各项规定的承诺，应当严格依合同约定及承诺履行义务，信守诺言。但原告却在项目经理申报上出现违反规定及承诺的情况，即本投标工程原告派出的项目经理在其他在建工程中担任项目经理，在变更该项目经理未满6个月又申报本投标工程项目经理，被举报并经评标委员会核实确认，因此，原告的行为是招标投标文件虚假行为中的一种。对此，原告辩称是对招标文件中"在建工程"定义的认知误解。但法院认为，在被告的招标文件中对"在建工程"、项目经理以及项目经理的变更等事项的文意表达已经非常清晰、明了，不存在模棱两可或语意不详的情况，故原告的主张与事实不符。因此，被告依约依法没收其保证金并无错误。原告的诉请没有法律依据，不予支持。

法院判决依据：

（1）同一人不能同时担任两个施工项目的项目经理。依照《注册建造师管理规定》第二十一条、《注册建造师执业管理办法（试行）》第九条都有关于注册建造师不得同时在两个及两个以上的建设工程项目上担任施工单位项目负责人以及例外的规定。本案所涉工程项目招标文件对"项目经理有在建工程"的认定标准有明确规定，因原告项目经理资格不满足招标文件要求，但未如实反映此情况，被投诉查证属实，方被认定为存在虚假投标行为。

（2）投标人弄虚作假的，有权不退还投标保证金。根据《招标投标法实施条例》第四十二条规定，常见的弄虚作假投标行为主要有使用伪造、变造的许可证件，提供虚假的财务状况或者业绩，提供虚假的项目负责人或者主要技术人员简历、劳动关系证明，提供虚假的信用状况等。对于投标人弄虚作假行为，招标人可实施的最直接有效的制裁措施就是不退还其投标保证金。《招标投标法实施条例》第三十五条、第七十四条规定了投标保证金可以不退还的情形主要有：①投标截止后投标人撤销投标文件的；②中标人无正当理由不与招标人订立合同；③在签订合同时向招标人提出附加条件；④不按照招标文件要求提交履约保证金。招标人也可在不违反《招标投标法》的前提下对不退还投标保证金的情形做出补充约定，如本案中的"如有虚假投标行为则不退还投标保证金"的条款。

案例启示：

（1）施工企业必须确保指定专门的项目经理负责工程建设项目管理。《注册建造师管理规定》《注册建造师执业管理办法（试行）》等禁止注册建造师同时在两个及两个以上的建设工程项目上担任施工单位项目负责人。违反该规定的，将导致投标无效。

（2）秉承诚实信用原则参与招标投标是对市场竞争主体最基本的要求，投标人不得弄虚作假投标。对于弄虚作假行为，现行法律规定了赔偿损失、罚款、并处没收违法所得、取消投标资格、吊销营业执照、中标无效、依法追究刑事责任等法律责任。

（3）投标保证金是投标人违反《招标投标法》或者其投标文件规定时保障招标人权益的有效措施。不退还投标保证金必须要有明确的依据，除了《招标投标法实施条例》第三十五条、第七十四条规定的 4 种情形外，还可在招标文件中规定不退还投标保证金的其他情形，如：①在提交投标文件截止时间后主动对投标文件提出实质性修改；②投标人串通投标或有其他违法行为；③投标人未按照招标文件规定交纳招标代理服务费。

5.1　投标前的准备工作

投标前的准备工作是参加投标竞争非常重要的一个方面。准备工作做得扎实细致与否，直接关系到对招标项目分析研究是否深入、提出的投标策略和投标报价是否合理、对整个投标过程可能发生的问题是否有充分的思想准备，从而影响到投标工作是否能达到预期的效果。因此，每个投标单位都必须充分重视这项工作。

5.1.1　参加资格预审

1）应注意平时对资格预审的有关资料加以积累，并保存相关的信息，这样在填写资格预审调查表时，能及时将有关资料调出来，加以补充并完善。如果平时不注意积累资料，完全靠临时填写，往往会达不到业主的要求而失去应有的机会。

2）在投标决策阶段，注意收集信息，如果有合适的项目，应及早进行资格预审的申请准备工作。

3）加强填表时的分析，要针对工程特点，填好重点部分，主要反映出本公司的施工水平、施工经验和施工组织能力。这往往是业主考虑的重点。

4）特别要做好递交资格预审表后的跟踪工作，以便及时发现问题，及时补充相关资料。如果是国外工程，可通过代理人或当地分公司进行有关的查询工作。

5.1.2　研究招标文件

投标人资格预审合格，取得招标文件后，首要的投标准备工作是仔细认真地研究招标文件。研究招标文件，最好由专人或小组进行，重点应放在投标须知、合同条件、设计图、工程量清单技术规范等方面，充分了解其内容和要求，以便安排投标工作，并发现应提请招标人予以澄清的疑点。研究招标文件的着重点通常应放在以下几方面：

1）研究工程综合说明，以获得对工程全貌的理解。

2）熟悉并详细研究设计图和规范（技术说明），目的在于弄清工程的技术细节和具体要求，使制定施工方案和报价有确切的依据。注意技术规范中有无特殊施工技术要求，有无设备、特殊材料的技术要求。施工图的分析，要注意平、立、剖面图之间位置、尺寸的一致性，结构图与设备安装图之间的一致性，当发现存在矛盾时应及时提请招标人予以澄清并修正。

3）研究合同主要条款，明确合同类型是总价合同、单价合同、成本加酬金合同；明确中标后应承担的义务、责任及应享有的权利，开竣工时间及工期提前与拖延的奖罚，预付款的支付和工程款结算办法，工程变更及停工、窝工损失处理办法；明确担保或保函的有关规定、物价调整的有关规定、关于现场人员事故保险和工程保险等的规定、关于争端解决的有关规定等；认真落实要求投标的报价范围，在投标报价中不"错报"，不"漏报"；认真核算工程量。当发现工程量清单中的工程量与实际工程量有较大差异时，应向招标人提出质疑。

4）熟悉投标须知，明确在投标过程中，投标人应在什么时间做什么事和不允许做什么事，目的在于提高效率，避免造成废标。

全面研究了招标文件，明确了工程本身和招标人的要求之后，投标人才便于制订自己的投标工作计划，以争取中标为目标，有序地开展工作。

5.1.3 施工环境调查

施工环境是指招标项目施工的自然经济和社会条件。这些条件都是施工的制约因素，必然影响工程成本和工期，投标报价时必须考虑，所以应在投标报价之前尽可能地调查、掌握。

施工环境调查的要点是自然条件、施工现场条件、市场条件、物资供应条件、专业分包的能力和分包条件等。

1）自然条件调查：气象资料，水文资料，地质情况，地震、洪水及其他灾害情况等。

2）施工条件调查：工程现场的用地是否需要二次搬运，"三通一平"情况等。

3）其他条件调查：建筑构件和半成品的加工、制作和供应条件；现场附近各种社会服务设施和条件；现场附近治安情况等。

5.1.4 建设工程投标工作程序

建设工程投标过程包括很多工作内容，每一过程都对最终是否能够中标产生影响，因此，投标人应该熟悉投标的工作流程以及每项工作的内容和要求，建设工程投标工作程序如图 5-1 所示。

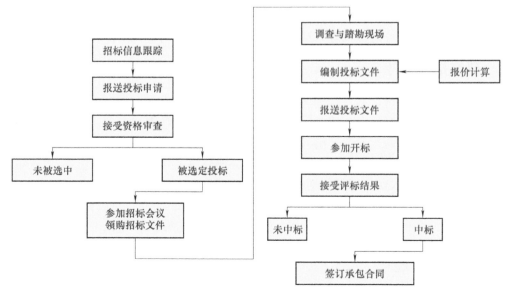

图 5-1 建设工程投标工作程序

5.2　投标文件

投标文件是投标人根据招标文件的要求所编制的，向招标人发出的要约文件。

5.2.1　建设工程投标文件的编制内容

根据《中华人民共和国标准施工招标文件》（2007 版）的规定，建设工程投标文件由以下部分组成的：

1）投标函及投标函附录。
2）法定代表人身份证明或附有法定代表人身份证明的授权委托书。
3）联合体协议书。
4）投标保证金。
5）已标价工程量清单。
6）施工组织设计。
7）项目管理机构。
8）拟分包项目情况表。
9）资格审查资料。
10）投标人须知前附表规定的其他材料。

投标文件是投标人参与投标竞争的重要凭证和评标、定标、将来签订施工合同的重要依据，也是投标人素质的综合反映。投标人要根据招标文件及工程技术规范的要求，结合工程及施工环境条件制定施工规划和投标报价。

5.2.2　投标文件的编制原则

编制投标文件时，应体现以下原则：

（1）依法投标诚实信用　严格按照《招标投标法》《工程建设项目施工招标投标办法》等法律、法规及规定的要求编制投标文件。坚持诚实信用原则，投标文件中提供的数据要准确、可靠，做出的承诺要负责履行。

（2）遵守招标文件的要求，对招标文件做出实质性响应　投标文件中提供的所有资料和材料，从形式到内容都必须满足招标文件的要求。投标文件应按照招标文件中规定的格式进行编写，并对招标文件有关工期、投标有效期、质量要求、技术标准和要求、招标范围等内容做出实质性响应。

（3）运用和发挥投标竞争的技巧与策略　投标文件的编制应从实际出发，在依法投标的前提下，可以充分运用和发挥投标竞争的技巧与策略。

投标文件应由投标人的法定代表人或其委托代理人签字盖章。委托代理人签字的，投标文件应附法定代表人签署的授权委托书。投标文件应尽量避免涂改、行间插字或删除，如果出现上述情况，改动之处应加盖单位章或由投标人的法定代表人或其授权的代理人签字确认。

5.2.3　投标文件的编制程序

投标文件的编制程序主要包括校核工程量、编制施工组织设计、计算投标报价等步骤。

（1）校核工程量　施工工程量直接影响投标报价及中标机会。投标人应根据设计图及工程量计算规则校核工程量清单中的工程内容和数量，如发现工程量有重大出入，可找招标人核对，要求招标人认可，并给予书面证明。

（2）编制施工组织设计　施工组织设计是指导施工的技术经济文件，体现投标人技术、管理水平，它表明投标人对招标工程怎样进行施工活动。施工组织设计的主要内容是施工方案、施工进度计划、施工平面布置图等，其编制的原则是在保证工期和工程质量的前提下，如何使成本最低、利润最大。

（3）计算投标报价　投标人应收集现行定额标准、取费标准及各类标准图集，掌握政策性调价文件，在此基础上计算投标报价，并按工程量清单的要求填写相应报价数额。

投标文件应严格按照招标文件的要求和格式编制。一般不能带有任何附加条件，否则可能导致投标作废。在投标截止日期之前还必须按照招标文件的要求提供投标担保，一般是投标保证金或者投标保函。

5.2.4　编制资格预审文件和投标文件时应注意的问题

1. 编制资格预审文件应注意的问题

资格预审文件是招标投标中一个重要组成部分，在资格预审文件通过后，投标人才有参加投标的资格。资格预审文件一般包括资格预审公告、资格预审须知、资格预审资料表、格式范例等，不同招标单位也有不同的要求。在编制过程中，要保证资格证明文件齐全、有效，符合资格预审文件的要求，保证是合格的投标人。主要注重下列几点：

1）在编制资格预审文件的过程中，首先要通读并理解书中的条款，对有疑义的部分应立即按资格预审须知中所述的联系方式与招标人取得联系，并以书面形式提出澄清。在招标人以补遗书的方式通知各投标人后，应仔细阅读理解补遗书中的内容，并在 24 小时内以传真的方式发确认函给招标人，确认其已收到。

2）根据资格预审文件递交的时间，确定编制申请文件的时间安排。

3）资格预审文件中对业绩、人员、财务、施工机械及试验设备、履约信誉、企业资质等都有强制性最低资格要求的，因此在编制资格预审文件过程中，首先要在满足强制性要求的前提下再进行必要的增加及补充，确保超过其最低资格要求。资格格式严格按照资格预审文件规定的要求填写。

4）授权书。授权书是资格预审文件中一份不可缺少的重要法律文件，一般由所在公司或单位的法人授权给参加投标的人，阐明该被授权人将代表法人参与并全权处理一切与之有关的活动。授权书一般按资格预审文件规定的格式填写，在办理过程中其公证书日期应与授权书日期同日或之后。

5）银行信贷证明。银行信贷是资格预审文件的重要组成部分，主要是证明投标人有足够的资金运营此项目。一般应提前 5 天，根据招标人的要求在符合规定的银行办理。银行信贷证明格式按招标人给定的格式填写，逐字核查，任何一个细节错误都可能导致资格预审文件不通过，因此填写时应倍加小心，特别是工期的填写。

6）资格预审文件的互检。成立资格预审文件的互检小组。在资格预审文件编制过程中，编制人将招标文件中的强制性最低资格要求和编制中需要注意的细节问题，整理归纳成该资格预审文件的注意事项，编制完成后，不要急于装订和包封，将该文件的注意事项连同资格预审文件的初稿交与互检人员对其内容从头至尾进行核查。这个程序非常重要，是减少资格预审文件不通过必不可少的环节。

　　7）资格预审文件的签署、装订和包封。

　　① 资格预审文件要按照文件规定加盖单位公章，并由法定代表人或其授权代理人签署，确保公章、小签齐全，位置准确。

　　② 有的资格预审文件对装订也有要求，如在书脊上应列明资格预审申请人名称及申请的合同段类别等。

　　③ 注意资格预审文件递交的截止时间。资格预审文件须知中详细地规定了递交的截止时间，一定要在规定的截止时间之前到指定地点送达资格预审文件，超过规定截止时间的资格预审文件将不被接收。

　　④ 注意包封的符合性。由于地域不同、招标代理机构不同，对资格预审文件的密封要求也不相同，一定要按照资格预审文件的要求进行密封，对加盖印章有要求的，一定要按资格预审文件要求加盖相关印章。一般包封后要盖密封章、贴密封条。对于有特殊要求的，编制人在制作、装订和密封投标文件时，要倍加小心。当一个资格预审分为多个标段（包）时，要注意不要错装、错投。

　　⑤ 递交资格预审文件要注意看是否要求携带营业执照、资质证书、安全生产许可证、业绩原件及各种证书，如需要应提前备齐。

　　8）资格预审文件中对授权书、信贷、银行查证、业绩表、财务报表等有规定格式时，按规定格式编写申请文件；如无固定格式时，按各行业范本规定格式编制。

　　2. 阅读招标书要点

　　招标文件一般按照《中华人民共和国简明标准施工招标文件》（2012年版）编制，包括招标公告（投标邀请书）、投标人须知、投标资料表、通用合同条款、专用合同条款及资料表技术规范格式范例。但是不同的招标单位也有不同的要求，招标书的组成也有较大差别。

　　（1）招标公告（投标邀请书）　招标公告（投标邀请书）通常阐明下列要点：①招标项目的资金来源，或明确由政府和企业自行出资；②招标项目的具体内容；③合格投标人可取得进一步信息和查阅招标文件以及购买标书的时间、地点和金额；④投标时间、地点和随附的投标保证金金额，包括标书送达的地点和时间；⑤开标时间和地点，包括标书送达的要求。

　　（2）投标人须知　投标人须知一般包括总则、招标文件、投标文件编制、投标文件递交、开标与评标和授予合同6个部分，其中投标文件的编制和开标与评标两部分特别重要。

　　投标人购买招标文件后，如果发现商务或技术参数中有疑义，应立即按投标人须知所述地址及联系方式与招标人取得联系，及时用书面形式向招标人提出澄清，招标人将在规定的截止日期前对投标人要求澄清的问题用书面予以答复，并以补遗书的方式通知每个投标人。此补遗书也是招标文件的一部分，要仔细阅读理解，在24小时内以传真的方式发确认函给招标人，确认此补遗书已收到。

　　3. 编制投标文件应注意的问题

　　投标文件的编制必须在认真审阅和充分理解招标书中全部条款内容的基础上方可开始。投标文件编制过程中必须对招标文件规定的条款要求逐条做出响应，否则将被招标方视作有偏差或不响应导致扣分，严重的还将导致废标。

（1）投标书格式　投标书格式是投标文件中的灵魂，任何一个细节错误都将可能会被视作废标，因此填写时应仔细谨慎。除了认真填写日期、标书编号外，应注意下列几点：

1）投标总金额。应在投标价格表编制完毕的基础上，反复核对无误后，分别用阿拉伯数字和大写文字填写。

2）投标文件有效期。应根据投标文件相应条款中的规定，填写自开标之日算起的投标文件有效期。

3）工期。实际工期只能在招标文件规定的工期之前，即只能提前，不能滞后。

4）签署盖章。按招标文件规定有法定代表人或其授权的代理人亲笔签字，盖有法人印章。

（2）投标授权书　投标授权书是投标文件中不可缺少的法律文件，一般由所在公司或单位的法人授权给参加投标的人，阐明该被授权人将代表法人参与和全权处理一切投标活动，包括投标书签字，与招标人进行标前或标后澄清等。投标授权书一般按招标文件规定的格式书写。在办理过程中其公证书日期应与授权书日期同日或之后。

（3）投标保证金　投标保证金是为了保证投标人能够认真投标而设定的保证措施。投标保证金也是投标文件商务部分中缺一不可的文件。投标书中没有投标保证金，招标人将视作投标人无诚意投标而作废标处理。招标文件中规定了具体保证金金额，办理的方式主要有现金支票、银行汇票、银行保函或招标人规定的其他形式等，办理时要严格按照招标文件要求办理，以免导致"废标"。

（4）投标书附表齐全完整，内容均按规定填写　按照要求需提供证件复印件的，确保证件复印件清晰可辨、有效；资格没有实质性下降，投标文件仍然满足并超过资格预审中的强制性标准（经验、人员、设备、财务等）。

（5）投标文件的互检要多人、多次审查　在投标截止时间允许的情况下，不要急于密封投标文件，要多人、多次全面审查。在核查中主要注意如下几点：

1）内容符合。投标文件的内容要严格按照招标文件的要求填写。

2）格式符合。如果招标文件中规定了资格格式，一定要按照招标文件的资格格式填写。

3）有效性、完整性。投标文件的有效性是指投标书、投标书附录等招标文件要求签署加盖印章的地方投标人是否按规定签署、加盖印章；法定代表人授权代表的有效等。投标的完整性是指投标文件的构成完整，不能缺项、漏项。

（6）投标文件的递交应注意的问题

1）注意投标的截止时间。招标公告、招标文件、更正公告都详细地规定了投标的截止时间，一定要在规定的截止时间之前到指定地点送达投标文件，参加投标的人员在时间上一定要留有余地，并充分考虑天气、交通等情况，超过规定的截止时间的投标将作废标处理。

2）注意包封的符合性。由于地域不同、招标代理机构不同，对投标文件的密封要求也不相同，一定要按照招标文件的要求进行密封，对加盖印章有要求的，一定要按招标文件要求加盖有关印章。一些地方为了减少评标时的人为因素，规定进入评标室的技术标部分不得有任何标记，要求投标文件商务标部分与技术标分别装订、分别密封，并规定技术标使用的字号、行距、字体及纸张型号等，对招标文件有此要求的，投标人在制作、装订和密封投标文件时，要加倍小心，没有按招标文件要求进行制作装订、密封的投标文件，而作废标处理的经常发生，应引起大家的高度重视。

3）当一个招标文件分为多个标段（包）时，要注意不能错装、错投。一个招标文件分为多个标段（包）时，投标文件要按招标文件规定的形式装订。

4. 编制技术标应注意的问题

（1）编制技术标的目的　通过采用分析招标文件、查看投标项目图纸、技术资料并结合相近地区施工经验等方法，对技术标中的施工方案、施工进度、质量保证、项目组织机构、劳动力配备、机械设备和材料投入计划等方面进行综合编制，以便符合招标文件要求。

（2）技术标编制的主要依据　一般应包括以下内容：

1）国家和地方现行的有关招标投标的法律、法规和规章。

2）工程建设项目施工招标投标实施细则或办法（如果有）。

3）国家和地方颁布的现行标准、规范和规程。

4）招标文件（特别是其中的技术标评标办法、暗标编制办法和相关注意事项）。

5）招标文件规定的其他依据性文件。

（3）技术标编制的主要内容　要根据招标文件的要求进行编制，一般应包括以下内容：

1）施工总体方案与技术措施。

2）施工进度计划与工期保证措施。

3）拟投入本工程的资源计划（主要施工机械设备及检测、试验设备和劳动力等）。

4）质量管理体系与保证措施。

5）安全管理体系与保证措施。

6）文明施工、环境保护管理体系与保证措施。

7）施工平面布置图。

8）技术创新绿色施工措施。

9）对本工程的合理化建议。

（4）技术标编制的要点　技术标在施工项目中就是施工组织设计。施工组织设计是一个技术经济文件，在通过市场竞争形成的工程造价的计价体系下，施工组织设计也是投标报价的重要基础文件，同时也决定着投标报价的竞争力。投标文件中施工组织设计是规划性的，在新的计价体系下，其操作性的成分已经大大提高。施工组织设计考虑不周，对施工方案的成本投入考虑不全，投标人将面临成本风险。因此，对技术标的编制应当综合考虑技术和经济因素，还要考虑其合理性和可操作性，避免出现不合理之处影响到投标报价的评审。

1）施工方案。

① 施工方案是否涵盖了招标文件规定的招标范围内的主要施工项目。

② 主要分部分项工程的施工方法是否符合适用的施工验收规范和标准，以及招标文件技术条款对特殊工艺的要求。

③ 工程概况介绍是否清晰；施工部署、施工段划分、施工工艺是否科学合理；施工准备工作是否全面。

④ 主要分部分项工程的施工方法是否具有足够的针对性，合理性、可操作性和先进性。

⑤ 所采用的施工方法是否符合国家和行业发展政策的有关规定，是否有利于新材料、新工艺规定，是否符合节能和环保要求，是否有利于新材料、新工艺、新技术、新设备的

发展。

2）工期及进度管理。

① 投标工期必须符合招标文件的要求，如果有关键的中间交工或里程碑工期，还应包括对中间交工或里程碑工期的详细描述。

② 施工进度计划所反映的分部分项工程的工期、工序安排要合理可行，以及对投标工期的可靠保障措施。

③ 施工方案和各类施工生产资源的投入要充分保障进度计划的实施。

④ 主要材料设备的采购、进场计划要合理可行，能够满足总体施工进度计划的需要。

⑤ 施工进度计划所反映的专业分包工程和招标人另行发包的其他工程的进度和工期安排应一致，能够确保整个工程的建设工期。

⑥ 检验、测试、验收、试运行、竣工交验等关键工期节点满足招标文件要求，能积极响应并确保整个工程项目按期投入使用。

⑦ 综合以往其他项目管理经验，提出科学合理的进度控制和管理措施，以保证实际进度能够始终处于实时的受控状态。

3）质量管理体系与保证措施。

① 质量保证体系科学、合理、可靠，能够满足工程质量整体控制的需要。

② 施工方案和施工组织措施充分保障招标文件所要求的质量目标和工艺要求。

③ 拟使用的主要材料设备符合招标文件的技术要求，特别是招标文件中对主要材料设备的质量、规格、性能等的特殊要求。

④ 季节性保证工程质量的措施可靠、可行。

⑤ 拟采用的检测检验工具、仪器等满足工程质量监控的需要。

4）其他施工组织措施。

① 现场总平面布置合理科学，充分考虑投标工程特点和现场具体情况（结合项目场地的自身特点合理布置临时道路、材料堆场、加工场塔式起重机等吊装机械的分布、防火安全设施的布局等）。

② 机械工具等周转性生产资源的投入满足项目进度需要（主要机械工具的配备需根据项目自身特点进行合理配备）。

③ 基础工程、结构工程、机电安装工程、装饰装修工程等的主要分部分项工程施工阶段的劳动力安排数量满足工期及进度管理的需要。

④ 安全管理体系和各项措施满足工程建设的需要，各种危险源的辨识准确，制订的安全保证防护措施可行，各分项工程要有安全保证措施，并制订安全应急预案。

⑤ 文明施工、环境保护管理措施（包括扰民和民扰措施）符合现行有关法律、法规、政策和招标文件的要求，具体可行且满足工程建设的需要；环境因素的识别准确，环境措施切实可行。

（5）暗标编制注意事项　暗标主要是指技术标，须保证不能明示或暗示投标单位。保密具体做法是采用暗标统一格式，统一封面，统一装订方式。所以，在编制招标文件前，应当安排专人对暗标编排等一些容易导致废标的招标文件中的规定进行形象化的重点理解分析。以下几点为主要注意事项：

1）使用招标投标管理部门统一印制的封面、封底及装订编排，在规定的位置按要求填写单位名称、盖章并密封。

2）内容按招标文件要求的字体、字号及行间距编排。

3）版面整洁、字迹清楚、不许涂改，不得做任何标记或暗示该投标人单位名称或人员姓名的标记，也不得采用任何不符合常规、有别于其他投标人的特殊做法。

5.2.5　工程量清单投标报价编制

1. 投标报价的编制原则

投标报价是投标单位对承建工程所要发生的各种费用的计算，在进行投标计算时，必须根据招标文件进一步复核工程量。作为投标计算的必要条件，应预先确定施工方案和施工进度，此外，投标计算还必须与采用的合同形式相协调。报价是投标的关键性工作，报价是否合理直接关系到投标的成败。

1）投标标价由投标人自主确定，但不得低于成本。

2）投标标价应由投标人或受其委托具有相应资质的工程造价咨询人编制。

3）投标人应按招标人提供的工程量清单填报价格。填写的项目编码、项目名称，项目特征、计量单位、工程量必须与招标人提供的一致。

4）以招标文件中设定的发、承包双方责任划分，作为考虑投标报价费用项目和费用计算的基础；根据工程发、承包模式考虑投标报价的费用内容和计算深度。

5）以施工方案、技术措施等作为投标报价计算的基本条件。

6）尽可能采用反映企业技术和管理水平的企业定额作为计算人工、材料和机械台班消耗量的基本依据。

7）充分利用现场考察调研市场价格信息和行情资料，编制基价，确定调价方法。

8）报价计算方法要科学严谨、简明适用。

2. 投标报价的编制依据

投标报价应根据下列依据编制：

1）工程量清单计价规范。

2）国家或省级行业建设主管部门颁发的计价办法。

3）企业定额，国家或省级行业建设主管部门颁发的计价定额。

4）招标文件、工程量清单及其补充通知、答疑纪要。

5）建设工程设计文件及相关资料。

6）施工现场情况、工程特点及拟定的投标施工组织设计或施工方案。

7）与建设项目相关的标准、规范等技术资料。

8）市场价格信息或工程造价管理机构发布的工程造价信息。

9）其他的相关资料。

3. 清单计价模式投标报价的特点

工程量清单计价模式体现了国家"全部放开、自由询价、预测风险、宏观管理"的政策。"全部放开"就是凡与计价有关的价格全部放开，政府不进行任何限制。"自由询价"是指企业在计价过程中选用不同方式和不同渠道获取的价格都有效，对价格来源的途径不做任何限制。"预测风险"是指企业确定的价格必须是完成该清单项的全部价格，投标前需预测由于社会、环境内部、外部原因造成的风险，将其包含在报价内。由于预测不准而造成的风险损失由投标人承担。"宏观管理"是因为建筑业在国民经济中占的比例特别大，国家从总体上，还要宏观调控，政府造价管理部门定期或不定期发布价格信息，并编制反映社会平均水平的消耗量定额，用于指导企业快速计价，并作为确定企业自身技术水平的依据。

相对于传统模式的投标报价，工程量清单投标报价的特点主要表现为企业自主定价，价格来源呈多样化。

4. 投标报价的编制程序

在工程量清单计价模式下，编制投标报价时，投标人应将业主提供的拟建招标工程工程量清单的全部项目和内容逐项填报单价，然后计算出总价。投标人填报单价应完全依据企业技术、管理水平等企业实力而定，以满足市场竞争的需要。工程投标报价编制程序如图5-2所示。

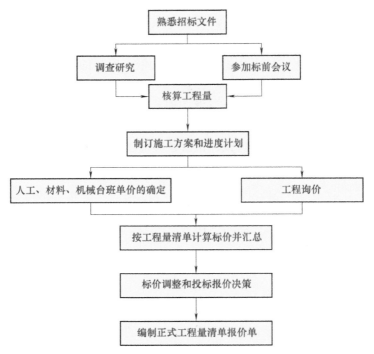

图 5-2 工程投标报价编制程序

5. 工程量清单计价公式

$$分部分项工程费 = \sum （分部分项工程量 \times 分部分项工程综合单价） \qquad (5\text{-}1)$$

$$措施项目费 = \sum （措施项目工程量 \times 措施项目综合单价） \qquad (5\text{-}2)$$

$$单位工程报价 = 分部分项工程费 + 措施项目费 + 其他项目费 + 规费和税金项目费$$

$$(5\text{-}3)$$

$$单项工程报价 = \sum 单位工程报价 \qquad (5\text{-}4)$$

$$建设项目总报价 = \sum 单项工程报价 \qquad (5\text{-}5)$$

6. 投标报价的报表格式

投标人的投标报价由投标人单位的造价人员编制，工程量清单投标报价采用统一的报表格式，按照《建设工程工程量清单计价规范》（GB 50500—2013）附录中的格式编写，具体组成如下：

（1）封面　工程量清单投标报价封面（投标总价表）应按规范格式填写完整，要求法定代表人或其授权人签字或盖章；由完成编制的注册造价工程师签字并加盖执业专用章。

（2）总说明　总说明的内容应包括：①计价依据；②施工组织设计；③综合单价中包含的风险因素，风险范围（幅度）；④措施项目的依据；⑤其他有关内容的说明等。

（3）投标报价汇总表　投标报价汇总表分为建设项目投标报价汇总表、单项工程投标报价汇总表、单位工程投标报价汇总表。

1）建设项目投标报价汇总表。表中单项工程名称应按单项工程投标报价汇总表的工程名称填写；表中金额应按单项工程投标报价汇总表的合计金额填写。

2）单项工程投标报价汇总表。表中单位工程名称应按单位工程投标报价汇总表的工程名称填写；表中金额应按单位工程投标报价汇总表的合计金额填写。

3）单位工程投标报价汇总表。单位工程投标报价汇总表中的金额应分别按照分部分项工程量清单计价表、措施项目清单计价表、其他项目清单计价汇总表、规费和税金项目清单计价表的合计金额填写。

需要特别注意的是，投标报价汇总表与投标函中投标报价金额应当一致。就投标文件的各个组成部分而言，投标函是最重要的文件，其他组成部分都是投标函的支持性文件，投标函是必须经过投标人签字，并且在开标会上必须当众宣读的文件。

（4）分部分项工程量清单计价表　分部分项工程量清单为不可调整的闭口清单，分部分项工程量清单计价表中的序号、项目编码、项目名称、项目特征描述、计量单位、工程数量必须按分部分项工程量清单中的相应内容填写。投标人对投标文件提供的分部分项工程量清单必须逐一计价，对清单所列内容不允许做任何更改变动。投标人如果认为清单内容有不妥或遗漏，只能通过质疑的方式由清单编制人做统一的修改更正，并将修正后的工程量清单发往所有投标人。

对分部分项工程量清单计价表中的"暂估价"栏，投标人应将招标文件中提供了暂估单价的材料按暂估价计算所涉及项目的综合单价，并应计算出暂估单价材料在"合价"中所占的具体数额。

（5）工程量清单综合单价分析表　工程量清单综合单价分析表是评标委员会评审和判别综合单价的组成和价格完整性、合理性的主要基础，对因工程变更调整综合单价也是必不可少的基础价格数据来源。

该分析表集中反映了构成每个清单项目综合单价的各个价格要素的价格及主要的"工、料、机"消耗量。投标人在投标报价时，需要对每一个清单项目进行组价，为了使组价工作具有可追溯性，需要表明每一个数据的来源。该分析表实际上是投标人投标组价工作的一个阶段性成果文件。

该分析表一般随投标文件一同提交，作为竞标价的工程量清单的组成部分，以便中标后，作为合同文件的附属文件。

清单项目进行组价时若使用省级或行业建设主管部门发布的计价定额，则最好填写上所用计价定额的编号和名称，以便后续核对使用。

（6）措施项目清单计价表　措施项目清单计价应根据拟建工程的施工组织设计，可以计算工程量的措施项目，应按分部分项工程量清单的方式采用综合单价计价；其余的措施项目可以"项"为单位计价，应包括除规费、税金外的全部费用。

措施项目清单计价表分为以下两种表格：

1）措施项目清单与计价表（一）。适用于以"项"计价的措施项目。表中的项目可根据工程实际情况进行增减。

编制投标报价时，除"安全文明施工费"必须按《建设工程工程量清单计价规范》的强制性规定，按省级或行业建设主管部门的规定计取外，其他措施项目均可根据投标施工组织设计自主报价。

2）措施项目清单与计价表（二）。适用于以综合单价方式计价的措施项目。

（7）其他项目清单计价表　投标报价中其他项目清单计价表由以下几个表组成：①其他项目清单与计价汇总表；②暂列金额明细表；③材料暂估单价表；④专业工程暂估价表；⑤计日工表；⑥总承包服务费计价表。

编制投标报价，应按招标文件工程量清单提供的"暂列金额"和"专业工程暂估价"填写金额，不得变动。"计日工""总承包服务费"自主确定报价。

（8）规费和税金项目计价表　按规费和税金项目清单和有关规定填写。

7. 投标报价计算

（1）工程量清单组价步骤　一般包括以下步骤。

1）熟悉图纸、研究招标文件、实地考察、准备投标的相关资料、分析外部因素、确定投标策略。

2）核实清单工程量，提出质疑。通过对清单工程量的计算与核实提出质疑、准确计价，确定报价策略。

3）编制施工组织设计及施工方案。施工组织设计及施工方案的科学性、合理性不仅是评标时招标人考虑的主要因素，也是投标人确定施工工程量的依据，是投标过程中的主要工作。施工组织设计主要考虑施工方法、施工机械及劳动力的配置、施工进度、质量保证措施、安全文明措施及工期保证措施等，与工程工期、成本、报价有密切关系。

4）计算组成价格的工程量（可与清单工程量核实同时进行）。清单工程量是工程实体量，不包含实际施工时的增加工程量，为了准确计价，应按清单项目名称和项目特征描述，参考消耗量定额的工程量计算规则，准确计算出组成单项清单的相应消耗定额的工程量。

5）了解并掌握材料、人工、机械等因素的价格。

6）按招标清单项目套用相应定额，并计取管理费、利润，组成分部分项综合单价及合价。

7）依据施工方案，计算各个措施项目费用或措施项目综合单价及合价。

8）根据招标文件要求计算其他项目费用中的各项费用及汇总费用。

9）根据有关规定和上述三项费用（分部分项工程费、措施项目费、其他项目费），计算规费和税金项目费用，形成单位工程费用。

10）汇总单位工程费用形成单项工程费用及建设项目费用。

（2）清单工程量的审核与计算　一般情况下，投标人必须按招标人提供的工程量清单进行组价，并按照综合单价的形式进行报价。但投标人在以招标人提供的工程量清单为依据来组价时，必须把施工方案及施工工艺造成的工程增量以价格的形式包括在综合单价内。工程量清单中的各分部分项工程量并不一定十分准确，若设计深度不够则可能有较大的误差，而工程量的多少是选择施工方法、安排人力和机械、准备材料必须考虑的因素，自然也影响分项工程的单价。因此一定要对工程量进行复核。有经验的投标人在计算施工工程量时就对清单工程量进行审核，这样可以知道招标人提供的工程量的准确度，为投标人不平衡报价及结算索赔做好准备。

招标人一般不提供措施项目中的工程量及施工方案工程量，必须由投标人在投标时按设计文件及施工组织设计、施工方案进行二次计算。投标人由于考虑不全面而造成低价中标亏损，招标人不予承担。因此这部分的量必须要认真计算，全面考虑。

（3）分部分项工程费的计算　分部分项工程费应按招标文件中分部分项工程量清单的项目特征描述确定计算综合单价，综合单价中应考虑招标文件中要求投标人承担的风险费用，招标文件中提供了暂估单价的材料，按暂估的单价计入综合单价。

1）分部分项工程费的计算过程。包括：

① 计算前的数据准备。工程量清单由招标人提供后，还需要计算方案工程量，并校核工程量清单中的工程量。这些工作在接到招标文件后，在投标的前期准备阶段完成，到分部分项工程综合单价计算时进行整理，归类汇总。

② 人、材、机数量测算。企业可以按反映企业水平的企业定额或参照政府消耗量定额确定人工、材料、机械台班的耗用量。为了能够反映企业的个别成本，在竞争中取胜，企业应该建立自己的企业定额。按清单项目内的工程内容确定企业定额项目定额子目，再对清单项进行分析、汇总。必须注意，分部分项清单项目是以按建筑物的实体量来划分的，一个清单项目包含若干个工作内容，要完成工作内容，有很多的施工工序。因此，进行组价时，要注意工作内容和消耗量定额子目对应关系，有时是一对一的关系，但有时一个工作内容要套用多个定额子目或一个定额子目完成多个工作内容。

③ 市场调查和询价。根据工程项目的具体情况，考虑是否要求特殊工种的人员上岗，市场劳务来源是否充沛，价格是否平稳，采用市场价格作为参考，考虑一定的调价系数。考察市场调查工程所用材料供应是否充足，价格是否平稳，一般材料是否都可在当地采购，一般以工程所在地建材市场前三个月的平均价格水平为依据，考虑一定的调价系数。分析该工程使用的施工机械是否为常用机械，投标人能否自行配备，机械台班按全国统一机械台班定额计算出台班单价，再根据市场情况考虑调整施工机械费。

④ 计算清单项内的定额基价。按确定的定额计量及询价到的人工、材料、机械台班的单价，对应计算出定额子目单位数量的人工费、材料费和机械费：

$$人工费 = \sum （人工工日数 × 对应人工单价）$$

$$材料费 = \sum （材料定额含量 × 对应材料综合预算单价）$$

$$机械费 = \sum （机械台班定额含量 × 对应机械的台班单价）$$

⑤ 计算综合单价。规范规定综合单价必须包括清单项内的全部费用，但招标人提供的工程量是不能变动的。施工方案、施工技术的增量全部包含在报价内。这就存在一个分摊的问题，就是把实际完成此清单项的费用计算出来后折算到招标人提供工程量的综合单价中。管理费包括现场管理费及企业管理费，企业可根据自身情况按人工费、材料费、机械费的合计数的一定比例计取，利润按人工费、材料费、机械费的合计数的一定比例计取。

规范规定工程量清单计价表必须按规定的格式填写，计算完成后，按规范要求的格式填报分部分项工程量清单计价表、工程量清单综合单价分析表，表内的项目编码、项目名称、项目特征描述、计量单位、工程数量必须按招标工程量清单填写，不能做任何变动。

分部分项工程量清单综合单价分析表，不是投标人的必报表格，是按招标文件的要求进行报备的，分析多少清单项目也要按招标人在工程量清单中的具体要求执行。

2）计算分部分项工程费的注意事项：①逐项计价，不漏项，不添项；②不改动清单工程量；③组成清单项的工程量计算应准确；④人工、材料、机械消耗量的确定应符合实际；⑤管理费、利润计算应合理；⑥分部分项工程量清单计价表中的综合单价应与分部分项工程量清单综合单价分析表中的综合单价完全相符；⑦对于投标报价中数字保留小数点的位数依据招标文件要求，招标文件没有规定应按常规执行。

（4）措施项目费的构成及计算　措施项目费应根据招标文件中的措施项目清单及投标时拟定的施工组织设计或施工方案按规范规定自主确定。其中，安全文明施工费按照《建设工程工程量清单计价规范》的规定确定。

措施项目清单是由招标人提供的，为可调整清单，由于各投标人拥有的施工装备技术水平和采用的施工方法有所差异，招标人提出的措施项目清单是根据一般情况确定的，没有考虑不同投标人的"个性"，投标人投标时应根据自身编制的投标施工组织设计（或施工方案）确定措施项目，并对招标人提供的措施项目进行调整。投标人根据投标施工组织设计（或施工方案）调整和确定的措施项目应通过评标委员会的评审。

投标人要对拟建工程可能发生的措施项目和措施项目费进行通盘考虑，清单计价一经报出即被认为是包括了所有完成该项工程应该发生的全部措施项目费用。如果报出的清单中没有列项目是施工中必须发生的项目，业主有权认为，其已综合在分部分项工程量清单的综合单价中，将来措施项目发生时投标人不得以任何借口提出索赔与调整。对于清单中列出而实际未采用的措施则不应填写报价。总之，措施项目的计价应以实际发生为准。措施项目的大小数量也应根据实际设计确定，不要盲目扩大或减少，这是准确估计措施项目费的基础。措施项目费的计算应注意：

1）措施项目的内容应依据招标人提供的措施项目清单和投标人投标时拟定的施工组织设计或施工方案设定。

2）措施项目费的计价方式应根据招标文件的规定，对可以计算工程量的措施清单项目采用综合单价的方式报价，其余的措施清单项目采用以"项"为计量单位的方式报价。

3）措施项目费由投标人自主确定，但其中安全文明施工费应按国家或省级、行业建设主管部门的规定确定。

（5）其他项目费的计算　其他项目费应按下列规定报价：

1）暂列金额应按招标人在其他项目清单中列出的金额填写。

2）材料暂估价应按招标人在其他项目清单中列出的单价计入综合单价；专业工程暂估价应按招标人在其他项目清单中列出的金额填写。

3）计日工按招标人在其他项目清单中列出的项目和数量，自主确定综合单价并计算计日工费用。

4）总承包服务费根据招标文件中列出的内容和提出的要求自主确定。

（6）规费的计算　规费是根据国家法律、法规规定，由省级政府或省级有关权力部门规定施工企业必须缴纳的，应计入建筑安装工程造价的费用。它主要包括以下内容：

1）社会保障费：①养老保险费，是指企业按规定标准为职工缴纳的基本养老保险费；②失业保险费，是指企业按照国家规定标准为职工缴纳的失业保险费；③医疗保险费，是指企业按照规定标准为职工缴纳的基本医疗保险费；④工伤保险费，是指按照《建筑法》规定，企业为从事危险作业的建筑安装施工人员办理工程意外伤害所缴纳的费用；⑤生育保险费，是指企业按照规定标准为职工缴纳的生育保险费。

2）住房公积金，是指企业按规定标准为职工缴纳的住房公积金。

3）工程排污费，应按工程所在地环境保护部门规定的标准缴纳后按实列入。

投标人在投标报价时，规费的计算，一般按国家及有关部门规定的计算公式及费率标准计算。

（7）税金的计算　建筑安装工程税金是指国家税法规定的应计入建筑安装工程造价内的增值税、城乡维护建设税、教育费附加和地方教育附加。上述规定的规费和税金必须按照国家或省级、行业建设主管部门的规定计算，不得作为竞争性费用。

5.3　建设工程投标决策

5.3.1　建设工程投标决策概述

投标决策是指承包商在投标竞争中的系统工作部署及其参与投标竞争的方式和手段。企业在参加工程投标前，应根据招标工程情况和企业自身的实力，组织有关投标人员进行投标策略分析。投标决策主要包括三方面的内容：其一，针对招标项目，判断是投标还是不投标；其二，倘若去投标，是投什么性质的标；其三，投标中如何以长制短，以优胜劣。

投标决策的正确与否，关系到能否中标和中标后的效益问题，关系到施工企业的信誉和发展前景及职工的切身经济利益，甚至关系到国家的信誉和经济发展问题。因此，企业的决策班子必须充分认识到投标决策的重要意义，把这一工作摆在企业的重要议事日程上来着重考虑。

随着建筑市场发展的规范化，承包商通过参加工程投标取得工程项目将成为主要途径。承包商通过投标获得工程项目，是市场经济条件下的必然，但承包商并不是每标必投，应针对实际进行投标决策。对投标商来说，经济效益是第一位的，企业的主旋律就是形成利润。但赢利有多种方式，掌握项目前期的投标策略和报价技巧就非常重要。决策前要注意分析论证，避免决策的模糊性、随意性和盲目性。

5.3.2　投标决策阶段的划分

根据工作特点投标决策可以分为两阶段进行，即投标决策的前期阶段和投标决策的后期阶段。投标决策的前期阶段，主要研究是否投标，必须在购买投标人资格预审资料前完成。这个阶段决策的主要依据是招标公告，以及单位对招标项目、业主情况调研和了解的程度。

如果决定投标，即进入投标决策的后期阶段，它是指从申报资格预审至投标报价（封送投标书）前完成的决策研究阶段。这个阶段主要研究倘若投标，投什么性质的标，以及在投标中采取的策略问题。

（1）按投标性质划分，投标有风险标和保险标

1）风险标：是指承包商明知工程承包难度大、风险大，且技术、设备、资金上都有未解决的问题，而冒风险承包难度比较大的招标工程而投的标。投标后，如问题解决得好，可

取得较好的经济效益，还可锻炼施工队伍，使企业效益和实力更上一层楼；解决得不好，企业的信誉就会受到损害，严重者可能导致企业亏损以至破产。因此，投风险标必须审慎。

2）保险标：是指承包商对基本上不存在什么技术、设备、资金和其他方面问题的，或虽有技术、设备、资金和其他方面问题，但可预见并已有解决办法的招标工程而投的标。当前，我国施工企业多数都愿意投保险标。

（2）按效益划分，投标有盈利标、保本标和亏损标

1）盈利标：是指承包商为能获得丰厚利润回报的而投的标。主要包括以下情况：①业主对本承包商特别满意，希望发包给本承包商的；②招标工程是竞争对手的弱项而是本承包商的强项；③本承包商在手的工程已经饱满，但招标工程利润丰厚、诱人，值得投标且本承包商能实际承受超负荷运转。

2）保本标：是指承包商对不能获得多少利润但一般也不会出现亏损的招标工程而投的标。主要包括以下情况：①投标工程竞争对手较多，而本承包商无优势的；②本承包商在手工程较少，无后继工程，可能出现部分窝工的。

3）亏损标：是指承包商对不能获利、自己赔本的招标工程而投的标。主要包括以下情况：①投标项目的强劲竞争对手众多，但本承包商孤注一掷，志在必得；②承包商已出现大量窝工，严重亏损，急需寻求支撑的；③投标项目属于本承包商的新市场领域，本承包商渴望打入的；④本承包商有绝对优势占据招标工程所属的市场领域，而其他竞争对手强烈希望插足分享的。

5.3.3 投标决策分析的原则依据

一个企业的领导在经营工作中，必须要目光长远，具有战略管理的思想。战略管理指的是要从企业的整体和长远利益出发，就企业的经营目标、内部条件、外部条件等方面的问题进行谋划和决策，并依据企业内部的各种资源和条件以实施这些谋划和决策的一系列动态过程。在建设工程领域从事由投标到承包经费的每一项活动中，都必须具有战略管理的思想。投标决策是经营策略中重要的一环，必须有战略管理的思想作为指导。

承包商应对投标项目有所选择，特别是投标项目比较多时，投哪个标、不投哪个标以及投个什么样的标，这都关系到中标的可能性和企业的经济效益。因此，投标决策非常重要，通常由企业的主要领导担当此任。要从战略全局全面地权衡得失与利弊，做出正确的决策。进行投标决策实际上是企业的经营决策问题，因此投标决策时，必须遵循下列原则：

（1）可行性 选择的投标对象是否可行，首先要从本企业的实际情况出发，实事求是，量力而行，以保证本企业均衡生产、连续施工为前提，防止出现"窝工"和"赶工"现象。要从企业的施工力量、机械设备、技术能力、施工经验等方面，考虑该招标项目是否比较合适，是否有一定的利润，能否保证工期和满足质量要求。其次要考虑能否发挥本企业的特点和特长、技术优势和装备优势，要注意扬长避短，选择适合发挥自己优势的项目，发扬长处才能提高利润，创造信誉，避开自己不擅长的项目和缺乏经验的项目。其次要根据竞争对手的技术经济情报和市场投标报价动向，分析和预测是否有夺标的把握和机会。对于毫无夺标希望的项目，就不宜参加投标，更不宜陪标，以免损害本企业的声誉，进而影响未来的中标机会。若明知竞争不过对手，则应退出竞争，减少损失。

（2）可靠性 要了解招标项目是否已经过正式批准、列入国家或地方的建设计划，资

金来源是否可靠，主要材料和设备供应是否有保证，设计文件完成的阶段情况，设计深度是否满足要求等，此外，还要了解业主的资信条件及合同条款的宽严程度，有无重大风险性。应当尽早回避那些利润小风险大的招标项目以及本企业没有条件承担的项目，否则，将造成不应有的后果。特别是对于国外的招标项目更应该注意这个问题。

（3）盈利性　利润是承包商追求的目标之一。保证承包商的利润，既可保证国家财政收入随着经济的发展而稳定增长，又可使承包商不断改善技术装备，扩大再生产；同时有利于提高企业职工的收入，改善生活福利设施，从而有助于充分调动职工的积极性和主动性。所以，确定适当的利润率是承包商经营的重要决策。在选取利润率的时候，要分析竞争形势，掌握当时当地的一般利润水平，并综合考虑本企业近期及长远目标，注意近期利润和远期利润的关系。在国内投标中，利润率的选取要根据具体情况适当酌情增减。对于竞争很激烈的投标项目，为了夺标，采用的利润率会低于计划利润率，但在以后的施工过程中，只要注重企业内部的革新挖潜，实际的利润不一定会低于计划利润。

（4）审慎性　参与每次投标，都要花费不少人力、物力，付出一定的代价。只有夺标，才有利润可言。特别在基建任务不足的情况下，竞争非常激烈，承包商为了生存都在拼命压价，盈利甚微。承包商要慎重选择投标对象，除非迫不得已，否则绝不能承揽亏本的工程项目。

（5）灵活性　在某些特殊情况下，采用灵活的战略战术。例如，为在某个地区打开局面，可以采用让利方针，以薄利优质取胜。通过低、高质量报价赢得信誉，势必带来连锁效应。承揽了当前工程，可为今后的工程投标中标创造机会和条件。

在进行投标项目的选择时还应考虑下列因素：本企业工人和技术人员的操作水平，本企业投入本项目所需机械设备的可能性，施工设计能力，对同类工程工艺的熟悉程度和管理经验，战胜对手的可能性，中标承包后对本企业在该地区的影响，流动资金周转的可能性。

5.3.4　投标决策的影响因素分析

在建设工程投标过程中，有很多因素影响投标决策，只有认真分析各种因素，对多方面因素进行综合考虑，才能做出正确的投标决策。承包工程涉及工程所在地的地方法规、民情、气候条件、地质、技术要求等许多方面的问题，这就使承包商常常处于纷繁复杂和变化多端的环境中。投标商想在投标过程中取得胜利，需要"知己知彼，百战不殆"。而工程投标决策研究过程就是一个知己知彼的研究过程，"己"即影响投标决策的主观因素，"彼"即影响投标决策的客观因素。

1. 影响投标决策的主观因素分析

"知己分析"，即分析投标商现有的资源条件，包括企业目前的技术实力、经济实力、管理实力、社会信誉等。

1）技术实力方面：是否具有专业技术人员和专家级组织机构、类似工程的承包经验、一定技术实力的合作伙伴。

2）经济实力方面：①有无垫付资金的实力；②有无支付（被占用）一定的固定资产和机具设备及其投入所需资金的能力；③有无一定的资金周转用来支付施工用款或筹集承包工程所需外汇的能力；④有无支付投标保函、履约保函、预付款保函、缺陷责任期保函等各种担保的能力；⑤有无支付关税、进口调节税、增值税、印花税、所得税、环境保护税以及临时进入机械押金等各种税费和保险的能力；⑥有无承担各种风险，特别是不可抗力带来的风险的能力等。

3）管理实力方面：成本控制能力和管理水平、管理措施和健全的规章制度。

4）社会信誉方面：遵纪守法和履约的情况，施工安全保障、工期进度控制和工程质量，社会形象等。

2. 影响投标决策的客观因素分析

"知彼分析"，即分析与投标工程相关的一切外界信息，包括项目的难易程度，业主和其他合作伙伴的情况，竞争对手的实力、优势及投标环境的优劣情况，法律、法规的情况及其他因素等。

1）项目的难易程度，如质量要求、技术要求、结构形式、工期要求等。

2）业主和其他合作伙伴的情况：业主的合法地位、支付能力、履约能力；合作伙伴如监理工程师处理问题的公正性、合理性等。

3）竞争对手的实力、优势及投标环境的优劣情况。是否投标，应注意竞争对手的实力、优势和投标环境的优劣情况。另外，竞争对手的在建工程情况也十分重要。如果对手的在建工程即将完工，可能急于获得新承包项目心切，投标报价不会很高。如果对手的在建工程规模大、时间长，但仍参加投标，则报价可能比较高。从总的竞争形势来看，大型工程的承包公司技术水平高，善于管理大型复杂工程，其适应性强，可以承包大型工程；中小型工程由中小型工程公司或当地工程公司承包的可能性大，因为中小型公司在当地有自己熟悉的材料、劳动力供应渠道，管理需求相对比较少，有自己惯用的特殊施工方法等优势。

4）法律、法规的情况。主要是法律适用问题，指招标投标双方当事人发生争议后，应该以哪一国家的法律作为依据。

5）其他因素。在进行投标决策时，要考虑的因素很多，需要投标人深入地调查研究，系统地积累资料，并做出全面分析，如此才能做出正确的决策。

5.3.5 投标决策的方法

1. 综合评价法

投标人应当在分析掌握所有资料的前提下，对是否参加投标以及投什么样的标进行决策。在投标决策中，较常采用的方法是综合评价法，即由有关单位在决定是否参加某工程项目投标时，将影响其投标决策的主客观因素，用某些具体的指标表示出来，并定量地对此做出综合评价，以此作为投标决策的依据。具体步骤如下：

（1）确定影响投标的指标　一个施工企业在决定是否参加具体投标时所应考虑的因素是不同的，但一般都要考虑技术、资金、竞争对手、企业发展等多方面的影响因素。

考虑的指标一般有：①国家对该项目的鼓励与限制；②管理条件，指能否抽出足够的、水平相应的管理人员参加该工程；③技术人员条件，指能否有足够的技术人员参加该工程；④工人条件，职工的技术水平、工种、人数能否满足该工程的要求；⑤机械设备条件，该工程所需要的施工机械能满足要求；⑥类似工程的经验；⑦业主的资金情况；⑧市场情况；⑨项目的工期要求及交工条件；⑩对该项目有关情况的熟悉程度；⑪竞争对手的情况；⑫对今后在该地区对企业带来的影响和机会。

（2）确定各指标权重　上述各项指标对企业参加投标的影响程度是不同的，为了在评价中能反映出各指标的相对重要程度，应当对各指标赋予不同的权重。

（3）各指标的评分 用上述各指标对项目进行衡量，可以将各项标准划分为好、较好、一般、较差、差五个等级，各等级赋予定量数值（如1.0、0.8、0.6、0.4、0.2）打分。

（4）计算综合评价总分 在上述各步骤完成以后，将各指标权重与等级相乘，求出该指标得分。各项指标得分之和即为此工程投标机会总分。

（5）决定是否投标 将总得分与过去其他投标情况进行比较或者与公司事先确定的准备接受的最低分数相比较，决定是否参加投标。如果有多个投标机会进行选择，则最高的总分值即为优先投标的项目。

2. 决策树分析法

在招标投标过程中，经常会出现这样一种情况，一个企业对几个投标项目都有能力进行投标，但是没有能力同时承担几个项目的能力，只能在其中选择一个项目。

决策树是一种连通而无圈的图，利用树形图进行多方案选择和确定的方法称为决策树分析法。决策树的结构如图 5-3 所示。

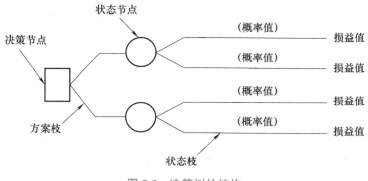

图 5-3 决策树的结构

从图中可以看出，决策树是以方块和圆圈为节点，并由直线连接而成的一种树状结构。方块节点称为决策节点，由决策节点引出的直线，形似树枝，称为方案枝，每条树枝代表一个方案。圆圈节点是状态节点，由状态节点引出的树枝称为状态枝，每一枝代表一个状态。在状态枝的末端列出不同状态下的损益值，不同状态的概率值标示在状态枝的上部。一般来说，每个决策问题有多个决策方案，每个方案可能遇到多种自然状态。决策树法是模拟树木的生长过程，以从出发点开始不断分支来表示分析问题的各种发展可能性，并以各分支的期望值最大者作为选择依据的方法。

决策树分析法在绘制决策树时是由左向右、由简到繁组成一个树形网状结构图，但是其决策过程是由右向左、逐步后退的。具体原理是根据右端的收益值或损失值和状态枝上的概率值，计算出同一方案不同状态下的期望收益值或期望损失值，然后根据不同方案的期望收益值的大小进行方案决策。期望值小的方案舍去，称为修枝，在枝上附以"‖"的符号进行标示。经过逐步地修枝，最后决策节点留下的一枝树枝就是决策中的最佳备选方案。

对于投标项目的选择，可以采取决策树法。

【例 5-1】 某承包商面临 A、B 两项工程投标，因受本单位资源条件限制，只能选择其中一项工程投标，或者两项工程均不投标。根据过去类似工程投标的经验数据，A 工程投高标的中标概率为 0.3，投低标的中标概率为 0.6，编制投标文件的费用为 3 万元；B 工程投高标的中标概率为 0.4，投低标的中标概率为 0.7，编制投标文件的费用为 2 万元。各方案承包的效果、概率及损益情况见表 5-1。

表 5-1　某承包商投标方案效果、概率和损益值表

方　案	编制投标文件的费用（万元）	承包效果	概　率	损益值（万元）
A 项目投高标	3	好	0.3	150
		中	0.5	100
		差	0.2	50
A 项目投低标		好	0.2	110
		中	0.7	60
		差	0.1	0
B 项目投高标	2	好	0.4	110
		中	0.5	70
		差	0.1	30
B 项目投低标		好	0.2	70
		中	0.5	30
		差	0.3	−10
不投标	0			0

根据该承包商所提供的条件，绘制投标决策树图，如图 5-4 所示。

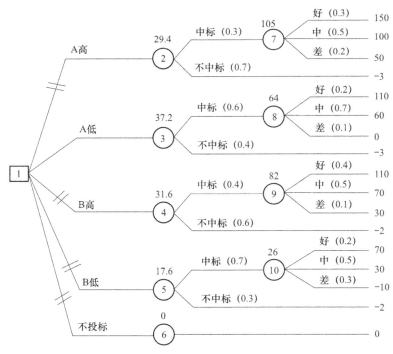

图 5-4　某承包商的投标方案决策树图

图中各状态点的期望值分别如下（将计算结果标在各状态节点上方）：

点⑦：150 万元×0.3+100 万元×0.5+50 万元×0.2 = 105 万元

点②：105 万元×0.3-3 万元×0.7 = 29.4 万元

点⑧：110 万元×0.2+60 万元×0.7+0×0.1 = 64 万元

点③：64 万元×0.6-3 万元×0.4 = 37.2 万元

点⑨：110 万元×0.4+70 万元×0.5+30 万元×0.1 = 82 万元

点④：82 万元×0.4-2 万元×0.6 = 31.6 万元

点⑩：70 万元×0.2+30 万元×0.5-10 万元×0.3 = 26 万元

点⑤：26 万元×0.7-2 万元×0.3 = 17.6 万元

点⑥：0

max ｛29.4，37.2，31.6，17.6，0｝= 37.2

即③的期望值最大，故该承包商应投 A 工程低标。

决策树分析法是一种十分方便的定量决策方法，但是其在应用中需注意以下几个问题：

（1）中标概率的确定　决策树分析的关键是不同中标概率的确定，但是确定中标概率要收集大量的统计资料，并且要邀请有经验的专家帮助确定。

（2）期望利润与实际报价的中标利润的区别　期望利润是综合考虑各投标方案中标概率和不中标概率所可能实现的利润，其数值大小是决策的依据，但它并不是决策方案实际报价中的利润。因此，决策方案报价应以预算成本加上相应投标方案的预计利润，而不是预算成本加期望利润。

（3）要考虑资金的时间价值　确定损益值时，要注意建筑材料和资源价格变化的影响。尤其在进行大型项目投标决策时，由于项目工期长、投资阶段多、数量大，因此要考虑资金的时间价值，要把决策树分析与技术经济分析相结合来确定投标方案。

5.4　投标报价的技巧

投标的实质是各个投标人之间实力、资质、信誉、效用观点之间的较量，也是不同投标人所选择的策略之间的博弈。投标技巧是指投标人通过投标决策确定的既能提高中标率，又能在中标后获得期望效益的编制投标文件及其标价的方针、策略和措施。在招标人、投标人以及投标竞争对手三方高度不确定性的投标报价博弈活动中，投标人要想获胜，一方面要靠实力，另一方面要靠投标报价技巧。下面就介绍几种常见的投标报价技巧。

5.4.1　报高价与报低价法

在投标过程中，报价是确定中标人的重要条件之一，但不是唯一条件。一般来说，在工期、质量、社会信誉相同的条件下，招标人会选择最低报价。但是作为投标人来说，低报价不一定是企业的最佳选择，投标人应当在考虑自身的优势、劣势和评价标准的基础上，分析招标项目的特点，按照工程项目的不同特点、类别、施工条件等来选择报价策略。

一般来讲，下列情况下报价可高一些：

1）施工条件差的工程，如场地狭窄、地处闹市。

2）业主要求高的技术密集型工程，而本企业在这方面又有专长，声望也高。

3）价款低的小工程，以及自己不愿意承揽而被邀请投标时，不便于不投标的工程。

4）特殊的工程，如港口码头工程、地下开挖工程等。

5）业主对工期要求急的工程。

6）投标对手少的工程。

7）付款条件不理想的工程。

下述情况下报价应低一些：

1）施工条件好的工程，工作简单、工程量大而一般公司都可以做的工程，如大量的土方工程、一般房屋建筑工程等。

2）公司目前急于打入某一市场、某一地区，或虽已在某地区经营多年，但即将面临没有工程的情况，如某些国家规定，在该国注册公司一年内没有经营项目时，就要撤销营业执照。

3）附近有工程，而本项目可利用该项工程的设备、劳务或有条件短期内突击完成的工程。

4）投标对手多、竞争力强的工程。

5）不急需工程。

6）支付条件好的工程，如现汇支付。

5.4.2 不平衡报价法

不平衡报价法又称为前重后轻法，是指在利用工程量清单报价过程中，在总报价基本确定的前提下，调整内部各个子项的报价，以期既不影响总报价，又能在中标后满足资金周转的需要，获得较理想的经济效益。因此，不平衡报价法要保证两个原则，即"早收钱"和"多收钱"。一般可以考虑在以下几方面采用不平衡报价：

1）先完成的工程量项目报高价，后完成的工程量项目报低价，即所谓的"早收钱"，提前将钱拿到。这个技巧就是在报价时把工程量清单里先完成的工作内容的单价调高，如开办费、临时设施、土石方工程、基础和结构部分等；后完成的工作内容的单价调低，如道路面层、交通指示牌、屋顶装修、清理施工现场和零散附属工程等。尽管后完成工程的单价可能会赔钱，但由于先期已收回了成本，资金周转的问题已经得到妥善解决，财务应变能力得到提高，还有适量的利息收入，因此只要能够保证整个项目的最终盈利即可。但这种方法对竣工后一次结算的工程不适用。

2）增加的工程量项目报高价，要减少的工程量项目报低价，即所谓的"多收钱"，也就是利用工程量的增加额来赚钱。这个技巧就是在报价时预计今后工程量会通过变更增加的项目，工程量单价适当提高，这样在最终结算时可多赚钱；预计工程量可能通过变更减少的项目，单价适当降低，工程结算时损失不大。

3）设计图不明确、难以计算准确的工程量项目，如土石方工程，其报价可提高一些，这样对总报价的影响不大，又存在多获利的机会。一旦实际发生的工程量比投标时的工程量大，企业就可以获得较大的利润，而实际发生的工程量比投标时的工程量小时，对企业利润的影响也不大。

4）工程内容做法说明不太清楚的项目或有漏洞的地方，其单价可报低一些，有利于降低工程总造价和进行工程索赔。

5）暂定项目，又称为任意项目或选择项目，对这类项目要具体分析。一般有以下 3 种形式：①业主规定了暂定项目工程量的分项内容和暂定总价款，并规定所有投标人都必须在总报价中加入这笔固定金额，但由于分项工程量报价不准确，允许将来投标人按所报单价和实际完成的工程量付款；②业主列出了暂定项目工程量的数量，但没有限制这些工程量的估价总价款，要求投标人既列出单价，也按暂定项目的数量计算总价，将来结算付款时可按实际完成的工程量和所报单价支付；③只有暂定项目的一笔固定金额，将来这笔金额做什么用，由业主确定。

第①种情况，由于暂定总价款是固定的，对各投标人总报价的竞争力没有任何影响。因此，投标时应当将暂定项目工程量的单价适当提高。这样做，既不会因今后工程量变更而吃亏，也不会削弱投标报价的竞争力。第②种情况，投标人必须慎重考虑。如果将单价定高，同其他工程量计价一样，将会增大总报价，影响投标报价的竞争力；如果将单价定低，将来这类工程量增大，会影响收益。一般来说，这类工程量可以采用正常的价格。如果投标人估计今后实际工程量肯定会增大，则可适当提高单价，使将来的额外收益增加。第③种情况对投标竞争没有实际意义，按招标文件要求将规定的暂定项目工程款列入总报价即可。

对暂定项目进行报价时，也要考虑这类项目开工后是否实施以及由哪家承包商实施，这些是由业主研究决定的。如果工程不分标，不会由另一家承包商施工，则其中确定要做的工程单价可报高些。如果工程分标，该暂定项目也可能由其他承包商施工时，则不宜报高价，以免抬高总报价。

不平衡报价最终的结果应该是两个方面：一是报价时高时低、互相抵消，总价上却看不出来；二是履约时的工程量少，完成的也少，单价调低，损失也就降到最低；工程量多，完成的也多，单价调高，承包商便能获取较大的利润。所以对于投标人来说，总体利润多、损失小，合起来还是盈利。但是不平衡报价也有相应的风险，取决于投标人的判断和决策是否正确。因此，在运用不平衡报价法时要注意以下问题：

1）不平衡报价法的应用一定要建立在对工程量仔细核算的基础之上。如对于前两种情况，如果实际工程量小于工程量表中的数量，则不能盲目抬高单价，对于单价报低的项目，如果实施过程中工程量大幅增加，将对承包商造成重大损失。因此，要具体分析后再定报价，而且即使是不平衡，也要控制在合理幅度内，一般为 8%～10%。

2）注意避免各项目的报价畸高畸低，否则有可能失去中标机会。单价的不平衡要注意尺度，不应该成倍或几倍的偏离正常的价格，否则可能会被评标专家判为废标，甚至被列入以后禁止投标的黑名单，那就得不偿失了。一般情况下，比正常价格浮动 10% 左右的幅度，业主都是可以接受的。

5.4.3　零星用工（计日工）报价法

零星用工（计日工）一般可稍高于工程单价表中的工资单价，之所以这样做是因为零星用工不属于承包合同价内的范围，发生时实报实销，使投标人获得较高的收益。

5.4.4　多方案报价法

多方案报价法是对同一个招标项目，除了按招标文件的要求编制一个投标报价以外，还编制了一个或几个建议方案。多方案报价法有时是招标文件中规定的，如业主可能要求按某一方案报价，而后再提供几种可供选择方案的比较报价；有时是承包商自己根据需要决定采用的。

投标人决定采用多方案报价法，通常主要有以下两种情况：

1）如果项目范围不是很明确，条款不清楚，或很不公正，或技术规范要求过于苛刻时，往往使投标人承担较大风险。为了减少风险就必须扩大工程报价，增加"不可预见费"，但这样做又会因报价过高而增加被淘汰的可能性。因此，投标人可先按招标文件中的合同条款报一个价，然后再说明假如招标人对技术文件或合同条款做某些改变时，报价可降低多少，以吸引业主；或是对项目中一部分没有把握的工作，注明该部分使用成本加若干酬金办法的结算，其余部分再报一个总价。

2）如果发现设计图中存在某些不合理并可以改进的地方或可以利用某项新技术、新工艺、新材料替代的地方，或者发现自己的技术和设备满足不了招标文件中设计图的要求时，投标人可以先按设计图的要求报一个价，然后再另附上一个修改设计的比较方案，或说明在修改设计的情况下，报价可降低多少。这种方法通常也称为修改设计法。

如果可以进行多方案报价，投标人就应组织一批有经验的设计和施工工程师，对原招标文件的设计和技术方案进行仔细研究，提出更合理的方案以吸引业主。制定方案时要具体问题具体分析，深入现场调查研究，集思广益，选定最佳备选方案。要从安全、质量、经济、技术和工期上，对备选方案进行综合分析比较，使最终选定的备选方案在满足招标人要求的前提下，达到效益最佳的目的，以促成自己的备选方案中标。这种新的备选方案必须有一定的优势，如可以降低总造价，或可提前竣工，采用新技术、新工艺、新材料，工程整体质量提高或使工程运作更合理。但要注意的是，原方案与增加备选方案报价都需要按招标文件提出的具体要求进行报价，以供业主比较。

增加备选方案时，不要将方案写得太具体，要保留方案的关键技术，以防止业主将此方案交给其他承包商实施。同时更重要的是，备选方案一定要成熟，或过去有这方面的实践经验。因为投标的准备时间不长，如果仅为中标匆忙而提出一些没有把握的备选方案，很可能会留下许多后患。

但是，如果招标文件明确表示不接受替代方案时，或政府工程合同的方案不容许改动时，应放弃采用多方案报价法。

5.4.5 先亏后盈报价法

先亏后盈法是一种无利润甚至亏损的报价法，它可以看作是战略上的"钓鱼法"，一般分为两种情况：一种是承包商为了占领某一市场，或为了在某一地区打开局面，不惜代价只求中标，先亏是为了占领市场，当打开局面后，就会带来更多的盈利；另一种是在大型分期建设项目的系列招标活动中，承包商先以低价甚至亏本争取到小项目或先期项目，然后再利用由此形成的经验、临时设施，以及创立的信誉等竞争优势，利用大项目或二期项目的中标收入来弥补先期项目的亏空并赢得利润。

采取这种手段的投标人必须具有较好的资信条件，提出的施工方案要先进可行，并且投标书做到"全面响应"。与此同时，投标人也要加强对公司优势的宣传力度，让招标人对拟定的施工方案感到满意，并且认为投标书中就满足招标文件提出的工期、质量、环保等要求的措施切实可行。否则，即使报价再低，招标人也不一定选用；相反，招标人还会认为标书存在着重大缺陷。而且投标人也应注意分析获得二期项目的可能性，若开发前景不好、后续资金来源不明确、实施二期项目遥遥无期时，也不宜考虑采用先亏后盈报价法。

5.4.6　突然降价法

突然降价法是指为了迷惑竞争对手而采用的一种竞争方法。报价是一件保密的工作，但是竞争对手往往通过各种渠道、手段来刺探情况，因此在报价时可以采取迷惑对方的做法。通常的做法是，在准备投标报价的过程中有意散布一些虚假情报，如按一般情况报价或报较高的价格，或打算弃标等，以表现出自己对该项目兴趣不大，然后在临近投标截止时间前，突然前往投标，并降低报价，以期战胜竞争对手。

采用这种方法时，要注意以下两点：一是在编制初步的投标报价时，对基础数据要进行有效的泄密防范，同时将假消息透露给通过各种渠道、采取各种手段来刺探情况的竞争对手；二是在准备投标报价时，预算工程师和决策人一定要充分地分析各细目的单价，考虑好降价的细目，并计算出降价的幅度，到投标快截止时，根据情报信息与分析判断，再做出最后决策。这种方法是隐真示假智胜对手，强调的是时间效应。例如，鲁布革水电站引水系统工程招标时，日本大成公司知道主要竞争对手是前田公司，就在临近开标前把总报价突然降低了 8.04%，取得报价最低标，并最终中标。

5.4.7　逐步升级法和扩大标价法

逐步升级法是将报价看成是协商的开始。投标人首先对图纸和说明书进行分析，把项目中的一些难题，如特殊基础等造价最多的部分抛开作为活口，将标价降至无法与之竞争的数额（在报价单中应加以说明）。利用这种"最低标价"来吸引业主，从而取得与业主商谈的机会。由于特殊施工条件要求的灵活性，利用活口进行升级加价，以达到最后中标的目的。

扩大标价法是投标人针对招标项目中的某些要求不明确、工程量出入较大等有可能承担重大风险的部分提高报价，从而规避意外损失的一种投标技巧。例如，在建设工程施工投标中，校核工程量清单时发现某些分部分项工程的工程量、图纸与工程量清单有较大的差异，并且业主不同意调整，而投标人也不愿意让利的情况下，就可对有差异部分采用扩大标价法报价，其余部分仍按原定策略报价。

本章小结

本章主要围绕建设工程投标管理介绍了投标前的准备、建设工程投标文件、建设工程投标决策和投标报价的技巧有关内容。投标是建筑企业获得工程合同的主要经营途径，编制投标文件也是学习"建设工程招投标与合同管理"课程需要掌握的基本技能之一。通过本章学习，应了解投标前准备工作（资格预审、投标文件研究和施工环境调查）及工程量清单计价模式下投标报价的确定方法；熟悉投标决策阶段的划分和影响因素；对照招标文件的要求掌握投标文件的编制程序、编制方法、投标决策树方法和投标报价技巧。

习　题

1. 单项选择题

（1）下列关于资格预审公告、招标公告、招标文件的说法，符合法律规定的是（　　）。

A. 资格预审结束后必须发布招标公告

B. 招标公告可以代替招标文件

C. 招标公告的内容与资格预审公告内容一致

D. 招标公告的发布与招标文件的发出同时进行。

（2）依据《招标投标法》，项目公开招标的资格预审阶段，在"资格预审须知"文件中，可以（　　）。

A. 要求投标人必须组成联合体投标　　　　B. 对本行业外的投标人提出特别要求

C. 要求必须使用某种品牌的建筑材料　　　D. 要求严格的专业资质等级

（3）根据国家相关法律规定，下列关于投标保证金的说法正确的是（　　）。

A. 投标保证金只能以保函形式提交

B. 投标保证金的保证范围可以由招标人在招标文件中规定

C. 投标保证金在中标通知书到达中标人之日生效

D. 投标保证金即定金

（4）下列关于投标有效期的说法中，正确的是（　　）。

A. 招标人延长投标有效期，应以书面形式通知投标人，该通知送达时投标有效期即获得延长

B. 招标人延长投标有效期，应当延长投标截止时间

C. 投标有效期内，投标文件对招标人和投标人具有合同约束力

D. 投标有效期自投标人递交投标文件截止之日起计算

（5）若业主拟定的合同条件过于苛刻，为了使业主修改合同，可准备"两个报价"，并进行阐明，若按原合同规定，投标报价为某一数值，但倘若合同做某些修改时，则投标报价为另一数值，即比前一数值的报价低一定的百分点，以此吸引对方修改合同。但必须先报按招标文件要求估算的价格而不能只报备选方案的价格，否则可能会被当作"废标"来处理，此种报价方法称为（　　）。

A. 不平衡报价法　　　B. 多方案报价法　　　C. 突然降价法　　　D. 低报价法

（6）当一个项目总报价基本确定后，通过调整内部各个项目的报价，以期既不提高报价、不影响中标，又能在结算时得到较为理想的经济效益，这种报价技巧称为（　　）。

A. 根据中标项目的不同特点采用不同报价　　　B. 多方案报价法

C. 先亏后盈报价法　　　D. 不平衡报价法

2. 多项选择题

（1）施工项目招标中，投标文件应当在初评阶段就予以淘汰的情形有（　　）。

A. 未按招标文件的要求予以密封的　　　　B. 明显不符合技术标准要求的

C. 竣工期限超过招标文件要求的完成期限的　　　D. 投标报价的大小写金额不一致的

E. 投标报价明显低于市场价格的

（2）某需要招标的施工项目，采用综合评分法评标，经评审，甲、乙两投标人的综合排名分别为第一、第二，评标报告中确定了甲乙为中标候选人，下列关于优先顺序确定中标人的说法中，正确的是（　　）。

A. 招标人应确定甲为中标人

B. 招标人可以在甲、乙两单位中任选一个中标人

C. 如果甲拒签合同，招标人可确定乙为中标人

D. 如果甲拒签合同，招标人应重新招标

E. 如果甲、乙都拒签合同，招标人可以选择其他投标人为中标人

（3）招标项目开标后发现投标文件存在下列问题，可以继续评标的情况包括（　　）。

A. 没有按照招标文件要求提供投标担保

B. 货物包装方式高于招标文件要求

C. 总价金额和单价与工程量乘积之和的金额不一致

D. 报价金额的大小写不一致

E. 货物检验标准低于招标文件要求

（4）通常情况下，下列施工招标项目中应放弃投标的是（　　）。

A. 本施工企业主营和兼营能力之外的项目

B. 工程规模、技术要求超过本施工企业资质等级的项目

C. 本施工企业生产任务饱满，而招标工程的盈利水平较低或风险较大

D. 本施工企业技术等级、信誉、施工水平明显不如竞争对手的项目

E. 本施工企业在类似项目施工中信誉非常好的项目

3. 思考题

（1）投标人应具备哪些条件？

（2）投标文件的编制内容有哪些？

（3）投标文件的编制原则是什么？

（4）投标决策的影响因素有哪些？

（5）常见的投标策略有哪几种？

（6）什么是不平衡报价法？如何运用不平衡报价法？

二维码形式客观题

扫描二维码可在线做题，提交后可查看答案。

第 5 章
客观题

6

引导案例

隐蔽工程竣工验收失查，业主、承包商责任共担

2017年某房地产开发有限公司（以下简称业主）将全部住宅建设工程发包给某建筑工程公司（以下简称承包商），双方就工程的施工建设签订了《建设工程承包合同》，合同规定了对于工程验收按照《建设工程施工合同条件》和《建筑法》的有关规定执行。

对于隐蔽工程的验收，承包商按照合同的约定提前书面通知了业主，但业主未能按照通知规定的时间进行隐蔽工程的验收。为了不误工期，承包商单方面进行了隐蔽工程的验收。当监理人员赶到施工现场，提出重新剥露、钻孔复验，遭到了承包商的拒绝。承包商认为导致单方验收的责任是业主造成的，况且重新剥露验收，必然会影响到工期，很难保证按期完工。在承包商的一再坚持下，业主没有继续要求重新验收。承包商按期完成了工程并通过竣工验收交付使用。

住宅小区交付使用后，一位用户将车开进地下车库时，突然车胎着火，最后车胎被烧毁并殃及部分车体。事后经查，发现是裸露在空气中的地下电缆断头击穿了车胎并引发大火。为此，该用户向法院提起诉讼，要求开发商赔偿损失。

在法院审理中双方各说各的理。法院认为，根据《建筑法》《民法典》以及《建设工程施工合同条件》关于隐蔽工程验收的规定，施工单位有权在建设单位不参加隐蔽工程验收的情况下单方面进行验收，但在建设单位要求重新验收的情况下，施工单位没有给予配合，导致质量隐患没有被及时发现。在工程最终验收的过程中，业主没有发现地下车库的质量缺陷，本身也负有一定的责任。由于《建筑法》规定，施工单位对工程质量负有终身质量保修的责任，因此，法院判定业主和承包商（施工单位）应对该用户的损失承担共同责任，由承包商承担主要责任。

本案例说明，虽然《建筑法》规定承包商（施工单位）对工程质量负有终身保修的责任，但是由于业主疏于竣工验收的管理，对承包商的隐蔽工程质量抱有侥幸心理，认为如果一再坚持剥露检查，一旦没有问题将自负费用，结果引发了后来的事故。这就是业主认为不会有问题，而且没有认真履行自己的职责，导致其最终承担的费用更多。

6.1　建设工程施工合同概述

6.1.1　建设工程施工合同的概念和特点

1. 建设工程施工合同的概念

建设工程施工合同是指工程发包人与承包人为完成特定的建筑、安装工程的施工任务，签订的确定双方权利和义务的协议，简称施工合同，也称为建筑安装承包合同。建筑是指对工程进行建造的行为，安装主要是指与工程有关的线路、管道、设备等设施的装配。

建设工程施工合同的当事人是发包人和承包人，双方是平等的民事主体。发包人是指具有工程发包主体资格和支付工程价款能力的当事人以及取得该当事人资格的合法继承人，可以是建设工程的业主，也可以是取得工程总承包资格的总承包人，对合同范围内的工程实施建设时，发包人必须具备组织协调能力。承包人应是具备工程施工承包相应资质和法人资格的，并被发包人接受的合同当事人及其合法继承人，也称为施工单位。

2. 建设工程施工合同的特点

（1）合同标的的特殊性　工程合同的标的是特定建筑产品，它不同于一般工业产品。其具有以下特性：

1）固定性。建筑产品属于不动产，其基础部分与大地相连，不能移动，这就决定了每个施工合同的标的都是特殊的，相互间具有不可替代性，同时也决定了施工生产的流动性，施工人员、施工机械必须围绕建筑产品移动。

2）单件性。由于建筑产品各有其特定的功能要求，其实物形态千差万别，种类繁多，这就形成了建筑产品生产的单件性，即每项工程都有单独的设计和施工方案，即使有的建筑工程可重复采用相同的设计图，但因建筑场地不同也必须进行一定的设计修改。

（2）合同履行期限的长期性　建筑物的施工结构复杂、体积大、建筑材料类型多、工作量大，因此与一般工业产品的生产相比工期都较长。而合同履行期限肯定要长于施工工期，因为工程建设的施工应当在合同签订后才开始，且需加上合同签订后到正式开工前的一个较长的施工准备时间和工程全部竣工验收后办理竣工结算及保修期的时间。在工程施工过程中，还可能因为不可抗力、工程变更、材料供应不及时等原因导致工期顺延。所有这些情况，决定了施工合同的履行期限具有长期性。

（3）合同内容的多样性和复杂性　虽然施工合同的当事人只有两方，但其涉及的主体却有多种。与大多数合同相比，施工合同的履行期限长，标的额大，涉及的法律关系（包括劳动关系、保险关系、运输关系等）具有多样性和复杂性，这就要求施工合同的内容尽量详尽、具体、明确和完整。施工合同除了应当具备合同的一般内容外，还应对安全施工、专利技术使用、发现地下障碍物和文物、工程分包、不可抗力、工程设计变更、材料设备的供应、运输、验收等内容做出规定，所有这些都决定了施工合同的内容具有多样性和复杂性。

（4）合同监督的严格性　由于施工合同的履行对国家的经济发展、公民的工作和生活都有重大影响，因此，国家对施工合同的监督是十分严格的。具体表现在以下几个方面：

1）对合同主体监督的严格性。施工合同的主体一般只能是法人，发包人一般只能是经过批准进行工程项目建设的法人，而且发包人必须有国家批准的建设项目，且落实投资计划，还应当具备一定的协调能力。承包人必须具备法人资格，而且应当具备相应的从事施工的资质；没有资质或者超越资质承揽工程都是违法行为。

2）对合同订立监督的严格性。订立施工合同必须以国家批准的投资计划为前提，即使是国家投资以外的、以其他方式筹集的投资也要受到当年的贷款规模和批准限额的限制，纳入当年的投资规模计划，并经严格程序审批。施工合同的订立，还必须符合国家关于建设程序的规定。另外，考虑建设工程的重要性和复杂性，在施工过程中经常会发生影响合同履行的纠纷，因此，《民法典》要求施工合同应当采用书面形式。

3）对合同履行监督的严格性。在施工合同的履行过程中，除了合同当事人应当对合同进行严格管理外，工商行政管理机构、金融机构、建设行政主管部门等都要对施工合同的履行进行严格监督。

6.1.2　建设工程施工合同的作用

在市场经济条件下，随着社会法制建设的不断完善和社会法治意识的不断加强，"按合同办事"已成为工程建设领域公认的一种规律和要求。施工合同依据法律的约束，遵循公平交易的原则，确定各方的权利和义务，对进一步规范各方建设主体的行为，维护当事人的合法权益，培养和完善建设市场将起着重要的作用。施工合同的作用主要表现在下列几个方面：

1）明确发包人和承包人在施工阶段的权利和义务。《民法典》第一百一十九条规定："依法成立的合同，对当事人具有法律约束力。"建设工程施工合同明确了发包人和承包人在工程施工中的权利和义务，是双方在履行合同中的行为准则，双方都应以建设工程施工合同作为行为依据。双方都应认真履行各自的义务，任何一方都无权擅自修改或废除建设工程施工合同；任何一方违反合同规定的内容，都必须承担相应的法律责任。如果不订立建设工程施工合同，将无法规范双方的行为，也无法明确各自在施工中所享受的权利和义务。

2）有利于建设工程施工合同的管理。合同当事人对工程施工的管理应当以建设工程施工合同为依据。同时，有关的国家机关、金融机构对工程施工的监督和管理，建设工程施工合同也是其重要的依据。不订立施工合同将给建设工程施工管理带来很大的困难。

3）建设工程施工合同是进行监理的依据和推行监理制度的需要。建设监理制度是工程建设管理专业化、社会化的结果。在这一制度中，行政干涉的作用被淡化了，建设单位、施工单位、监理单位三者之间的关系是通过工程建设监理合同和施工合同来确定的，监理单位对工程建设进行监理是以订立建设工程施工合同为前提和基础的。

4）有利于建筑市场的培育发展。在计划经济条件下，行政手段是施工管理的主要方法；在市场经济条件下，合同是维系市场运作的主要因素。因此，培育和发展建筑市场，首先要培育合同意识。推行建设监理制度、实行招标投标制度等，都是以签订施工合同为基础的。因此，不建立施工合同管理制度，建筑市场的培育和发展将无从谈起。

6.1.3　建设工程施工合同的订立

1. 建设工程施工合同订立的条件

订立施工合同应具备如下条件：

1）初步设计已经批准。

2）工程项目已经列入年度建设计划。

3）有能够满足施工需要的设计文件和有关技术资料。

4）建设资金和主要建筑材料设备来源已经落实。

5）招标投标工程的中标通知书已经下达。

除此之外，发承包方签订施工合同，必须具备相应资质条件和履行施工合同的能力。承办人员签订合同，应取得法定代表的授权委托书。

2. 建设工程施工合同订立遵循的原则

（1）遵守国家法律、法规和国家计划的原则　订立施工合同，不仅要遵循国家法律、法规，也应遵守国家的建设计划和其他计划。建设工程施工对经济发展、社会生活有多方面的影响，国家有许多强制性的管理规定，施工合同当事人都必须遵守。

（2）平等、自愿、公平的原则　施工合同当事人双方都具有平等的法律地位，任何一方不得强迫对方接受不平等的合同条件。当事人有权决定是否订立施工合同和施工合同的内容，合同内容应当是双方当事人真实意思的体现。合同的内容应当是公平的，不能损害一方的利益。对于显失公平的施工合同，当事人一方有权申请人民法院或者仲裁机构予以变更或者撤销。

（3）诚实信用的原则　诚实信用的原则要求在订立施工合同时要诚实，不得有欺诈行为，合同当事人应当如实将自身情况和工程情况介绍给对方；在履行合同时，合同当事人应严守信用，认真履行义务。

3. 建设工程施工合同订立的程序

施工合同作为合同的一种，其订立也应该经过要约和承诺两个阶段。承发包双方将协商一致的内容以书面形式确立施工合同。订立方式有两种：直接发包和间接发包。如果没有特殊情况，工程建设的施工都应通过招标投标确定施工企业。

中标通知书发出后，中标的施工企业应当及时与建设单位签订施工合同，对双方的责任、义务、权益等合同内容做出进一步的文字明确。依据《工程建设施工招标投标管理办法》的规定，中标通知书发出的 30 天内，中标单位应与建设单位依据招标文件、投标书等签订施工合同。签订合同的必须是中标的施工企业，投标书中已确定的合同条款在签订时不得更改，确定的合同价应与中标价相一致。如果中标单位拒绝与建设单位签订合同，则建设单位将不再返还其投标保证金（如果是由银行等金融机构出具投标担保的，则投标保函出具者应当承担相应的保证责任），建设行政主管部门或其授权机构还可给予一定的行政处罚。

6.2　《建设工程施工合同（示范文本）》简介

6.2.1　《建设工程施工合同（示范文本）》概述

为了指导建设工程施工合同当事人的签约行为，维护合同当事人的合法权益，依据相关法律法规，住房和城乡建设部、国家工商行政管理总局对《建设工程施工合同（示范文本)》（GF—2013—0201）进行了修订，制定了《建设工程施工合同（示范文本)》（GF—2017—0201）［简称《施工合同（示范文本）》]。

《施工合同（示范文本）》为非强制性使用文本。《施工合同（示范文本）》适用于房屋建筑工程、土木工程、线路管道和设备安装工程、装修工程等建设工程的施工承发包活动，合同当事人可结合建设工程具体情况，根据《施工合同（示范文本）》订立合同，并按照法律法规规定和合同约定承担相应的法律责任及合同权利义务。

6.2.2　《建设工程施工合同（示范文本）》的组成

《施工合同（示范文本）》由合同协议书、通用合同条款和专用合同条款三部分组成，并包括了 11 个附件。

1. 合同协议书

《施工合同（示范文本）》合同协议书主要包括：工程概况、合同工期、质量标准、签约合同价和合同价格形式、项目经理、合同文件构成、承诺，以及合同生效条件等重要内容，集中约定了合同当事人基本的合同权利义务。

2. 通用合同条款

通用合同条款是合当事人根据《建筑法》等法律法规的规定，就工程建设的实施及相关事项，对合同当事人的权利义务做出的原则性约定。通用合同条款共计 20 条，具体条款分别为：一般规定、发包人、承包人、监理人、工程质量、安全文明施工与环境保护、工期和进度、材料与设备、试验与检验、变更、价格调整、合同价格、计量与支付、验收和工程试车、竣工结算、缺陷责任与保修、违约、不可抗力、保险、索赔和争议解决。前述条款安排既考虑了现行法律规范对工程建设的有关要求，也考虑了建设工程施工管理的特殊需要。

3. 专用合同条款

专用合同条款是对通用合同条款原则性约定的细化、完善、补充、修改或另行约定的条款。合同当事人可以根据不同建设工程的特点及具体情况，通过双方的谈判、协商对相应的专用合同条款进行修改补充。专用合同条款的编号应与相应的通用合同条款的编号一致。

4. 附件

《施工合同（示范文本）》包括了 11 个附件，分为协议书附件和专用合同条款附件。协议书附件包括承包人承揽工程项目一览表；专用合同条款附件包括：发包人供应材料设备一览表、工程质量保修书、主要建设工程文件目录、承包人用于本工程施工的机械设备表、承包人主要施工管理人员表、分包人主要施工管理人员表、履约担保格式、预付款担保格式、支付担保格式、暂估价一览表。

6.3　建设工程施工准备阶段的合同管理

建设工程施工准备阶段的合同管理工作主要是合同当事人要备齐合同文件，做好施工组织设计和进度计划，明确各方的权利和义务。

6.3.1　施工合同的相关概念

《施工合同（示范文本）》赋予了合同协议书、通用合同条款、专用合同条款中列出的下列词语的含义。

1. 合同文件

（1）合同 合同是指根据法律规定和合同当事人约定具有约束力的文件，构成合同的文件包括合同协议书、中标通知书（如果有）、投标函及其附录（如果有）、专用合同条款及其附件、通用合同条款、技术标准和要求、图纸、已标价工程量清单或预算书以及其他合同文件。

（2）合同协议书 合同协议书是指构成合同的由发包人和承包人共同签署的称为"合同协议书"的书面文件。

（3）中标通知书 中标通知书是指构成合同的由发包人通知承包人中标的书面文件。

（4）投标函 投标函是指构成合同的由承包人填写并签署的用于投标的称为"投标函"的文件。

（5）投标函附录 投标函附录是指构成合同的附在投标函后的称为"投标函附录"的文件。

（6）技术标准和要求 技术标准和要求是指构成合同的施工应当遵守的或指导施工的国家、行业或地方的技术标准和要求，以及合同约定的技术标准和要求。

（7）图纸 图纸是指构成合同的图纸，包括由发包人按照合同约定提供或经发包人批准的设计文件、施工图、鸟瞰图及模型等，以及在合同履行过程中形成的图纸文件。图纸应当按照法律规定审查合格。

（8）已标价工程量清单 已标价工程量清单是指构成合同的由承包人按照规定的格式和要求填写并标明价格的工程量清单，包括说明和表格。

（9）预算书 预算书是指构成合同的由承包人按照发包人规定的格式和要求编制的工程预算文件。

（10）其他合同文件 其他合同文件是指经合同当事人约定的与工程施工有关的具有合同约束力的文件或书面协议。合同当事人可以在专用合同条款中进行约定。

2. 合同当事人及其他相关方

（1）合同当事人 合同当事人是指发包人和（或）承包人。

（2）发包人 发包人是指与承包人签订合同协议书的当事人及取得该当事人资格的合法继承人。

（3）承包人 承包人是指与发包人签订合同协议书的，具有相应工程施工承包资质的当事人及取得该当事人资格的合法继承人。

（4）监理人 监理人是指在专用合同条款中指明的，受发包人委托按照法律规定进行工程监督管理的法人或其他组织。

（5）设计人 设计人是指在专用合同条款中指明的，受发包人委托负责工程设计并具备相应工程设计资质的法人或其他组织。

（6）分包人 分包人是指按照法律规定和合同约定，分包部分工程或工作，并与承包人签订分包合同的具有相应资质的法人。

（7）发包人代表 发包人代表是指由发包人任命并派驻施工现场在发包人授权范围内行使发包人权利的人。

（8）项目经理 项目经理是指由承包人任命并派驻施工现场，在承包人授权范围内负责合同履行，且按照法律规定具有相应资格的项目负责人。

（9）总监理工程师 总监理工程师是指由监理人任命并派驻施工现场进行工程监理的总负责人。

3. 工程和设备

（1）工程 工程是指与合同协议书中工程承包范围对应的永久工程和（或）临时工程。

（2）永久工程 永久工程是指按合同约定建造并移交给发包人的工程，包括工程设备。

（3）临时工程 临时工程是指为完成合同约定的永久工程所修建的各类临时性工程，不包括施工设备。

（4）单位工程 单位工程是指在合同协议书中指明的，具备独立施工条件并能形成独立使用功能的永久工程。

（5）工程设备 工程设备是指构成永久工程的机电设备、金属结构设备、仪器及其他类似的设备和装置。

（6）施工设备 施工设备是指为完成合同约定的各项工作所需的设备、器具和其他物品，但不包括工程设备、临时工程和材料。

（7）施工现场 施工现场是指用于工程施工的场所，以及在专用合同条款中指明作为施工场所组成部分的其他场所，包括永久占地和临时占地。

（8）临时设施 临时设施是指为完成合同约定的各项工作所服务的临时性生产和生活设施。

（9）永久占地 永久占地是指专用合同条款中指明为实施工程需永久占用的土地。

（10）临时占地 临时占地是指专用合同条款中指明为实施工程需要临时占用的土地。

4. 日期和期限

（1）开工日期 开工日期包括计划开工日期和实际开工日期。计划开工日期是指合同协议书约定的开工日期；实际开工日期是指监理人按照通用合同条款中〔开工通知〕约定发出的符合法律规定的开工通知中载明的开工日期。

（2）竣工日期 竣工日期包括计划竣工日期和实际竣工日期。计划竣工日期是指合同协议书约定的竣工日期；实际竣工日期按照通用合同条款中〔竣工日期〕条款的约定确定。

（3）工期 工期是指在合同协议书约定的承包人完成工程所需的期限，包括按照合同约定所做的期限变更。

（4）缺陷责任期 缺陷责任期是指承包人按照合同约定承担缺陷修复义务，且发包人预留质量保证金（已缴纳履约保证金的除外）的期限，自工程实际竣工日期起计算。

（5）保修期 保修期是指承包人按照合同约定对工程承担保修责任的期限，从工程竣工验收合格之日起计算。

（6）基准日期 招标发包的工程以投标截止日前28天的日期为基准日期，直接发包的工程以合同签订日前28天的日期为基准日期。

（7）天 除特别指明外，均指日历天。合同中按天计算时间的，开始当天不计入，从次日开始计算，期限最后一天的截止时间为当天24时。

5. 合同价格和费用

（1）签约合同价 签约合同价是指发包人和承包人在合同协议书中确定的总金额，包括安全文明施工费、暂估价及暂列金额等。

（2）合同价格 合同价格是指发包人用于支付承包人按照合同约定完成承包范围内全

部工作的金额，包括合同履行过程中按合同约定发生的价格变化。

（3）费用　费用是指为履行合同所发生的或将要发生的所有必需的开支，包括管理费和应分摊的其他费用，但不包括利润。

（4）暂估价　暂估价是指发包人在工程量清单或预算书中提供的用于支付必然发生但暂时不能确定价格的材料、工程设备的单价、专业工程以及服务工作的金额。

（5）暂列金额　暂列金额是指发包人在工程量清单或预算书中暂定并包括在合同价格中的一笔款项，用于工程合同签订时尚未确定或者不可预见的所需材料、工程设备、服务的采购，施工中可能发生的工程变更、合同约定调整因素出现时的合同价格调整以及发生的索赔、现场签证确认等的费用。

（6）计日工　计日工是指合同履行过程中，承包人完成发包人提出的零星工作或需要采用计日工计价的变更工作时，按合同中约定的单价计价的一种方式。

（7）质量保证金　质量保证金是指按照通用合同条款中〔质量保证金〕条款约定的承包人用于保证其在缺陷责任期内履行缺陷修补义务的担保。

（8）总价项目　总价项目是指在现行国家、行业以及地方的计量规则中无工程量计算规则，在已标价工程量清单或预算书中以总价或以费率形式计算的项目。

6. 其他

书面形式是指合同文件、信函、电报、传真等可以有形地表现所载内容的形式。

6.3.2　施工合同文件的组成及优先顺序

组成合同的各项文件应互相解释，互为说明。除专用合同条款另有约定外，解释合同文件的优先顺序见表 6-1。

表 6-1　建设工程施工合同文件组成及优先顺序

序号	合同文件（按解释权优先顺序排列）	内部逻辑关系
1	合同协议书（包含合同履行过程的洽商、变更等书面协议和文件）	合同文件的总纲
2	中标通知书（如果有）	发包人承诺
3	投标函及其附录（如果有）	承包人要约
4	专用合同条款及其附件	权利义务（做什么）
5	通用合同条款	
6	技术标准和要求	管理依据和标准（怎样做）
7	图纸	
8	已标价工程量清单或预算书	结算付款依据
9	其他合同文件	

表 6-1 中各项合同文件包括合同当事人就该项合同文件所做出的补充和修改，属于同一类内容的文件，应以最新签署的合同为准。

在合同订立及履行过程中形成的与合同有关的文件均构成合同文件组成部分，并根据其性质确定优先解释顺序。

6.3.3　施工合同当事人及其他相关方的工作与义务

1. 发包人

（1）许可或批准　发包人应遵守法律，并办理法律规定由其办理的许可、批准或备案，包括但不限于建设用地规划许可证、建设工程规划许可证、建设工程施工许可证、施工所需临时用水、临时用电、中断道路交通、临时占用土地等许可和批准。发包人应协助承包人办理法律规定的有关施工证件和批件。

因发包人原因未能及时办理完毕前述许可、批准或备案，由发包人承担由此增加的费用和（或）延误的工期，并支付承包人合理的利润。

（2）发包人代表　发包人应在专用合同条款中明确其派驻施工现场的发包人代表的姓名、职务、联系方式及授权范围等事项。发包人代表在发包人的授权范围内，负责处理合同履行过程中与发包人有关的具体事宜。发包人代表在授权范围内的行为由发包人承担法律责任。发包人更换发包人代表的，应提前7天书面通知承包人。

发包人代表不能按照合同约定履行其职责及义务，并导致合同无法继续正常履行的，承包人可以要求发包人撤换发包人代表。

不属于法定必须监理的工程，监理人的职权可以由发包人代表或发包人指定的其他人员行使。

（3）发包人人员　发包人应要求在施工现场的发包人人员遵守法律及有关安全、质量、环境保护、文明施工等规定，并保障承包人免于承受因发包人人员未遵守上述要求给承包人造成的损失和责任。

发包人人员包括发包人代表及其他由发包人派驻施工现场的人员。

（4）施工现场、施工条件和基础资料的提供　具体包括以下内容：

1）提供施工现场。除专用合同条款另有约定外，发包人应最迟于开工日期7天前向承包人移交施工现场。

2）提供施工条件。除专用合同条款另有约定外，发包人应负责提供施工所需要的条件，包括：①将施工用水、电力、通信线路等施工所必需的条件接至施工现场内；②保证向承包人提供正常施工所需要的进入施工现场的交通条件；③协调处理施工现场周围地下管线和邻近建筑物、构筑物、古树名木的保护工作，并承担相关费用；④按照专用合同条款约定应提供的其他设施和条件。

3）提供基础资料。发包人应当在移交施工现场前向承包人提供施工现场及工程施工所必需的毗邻区域内供水、排水、供电、供气、供热、通信、广播电视等地下管线资料，气象和水文观测资料，地质勘察资料，相邻建筑物、构筑物和地下工程等有关基础资料，并对所提供资料的真实性、准确性和完整性负责。

按照法律规定确需在开工后方能提供的基础资料，发包人应尽其努力及时地在相应工程施工前的合理期限内提供，合理期限应以不影响承包人的正常施工为限。

4）逾期提供的责任。因发包人原因未能按合同约定及时向承包人提供施工现场、施工条件、基础资料的，由发包人承担由此增加的费用和（或）延误的工期。

（5）资金来源证明及支付担保　除专用合同条款另有约定外，发包人应在收到承包人要求提供资金来源证明的书面通知后28天内，向承包人提供能够按照合同约定支付合同价款的相应资金来源证明。

除专用合同条款另有约定外，发包人要求承包人提供履约担保的，发包人应当向承包人提供支付担保。支付担保可以采用银行保函或担保公司担保等形式，具体由合同当事人在专用合同条款中约定。

（6）支付合同价款　发包人应按合同约定向承包人及时支付合同价款。

（7）组织竣工验收　发包人应按合同约定及时组织竣工验收。

（8）现场统一管理协议　发包人应与承包人、由发包人直接发包的专业工程的承包人签订施工现场统一管理协议，明确各方的权利义务。施工现场统一管理协议作为专用合同条款的附件。

2. 承包人

（1）承包人的一般义务　承包人在履行合同过程中应遵守法律和工程建设标准规范，并履行以下义务：

1）办理法律规定应由承包人办理的许可和批准，并将办理结果书面报送发包人留存。

2）按法律规定和合同约定完成工程，并在保修期内承担保修义务。

3）按法律规定和合同约定采取施工安全和环境保护措施，办理工伤保险，确保工程及人员、材料、设备和设施的安全。

4）按合同约定的工作内容和施工进度要求，编制施工组织设计和施工措施计划，并对所有施工作业和施工方法的完备性和安全可靠性负责。

5）在进行合同约定的各项工作时，不得侵害发包人与他人使用公用道路、水源、市政管网等公共设施的权利，避免对邻近的公共设施产生干扰。承包人占用或使用他人的施工场地，影响他人作业或生活的，应承担相应责任。

6）按照通用合同条款中〔环境保护〕条款约定的负责施工场地及其周边环境与生态的保护工作。

7）按通用合同条款中〔安全文明施工〕条款约定的采取施工安全措施，确保工程及其人员、材料、设备和设施的安全，防止因工程施工造成的人身伤害和财产损失。

8）将发包人按合同约定支付的各项价款专用于合同工程，且应及时支付其雇用人员工资，并及时向分包人支付合同价款。

9）按照法律规定和合同约定编制竣工资料，完成竣工资料立卷及归档，并按专用合同条款约定的竣工资料的套数、内容、时间等要求移交给发包人。

10）应履行的其他义务。

（2）项目经理

1）项目经理的任命。项目经理应为合同当事人所确认的人选，并在专用合同条款中明确项目经理的姓名、职称、注册执业证书编号、联系方式及授权范围等事项，项目经理经承包人授权后代表承包人负责履行合同。项目经理应是承包人正式聘用的员工，承包人应向发包人提交项目经理与承包人之间的劳动合同，以及承包人为项目经理缴纳社会保险的有效证明。承包人不提交上述文件的，项目经理无权履行职责，发包人有权要求更换项目经理，由此增加的费用和（或）延误的工期由承包人承担。

2）项目经理的常驻施工现场职责。项目经理应常驻施工现场，且每月在施工现场时间不得少于专用合同条款约定的天数。项目经理不得同时担任其他项目的项目经理。项目经理确需离开施工现场时，应事先通知监理人，并取得发包人的书面同意。项目经理的通知中应当载明临时代行其职责的人员的注册执业资格、管理经验等资料，该人员应具备履行相应职责的能力。

承包人违反上述约定的，应按照专用合同条款的约定，承担违约责任。

3）紧急情况下的项目经理职责。项目经理按合同约定组织工程实施。在紧急情况下为确保施工安全和人员安全，在无法与发包人代表和总监理工程师及时取得联系时，项目经理有权采取必要的措施保证与工程有关的人身、财产和工程的安全，但应在48小时内向发包人代表和总监理工程师提交书面报告。

4）项目经理的更换。承包人需要更换项目经理的，应提前14天书面通知发包人和监理人，并征得发包人书面同意。通知中应当载明继任项目经理的注册执业资格、管理经验等资料，继任项目经理继续履行上述第1）项约定的职责。未经发包人书面同意，承包人不得擅自更换项目经理。承包人擅自更换项目经理的，应按照专用合同条款的约定承担违约责任。

发包人有权书面通知承包人更换其认为不称职的项目经理，通知中应当载明要求更换的理由。承包人应在接到更换通知后14天内向发包人提出书面的改进报告。发包人收到改进报告后仍要求更换的，承包人应在接到第二次更换通知的28天内进行更换，并将新任命的项目经理的注册执业资格、管理经验等资料书面通知发包人。继任项目经理继续履行上述第1）项约定的职责。承包人无正当理由拒绝更换项目经理的，应按照专用合同条款的约定承担违约责任。

5）项目经理的授权。项目经理因特殊情况授权其下属人员履行其某项工作职责的，该下属人员应具备履行相应职责的能力，并应提前7天将上述人员的姓名和授权范围书面通知监理人，并征得发包人书面同意。

（3）承包人人员

1）承包人提交人员名单和信息。除专用合同条款另有约定外，承包人应在接到开工通知后7天内，向监理人提交承包人项目管理机构及施工现场人员安排的报告，其内容应包括合同管理、施工、技术、材料、质量、安全、财务等主要施工管理人员名单及其岗位、注册执业资格等，以及各工种技术工人的安排情况，并同时提交主要施工管理人员与承包人之间的劳动关系证明和缴纳社会保险的有效证明。

2）承包人更换主要施工管理人员。承包人派驻到施工现场的主要施工管理人员应相对稳定。施工过程中如有变动，承包人应及时向监理人提交施工现场人员变动情况的报告。承包人更换主要施工管理人员时，应提前7天书面通知监理人，并征得发包人书面同意。通知中应当载明继任人员的注册执业资格、管理经验等资料。特殊工种作业人员均应持有相应的资格证明，监理人可以随时检查。

3）发包人要求撤换主要施工管理人员。发包人对于承包人主要施工管理人员的资格或能力有异议的，承包人应提供资料证明被质疑人员有能力完成其岗位工作或不存在发包人所质疑的情形。发包人要求撤换不能按照合同约定履行职责及义务的主要施工管理人员的，承包人应当撤换。承包人无正当理由拒绝撤换的，应按照专用合同条款的约定承担违约责任。

4）主要施工管理人员应常驻现场。除专用合同条款另有约定外，承包人的主要施工管理人员离开施工现场每月累计不超过5天的，应报监理人同意；离开施工现场每月累计超过5天的，应通知监理人，并征得发包人书面同意。主要施工管理人员离开施工现场前应指定一名有经验的人员临时代行其职责，该人员应具备履行相应职责的资格和能力，且应征得监理人或发包人的同意。

承包人擅自更换主要施工管理人员，或前述人员未经监理人或发包人同意擅自离开施工现场的，应按照专用合同条款约定承担违约责任。

（4）承包人现场查勘　承包人应对基于发包人按照通用合同条款中〔提供基础资料〕条款约定提交的基础资料所做出的解释和推断负责，但因基础资料存在错误、遗漏导致承包人解释或推断失实的，由发包人承担责任。

承包人应对施工现场和施工条件进行查勘，并充分了解工程所在地的气象条件、交通条件、风俗习惯以及其他与完成合同工作有关的其他资料。因承包人未能充分查勘、了解前述情况或未能充分估计前述情况所可能产生后果的，承包人承担由此增加的费用和（或）延误的工期。

（5）分包

1）分包的一般约定。承包人不得将其承包的全部工程转包给第三人，或将其承包的全部工程肢解后以分包的名义转包给第三人。承包人不得将工程主体结构、关键性工作及专用合同条款中禁止分包的专业工程分包给第三人，主体结构、关键性工作的范围由合同当事人按照法律规定在专用合同条款中予以明确。

承包人不得以劳务分包的名义转包或违法分包工程。

2）分包的确定。承包人应按专用合同条款的约定进行分包，确定分包人。已标价工程量清单或预算书中给定暂估价的专业工程，按照通用合同条款中〔暂估价〕条款的约定确定分包人。按照合同约定进行分包的，承包人应确保分包人具有相应的资质和能力。工程分包不减轻或免除承包人的责任和义务，承包人和分包人就分包工程向发包人承担连带责任。除合同另有约定外，承包人应在分包合同签订后7天内向发包人和监理人提交分包合同副本。

3）分包管理。承包人应向监理人提交分包人的主要施工管理人员表，并对分包人的施工人员进行实名制管理，包括但不限于进出场管理、登记造册以及各种证照的办理。

4）分包合同价款。生效法律文书要求发包人向分包人支付分包合同价款的，发包人有权从应付承包人工程款中扣除该部分款项。除上述约定的情况或专用合同条款另有约定外，分包合同价款由承包人与分包人结算，未经承包人同意，发包人不得向分包人支付分包工程价款。

5）分包合同权益的转让。分包人在分包合同项下的义务持续到缺陷责任期届满以后的，发包人有权在缺陷责任期届满前，要求承包人将其在分包合同项下的权益转让给发包人，承包人应当转让。除转让合同另有约定外，转让合同生效后，由分包人向发包人履行义务。

（6）工程照管与成品、半成品保护

1）除专用合同条款另有约定外，自发包人向承包人移交施工现场之日起，承包人应负责照管工程及工程相关的材料、工程设备，直到颁发工程接收证书之日止。

2）在承包人负责照管期间，因承包人原因造成工程、材料、工程设备损坏的，由承包人负责修复或更换，并承担由此增加的费用和（或）延误的工期。

3）对合同内分期完成的成品和半成品，在工程接收证书颁发前，由承包人承担保护责任。因承包人原因造成成品或半成品损坏的，由承包人负责修复或更换，并承担由此增加的费用和（或）延误的工期。

（7）履约担保　发包人需要承包人提供履约担保的，由合同当事人在专用合同条款中约定履约担保的方式、金额及期限等。履约担保可以采用银行保函或担保公司担保等形式，具体由合同当事人在专用合同条款中约定。

因承包人原因导致工期延长的，继续提供履约担保所增加的费用由承包人承担；非因承包人原因导致工期延长的，继续提供履约担保所增加的费用由发包人承担。

（8）联合体

1）联合体各方应共同与发包人签订合同协议书。联合体各方应为履行合同向发包人承担连带责任。

2）联合体协议经发包人确认后作为合同附件。在履行合同过程中，未经发包人同意，不得修改联合体协议。

3）联合体牵头人负责与发包人和监理人联系，并接受指示，负责组织联合体各成员全面履行合同。

3. 监理人

（1）监理人的一般规定　工程实行监理的，发包人和承包人应在专用合同条款中明确监理人的监理内容及监理权限等事项。监理人应当根据发包人授权及法律规定，代表发包人对工程施工相关事项进行检查、查验、审核、验收，并签发相关指示，但监理人无权修改合同，且无权减轻或免除合同约定的承包人的任何责任与义务。

除专用合同条款另有约定外，监理人在施工现场的办公场所、生活场所由承包人提供，所发生的费用由发包人承担。

（2）监理人员　发包人授予监理人对工程实施监理的权利由监理人派驻施工现场的监理人员行使，监理人员包括总监理工程师及监理工程师。监理人应将授权的总监理工程师和监理工程师的姓名及授权范围以书面形式提前通知承包人。更换总监理工程师的，监理人应提前7天书面通知承包人；更换其他监理人员，监理人应提前48小时书面通知承包人。

（3）监理人的指示　监理人应按照发包人的授权发出监理指示。监理人的指示应采用书面形式，并经其授权的监理人员签字。紧急情况下，为了保证施工人员的安全或避免工程受损，监理人员可以口头形式发出指示，该指示与书面形式的指示具有同等法律效力，但必须在发出口头指示后24小时内补发书面监理指示，补发的书面监理指示应与口头指示一致。

监理人发出的指示应送达承包人项目经理或经项目经理授权接收的人员。因监理人未能按合同约定发出指示、指示延误或发出了错误指示而导致承包人费用增加和（或）工期延误的，由发包人承担相应责任。除专用合同条款另有约定外，总监理工程师不应将通用合同条款中〔商定或确定〕条款约定应由总监理工程师做出确定的权力授权或委托给其他监理人员。

承包人对监理人发出的指示有疑问的，应向监理人提出书面异议，监理人应在48小时内对该指示予以确认、更改或撤销，监理人逾期未回复的，承包人有权拒绝执行上述指示。

监理人对承包人的任何工作、工程或其采用的材料和工程设备未在约定的或合理期限内提出意见的，视为批准，但不免除或减轻承包人对该工作、工程、材料、工程设备等应承担的责任和义务。

（4）商定或确定　合同当事人进行商定或确定时，总监理工程师应当会同合同当事人尽量通过协商达成一致，不能达成一致的，由总监理工程师按照合同约定审慎做出公正的确定。

总监理工程师应将确定以书面形式通知发包人和承包人，并附详细依据。合同当事人对总监理工程师的确定没有异议的，按照总监理工程师的确定执行。任何一方合同当事人有异议，按照通用合同条款中〔争议解决〕条款的约定处理。争议解决前，合同当事人暂按总监理工程师的确定执行；争议解决后，争议解决的结果与总监理工程师的确定不一致的，按照争议解决的结果执行，由此造成的损失由责任人承担。

6.4　建设工程施工合同的进度管理

6.4.1　工期和进度

1. 施工组织设计的内容

施工组织设计应包含以下内容：

1）施工方案。

2）施工现场平面布置图。

3）施工进度计划和保证措施。

4）劳动力及材料供应计划。

5）施工机械设备的选用。

6）质量保证体系及措施。

7）安全生产、文明施工措施。

8）环境保护、成本控制措施。

9）合同当事人约定的其他内容。

2. 施工组织设计的提交和修改

除专用合同条款另有约定外，承包人应在合同签订后 14 天内，但最迟不得晚于通用合同条款中〔开工通知〕条款约定载明的开工日期前 7 天，向监理人提交详细的施工组织设计，并由监理人报送发包人。除专用合同条款另有约定外，发包人和监理人应在监理人收到施工组织设计后 7 天内确认或提出修改意见。对发包人和监理人提出的合理意见和要求，承包人应自费修改完善。根据工程实际情况需要修改施工组织设计的，承包人应向发包人和监理人提交修改后的施工组织设计。

6.4.2　施工进度计划

1. 施工进度计划的编制

承包人应按照通用合同条款〔施工组织设计〕条款的约定提交详细的施工进度计划，施工进度计划的编制应当符合国家法律规定和一般工程实践惯例，施工进度计划经发包人批准后实施。施工进度计划是控制工程进度的依据，发包人和监理人有权按照施工进度计划检查工程进度情况。

2. 施工进度计划的修订

施工进度计划不符合合同要求或与工程的实际进度不一致的，承包人应向监理人提交修订的施工进度计划，并附具有关措施和相关资料，由监理人报送发包人。除专用合同条款另有约定外，发包人和监理人应在收到修订的施工进度计划后 7 天内完成审核和批准或提出修改意见。发包人和监理人对承包人提交的施工进度计划的确认，不能减轻或免除承包人根据法律规定和合同约定应承担的任何责任或义务。

6.4.3 开工

1. 开工准备

除专用合同条款另有约定外，承包人应按照通用合同条款〔施工组织设计〕条款约定的期限，向监理人提交工程开工报审表，经监理人报发包人批准后执行。开工报审表应详细说明按施工进度计划正常施工所需的施工道路、临时设施、材料、工程设备、施工设备、施工人员等落实情况以及工程的进度安排。

除专用合同条款另有约定外，合同当事人应按约定完成开工准备工作。

2. 开工通知

发包人应按照法律规定获得工程施工所需的许可。经发包人同意后，监理人发出的开工通知应符合法律规定。监理人应在计划开工日期 7 天前向承包人发出开工通知，工期自开工通知中载明的开工日期起算。

除专用合同条款另有约定外，因发包人原因造成监理人未能在计划开工日期之日起 90 天内发出开工通知的，承包人有权提出价格调整要求，或者解除合同。发包人应当承担由此增加的费用和（或）延误的工期，并向承包人支付合理利润。

6.4.4 测量放线

1. 发包人提供基准数据

除专用合同条款另有约定外，发包人应在最迟不得晚于通用合同条款〔开工通知〕条款约定载明的开工日期截止前 7 天通过监理人向承包人提供测量基准点、基准线和水准点及其书面资料。发包人应对其提供的测量基准点、基准线和水准点及其书面资料的真实性、准确性和完整性负责。

承包人发现发包人提供的测量基准点、基准线和水准点及其书面资料存在错误或疏漏的，应及时通知监理人。监理人应及时报告发包人，并会同发包人和承包人予以核实。发包人应就如何处理和是否继续施工做出决定，并通知监理人和承包人。

2. 承包人对定位负责

承包人负责施工过程中的全部施工测量放线工作，并配置具有相应资质的人员、合格的仪器、设备和其他物品。承包人应矫正工程的位置、标高、尺寸或准线中出现的任何差错，并对工程各部分的定位负责。

施工过程中对施工现场内水准点等测量标志物的保护工作由承包人负责。

6.4.5 工期延误

1. 因发包人原因导致工期延误

在合同履行过程中，因下列情况导致工期延误和（或）费用增加的，由发包人承担由此延误的工期和（或）增加的费用，且发包人应支付承包人合理的利润。

1）发包人未能按合同约定提供图纸或所提供图纸不符合合同约定的。

2）发包人未能按合同约定提供施工现场、施工条件、基础资料、许可、批准等开工条件的。

　　3）发包人提供的测量基准点、基准线和水准点及其书面资料存在错误或疏漏的。

　　4）发包人未能在计划开工日期之日起 7 天内同意下达开工通知的。

　　5）发包人未能按合同约定日期支付工程预付款、进度款或竣工结算款的。

　　6）监理人未按合同约定发出指示、批准等文件的。

　　7）专用合同条款中约定的其他情形。

　　因发包人原因未按计划开工日期开工的，发包人应按实际开工日期顺延竣工日期，确保实际工期不低于合同约定的工期总日历天数。因发包人原因导致工期延误需要修订施工进度计划的，按照通用合同条款中〔施工进度计划的修订〕条款的约定执行。

2. 因承包人原因导致工期延误

　　因承包人原因造成工期延误的，可以在专用合同条款中约定逾期竣工违约金的计算方法和逾期竣工违约金的上限。承包人支付逾期竣工违约金后，不免除承包人继续完成工程及修补缺陷的义务。

6.4.6　不利物质条件

　　不利物质条件是指有经验的承包人在施工现场遇到的不可预见的自然物质条件、非自然的物质障碍和污染物，包括地表以下物质条件和水文条件以及专用合同条款约定的其他情形，但不包括气候条件。

　　承包人遇到不利物质条件时，应采取克服不利物质条件的合理措施继续施工，并及时通知发包人和监理人。通知应载明不利物质条件的内容以及承包人认为不可预见的理由。监理人经发包人同意后应当及时发出指示，指示构成变更的，按通用合同条款中〔变更〕条款的约定执行。承包人因采取合理措施而增加的费用和（或）延误的工期由发包人承担。

6.4.7　异常恶劣的气候条件

　　异常恶劣的气候条件是指在施工过程中遇到的，有经验的承包人在签订合同时不可预见的，对合同履行造成实质性影响的，但尚未构成不可抗力事件的恶劣气候条件。合同当事人可以在专用合同条款中约定异常恶劣的气候条件的具体情形。

　　承包人应采取克服异常恶劣的气候条件的合理措施继续施工，并及时通知发包人和监理人。监理人经发包人同意后应当及时发出指示，指示构成变更的，按通用合同条款〔变更〕条款约定办理。承包人因采取合理措施而增加的费用和（或）延误的工期由发包人承担。

6.4.8　暂停施工

1. 发包人原因引起的暂停施工

　　因发包人原因引起暂停施工的，监理人经发包人同意后，应及时下达暂停施工指示。情况紧急且监理人未及时下达暂停施工指示的，按照通用合同条款中〔紧急情况下的暂停施工〕条款的约定执行。

　　因发包人原因引起的暂停施工，发包人应承担由此增加的费用和（或）延误的工期，并支付承包人合理的利润。

2. 承包人原因引起的暂停施工

因承包人原因引起的暂停施工，承包人应承担由此增加的费用和（或）延误的工期，且承包人在收到监理人复工指示后 84 天内仍未复工的，视为通用合同条款中〔承包人违约的情形〕条款第（7）目约定的承包人无法继续履行合同的情形。

3. 指示暂停施工

监理人认为有必要时，并经发包人批准后，可向承包人做出暂停施工的指示，承包人应按监理人指示暂停施工。

4. 紧急情况下的暂停施工

因紧急情况需暂停施工，且监理人未及时下达暂停施工指示的，承包人可先暂停施工，并及时通知监理人。监理人应在接到通知后 24 小时内发出指示，逾期未发出指示，视为同意承包人暂停施工。监理人不同意承包人暂停施工的，应说明理由，承包人对监理人的答复有异议，按照通用合同条款中〔争议解决〕条款的约定执行。

5. 暂停施工后的复工

暂停施工后，发包人和承包人应采取有效措施积极消除暂停施工带来的影响。在工程复工前，监理人会同发包人和承包人确定因暂停施工造成的损失，并确定工程复工条件。当工程具备复工条件时，监理人应经发包人批准后向承包人发出复工通知，承包人应按照复工通知要求复工。

承包人无故拖延和拒绝复工的，承包人承担由此增加的费用和（或）延误的工期；因发包人原因无法按时复工的，按照通用合同条款中〔因发包人原因导致工期延误〕条款的约定执行。

6. 暂停施工持续 56 天以上

监理人发出暂停施工指示后 56 天内未向承包人发出复工通知，除该项停工属于通用合同条款中〔承包人原因引起的暂停施工〕及〔不可抗力〕条款约定的情形外，承包人可向发包人提交书面通知，要求发包人在收到书面通知后 28 天内准许已暂停施工的部分或全部工程继续施工。发包人逾期不予批准的，则承包人可以通知发包人，将工程受影响的部分视为按通用合同条款中〔变更的范围〕条款约定的可取消工作。

暂停施工持续 84 天以上不复工的，且不属于通用合同条款中〔承包人原因引起的暂停施工〕及〔不可抗力〕条款约定的情形，并影响到整个工程以及合同目的实现的，承包人有权提出价格调整要求，或者解除合同。解除合同的，按照通用合同条款中〔因发包人违约解除合同〕条款的约定执行。

7. 暂停施工期间的工程照管

暂停施工期间，承包人应负责妥善照管工程并提供安全保障，由此增加的费用由责任方承担。

8. 暂停施工的措施

暂停施工期间，发包人和承包人均应采取必要的措施确保工程质量及安全，防止因暂停施工造成损失进一步扩大。

6.4.9 提前竣工

1. 提前竣工提示

发包人要求承包人提前竣工的，发包人应通过监理人向承包人下达提前竣工指示，承包人应向发包人和监理人提交提前竣工建议书，提前竣工建议书应包括实施的方案、缩短的时间、增加的合同价格等内容。发包人接受该提前竣工建议书的，监理人应与发包人和承包人协商采取加快工程进度的措施，并修订施工进度计划，由此增加的费用由发包人承担。承包人认为提前竣工指示无法执行的，应向监理人和发包人提出书面异议，发包人和监理人应在收到异议后 7 天内予以答复。任何情况下，发包人均不得压缩合理工期。

2. 提前竣工奖励

发包人要求承包人提前竣工，或承包人提出提前竣工的建议能够给发包人带来效益的，合同当事人可以在专用合同条款中约定提前竣工的奖励。

6.5 建设工程施工合同的质量管理

6.5.1 工程质量

1. 质量要求

1) 工程质量标准必须符合现行国家有关工程施工质量验收规范和标准的要求。有关工程质量的特殊标准或要求由合同当事人在专用合同条款中约定。

2) 因发包人原因造成工程质量未达到合同约定标准的，由发包人承担由此增加的费用和（或）延误的工期，并支付承包人合理的利润。

3) 因承包人原因造成工程质量未达到合同约定标准的，发包人有权要求承包人返工直至工程质量达到合同约定的标准为止，并由承包人承担由此增加的费用和（或）延误的工期。

2. 质量保证措施

（1）发包人的质量管理 发包人应按照法律规定及合同约定完成与工程质量有关的各项工作。

（2）承包人的质量管理 承包人按照通用合同条款中〔施工组织设计〕条款的约定向发包人和监理人提交工程质量保证体系及措施文件，建立完善的质量检查制度，并提交相应的工程质量文件。对于发包人和监理人违反法律规定和合同约定的错误指示，承包人有权拒绝实施。

承包人应对施工人员进行质量教育和技术培训，定期考核施工人员的劳动技能，严格执行施工规范和操作规程。

承包人应按照法律规定和发包人的要求，对材料、工程设备以及工程的所有部位及其施工工艺进行全过程的质量检查和检验，并做详细记录，编制工程质量报表，报送监理人审查。此外，承包人还应按照法律规定和发包人的要求，进行施工现场取样试验、工程复核测量和设备性能检测，提供试验样品、提交试验报告和测量成果，以及其他工作。

（3）监理人的质量检查和检验 监理人按照法律规定和发包人授权对工程的所有部位及其施工工艺、材料和工程设备进行检查和检验。承包人应为监理人的检查和检验提供方便，包括监理人到施工现场，或制造、加工地点，或合同约定的其他地方进行察看和查阅施工原始记录。监理人为此进行的检查和检验，不免除或减轻承包人按照合同约定应当承担的责任。

监理人的检查和检验不应影响施工正常进行。监理人的检查和检验影响施工正常进行的，且经检查检验不合格的，影响正常施工的费用由承包人承担，工期不予顺延；经检查检验合格的，由此增加的费用和（或）延误的工期由发包人承担。

3. 隐蔽工程检查

（1）承包人自检　承包人应当对工程隐蔽部位进行自检，并经自检确认是否具备覆盖条件。

（2）检查程序　除专用合同条款另有约定外，工程隐蔽部位经承包人自检确认具备覆盖条件的，承包人应在共同检查前 48 小时书面通知监理人检查，通知中应载明隐蔽检查的内容、时间和地点，并应附有自检记录和必要的检查资料。

监理人应按时到场并对隐蔽工程及其施工工艺、材料和工程设备进行检查。经监理人检查确认质量符合隐蔽要求，并在验收记录上签字后，承包人才能进行覆盖。经监理人检查质量不合格的，承包人应在监理人指示的时间内完成修复，并由监理人重新检查，由此增加的费用和（或）延误的工期由承包人承担。

除专用合同条款另有约定外，监理人不能按时进行检查的，应在检查前 24 小时向承包人提交书面延期要求，但延期不能超过 48 小时，由此导致工期延误的，工期应予以顺延。监理人未按时进行检查，也未提出延期要求的，视为隐蔽工程检查合格，承包人可自行完成覆盖工作，并做相应记录报送监理人，监理人应签字确认。监理人事后对检查记录有疑问的，可按通用合同条款中〔重新检查〕条款的约定进行重新检查。

（3）重新检查　承包人覆盖工程隐蔽部位后，发包人或监理人对质量有疑问的，可要求承包人对已覆盖的部位进行钻孔探测或揭开重新检查，承包人应遵照执行，并在检查后重新覆盖恢复原状。经检查证明工程质量符合合同要求的，由发包人承担由此增加的费用和（或）延误的工期，并支付承包人合理的利润；经检查证明工程质量不符合合同要求的，由此增加的费用和（或）延误的工期由承包人承担。

（4）承包人私自覆盖　承包人未通知监理人到场检查，私自将工程隐蔽部位覆盖的，监理人有权指示承包人钻孔探测或揭开检查，无论工程隐蔽部位质量是否合格，由此增加的费用和（或）延误的工期均由承包人承担。

4. 不合格工程的处理

1）因承包人原因造成工程不合格的，发包人有权随时要求承包人采取补救措施，直至达到合同要求的质量标准，由此增加的费用和（或）延误的工期由承包人承担。无法补救的，按照通用合同条款中〔拒绝接收全部或部分工程〕条款的约定执行。

2）因发包人原因造成工程不合格的，由此增加的费用和（或）延误的工期由发包人承担，并支付承包人合理的利润。

5. 质量争议检测

合同当事人对工程质量有争议的，由双方协商确定的工程质量检测机构鉴定，由此产生的费用及因此造成的损失，由责任方承担。

合同当事人均有责任的，由双方根据其责任分别承担。合同当事人无法达成一致的，按照通用合同条款"商定或确定"条款约定执行。

6.5.2　材料与设备

1. 发包人供应材料与工程设备

发包人自行供应材料、工程设备的，应在签订合同时在专用合同条款的附件《发包人供应材料设备一览表》中明确材料、工程设备的品种、规格、型号、数量、单价、质量等级和送达地点。

承包人应提前 30 天通过监理人以书面形式通知发包人供应材料与工程设备进场。承包人按照通用合同条款中〔施工进度计划的修订〕条款的约定修订施工进度计划时，需同时提交经修订后的发包人供应材料与工程设备的进场计划。

2. 承包人采购材料与工程设备

承包人负责采购材料、工程设备的，应按照设计和有关标准要求采购，并提供产品合格证明及出厂证明，对材料、工程设备质量负责。合同约定由承包人采购的材料、工程设备，发包人不得指定生产厂家或供应商，发包人违反本款约定指定生产厂家或供应商的，承包人有权拒绝，并由发包人承担相应责任。

3. 材料与工程设备的接收与拒收

1）发包人应按《发包人供应材料设备一览表》约定的内容提供材料和工程设备，并向承包人提供产品合格证明及出厂证明，对其质量负责。发包人应提前 24 小时以书面形式通知承包人、监理人材料和工程设备到货时间，承包人负责材料和工程设备的清点、检验和接收。

发包人提供的材料和工程设备的规格、数量或质量不符合合同约定的，或因发包人原因导致交货日期延误或交货地点变更等情况的，按照通用合同系统中〔发包人违约〕条款的约定执行。

2）承包人采购的材料和工程设备，应保证产品质量合格，承包人应在材料和工程设备到货前 24 小时通知监理人检验。承包人进行永久设备、材料的制造和生产的，应符合相关质量标准，并向监理人提交材料的样本以及有关资料，并应在使用该材料或工程设备之前获得监理人同意。

承包人采购的材料和工程设备不符合设计或有关标准要求时，承包人应在监理人要求的合理期限内将不符合设计或有关标准要求的材料、工程设备运出施工现场，并重新采购符合要求的材料、工程设备，由此增加的费用和（或）延误的工期由承包人承担。

4. 材料与工程设备的保管与使用

（1）发包人供应材料与工程设备的保管与使用　发包人供应的材料和工程设备，承包人清点后由承包人妥善保管，保管费用由发包人承担，但已标价工程量清单或预算书已经列支或专用合同条款另有约定除外。因承包人原因发生丢失毁损的，由承包人负责赔偿；监理人未通知承包人清点的，承包人不负责材料和工程设备的保管，由此导致丢失毁损的由发包人负责。

发包人供应的材料和工程设备使用前，由承包人负责检验　检验费用由发包人承担，不合格的不得使用。

（2）承包人采购材料与工程设备的保管与使用　承包人采购的材料和工程设备由承包人妥善保管，保管费用由承包人承担。法律规定材料和工程设备使用前必须进行检验或试验的，承包人应按监理人的要求进行检验或试验，检验或试验费用由承包人承担，不合格的不得使用。

发包人或监理人发现承包人使用不符合设计或有关标准要求的材料和工程设备时，有权要求承包人进行修复、拆除或重新采购，由此增加的费用和（或）延误的工期，由承包人承担。

5. 禁止使用不合格的材料和工程设备

1）监理人有权拒绝承包人提供的不合格材料或工程设备，并要求承包人立即进行更换。监理人应在更换后再次进行检查和检验，由此增加的费用和（或）延误的工期由承包人承担。

2）监理人发现承包人使用了不合格的材料和工程设备，承包人应按照监理人的指示立即改正，并禁止在工程中继续使用不合格的材料和工程设备。

3）发包人提供的材料或工程设备不符合合同要求的，承包人有权拒绝，并可要求发包人更换，由此增加的费用和（或）延误的工期由发包人承担，并支付承包人合理的利润。

6. 样品

（1）样品的报送与封存　需要承包人报送样品的材料或工程设备，样品的种类、名称、规格、数量等要求均应在专用合同条款中约定。样品的报送程序如下：

1）承包人应在计划采购前 28 天向监理人报送样品。承包人报送的样品均应来自供应材料的实际生产地，且提供的样品的规格、数量足以表明材料或工程设备的质量、型号、颜色、表面处理、质地、误差和其他要求的特征。

2）承包人每次报送样品时应随附申报单，申报单应载明报送样品的相关数据和资料，并标明每件样品对应的图纸号，预留监理人批复意见栏。监理人应在收到承包人报送的样品后 7 天内向承包人回复经发包人签认的样品审批意见。

3）经发包人和监理人审批确认的样品应按约定的方法封样，封存的样品作为检验工程相关部分的标准之一。承包人在施工过程中不得使用与样品不符的材料或工程设备。

4）发包人和监理人对样品的审批确认仅为确认相关材料或工程设备的特征或用途，不得被理解为对合同的修改或改变，也并不减轻或免除承包人任何的责任和义务。如果封存的样品修改或改变了合同约定，合同当事人应当以书面协议予以确认。

（2）样品的保管　经批准的样品应由监理人负责封存于现场，承包人应在现场为保存样品提供适当和固定的场所并保持适当和良好的存储环境条件。

7. 材料与工程设备的替代

1）出现下列情况需要使用替代材料和工程设备的，承包人应按照下述第 2）项约定的程序执行：①基准日期后生效的法律规定禁止使用的；②发包人要求使用替代品的；③因其他原因必须使用替代品的。

2）承包人应在使用替代材料和工程设备前 28 天书面通知监理人，并附下列文件：①被替代的材料和工程设备的名称、数量、规格、型号、品牌、性能、价格及其他相关资料；②替代品的名称、数量、规格、型号、品牌、性能、价格及其他相关资料；③替代品与被替代产品之间的差异以及使用替代品可能对工程产生的影响；④替代品与被替代产品的价格差异；⑤使用替代品的理由和原因说明；⑥监理人要求的其他文件。

监理人应在收到通知后 14 天内向承包人发出经发包人签认的书面指示；监理人逾期发

出书面指示的，视为发包人和监理人同意使用替代品。

3）发包人认可使用替代材料和工程设备的，替代材料和工程设备的价格，应按照已标价工程量清单或预算书相同项目的价格认定；无相同项目的，参考相似项目价格认定；既无相同项目也无相似项目的，按照合理的成本与利润构成的原则，由合同当事人按照通用合同条款中〔商定或确定〕条款的约定确定价格。

8. 施工设备和临时设施

（1）承包人提供的施工设备和临时设施　承包人应按合同进度计划的要求，及时配置施工设备和修建临时设施。进入施工场地的承包人设备须经监理人核查后才能投入使用。承包人更换合同约定的承包人设备的，应报监理人批准。

除专用合同条款另有约定外，承包人应自行承担修建临时设施的费用，需要临时占地的，应由发包人办理申请手续并承担相应费用。

（2）发包人提供的施工设备和临时设施　发包人提供的施工设备或临时设施在专用合同条款中约定。

（3）要求承包人增加或更换施工设备　承包人使用的施工设备不能满足合同进度计划和（或）质量要求时，监理人有权要求承包人增加或更换施工设备，承包人应及时增加或更换，由此增加的费用和（或）延误的工期由承包人承担。

9. 材料与设备专用要求

承包人运入施工现场的材料、工程设备、施工设备以及在施工场地建设的临时设施，包括备品备件、安装工具与资料，必须专用于工程。未经发包人批准，承包人不得运出施工现场或挪作他用；经发包人批准，承包人可以根据施工进度计划撤走闲置的施工设备和其他物品。

6.5.3　试验与检验

1. 试验设备与试验人员

1）承包人根据合同约定或监理人指示进行的现场材料试验，应由承包人提供试验场所、试验人员、试验设备以及其他必要的试验条件。监理人在必要时可以使用承包人提供的试验场所、试验设备以及其他试验条件，进行以工程质量检查为目的的材料复核试验，承包人应予以协助。

2）承包人应按专用合同条款的约定提供试验设备、取样装置、试验场所和试验条件，并向监理人提交相应进场计划表。

承包人配置的试验设备要符合相应试验规程的要求并经过具有资质的检测单位检测，且在正式使用该试验设备前，需要经过监理人与承包人共同校定。

3）承包人应向监理人提交试验人员的名单及其岗位、资格等证明资料，试验人员必须能够熟练进行相应的检测试验，承包人应对试验人员的试验程序和试验结果的正确性负责。

2. 取样

试验属于自检性质的，承包人可以单独取样。试验属于监理人抽检性质的，可由监理人取样，也可由承包人的试验人员在监理人的监督下取样。

3. 材料、工程设备和工程的试验和检验

1）承包人应按合同约定进行材料、工程设备和工程的试验和检验，并为监理人对上述材料、工程设备和工程的质量检查提供必要的试验资料和原始记录。按合同约定应由监理人与承包人共同进行试验和检验的，由承包人负责提供必要的试验资料和原始记录。

2）试验属于自检性质的，承包人可以单独进行试验。试验属于监理人抽检性质的，监理人可以单独进行试验，也可由承包人与监理人共同进行。承包人对由监理人单独进行的试验结果有异议的，可以申请重新共同进行试验。约定共同进行试验的，监理人未按照约定参加试验的，承包人可自行试验，并将试验结果报送监理人，监理人应承认该试验结果。

3）监理人对承包人的试验和检验结果有异议的，或为查清承包人试验和检验成果的可靠性要求承包人重新试验和检验的，可由监理人与承包人共同进行。重新试验和检验的结果证明该项材料、工程设备或工程的质量不符合合同要求的，由此增加的费用和（或）延误的工期由承包人承担；重新试验和检验结果证明该项材料、工程设备和工程符合合同要求的，由此增加的费用和（或）延误的工期由发包人承担。

4）现场工艺试验。承包人应按合同约定或监理人指示进行现场工艺试验。对大型的现场工艺试验，监理人认为必要时，承包人应根据监理人提出的工艺试验要求，编制工艺试验措施和计划，报送监理人审查。

6.5.4　分部分项工程验收

分部分项工程质量应符合国家有关工程施工验收规范、标准及合同约定，承包人应按照施工组织设计的要求完成分部分项工程施工。

除专用合同条款另有约定外，分部分项工程经承包人自检合格并具备验收条件的，承包人应提前 48 小时通知监理人进行验收。监理人不能按时进行验收的，应在验收前 24 小时内向承包人提交书面延期要求，但延期不能超过 48 小时。监理人未按时进行验收，也未提出延期要求的，承包人有权自行验收，监理人应认可验收结果。分部分项工程未经验收的，不得进入下一道工序施工。分部分项工程的验收资料应当作为竣工资料的组成部分。

6.5.5　竣工验收

1. 竣工验收条件

工程具备以下条件的，承包人可以申请竣工验收：

1）除发包人同意的甩项工作和缺陷修补工作外，合同范围内的全部工程以及有关工作，包括合同要求的试验、试运行以及检验均已完成，并符合合同要求。

2）已按合同约定编制了甩项工作和缺陷修补工作清单，以及相应的施工计划。

3）已按合同约定的内容和份数备齐竣工资料。

2. 竣工验收程序

除专用合同条款另有约定外，承包人申请竣工验收的，应当按照以下程序进行：

1）承包人向监理人报送竣工验收申请报告，监理人应在收到竣工验收申请报告后 14 天内完成审查并报送发包人。监理人审查后认为尚不具备验收条件的，应通知承包人在竣工验收前承包人还需完成的工作内容，承包人应在完成监理人通知的全部工作内容后，再次提交竣工验收申请报告。

2）监理人审查后认为已具备竣工验收条件的，应将竣工验收申请报告提交给发包人，发包人应在收到经监理人审核的竣工验收申请报告后 28 天内审批完毕并组织监理人、承包人、设计人等相关单位完成竣工验收。

3）竣工验收合格的，发包人应在验收合格后 14 天内向承包人签发工程接收证书。发包人无正当理由逾期不颁发工程接收证书的，自验收合格后第 15 天起视为已颁发工程接收证书。

4）竣工验收不合格的，监理人应按照验收意见发出指示，要求承包人对不合格工程返工、修复或采取其他补救措施，由此增加的费用和（或）延误的工期由承包人承担。承包人在完成不合格工程的返工、修复或采取其他补救措施后，应重新提交竣工验收申请报告，并按本项约定的程序重新进行验收。

5）工程未经验收或验收不合格，发包人擅自使用的，应在转移占有工程后 7 天内向承包人颁发工程接收证书；发包人无正当理由逾期不颁发工程接收证书的，自转移占有工程后第 15 天起视为已颁发工程接收证书。

除专用合同条款另有约定外，发包人不按照上述约定组织竣工验收、颁发工程接收证书的，每逾期一天，应以签约合同价为基数，按照中国人民银行发布的同期同类贷款基准利率支付违约金。

3. 竣工日期的确定

工程经竣工验收合格的，以承包人提交竣工验收申请报告之日为实际竣工日期，并在工程接收证书中载明；因发包人原因，未在监理人收到承包人提交的竣工验收申请报告 42 天内完成竣工验收，或完成竣工验收不予签发工程接收证书的，以提交竣工验收申请报告的日期为实际竣工日期；工程未经竣工验收，发包人擅自使用的，以转移占有工程之日为实际竣工日期。

4. 拒绝接收全部或部分工程

对于竣工验收不合格的工程，承包人完成整改后，应当重新进行竣工验收，经重新组织验收仍不合格的且无法采取措施补救的，则发包人可以拒绝接收不合格工程，因不合格工程导致其他工程不能正常使用的，承包人应采取措施确保相关工程的正常使用，由此增加的费用和（或）延误的工期由承包人承担。

5. 移交、接收全部与部分工程

除专用合同条款另有约定外，合同当事人应当在颁发工程接收证书后 7 天内完成工程的移交。

发包人无正当理由不接收工程的，发包人自应当接收工程之日起，承担工程照管、成品保护、保管等与工程有关的各项费用，合同当事人可以在专用合同条款中另行约定发包人逾期接收工程的违约责任。

承包人无正当理由不移交工程的，承包人应承担工程照管、成品保护、保管等与工程有关的各项费用，合同当事人可以在专用合同条款中另行约定承包人无正当理由不移交工程的违约责任。

6.5.6　工程试车

1. 试车程序

工程需要试车的，除专用合同条款另有约定外，试车内容应与承包人承包范围相一致，试车费用由承包人承担。工程试车应按如下程序进行：

1）具备单机无负荷试车条件，承包人组织试车，并在试车前 48 小时书面通知监理人，通知中应载明试车内容、时间、地点。承包人准备试车记录，发包人根据承包人要求为试车提供必要条件。试车合格的，监理人在试车记录上签字。监理人在试车合格后不在试车记录上签字，自试车结束满 24 小时后视为监理人已经认可试车记录，承包人可继续施工或办理竣工验收手续。

监理人不能按时参加试车，应在试车前 24 小时以书面形式向承包人提出延期要求，但延期不能超过 48 小时，由此导致工期延误的，工期应予以顺延。监理人未能在前述期限内提出延期要求，又不参加试车的，视为认可试车记录。

2）具备无负荷联动试车条件，发包人组织试车，并在试车前 48 小时以书面形式通知承包人。通知中应载明试车内容、时间、地点和对承包人的要求，承包人按要求做好准备工作。试车合格，合同当事人在试车记录上签字。承包人无正当理由不参加试车的，视为认可试车记录。

2. 试车中的责任

因设计原因导致试车达不到验收要求，发包人应要求设计人修改设计，承包人按修改后的设计重新安装。发包人承担修改设计、拆除及重新安装的全部费用，工期相应顺延。因承包人原因导致试车达不到验收要求，承包人应按监理人要求重新安装和试车，并承担重新安装和试车的费用，工期不予顺延。

因工程设备制造原因导致试车达不到验收要求的，由采购该工程设备的合同当事人负责重新购置或修理，承包人负责拆除和重新安装，由此增加的修理、重新购置、拆除及重新安装的费用及延误的工期由采购该工程设备的合同当事人承担。

3. 投料试车

如需进行投料试车的，发包人应在工程竣工验收后组织投料试车。发包人要求在工程竣工验收前进行或需要承包人配合时，应征得承包人同意，并在专用合同条款中约定有关事项。

投料试车合格的，费用由发包人承担；因承包人原因造成投料试车不合格的，承包人应按照发包人要求进行整改，由此产生的整改费用由承包人承担；非因承包人原因导致投料试车不合格的，如发包人要求承包人进行整改的，由此产生的费用由发包人承担。

6.5.7　提前交付单位工程的验收

发包人需要在工程竣工前使用单位工程的，或承包人提出提前交付已经竣工的单位工程且经发包人同意的，可进行单位工程验收，验收的程序按照通用合同条款中〔竣工验收〕条款的约定进行。

验收合格后，由监理人向承包人出具经发包人签认的单位工程接收证书。已签发单位工程接收证书的单位工程由发包人负责照管。单位工程的验收成果和结论作为整体工程竣工验收申请报告的附件。

发包人要求在工程竣工前交付单位工程，由此导致承包人费用增加和（或）工期延误的，由发包人承担由此增加的费用和（或）延误的工期，并支付承包人合理的利润。

6.5.8　施工期运行

施工期运行是指合同工程尚未全部竣工，其中某项或某几项单位工程或工程设备安装已竣工，根据专用合同条款约定，需要投入施工期运行的，经发包人按通用合同条款中〔提前交付单位工程的验收〕条款的约定验收合格，证明能确保安全后，才能在施工期投入运行。

在施工期运行中发现工程或工程设备损坏或存在缺陷的，由承包人按通用合同条款中〔缺陷责任期〕条款的约定进行修复。

6.5.9　竣工退场

1. 竣工退场的现场清理

颁发工程接收证书后，承包人应按以下要求对施工现场进行清理：

1）施工现场内残留的垃圾已全部清除出场。

2）临时工程已拆除，场地已进行清理、平整或复原。

3）按合同约定应撤离的人员、承包人施工设备和剩余的材料，包括废弃的施工设备和材料，已按计划撤离施工现场。

4）施工现场周边及其附近道路、河道的施工堆积物，已全部清理。

5）施工现场其他场地清理工作已全部完成。

施工现场的竣工退场费用由承包人承担。承包人应在专用合同条款约定的期限内完成竣工退场，逾期未完成的，发包人有权出售或另行处理承包人遗留的物品，由此支出的费用由承包人承担，发包人出售承包人遗留物品所得款项在扣除必要费用后应返还承包人。

2. 地表还原

承包人应按发包人要求恢复临时占地及清理场地，承包人未按发包人的要求恢复临时占地，或者场地清理未达到合同约定要求的，发包人有权委托其他人恢复或清理，所发生的费用由承包人承担。

6.5.10　缺陷责任与保修

1. 工程保修的原则

在工程移交发包人后，因承包人原因产生的质量缺陷，承包人应承担质量缺陷责任和保修义务。缺陷责任期届满，承包人仍应按合同约定的工程各分部保修年限承担保修义务。

2. 缺陷责任期

缺陷责任期自实际竣工日期起计算，合同当事人应在专用合同条款约定缺陷责任期的具体期限，但该期限最长不超过 24 个月。

单位工程先于全部工程进行验收，经验收合格并交付使用的，该单位工程缺陷责任期自单位工程验收合格之日起算。因承包人原因导致工程无法按合同约定期限进行竣工验收的，缺陷责任期从实际通过竣工验收之日起计算。因发包人原因导致工程无法按合同约定期限进行竣工验收的，在承包人提交竣工验收报告 90 天后，工程自动进入缺陷责任期；发包人未经竣工验收擅自使用工程的，缺陷责任期自工程转移占有之日起开始计算。

缺陷责任期内，由承包人原因造成的缺陷，承包人应负责维修，并承担鉴定及维修费用。如承包人不维修也不承担费用，发包人可按合同约定从保证金或银行保函中扣除，费用超出保证金额的，发包人可按合同约定向承包人进行索赔。承包人维修并承担相应费用后，不免除对工程的损失赔偿责任。发包人有权要求承包人延长缺陷责任期，并应在原缺陷责任期届满前发出延长通知。但缺陷责任期（含延长部分）最长不能超过 24 个月。

由他人原因造成的缺陷，发包人负责组织维修，承包人不承担费用，且发包人不得从保证金中扣除费用。

任何一项缺陷或损坏修复后，经检查证明其影响了工程或工程设备的使用性能，承包人应重新进行合同约定的试验和试运行，试验和试运行的全部费用应由责任方承担。

除专用合同条款另有约定外，承包人应于缺陷责任期届满7天内向发包人发出缺陷责任期届满通知，发包人应在收到缺陷责任期满通知后14天内核实承包人是否履行缺陷修复义务，承包人未能履行缺陷修复义务的，发包人有权扣除相应金额的维修费用。发包人应在收到缺陷责任期届满通知后14天内，向承包人颁发缺陷责任期终止证书。

3. 保修

（1）保修责任　工程保修期从工程竣工验收合格之日起计算，具体分部分项工程的保修期由合同当事人在专用合同条款中约定，但不得低于法定最低保修年限。在工程保修期内，承包人应当根据有关法律规定以及合同约定承担保修责任。

发包人未经竣工验收擅自使用工程的，保修期自转移占有之日起计算。

（2）修复费用　保修期内，修复的费用按照以下约定处理：

1）保修期内，因承包人原因造成工程的缺陷、损坏，承包人应负责修复，并承担修复的费用以及因工程的缺陷、损坏造成的人身伤害和财产损失。

2）保修期内，因发包人使用不当造成工程的缺陷、损坏，可以委托承包人修复，但发包人应承担修复的费用，并支付承包人合理的利润。

3）因其他原因造成工程的缺陷或损坏，可以委托承包人修复，发包人应承担修复的费用，并支付承包人合理的利润，因工程的缺陷、损坏造成的人身伤害和财产损失由责任方承担。

（3）修复通知　在保修期内，发包人在使用过程中，发现已接收的工程存在缺陷或损坏的，应书面通知承包人予以修复，但情况紧急必须立即修复缺陷或损坏的，发包人可以口头通知承包人并在口头通知后48小时内书面确认，承包人应在专用合同条款约定的合理期限内到达工程现场并修复缺陷或损坏。

（4）未能修复　因承包人原因造成工程的缺陷或损坏，承包人拒绝维修或未能在合理期限内修复缺陷或损坏，且经发包人书面催告后仍未修复的，发包人有权自行修复或委托第三方修复，所需费用由承包人承担。但修复范围超出缺陷或损坏范围的，超出范围部分的修复费用由发包人承担。

（5）承包人出入权　在保修期内，为了修复缺陷或损坏，承包人有权出入工程现场，除情况紧急必须立即修复缺陷或损坏外，承包人应提前24小时通知发包人进场修复的时间。承包人进入工程现场前应获得发包人同意，且不应影响发包人正常的生产经营，并应遵守发包人有关保安和保密等规定。

6.6　建设工程施工合同的成本管理

6.6.1　合同价格、计量与支付

1. 合同价格形式

发包人和承包人应在合同协议书中选择下列一种合同价格形式：

（1）单价合同　单价合同是指合同当事人约定以工程量清单及其综合单价进行合同价格计算、调整和确认的建设工程施工合同，在约定的范围内合同单价不做调整。合同当事人应在专用合同条款中约定综合单价包含的风险范围和风险费用的计算方法，并约定风险范围以外的合同价格的调整方法，其中因市场价格波动引起的调整按通用合同条款中〔市场价格波动引起的调整〕条款的约定执行。

（2）总价合同　总价合同是指合同当事人约定以施工图、已标价工程量清单或预算书及有关条件进行合同价格计算、调整和确认的建设工程施工合同，在约定的范围内合同总价不做调整。合同当事人应在专用合同条款中约定总价包含的风险范围和风险费用的计算方法，并约定风险范围以外的合同价格的调整方法，其中，因市场价格波动引起的调整按通用合同条款中〔市场价格波动引起的调整〕条款的约定执行，因法律变化引起的调整按通用合同条款中〔法律变化引起的调整〕条款的约定执行。

（3）其他价格形式　合同当事人可在专用合同条款中约定其他合同价格形式。

2. 预付款

（1）预付款的支付　预付款的支付按照专用合同条款约定执行，但至迟应在开工通知载明的开工日期 7 天前支付。预付款应当用于材料、工程设备、施工设备的采购及修建临时工程、组织施工队伍进场等。

除专用合同条款另有约定外，预付款在进度付款中同比例扣回。在颁发工程接收证书前，提前解除合同的，尚未扣完的预付款应与合同价款一并结算。

发包人逾期支付预付款超过 7 天的，承包人有权向发包人发出要求预付的催告通知，发包人收到通知后 7 天内仍未支付的，承包人有权暂停施工，并按通用合同条款中〔发包人违约的情形〕条款的约定执行。

（2）预付款担保　发包人要求承包人提供预付款担保的，承包人应在发包人支付预付款 7 天前提供预付款担保，专用合同条款另有约定除外。预付款担保可采用银行保函、担保公司担保等形式，具体由合同当事人在专用合同条款中约定。在预付款完全扣回之前，承包人应保证预付款担保持续有效。

发包人在工程款中逐期扣回预付款后，预付款担保额度应相应减少，但剩余的预付款担保金额不得低于未被扣回的预付款金额。

3. 计量

（1）计量原则　工程量计量按照合同约定的工程量计算规则、图纸及变更指示等进行计量。工程量计算规则应以相关的国家标准、行业标准等为依据，由合同当事人在专用合同条款中约定。

（2）计量周期　除专用合同条款另有约定外，工程量的计量按月进行。

（3）单价合同的计量　除专用合同条款另有约定外，单价合同的计量按照以下约定执行：

1）承包人应于每月 25 日向监理人报送上月 20 日至当月 19 日已完成的工程量报告，并附具进度付款申请单、已完成工程量报表和有关资料。

2）监理人应在收到承包人提交的工程量报告后 7 天内完成对承包人提交的工程量报表的审核并报送发包人，以确定当月实际完成的工程量。监理人对工程量有异议的，有权要求承包人进行共同复核或抽样复测。承包人应协助监理人进行复核或抽样复测，并按监理人要求提供补充计量资料。承包人未按监理人要求参加复核或抽样复测的，监理人复核或修正的工程量视为承包人实际完成的工程量。

3）监理人未在收到承包人提交的工程量报表后的 7 天内完成审核的，承包人报送的工程量报告中的工程量视为承包人实际完成的工程量，并据此计算工程价款。

（4）总价合同的计量　除专用合同条款另有约定外，按月计量支付的总价合同，按照以下约定执行：

1）承包人应于每月 25 日向监理人报送上月 20 日至当月 19 日已完成的工程量报告，并附具进度付款申请单、已完成工程量报表和有关资料。

2）监理人应在收到承包人提交的工程量报告后 7 天内完成对承包人提交的工程量报表的审核并报送发包人，以确定当月实际完成的工程量。监理人对工程量有异议的，有权要求承包人进行共同复核或抽样复测。承包人应协助监理人进行复核或抽样复测并按监理人要求提供补充计量资料。承包人未按监理人要求参加复核或抽样复测的，监理人审核或修正的工程量视为承包人实际完成的工程量。

3）监理人未在收到承包人提交的工程量报表后的 7 天内完成复核的，承包人提交的工程量报告中的工程量视为承包人实际完成的工程量。

总价合同采用支付分解表计量支付的，可以按照通用合同条款中〔总价合同的计量〕条款的约定进行计量，但合同价款按照支付分解表进行支付。合同当事人也可在专用合同条款中约定其他价格形式合同的计量方式和程序。

4. 工程进度款支付

（1）付款周期　除专用合同条款另有约定外，付款周期应按通用合同条款中〔计量周期〕条款的约定与计量周期保持一致。

（2）进度付款申请单的编制　除专用合同条款另有约定外，进度付款申请单应包括下列内容：①截至本次付款周期已完成工作对应的金额；②根据通用合同条款中〔变更〕条款约定应增加或扣减的变更金额；③根据通用合同条款中〔预付款〕条款的约定应支付的预付款或扣减的返还预付款；④根据通用合同条款中〔质量保证金〕条款的约定应扣的减的质量保证金；⑤根据通用合同条款中〔索赔〕条款的约定应增加或扣减的索赔金额；⑥对已签发的进度款支付证书中出现错误的修正，应在本次进度付款中支付或扣除的金额；⑦根据合同约定应增加或扣减的其他金额。

（3）进度付款申请单的提交

1）单价合同进度付款申请单的提交。单价合同的进度付款申请单，按照通用合同条款中〔单价合同的计量〕条款约定的时间按月向监理人提交，并附上已完成工程量报表和有关资料。单价合同中的总价项目按月进行支付分解，并汇总列入当期进度付款申请单。

2）总价合同进度付款申请单的提交。总价合同按月计量支付的，承包人按通用合同条款中〔总价合同的计量〕条款约定的时间按月向监理人提交进度付款申请单，并附上已完成工程量报表和有关资料。

总价合同按支付分解表支付的，承包人应按通用合同条款中〔支付分解表〕及〔进度付款申请单的编制〕条款的约定向监理人提交进度付款申请单。

3）其他价格形式合同的进度付款申请单的提交。合同当事人可在专用合同条款中约定其他价格形式合同的进度付款申请单的编制和提交程序。

（4）进度款审核和支付

1）除专用合同条款另有约定外，监理人应在收到承包人进度付款申请单以及相关资料后 7 天内完成审查并报送发包人，发包人应在收到后 7 天内完成审批并签发进度款支付证书。发包人逾期未完成审批且未提出异议的，视为已签发进度款支付证书。

发包人和监理人对承包人的进度付款申请单有异议的，有权要求承包人修正和提供补充资料，承包人应提交修正后的进度付款申请单。监理人应在收到承包人修正后的进度付款申请单及相关资料后 7 天内完成审查并报送发包人，发包人应在收到监理人报送的进度付款申请单及相关资料后 7 天内，向承包人签发无异议部分的临时进度款支付证书。存在争议的部分，按通用合同条款中〔争议解决〕条款的约定执行。

2）除专用合同条款另有约定外，发包人应在进度款支付证书或临时进度款支付证书签发后 14 天内完成支付，发包人逾期支付进度款的，应按照中国人民银行发布的同期同类贷款基准利率支付违约金。

3）发包人签发进度款支付证书或临时进度款支付证书，不表明发包人已同意、批准或接受了承包人完成的相应部分的工作。

（5）进度付款的修正　在对已签发的进度款支付证书进行阶段汇总和复核中发现错误、遗漏或重复的，发包人和承包人均有权提出修正申请。经发包人和承包人同意的修正，应在下期进度付款中支付或扣除。

（6）支付分解表

1）支付分解表的编制要求：①支付分解表中所列的每期付款金额，应为通用合同条款中〔进度付款申请单的编制〕条款第（1）目约定的估算金额；②实际进度与施工进度计划不一致的，合同当事人可按照通用合同条款中〔商定或确定〕条款的约定修改支付分解表；③不采用支付分解表的，承包人应向发包人和监理人提交按季度编制的支付估算分解表，用于支付参考。

2）总价合同支付分解表的编制与审批：①除专用合同条款另有约定外，承包人应根据通用合同条款中〔施工进度计划〕条款约定的施工进度计划、签约合同价和工程量等因素对总价合同按月进行分解，编制支付分解表；承包人应当在收到监理人和发包人批准的施工进度计划后 7 天内，将支付分解表及编制支付分解表的支持性资料报送监理人；②监理人应在收到支付分解表后 7 天内完成审核并报送发包人；发包人应在收到经监理人审核的支付分解表后 7 天内完成审批，经发包人批准的支付分解表为有约束力的支付分解表；③发包人逾期未完成支付分解表审批的，也未及时要求承包人进行修正和提供补充资料的，则承包人提交的支付分解表视为已经获得发包人批准。

3）单价合同的总价项目支付分解表的编制与审批。除专用合同条款另有约定外，单价合同的总价项目，由承包人根据施工进度计划和总价项目的总价构成、费用性质、计划发生时间和相应工程量等因素按月进行分解，形成支付分解表，其编制与审批参照总价合同支付分解表的编制与审批执行。

5. 支付账户

发包人应将合同价款支付至合同协议书中约定的承包人账户。

6.6.2 各项费用的约定

1. 变更估价

（1）变更估价原则　除专用合同条款另有约定外，变更估价按照以下约定处理：

1）已标价工程量清单或预算书有相同项目的，按照相同项目单价认定。

2）已标价工程量清单或预算书中无相同项目，但有类似项目的，参照类似项目的单价认定。

3）变更导致实际完成的变更工程量与已标价工程量清单或预算书中列明的该项目工程量的变化幅度超过15%的，或已标价工程量清单或预算书中无相同项目及类似项目单价的，按照合理的成本与利润构成的原则，由合同当事人按照通用合同条款中〔商定或确定〕条款的约定确定变更工作的单价。

（2）变更估价程序　承包人应在收到变更指示后14天内，向监理人提交变更估价申请。监理人应在收到承包人提交的变更估价申请后7天内审查完毕并报送发包人，监理人对变更估价申请有异议，通知承包人修改后重新提交。发包人应在承包人提交变更估价申请后14天内审批完毕。发包人逾期未完成审批或未提出异议的，视为认可承包人提交的变更估价申请。

因变更引起的价格调整应计入最近一期的进度款中支付。

2. 暂估价

暂估价专业分包工程、服务、材料和工程设备的明细由合同当事人在专用合同条款中约定执行。

（1）依法必须招标的暂估价项目　对于依法必须招标的暂估价项目，采取以下第1种方式确定。合同当事人也可以在专用合同条款中选择其他招标方式。

1）第1种方式：对于依法必须招标的暂估价项目，由承包人招标，对该暂估价项目的确认和批准按照以下约定执行：

① 承包人应当根据施工进度计划，在招标工作启动前14天将招标方案通过监理人报送发包人审查，发包人应当在收到承包人报送的招标方案后7天内批准或提出修改意见。承包人应当按照经过发包人批准的招标方案开展招标工作。

② 承包人应当根据施工进度计划，提前14天将招标文件通过监理人报送发包人审批，发包人应当在收到承包人报送的相关文件后7天内完成审批或提出修改意见；发包人有权确定招标控制价并按照法律规定参加评标。

③ 承包人与供应商、分包人在签订暂估价合同前，应当提前7天将确定的中标候选供应商或中标候选分包人的资料报送发包人，发包人应在收到资料后3天内与承包人共同确定中标人；承包人应当在签订合同后7天内，将暂估价合同副本报送发包人留存。

2）第2种方式：对于依法必须招标的暂估价项目，由发包人和承包人共同招标确定暂估价供应商或分包人的，承包人应按照施工进度计划，在招标工作启动前14天通知发包人，并提交暂估价招标方案和工作分工。发包人应在收到后7天内确认。确定中标人后，由发包人、承包人与中标人共同签订暂估价合同。

（2）不属于依法必须招标的暂估价项目　除专用合同条款另有约定外，对于不属于依法必须招标的暂估价项目，采取以下第1种方式确定。

1）第 1 种方式：对于不属于依法必须招标的暂估价项目，按以下约定确认和批准：

① 承包人应根据施工进度计划，在签订暂估价项目的采购合同、分包合同前 28 天向监理人提出书面申请。监理人应当在收到申请后 3 天内报送发包人，发包人应当在收到申请后 14 天内给予批准或提出修改意见，发包人逾期未予批准或提出修改意见的，视为该书面申请已获得同意。

② 发包人认为承包人确定的供应商、分包人无法满足工程质量或合同要求的，发包人可以要求承包人重新确定暂估价项目的供应商、分包人。

③ 承包人应当在签订暂估价合同后 7 天内，将暂估价合同副本报送发包人留存。

2）第 2 种方式：承包人按照通用合同条款中〔依法必须招标的暂估价项目〕条款约定的第 1 种方式确定暂估价项目。

3）第 3 种方式：承包人直接实施的暂估价项目。承包人具备实施暂估价项目的资格和条件的，经发包人和承包人协商一致后，可由承包人自行实施暂估价项目，合同当事人可以在专用合同条款中约定具体事项。

（3）其他　因发包人原因导致暂估价合同订立和履行迟延的，由此增加的费用和（或）延误的工期由发包人承担，并支付承包人合理的利润。因承包人原因导致暂估价合同订立和履行迟延的，由此增加的费用和（或）延误的工期由承包人承担。

3. 暂列金额

暂列金额应按照发包人的要求使用，发包人的要求应通过监理人发出。合同当事人可以在专用合同条款中协商确定有关事项。

4. 计日工

需要采用计日工方式的，经发包人同意后，由监理人通知承包人以计日工计价方式实施相应的工作，其价款按列入已标价工程量清单或预算书中的计日工计价项目及其单价进行计算；已标价工程量清单或预算书中无相应的计日工单价的，按照合理的成本与利润构成的原则，由合同当事人按照通用合同条款中〔商定或确定〕条款的约定确定变更工作的单价。

采用计日工计价的任何一项工作，承包人应在该项工作实施过程中，每天提交以下报表和有关凭证报送监理人审查：

1）工作名称、内容和数量。

2）投入该工作的所有人员的姓名、专业、工种、级别和耗用工时。

3）投入该工作的材料类别和数量。

4）投入该工作的施工设备型号、台数和耗用台时。

5）其他有关资料和凭证。

计日工由承包人汇总后，列入最近一期进度付款申请单，由监理人审查并经发包人批准后列入进度付款。

5. 安全文明施工费

（1）安全文明施工费的承担　安全文明施工费由发包人承担，发包人不得以任何形式扣减该部分费用。因基准日期后合同所适用的法律或政府有关规定发生变化，增加的安全文明施工费由发包人承担。

承包人经发包人同意采取合同约定以外的安全措施所产生的费用，由发包人承担。未经发包人同意的，如果该措施避免了发包人的损失，则发包人在避免损失的额度内承担该措施费。如果该措施避免了承包人的损失，由承包人承担该措施费。

（2）安全文明施工费的支付　除专用合同条款另有约定外，发包人应在开工后 28 天内预付安全文明施工费总额的 50%，其余部分与进度款同期支付。发包人逾期支付安全文明施工费超过 7 天的，承包人有权向发包人发出要求预付的催告通知，发包人收到通知后 7 天内仍未支付的，承包人有权暂停施工，并按通用合同条款中〔发包人违约的情形〕条款的约定执行。

（3）安全文明施工费应专款专用　承包人对安全文明施工费应专款专用，承包人应在财务账目中单独列项备查，不得挪作他用，否则发包人有权责令其限期改正；逾期未改正的，可以责令其暂停施工，由此增加的费用和（或）延误的工期由承包人承担。

6. 质量保证金

经合同当事人协商一致扣留质量保证金的，应在专用合同条款中予以明确。

工程竣工前，承包人已提供履约担保的，发包人不得同时预留质量保证金。

（1）承包人提供质量保证金的方式　承包人提供质量保证金有三种方式：①质量保证金保函；②相应比例的工程款；③双方约定的其他方式。

除专用合同条款另有约定外，质量保证金原则上采用上述第①种方式。

（2）质量保证金的扣留　质量保证金的扣留有三种方式：①在支付工程进度款时逐次扣留，在此情形下，质量保证金的计算基数不包括预付款的支付、扣回以及价格调整的金额；②工程竣工结算时一次性扣留质量保证金；③双方约定的其他扣留方式。

除专用合同条款另有约定外，质量保证金的扣留原则上采用上述第①种方式。

发包人累计扣留的质量保证金不得超过工程价款结算总额的 3%。如承包人在发包人签发竣工付款证书后 28 天内提交质量保证金保函，发包人应同时退还扣留的作为质量保证金的工程价款；保函金额不得超过工程价款结算总额的 3%。

发包人在退还质量保证金的同时按照中国人民银行发布的同期同类贷款基准利率支付利息。

（3）质量保证金的退还　缺陷责任期内，承包人认真履行合同约定的责任，到期后，承包人可向发包人申请返还保证金。

发包人在接到承包人返还保证金申请后，应于 14 天内会同承包人按照合同约定的内容进行核实。如无异议，发包人应当按照约定将保证金返还给承包人。对返还期限没有约定或者约定不明确的，发包人应当在核实后 14 天内将保证金返还承包人，逾期未返还的，依法承担违约责任。发包人在接到承包人返还保证金申请后 14 天内不予答复，经催告后 14 天内仍不予答复，视同认可承包人的返还保证金申请。

发包人和承包人对保证金预留、返还以及工程维修质量、费用有争议的，按通用合同条款中〔争议解决〕条款约定的争议和纠纷解决程序处理。

7. 化石、文物

在施工现场发掘的所有文物、古迹以及具有地质研究或考古价值的其他遗迹、化石、钱币或物品属于国家所有。一旦发现上述文物，承包人应采取合理有效的保护措施，防止任何人员移动或损坏上述物品，并立即报告有关政府行政主管部门，同时通知监理人。

发包人、监理人和承包人应按有关政府行政主管部门要求采取妥善的保护措施，由此增加的费用和（或）延误的工期由发包人承担。承包人发现文物后不及时报告或隐瞒不报，致使文物丢失或损坏的，应赔偿损失，并承担相应的法律责任。

6.6.3 价格调整

1. 市场价格波动引起的调整

除专用合同条款另有约定外，市场价格波动超过合同当事人约定的范围，合同价格应当调整。合同当事人可以在专用合同条款中约定选择以下一种方式对合同价格进行调整：

第1种方式：采用价格指数进行价格调整。

（1）价格调整公式　因人工、材料和设备等价格波动影响合同价格时，根据专用合同条款中约定的数据，按下式计算差额并调整合同价格：

$$\Delta P = P_0 \times \left[A + \left(B_1 \times \frac{F_{t1}}{F_{01}} + B_2 \times \frac{F_{t2}}{F_{02}} + B_3 \times \frac{F_{t3}}{F_{03}} + \cdots + B_n \times \frac{F_{tn}}{F_{0n}} \right) - 1 \right] \tag{6-1}$$

式中　　　　　　　ΔP——需调整的价格差额；

P_0——约定的付款证书中承包人应得到的已完成工程量的金额；此项金额应不包括价格调整、不计质量保证金的扣留和支付、预付款的支付和扣回；约定的变更及其他金额已按现行价格计价的，也不计在内；

A——定值权重（即不调部分的权重）；

B_1，B_2，B_3，$\cdots$，B_n——各可调因子的变值权重（即可调部分的权重），为各可调因子在签约合同价中所占的比例；

F_{t1}，F_{t2}，F_{t3}，$\cdots$，F_{tn}——各可调因子的现行价格指数，指约定的付款证书相关周期最后一天的前42天的各可调因子的价格指数；

F_{01}，F_{02}，F_{03}，$\cdots$，F_{0n}——各可调因子的基本价格指数，指基准日期的各可调因子的价格指数。

以上价格调整公式中的各可调因子、定值和变值权重，以及基本价格指数及其来源在投标函附录价格指数和权重表中约定；非招标订立的合同，由合同当事人在专用合同条款中约定。价格指数应首先采用工程造价管理机构发布的价格指数，无前述价格指数时，可采用工程造价管理机构发布的价格代替。

（2）暂时确定调整差额　在计算调整差额时无现行价格指数的，合同当事人同意暂用前次价格指数计算。实际价格指数有调整的，合同当事人进行相应调整。

（3）权重的调整　因变更导致合同约定的权重不合理时，按照通用合同条款"商定或确定"条款约定执行。

（4）因承包人原因工期延误后的价格调整　因承包人原因未按期竣工的，对合同约定的竣工日期后继续施工的工程，在使用价格调整公式时，应采用计划竣工日期与实际竣工日期的两个价格指数中较低的一个作为现行价格指数。

第2种方式：采用造价信息进行价格调整。

合同履行期间，因人工、材料、工程设备和机械设备价格波动影响合同价格时，人工、机械使用费按照国家或省、自治区、直辖市建设行政主管部门、行业建设主管部门或其授权的工程造价管理机构发布的人工、机械使用费系数进行调整；需要进行价格调整的材料，其单价和采购数量应由发包人审批，发包人确认需调整的材料单价及数量，作为调整合同价格的依据。

1）人工单价发生变化且符合省级或行业建设主管部门发布的人工费调整规定，合同当事人应按省级或行业建设主管部门或其授权的工程造价管理机构发布的人工费等文件调整合同价格，但承包人对人工费或人工单价的报价高于发布价格的除外。

2）材料、工程设备价格变化的价款调整按照发包人提供的基准价格，按以下风险范围规定执行：

① 承包人在已标价工程量清单或预算书中载明材料单价低于基准价格的：除专用合同条款另有约定外，合同履行期间材料单价涨幅以基准价格为基础超过 5% 时，或材料单价跌幅以在已标价工程量清单或预算书中载明材料单价为基础超过 5% 时，其超过部分据实调整。

② 承包人在已标价工程量清单或预算书中载明材料单价高于基准价格的：除专用合同条款另有约定外，合同履行期间材料单价跌幅以基准价格为基础超过 5% 时，材料单价涨幅以在已标价工程量清单或预算书中载明材料单价为基础超过 5% 时，其超过部分据实调整。

③ 承包人在已标价工程量清单或预算书中载明材料单价等于基准价格的：除专用合同条款另有约定外，合同履行期间材料单价涨跌幅以基准价格为基础超过 ±5% 时，其超过部分据实调整。

④ 承包人应在采购材料前将采购数量和新的材料单价报发包人核对，发包人确认用于工程时，发包人应确认采购材料的数量和单价。发包人在收到承包人报送的确认资料后 5 天内不予答复的视为认可，作为调整合同价格的依据。未经发包人事先核对，承包人自行采购材料的，发包人有权不予调整合同价格。经发包人同意的，可以调整合同价格。

前述基准价格是指由发包人在招标文件或专用合同条款中给定的材料、工程设备的价格，该价格原则上应当按照省级或行业建设主管部门或其授权的工程造价管理机构发布的信息价进行编制。

3）施工机械设备单价或施工机械使用费发生变化超过省级或行业建设主管部门或其授权的工程造价管理机构规定的范围时，按规定调整合同价格。

第 3 种方式：专用合同条款约定的其他方式。

2. 法律变化引起的调整

基准日期后，法律变化导致承包人在合同履行过程中所需要的费用发生除通用合同条款中〔市场价格波动引起的调整〕条款约定以外的增加时，由发包人承担由此增加的费用；减少时，应从合同价格中予以扣减。基准日期后，因法律变化造成工期延误时，工期应予以顺延。

因法律变化引起的合同价格和工期调整，合同当事人无法达成一致的，由总监理工程师按通用合同条款中〔商定或确定〕条款的约定执行。

因承包人原因造成工期延误，在工期延误期间出现法律变化的，由此增加的费用和（或）延误的工期由承包人承担。

6.6.4 竣工结算

1. 竣工结算申请

除专用合同条款另有约定外，承包人应在工程竣工验收合格后 28 天内向发包人和监理人提交竣工结算申请单，并提交完整的结算资料，有关竣工结算申请单的资料清单和份数等要求由合同当事人在专用合同条款中约定。

除专用合同条款另有约定外，竣工结算申请单应包括以下内容：

1）竣工结算合同价格。

2）发包人已支付承包人的款项。

3）应扣留的质量保证金；已缴纳履约保证金的或提供其他工程质量担保方式的除外。

4）发包人应支付承包人的合同价款。

2. 竣工结算审核

1）除专用合同条款另有约定外，监理人应在收到竣工结算申请单后 14 天内完成核查并报送发包人。发包人应在收到监理人提交的经审核的竣工结算申请单后 14 天内完成审批，并由监理人向承包人签发经发包人签认的竣工付款证书。监理人或发包人对竣工结算申请单有异议的，有权要求承包人进行修正和提供补充资料，承包人应提交修正后的竣工结算申请单。

发包人在收到承包人提交竣工结算申请书后 28 天内未完成审批且未提出异议的，视为发包人认可承包人提交的竣工结算申请单，并自发包人收到承包人提交的竣工结算申请单后第 29 天起视为已签发竣工付款证书。

2）除专用合同条款另有约定外，发包人应在签发竣工付款证书后的 14 天内，完成对承包人的竣工付款。发包人逾期支付的，按照中国人民银行发布的同期同类贷款基准利率支付违约金；逾期支付超过 56 天的，按照中国人民银行发布的同期同类贷款基准利率的 2 倍支付违约金。

3）承包人对发包人签认的竣工付款证书有异议的，对于有异议部分应在收到发包人签认的竣工付款证书后 7 天内提出异议，并由合同当事人按照专用合同条款约定的方式和程序进行复核，或按照通用合同条款中〔争议解决〕条款的约定执行。对于无异议部分，发包人应签发临时竣工付款证书，并按上述第 2）项完成付款。承包人逾期未提出异议的，视为认可发包人的审批结果。

3. 甩项竣工协议

发包人要求甩项竣工的，合同当事人应签订甩项竣工协议。在甩项竣工协议中应明确，合同当事人按照通用合同条款中〔竣工结算申请〕及〔竣工结算审核〕条款的约定，对已完成的合格工程进行结算，并支付相应合同价款。

4. 最终结清

（1）最终结清申请单

1）除专用合同条款另有约定外，承包人应在缺陷责任期终止证书颁发后 7 天内，按专用合同条款约定的份数向发包人提交最终结清申请单，并提供相关证明材料。

除专用合同条款另有约定外，最终结清申请单应列明质量保证金、应扣除的质量保证金、缺陷责任期内发生的增减费用。

2）发包人对最终结清申请单内容有异议的，有权要求承包人进行修正和提供补充资料，承包人应向发包人提交修正后的最终结清申请单。

（2）最终结清证书和支付

1）除专用合同条款另有约定外，发包人应在收到承包人提交的最终结清申请单后 14 天内完成审批并向承包人颁发最终结清证书。发包人逾期未完成审批，又未提出修改意见的，视为发包人同意承包人提交的最终结清申请单，且自发包人收到承包人提交的最终结清申请单后 15 天起视为已颁发最终结清证书。

2）除专用合同条款另有约定外，发包人应在颁发最终结清证书后 7 天内完成支付。发包人逾期支付的，按照中国人民银行发布的同期同类贷款基准利率支付违约金；逾期支付超过 56 天的，按照中国人民银行发布的同期同类贷款基准利率的 2 倍支付违约金。

3）承包人对发包人颁发的最终结清证书有异议的，按通用合同条款中〔争议解决〕条款的约定执行。

6.7 建设工程施工合同的安全、健康、环境和风险管理

6.7.1 安全管理

1. 安全生产要求

合同履行期间，合同当事人均应当遵守国家和工程所在地有关安全生产的要求，合同当事人有特别要求的，应在专用合同条款中明确施工项目安全生产标准化达标的目标及相应事项。承包人有权拒绝发包人及监理人强令承包人违章作业、冒险施工的任何指示。

在施工过程中，如遇到突发的地质变动、事先未知的地下施工障碍等影响施工安全的紧急情况，承包人应及时报告监理人和发包人，发包人应当及时下令停工并报政府有关行政管理部门采取应急措施。

因安全生产需要暂停施工的，按照通用合同条款中〔暂停施工〕条款的约定执行。

2. 安全生产保证措施

承包人应当按照有关规定编制安全技术措施或者专项施工方案，建立安全生产责任制度、治安保卫制度及安全生产教育培训制度，并按安全生产法律规定及合同约定履行安全职责，如实编制工程安全生产的有关记录，接受发包人、监理人及政府安全监督部门的检查与监督。

3. 特别安全生产事项

承包人应按照法律规定进行施工，开工前做好安全技术交底工作，施工过程中做好各项安全防护措施。承包人为实施合同而雇用的特殊工种的人员应受过专门的培训并已取得政府有关管理机构颁发的上岗证书。

承包人在动力设备、输电线路、地下管道、密封防震车间、易燃易爆地段以及临街交通要道附近施工时，施工开始前应向发包人和监理人提出安全防护措施，经发包人认可后实施。

实施爆破作业，在放射性、毒害性环境中施工（含储存、运输、使用）及使用毒害性、腐蚀性物品施工时，承包人应在施工前 7 天以书面形式通知发包人和监理人，并报送相应的安全防护措施，经发包人认可后实施。

需单独编制危险性较大分部分项专项工程施工方案的，及要求进行专家论证的超过一定规模的危险性较大的分部分项工程，承包人应及时编制和组织论证。

4. 治安保卫

除专用合同条款另有约定外，发包人应与当地公安部门协商，在现场建立治安管理机构或联防组织，统一管理施工场地的治安保卫事项，履行合同工程的治安保卫职责。

发包人和承包人除应协助现场治安管理机构或联防组织维护施工场地的社会治安外，还应做好包括生活区在内的各自管辖区的治安保卫工作。

除专用合同条款另有约定外，发包人和承包人应在工程开工后7天内共同编制施工场地治安管理计划，并制定应对突发治安事件的紧急预案。在工程施工过程中，发生暴乱、爆炸等恐怖事件，以及群殴、械斗等群体性突发治安事件的，发包人和承包人应立即向当地政府报告。发包人和承包人应积极协助当地有关部门采取措施平息事态，防止事态扩大，尽量避免人员伤亡和财产损失。

5. 文明施工

承包人在工程施工期间，应当采取措施保持施工现场平整，物料堆放整齐。工程所在地有关政府行政管理部门有特殊要求的，按照其要求执行。合同当事人对文明施工有其他要求的，可以在专用合同条款中明确。

在工程移交之前，承包人应当从施工现场清除承包人的全部工程设备、多余材料、垃圾和各种临时工程，并保持施工现场清洁整齐。经发包人书面同意，承包人可在发包人指定的地点保留承包人履行保修期内的各项义务所需要的材料、施工设备和临时工程。

6. 紧急情况处理

在工程实施期间或缺陷责任期内发生危及工程安全的事件，监理人通知承包人进行抢救，承包人声明无能力或不愿立即执行的，发包人有权雇用其他人员进行抢救。此类抢救按合同约定属于承包人义务的，由此增加的费用和（或）延误的工期由承包人承担。

7. 事故处理

工程施工过程中发生事故的，承包人应立即通知监理人，监理人应立即通知发包人。发包人和承包人应立即组织人员和设备进行紧急抢救和抢修，减少人员伤亡和财产损失，防止事故扩大，并保护事故现场。需要移动现场物品时，应做出标记和书面记录，妥善保管有关证据。发包人和承包人应按国家有关规定，及时如实地向有关部门报告事故发生的情况，以及正在采取的紧急措施等。

8. 安全生产责任

（1）发包人的安全责任　发包人应负责赔偿以下各种情况造成的损失：①工程或工程的任何部分对土地的占用所造成的第三者财产损失；②由于发包人原因在施工场地及其毗邻地带造成的第三者人身伤亡和财产损失；③由于发包人原因对承包人、监理人造成的人员人身伤亡和财产损失；④由于发包人原因造成的发包人自身人员的人身伤害以及财产损失。

（2）承包人的安全责任　由于承包人原因在施工场地内及其毗邻地带造成的发包人、监理人以及第三者人员伤亡和财产损失，由承包人负责赔偿。

6.7.2 职业健康

1. 劳动保护

承包人应按照法律规定安排现场施工人员的劳动和休息时间，保障劳动者的休息时间，并支付合理的报酬和费用。承包人应依法为其履行合同所雇用的人员办理必要的证件、许可、保险和注册等，承包人应督促其分包人为分包人所雇用的人员办理必要的证件、许可、保险和注册等。

承包人应按照法律规定保障现场施工人员的劳动安全，并提供劳动保护，且应按国家有关劳动保护的规定，采取有效的防止粉尘、降低噪声、控制有害气体和保障高温、高寒、高处作业安全等劳动保护措施。承包人雇用的人员在施工中受到伤害的，承包人应立即采取有效措施进行抢救和治疗。

承包人应按法律规定安排工作时间，保证其雇用人员享有休息和休假的权利。因工程施工的特殊需要占用休假日或延长工作时间的，应不超过法律规定的限度，并按法律规定给予补休或付酬。

2. 生活条件

承包人应为其履行合同所雇用的人员提供必要的膳宿条件和生活环境；承包人应采取有效措施预防传染病，保证施工人员的健康，并定期对施工现场、施工人员生活基地和工程进行防疫和卫生的专业检查和处理，在远离城镇的施工场地，还应配备必要的伤病防治和急救的医务人员与医疗设施。

6.7.3 环境保护

承包人应在施工组织设计中列明环境保护的具体措施。在合同履行期间，承包人应采取合理措施保护施工现场环境。对施工作业过程中可能引起的大气、水、噪声以及固体废物污染采取具体可行的防范措施。

承包人应当承担因其原因引起的环境污染侵权损害赔偿责任，因上述环境污染引起纠纷而导致暂停施工的，由此增加的费用和（或）延误的工期均由承包人承担。

6.7.4 不可抗力

1. 不可抗力的确认

不可抗力是指合同当事人在签订合同时不可预见，在合同履行过程中不可避免且不能克服的自然灾害和社会性突发事件，如地震、海啸、瘟疫、骚乱、戒严、暴动、战争和专用合同条款中约定的其他情形。

不可抗力发生后，发包人和承包人应收集证明不可抗力发生及不可抗力造成损失的证据，并及时认真统计所造成的损失。合同当事人对是否属于不可抗力或其损失的意见不一致的，由监理人按通用合同条款中〔商定或确定〕条款的约定执行。发生争议时，按通用合同条款中〔争议解决〕条款的约定执行。

2. 不可抗力的通知

合同一方当事人遇到不可抗力事件，使其履行合同义务受到阻碍时，应立即通知合同另一方当事人和监理人，书面说明不可抗力和受阻碍的详细情况，并提供必要的证明。

不可抗力持续发生的，合同一方当事人应及时向合同另一方当事人和监理人提交中间报告，说明不可抗力和履行合同受阻的情况，并于不可抗力事件结束后 28 天内提交最终报告及有关资料。

3. 不可抗力后果的承担

1）不可抗力引起的后果及造成的损失由合同当事人按照法律规定及合同约定各自承

担。不可抗力发生前已完成的工程应当按照合同约定进行计量支付。

2）不可抗力导致的人员伤亡、财产损失、费用增加和（或）工期延误等后果，由合同当事人按以下原则承担：

① 永久工程、已运至施工现场的材料和工程设备的损坏，以及因工程损坏造成的第三方人员伤亡和财产损失由发包人承担。

② 承包人施工设备的损坏由承包人承担。

③ 发包人和承包人承担各自人员伤亡和财产的损失。

④ 因不可抗力影响承包人履行合同约定的义务，已经引起或将引起工期延误的，应当顺延工期，由此导致承包人停工的费用损失由发包人和承包人合理分担，停工期间必须支付的工人工资由发包人承担。

⑤ 因不可抗力引起或将引起工期延误，发包人要求赶工的，由此增加的赶工费用由发包人承担。

⑥ 承包人在停工期间按照发包人要求照管、清理和修复工程的费用由发包人承担。

不可抗力发生后，合同当事人均应采取措施尽量避免和减少损失的扩大，任何一方当事人没有采取有效措施导致损失扩大的，应对扩大的损失承担责任。

因合同一方迟延履行合同义务，在迟延履行期间遭遇不可抗力的，不免除其违约责任。

4. 因不可抗力解除合同

因不可抗力导致合同无法履行连续超过 84 天或累计超过 140 天的，发包人和承包人均有权解除合同。合同解除后，由双方当事人按照通用合同条款中〔商定或确定〕条款约定商定或确定发包人应支付的款项，该款项包括：

1）合同解除前承包人已完成工作的价款。

2）承包人为工程订购的并已交付给承包人，或承包人有责任接受交付的材料、工程设备和其他物品的价款。

3）发包人要求承包人退货或因解除订货合同而产生的费用，或因不能退货或解除合同而产生的损失。

4）承包人撤离施工现场以及遣散承包人人员的费用。

5）按照合同约定在合同解除前应支付给承包人的其他款项。

6）扣减承包人按照合同约定应向发包人支付的款项。

7）双方商定或确定的其他款项。

除专用合同条款另有约定外，合同解除后，发包人应在商定或确定上述款项后 28 天内完成上述款项的支付。

6.7.5　保险

1. 工程保险

除专用合同条款另有约定外，发包人应投保建筑工程一切险或安装工程一切险；发包人委托承包人投保的，因投保产生的保险费和其他相关费用由发包人承担。

2. 工伤保险

1）发包人应依照法律规定参加工伤保险，并为在施工现场的全部员工办理工伤保险，缴纳工伤保险费，并要求监理人及由发包人为履行合同聘请的第三方依法参加工伤保险。

2）承包人应依照法律规定参加工伤保险，并为其履行合同的全部员工办理工伤保险，缴纳工伤保险费，并要求分包人及由承包人为履行合同聘请的第三方依法参加工伤保险。

3. 其他保险

发包人和承包人可以为其施工现场的全部人员办理意外伤害保险并支付保险费，包括其员工及为履行合同聘请的第三方的人员，具体事项由合同当事人在专用合同条款约定。

除专用合同条款另有约定外，承包人应为其施工设备等办理财产保险。

4. 持续保险

合同当事人应与保险人保持联系，使保险人能够随时了解工程实施中的变动，并确保按保险合同条款要求持续保险。

5. 保险凭证

合同当事人应及时向另一方当事人提交其已投保的各项保险的凭证和保险单复印件。

6. 未按约定投保的补救

1）发包人未按合同约定办理保险，或未能使保险持续有效的，则承包人可代为办理，所需费用由发包人承担。发包人未按合同约定办理保险，导致未能得到足额赔偿的，由发包人负责补足。

2）承包人未按合同约定办理保险，或未能使保险持续有效的，则发包人可代为办理，所需费用由承包人承担。承包人未按合同约定办理保险，导致未能得到足额赔偿的，由承包人负责补足。

7. 通知义务

除专用合同条款另有约定外，发包人变更除工伤保险之外的保险合同时，应事先征得承包人同意，并通知监理人；承包人变更除工伤保险之外的保险合同时，应事先征得发包人同意，并通知监理人。

保险事故发生时，投保人应按照保险合同规定的条件和期限及时向保险人报告。发包人和承包人应当在知道保险事故发生后及时通知对方。

本章小结

本章主要围绕《建设工程施工合同（示范文本）》（GF—2017—0201）介绍了施工合同管理概述、《建设工程施工合同（示范文本）》简介、施工准备阶段的合同管理、施工合同中的进度、质量、成本控制管理以及施工安全、健康、环境和风险管理。通过本章学习，应了解《建设工程施工合同（示范文本）》的主要条款；熟悉施工合同中的发包人和承包人相互的权利和义务及相应的违约责任；掌握施工合同范本及其合同文件的优先规则，施工合同管理中的质量、进度和成本管理。

习　题

1. 单项选择题

（1）施工合同的组成文件中，结合项目特点针对通用合同条款内容进行补充或修正，使之与通用合同条款共同构成对某一方面问题内容完备约定的文件是（　　）。

A. 协议书　　　　　B. 专用合同条款　　　　　C. 标准条款　　　　　D. 质量保修书

（2）采用《建设工程施工合同（示范文本）》订立合同的工程项目，建设工程一切险的投保人应为

（　　）。

　　A. 发包人　　　　　　B. 承包人　　　　　　C. 监理人　　　　　　D. 分包人

　　（3）按照《建设工程施工合同（示范文本）》规定，下列事项中，属于发包人应承担的义务的是
（　　）。

　　A. 提供工程进度计划　　　　　　　　　B. 提供施工现场的工程地质资料

　　C. 提供夜间施工使用的照明设施　　　　D. 提供监理单位施工现场办公房屋

　　（4）根据《建设工程施工合同（示范文本）》，当组成合同的文件出现矛盾时，应按合同约定的优先
顺序进行解释，合同中没有约定的，优先顺序正确的是（　　）。

　　A. 合同协议书、通用合同条款、专用合同条款　　B. 中标通知书、专用合同条款、投标书

　　C. 中标通知书、专用合同条款、协议书　　　　　D. 中标通知书、专用合同条款、工程量清单

　　（5）下列施工合同文件中，解释顺序优先的是（　　）。

　　A. 中标通知书　　　B. 专用合同条款　　　C. 投标书　　　D. 规范

　　（6）下列关于施工合同计价方式的说法中，正确的是（　　）。

　　A. 工期在 18 个月以上的合同，因市场价格不易准确预期，宜采用可调价格合同

　　B. 业主在初步设计完成后即招标的项目，因工程量估算不够准确，宜采用固定总价合同

　　C. 采用新技术的施工项目，因合同双方对施工成本不易准确确定，宜采用固定单价合同

　　D. 设备安装工程因无法估算工程量，宜采用成本加酬金合同

　　（7）若承包商负责设计的图纸经过监理工程师的批准，则（　　）承包商的设计责任。

　　A. 减轻　　　　　　B. 不减轻　　　　　　C. 不解除　　　　　　D. 解除

　　（8）在施工合同中，（　　）是承包人的义务。

　　A. 提供施工场地　　　　　　　　　　　B. 在保修期内负责照管工程现场

　　C. 办理土地征用　　　　　　　　　　　D. 工程施工期内对施工现场的照管负责

　　（9）施工合同履行过程中出现（　　）时，当事人一方不承担违约责任。

　　A. 因为发生水灾，承包方无法在合同约定的工期内竣工

　　B. 因为发包方资金不到位，发包方无法按照合同约定的时间提供承包商工程预付款

　　C. 因为三通一平导致工期拖延，发包方不能在合同约定的时间内给承包商提供施工场地

　　D. 因为管理不善，承包方的工程质量不符合合同约定的要求

　　（10）《建设工程施工合同（示范文本）》规定，因发包人原因不能按协议书约定的开工日期开工，
（　　）后可推迟开工日期。

　　A. 承包人以书面形式通知工程师　　　　B. 工程师以书面形式通知承包人

　　C. 承包人征得工程师同意　　　　　　　D. 工程师征得承包人同意

　　（11）某项目分项工程的施工具备隐蔽条件，经工程师检查认可后承包人继续施工，后工程师又发出
重新剥露检查的指示，承包人执行了该指示。重新检查表明该分项工程存在质量缺陷，承包人修复后再次
隐蔽，下列关于承包人的经济损失和工期延误的责任承担的说法中，正确的是（　　）

　　A. 工期和经济损失由承包人承担　　　　B. 给予经济损失补偿，不顺延合同工期

　　C. 顺延合同工期，不补偿经济损失　　　D. 补偿经济损失并顺延合同工期

　　（12）工程师发现工程存在质量问题，发出了停止施工指示，承包人修复后经工程师检查确认该工程
合格，向工程师发出了请求复工的书面要求，经 48 小时后未收到工程师的任何指示，根据《建设工程施工
合同（示范文本）》，承包人此时的应对措施是（　　）。

　　A. 停止施工等待工程师的指示　　　　　B. 向工程师再次发出请求复工的要求

　　C. 自行复工　　　　　　　　　　　　　D. 向发包人发出请求复工的要求

　　（13）为了保证工程质量，对发包人采购的大宗建筑材料用于施工前，需要进行合同约定的物理和化
学抽样检验，对于此项检验应由（　　）。

A. 承包人负责检验工作，发包人承担检验费用

B. 承包人负责检验工作，并承担检验费用

C. 发包人负责检验工作，并承担检验费用

D. 发包人负责检验工作，承包人承担检验费用

（14）施工过程中因承包人原因导致工程实际进度滞后于计划进度，承包人按工程师要求采取赶工措施后仍未按合同规定的工期完成施工任务，则此延误的责任应由（   ）承担。

A. 工程师   B. 承包人   C. 工程师和承包人   D. 发包人

（15）根据《建设工程施工合同（示范文本）》，由于设计变更需给予承包人追加合同价款时变更价款的支付时间为（   ）之日。

A. 工程师发出设计变更通知   B. 承包人完成变更工程

C. 承包人提交变更追加合同价款报告   D. 最近一期工程进度款支付

2. 多项选择题

（1）施工合同的当事人包括（   ）。

A. 工程师   B. 发包人法定代表人

C. 发包人   D. 承包人法定代表人

E. 承包人

（2）在施工合同中，发包人的义务通常包括（   ）。

A. 提供工程进度计划   B. 确保施工所需水、电供应

C. 平整施工场地   D. 负责施工现场的安全保卫

E. 办理施工临时用地的批准手续

（3）根据《建设工程施工合同（示范文本）》，下列工作中，应由发包人完成的工作有（   ）。

A. 从施工现场外部接通施工用电线路   B. 施工现场的安全保卫

C. 办理爆破作业行政许可手续   D. 已完工程的保护

E. 施工现场邻近建筑物的保护

（4）下列施工过程中发生的事件中，属于不可抗力的有（   ）。

A. 地震   B. 洪水

C. 社会动乱   D. 发包人责任造成的火灾

E. 承包人责任造成的爆炸

（5）下列在施工过程中因不可抗力事件导致的损失，应由承包人承担的有（   ）。

A. 施工现场待安装的设备损坏

B. 承包人的人员伤亡

C. 停工期间，承包人留在现场保卫人员的费用

D. 承包人设备的停工损失

E. 在现场的第三方人员伤亡

（6）按照《建设工程施工合同（示范文本）》的规定，由于（   ）等原因造成的工期延误，经工程师确认后工期可以顺延。

A. 发包人未按约定提供施工场地   B. 分包人对承包人的施工干扰

C. 设计变更   D. 承包人的主要施工机械出现故障

E. 发生不可抗力

（7）依照《建设工程施工合同（示范文本）》中通用合同条款的规定，施工合同履行中，如果发包人出于某种考虑要求提前竣工，则发包人应（   ）。

A. 负责修改施工进度计划   B. 向承包人直接发出提前竣工的指令

C. 与承包人协商并签订提前竣工协议   D. 为承包人提供赶工的便利条件

E. 减少对工程质量的检测试验

（8）依照《建设工程施工合同（示范文本）》中通用合同条款的规定，施工合同履行中，发包人收到竣工结算报告及结算资料后 56 天内仍不支付，承包人有权（　　　）。

A. 留置该工程

B. 与发包人协议将该工程折价

C. 直接委托拍卖公司拍卖该工程

D. 申请人民法院将该工程依法拍卖

E. 就该工程折价或拍卖的价款优先受偿

3. 思考题

（1）简述建设工程施工合同的概念与特点。

（2）发包人和承包人的工作有哪些？

（3）简述隐蔽工程的检查程序。

（4）竣工验收需具备哪些条件？竣工日期如何确定？

（5）简述安全文明施工费的承担和支付要求。

二维码形式客观题

扫描二维码可在线做题，提交后可查看答案。

第 6 章
客观题

第 7 章
建设工程勘察设计合同管理

引导案例

业主的委托设计合同条款明确设计单位承担因设计责任的工程损失

2018 年 8 月天马公司与某市设计院签订《天马大厦委托设计合同》，合同要求 9 月 31 日交付设计成果。

2018 年 10 月 1 日，天马公司与某市第一建筑公司签订《天马大厦施工合同》，合同总价款 800 万元。施工到一定程度时，建筑公司得到工程款 560 万元，这时因设计图深度不够发生纠纷，建筑公司因此撤出工地。天马公司将建筑公司告到法院，要求建筑公司赔偿停工造成的一切损失。一审期间，天马公司主张对工程造价进行审计，对工程质量进行鉴定。于是，法院委托某省建设厅定额管理处就天马大厦工程造价进行决算审查。定额管理处根据建筑公司乙类取费标准做出的审查结论：工程总造价为 561 万元；同时，法院委托省建设工程质量监督总站对工程质量进行鉴定，省建设工程质量监督总站认定意见为：该项工程符合国家现行有关规范和标准要求，是满足设计和结构要求的。经对设计图的审查，发现还缺少电梯井壁、井坑（仅有留孔图）、空调、暖气、上下水等专业设计图，地下室顶盖、管线埋设等缺少详图，待补齐后可以继续施工；目前工程中预留的各种洞口是施工图不齐全造成的。

法院审理期间，天马公司要求法院追加案件第三人——某市设计院，要求该设计院补充设计并赔偿因设计深度不够造成的工期误工和继续施工产生的损失。法院支持了天马公司的请求，判令建筑公司撤出施工场地属于自保行为，对于要求施工单位赔偿损失的请求不予支持，并且还要天马公司支付建筑公司欠付的工程款 1 万元；判令某市设计院赔偿天马公司因设计深度不够产生的误工损失和另行开工费用损失共计 110 万元。判决后，三方都没上诉。本案说明天马公司与某市设计院签订的委托设计合同责任明确，没有异议，所以设计院承担了天马公司的损失。

7.1　建设工程勘察设计合同概述

7.1.1　建设工程勘察设计合同的概念

建设工程勘察合同是指根据建设工程的要求，查明、分析、评价建设场地的地质地理环境特征和岩土工程条件，编制建设工程勘察文件订立的协议。建设工程勘察的内容一般包括工程测量、水文地质勘察和工程地质勘察。目的在于查明工程项目建设地点的地形地貌、地层土壤岩型、地质构造、水文条件等自然地质条件资料，进行鉴定和综合评价，为建设项目的工程设计和施工提供科学的依据。

建设工程设计合同是指根据建设工程的要求，对建设工程所需的技术、经济、资源、环境等条件进行综合分析、论证，编制建设工程设计文件的协议。在建设项目的选址和设计任务书已确定的情况下，建设项目是否能保证技术上先进和经济上合理，设计将起着决定性作用。

7.1.2　建设工程勘察设计合同的特点

1. 需符合法定质量标准

勘察设计人应按国家技术规范、标准、规程和发包人的任务委托书及其设计要求进行工程勘察与设计工作。发包人不得提出或指使勘察设计单位不按法律、法规、工程建设强制性标准和设计程序进行勘察设计。此外，工程设计工作具有专属性，工程设计修改必须由原设计单位负责完成，建设单位或施工单位不得擅自修改工程设计。

2. 交付成果多样化

与工程施工合同不同，勘察设计人是通过自己的勘察设计行为，提交多样化的交付成果，一般包括结构计算书、图纸、实物模型、概预算文件、计算机软件和专利技术等智力性成果。

3. 分阶段支付报酬

勘察设计费计算方式可以采用按国家规定的指导价取费、预算包干、中标价加签证和实际完成工作量结算等。在实际工作中，由于勘察设计工作往往分阶段进行，分阶段交付勘察设计成果，勘察设计费也是按阶段支付。

4. 知识产权保护

在工程设计合同中，发包人按照合同支付设计人酬金，作为交换，设计人将勘察设计成果交给发包人。因此，发包人一般拥有设计成果的财产权，除了明示条款规定外，设计人一般拥有发包人项目设计成果的著作权，双方当事人可以在合同中约定设计成果的著作权的归属。发包人应保护勘察设计人的投标书、勘察设计方案、文件、资料图纸、数据、计算机软件和专利技术等成果。发包人对勘察设计人交付的勘察设计资料不得擅自修改、复制或向第三人转让或用于项目之外。勘察设计人也应保护发包人提供的资料和文件，未经发包人同意，不得擅自修改、复制或向第三人披露。若发生上述情况，各方应付相应的法律责任。

5. 必需的协助义务

勘察设计人完成相关工作时，往往需要发包人提供工作条件，包括相关资料、文件和必要的生产、生活及交通条件等，并需要对所提供资料或文件的正确性和完整性负责。当发包人未履行或不完全履行相关协助义务，从而造成设计返工、停工或者修改设计的，应承担相应费用。

7.1.3　建设工程勘察设计合同的订立

1. 订立条件

1) 当事人条件：①双方都应是法人或其他组织；②承包商必须具有相应的完成签约项目等级的勘察、设计资质；③承包商具有承揽建设工程勘察、设计任务所必需的相应的权利能力和行为能力。

2) 委托勘察设计的项目必须具备的条件：①建设工程项目可行性研究报告或项目建议书已获批准；②已办理建设用地规划许可证等手续；③法律、法规规定的其他条件。

3) 勘察设计任务委托方式的限定条件。建设工程勘察设计任务有招标委托和直接委托两种方式。但依法必须进行招标的项目，必须按照《工程建设项目勘察设计招标投标办法》（国家发展和改革委员会等八部委令第 2 号，2003 年）通过招标投标的方式来委托，否则所签订的勘察设计合同无效。

2. 勘察设计合同当事人的资信与能力审查

合同当事人的资信及履约能力是合同能否得到履行的保证。在签约前，双方都有必要审查对方的资信和能力。

（1）资格审查　审查当事人是否属于经国家规定的审批程序成立的法人组织，有无法人章程和营业执照，其经营活动是否超过章程或营业执照规定的范围。同时还要审查参加签订合同的人员是否是法定代表人或其委托的代理人，以及代理人的活动是否在授权代理范围内。

（2）资信审查　审查当事人的资信情况，可以了解当事人的财务状况和履约态度，以确保所签订的合同是基于诚实信用的。

（3）履约能力审查　①主要审查勘察、设计单位的专业业务能力，可以通过审查勘察、设计单位有关的证书，按勘察、设计单位的级别可以了解其业务的能力和范围；同时还应了解该勘察、设计单位以往的工作业绩及正在履行的合同工程量；②发包人履约能力的审查主要是指其财务状况和建设资金到位情况。

3. 合同签订的程序

依法必须进行招标的工程勘察设计任务通过招标或设计方案的竞投确定勘察、设计单位后，应签订勘察、设计合同。

（1）确定合同标的　合同标的是合同的中心。这是所谓的确定合同标的实际上就是决定勘察与设计分开发包还是合在一起发包。

（2）选定勘察与设计承包人　依法必须招标的工程建设项目，按招标投标程序选出的中标人即为勘察、设计的承包人。小型项目及依法可以不招标的项目由发包人直接选定勘察、设计的承包人。

（3）签订勘察、设计合同　如果是通过招标方式确定承包商的，则由于合同的主要条件都在招标投标文件中得以确认，所以进入签约阶段还需要协商的内容就不会很多。而通过直接委托方式委托的勘察、设计，其合同的谈判就要涉及几乎所有的合同条款，必须认真对待。经勘察、设计合同的当事人双方友好协商，就合同的各项条款取得一致意见，即可由双方法定代表人或其代理人正式签署。合同文本经合同双方法定代表人或其代理人签字并加盖法人章后生效。

7.2 建设工程勘察与设计合同（示范文本）简介

7.2.1 《建设工程勘察合同（示范文本）》简介

1. 《建设工程勘察合同（示范文本）》概述

为了指导建设工程勘察合同当事人的签约行为，维护合同当事人的合法权益，依据《建筑法》《招标投标法》等相关法律法规的规定，2016年住房和城乡建设部、国家工商行政管理总局对《建设工程勘察合同（一）[岩土工程勘察、水文地质勘察（含凿井）、工程测量、工程物探]》（GF—2000—0203）及《建设工程勘察合同（二）[岩土工程设计、治理、监测]》（GF—2000—0204）进行修订，制定了《建设工程勘察合同（示范文本）》（GF—2016—0203）[简称《勘察合同（示范文本）》]。

《勘察合同（示范文本）》为非强制性使用文本，合同当事人可结合工程具体情况，根据《勘察合同（示范文本）》订立合同，并按照法律法规和合同约定履行相应的权利义务，承担相应的法律责任。

《勘察合同（示范文本）》适用于岩土工程勘察、岩土工程设计、岩土工程物探/测试/检测/监测、水文地质勘察及工程测量等工程勘察活动，岩土工程设计也可使用《建设工程设计合同示范文本（专业建设工程）》（GF—2015—0210）。

2. 《建设工程勘察合同（示范文本）》的组成

《勘察合同（示范文本）》由合同协议书、通用合同条款和专用合同条款三部分组成。

（1）合同协议书　《勘察合同（示范文本）》合同协议书共计12条，主要包括工程概况、勘察范围和阶段、技术要求及工作量、合同工期、质量标准、合同价款、合同文件构成、承诺、词语定义、签订时间、签订地点、合同生效和合同份数等内容，集中约定了合同当事人基本的合同权利义务。

（2）通用合同条款　通用合同条款是合同当事人根据《建筑法》《招标投标法》等相关法律法规的规定，就工程勘察的实施及相关事项对合同当事人的权利义务做出的原则性约定。

通用合同条款具体包括一般约定、发包人、勘察人、工期、成果资料、后期服务、合同价款与支付、变更与调整、知识产权、不可抗力、合同生效与终止、合同解除、责任与保险、违约、索赔、争议解决及补充条款共计17条。这些条款的安排既考虑了现行法律法规对工程建设的有关要求，也考虑了工程勘察管理的特殊需要。

（3）专用合同条款　专用合同条款是对通用合同条款原则性约定的细化、完善、补充、修改或另行约定的条款。合同当事人可以根据不同建设工程的特点及具体情况，通过双方的谈判、协商对相应的专用合同条款进行修改补充。在使用专用合同条款时，应注意以下事项：①专用合同条款编号应与相应的通用合同条款编号一致；②合同当事人可以通过对专用合同条款的修改，满足具体项目工程勘察的特殊要求，避免直接修改通用合同条款；③在专用合同条款中有横道线的地方，合同当事人可针对相应的通用合同条款进行细化、完善、补充、修改或另行约定；如无细化、完善、补充、修改或另行约定，则填写"无"或画"/"。

7.2.2 《建设工程设计合同（示范文本）》简介

1.《建设工程设计合同（示范文本）》概述

为了指导建设工程设计合同当事人的签约行为，维护合同当事人的合法权益，住房和城乡建设部、国家工商行政管理总局依据原《合同法》《建筑法》《招标投标法》等相关法律法规的规定《建设工程设计合同（一）（民用建设工程设计合同）》（GF—2000—0209）和《建设工程设计合同（二）（专业建设工程设计合同）》（GF—2000—0210）进行修订，制定了《建设工程设计合同示范文本（房屋建筑工程）》（GF—2015—0209）［简称《设计合同示范文本（房屋建筑工程）》］和《建设工程设计合同示范文本（专业建设工程）》（GF—2015—0210）［简称《设计合同示范文本（专业建设工程）》］。

（1）《设计合同示范文本（房屋建筑工程）》的性质和使用范围　《设计合同示范文本（房屋建筑工程）》供合同双方当事人参照使用，可适用于方案设计招标投标、队伍比选等形式下的合同订立。

《设计合同示范文本（房屋建筑工程）》适用于建设用地规划许可证范围内的建筑物构筑物设计、室外工程设计、民用建筑修建的地下工程设计及住宅小区、工厂厂前区、工厂生活区、小区规划设计及单位设计等，以及所包含的相关专业的设计内容（总平面布置、竖向设计、各类管网管线设计、景观设计、室内外环境设计及建筑装饰、道路、消防、智能、安保、通信、防雷、人防、供配电、照明、废水治理、空调设施、抗震加固等）等工程设计活动。

（2）《设计合同示范文本（专业建设工程）》的性质和使用范围　《设计合同示范文本（专业建设工程）》供合同双方当事人参照使用。

《设计合同示范文本（专业建设工程）》适用于房屋建筑工程以外各行业建设工程项目的主体工程和配套工程（含厂/矿区内的自备电站、道路、专用铁路、通信、各种管网管线和配套的建筑物等全部配套工程）以及主体工程、配套工程相关的工艺、土木、建筑、环境保护、水土保持、消防、安全、卫生、节能、防雷、抗震、照明工程等工程设计活动。

房屋建筑工程以外的各行业建设工程统称为专业建设工程，具体包括煤炭、化工石化、医药、石油天然气（海洋石油）、电力、冶金、军工、机械、商物粮、核工业、电子通信广电、轻纺、建材、铁道、公路、水运、民航、市政、农林、水利、海洋等工程。

2.《建设工程设计合同（示范文本）》的组成

《设计合同示范文本（房屋建筑工程）》和《设计合同示范文本（专业建设工程）》的组成相同，均由合同协议书、通用合同条款和专用合同条款三部分组成。

（1）合同协议书　合同协议书集中约定了合同当事人基本的合同权利义务。

（2）通用合同条款　通用合同条款是合同当事人根据《建筑法》等相关法律法规的规定，就工程设计的实施及相关事项对合同当事人的权利义务做出的原则性约定。

通用合同条款既考虑了现行法律法规对工程建设的有关要求，也考虑了工程设计管理的特殊需要。

（3）专用合同条款　专用合同条款是对通用合同条款原则性约定的细化、完善、补充、修改或另行约定的条款。合同当事人可以根据不同建设工程的特点及具体情况，通过双方的谈判、协商对相应的专用合同条款进行修改补充。在使用专用合同条款时，应注意以下事项：①专用合同条款编号应与相应的通用合同条款编号一致；②合同当事人可以通过对专用合同条款的修改，满足具体房屋建筑工程的特殊要求，避免直接修改通用合同条款；③在专用合同条款中有横道线的地方，合同当事人可针对相应的通用合同条款进行细化、完善、补充、修改或另行约定；如无细化、完善、补充、修改或另行约定，则填写"无"或画"／"。

7.3　建设工程勘察合同的主要内容

本节介绍《建设工程勘察合同（示范文本）》（GF—2016—0203）中通用合同条款的主要内容。

7.3.1　发包人权利和义务

1. 发包人权利

1）发包人对勘察人的勘察工作有权依照合同约定实施监督，并对勘察成果予以验收。

2）发包人对勘察人无法胜任工程勘察工作的人员有权提出更换。

3）发包人拥有勘察人为其项目编制的所有文件资料的使用权，包括投标文件、成果资料和数据等。

2. 发包人义务

1）发包人应以书面形式向勘察人明确勘察任务及技术要求。

2）发包人应提供开展工程勘察工作所需要的图纸及技术资料，包括总平面图、地形图、已有水准点和坐标控制点等，若上述资料由勘察人负责收集时，发包人应承担相关费用。

3）发包人应提供工程勘察作业所需的批准及许可文件，包括立项批复、占用和挖掘道路许可等。

4）发包人应为勘察人提供具备条件的作业场地及进场通道（包括土地征用、障碍物清除、场地平整、提供水电接口和青苗赔偿等）并承担相关费用。

5）发包人应为勘察人提供作业场地内地下埋藏物（包括地下管线、地下构筑物等）的资料、图纸，没有资料、图纸的地区，发包人应委托专业机构查清地下埋藏物。若因发包人未提供上述资料、图纸，或提供的资料、图纸不实，致使勘察人在工程勘察工作过程中发生人身伤害或造成经济损失时，由发包人承担赔偿责任。

6）发包人应按照法律法规规定为勘察人安全生产提供条件并支付安全生产防护费用，发包人不得要求勘察人违反安全生产管理规定进行作业。

7）若勘察现场需要看守，特别是在有毒、有害等危险现场作业时，发包人应派人负责安全保卫工作；按国家有关规定，对从事危险作业的现场人员进行保健防护，并承担相应损失及费用。发包人对安全文明施工有特殊要求时，应在专用合同条款中另行约定。

8）发包人应对勘察人满足质量标准的已完工作，按照合同约定及时支付相应的工程勘察合同价款及费用。

3. 发包人委派发包人代表

发包人应在专用合同条款中明确其负责工程勘察的发包人代表的姓名、职务、联系方式及授权范围等事项。发包人代表在发包人的授权范围内，负责处理合同履行过程中与发包人有关的具体事宜。

7.3.2 勘察人权利和义务

1. 勘察人权利

1）勘察人在工程勘察期间，根据项目条件和技术标准、法律法规规定等方面的变化，有权向发包人提出增减合同工作量或修改技术方案的建议。

2）除建设工程主体部分的勘察外，根据合同约定或经发包人同意，勘察人可以将建设工程其他部分的勘察分包给其他具有相应资质等级的建设工程勘察单位。发包人对分包的特殊要求应在专用合同条款中另行约定。

3）勘察人对其编制的所有文件资料，包括投标文件、成果资料、数据和专利技术等拥有知识产权。

2. 勘察人义务

1）勘察人应按勘察任务书和技术要求并依据有关技术标准进行工程勘察工作。

2）勘察人应建立质量保证体系，按合同约定的时间提交质量合格的成果资料，并对其质量负责。

3）勘察人在提交成果资料后，应为发包人继续提供后期服务。

4）勘察人在工程勘察期间遇到地下文物时，应及时向发包人和文物主管部门报告并妥善保护。

5）勘察人开展工程勘察活动时应遵守有关职业健康及安全生产方面的各项法律法规的规定，采取安全防护措施，确保人员、设备和设施的安全。

6）勘察人在燃气管道、热力管道、动力设备、输水管道、输电线路、临街交通要道及地下通道（地下隧道）附近等风险性较大的地点，以及在易燃易爆地段及放射、有毒环境中进行工程勘察作业时，应编制安全防护方案并制定应急预案。

7）勘察人应在勘察方案中列明环境保护的具体措施，并在合同履行期间采取合理措施保护作业现场环境。

8）勘察人应派专业技术人员为发包人提供后续技术服务。

9）工程竣工验收时，勘察人应按发包人要求参加竣工验收工作，并提供竣工验收所需相关资料。

3. 勘察人委派勘察人代表

勘察人接受任务时，应在专用合同条款中明确其负责工程勘察的勘察人代表的姓名、职务、联系方式及授权范围等事项。勘察人代表在勘察人的授权范围内，负责处理合同履行过程中与勘察人有关的具体事宜。

7.3.3　勘察合同进度管理条款

1. 开工及延期开工

1）勘察人应按合同约定的工期进行工程勘察工作，并接受发包人对工程勘察工作进度的监督、检查。

2）因发包人原因不能按照合同约定的日期开工，发包人应以书面形式通知勘察人，推迟开工日期并相应顺延工期。

2. 成果提交日期

勘察人应按照合同约定的日期或双方同意顺延的工期提交成果资料，具体可在专用合同条款中约定。

3. 发包人造成的工期延误

1）因以下情形造成工期延误，勘察人有权要求发包人延长工期、增加合同价款和（或）补偿费用：①发包人未能按合同约定提供图纸及开工条件；②发包人未能按合同约定及时支付定金、预付款和（或）进度款；③变更导致合同工作量增加；④发包人增加合同工作内容；⑤发包人改变工程勘察技术要求；⑥发包人导致工期延误的其他情形。

2）除专用合同条款对期限另有约定外，勘察人在发包人造成的工期延误情形发生后 7 天内，应就延误的工期以书面形式向发包人提出报告。发包人在收到报告后 7 天内予以确认；逾期不予确认也不提出修改意见，视为同意顺延工期。补偿费用的确认程序参照通用条款中〔合同价款与调整〕条款的约定执行。

4. 勘察人造成的工期延误

勘察人因以下情形不能按照合同约定的日期或双方同意顺延的工期提交成果资料的，勘察人承担违约责任：

1）勘察人未按合同约定开工日期开展工作造成工期延误的。

2）勘察人因管理不善、组织不力造成工期延误的。

3）因弥补勘察人自身原因导致的质量缺陷而造成工期延误的。

4）因勘察人成果资料不合格返工造成工期延误的。

5）勘察人导致工期延误的其他情形。

5. 恶劣气候条件造成的工期延误

恶劣气候条件影响现场作业，导致现场作业难以进行，造成工期延误的，勘察人有权要求发包人延长工期。

6. 变更范围与确认

（1）变更范围　合同变更是指在合同签订日后发生的以下变更：

1）法律法规及技术标准的变化引起的变更。

2）规划方案或设计条件的变化引起的变更。

3）不利物质条件引起的变更。

4）发包人的要求变化引起的变更。

5）因政府临时禁令引起的变更。

6）其他专用合同条款中约定的变更。

（2）变更确认　当引起变更的情形出现，除专用合同条款对期限另有约定外，勘察人应在 7 天内就调整后的技术方案以书面形式向发包人提出变更要求，发包人应在收到报告后 7 天内予以确认，逾期不予确认也不提出修改意见，视为同意变更。

7.3.4 勘察合同质量管理条款

1. 成果质量

1）成果质量应符合相关技术标准和深度规定，且满足合同约定的质量要求。

2）双方对工程勘察成果质量有争议时，由双方同意的第三方机构鉴定，所需费用及因此造成的损失，由责任方承担；双方均有责任的，由双方根据其责任分别承担。

2. 成果份数

勘察人应向发包人提交四份成果资料，发包人要求增加的份数，在专用合同条款中另行约定，发包人另行支付相应的费用。

3. 成果交付

勘察人按照约定时间和地点向发包人交付成果资料，发包人应出具书面签收单，内容包括成果名称、成果组成、成果份数、提交和签收日期、提交人与接收人的亲笔签名等。

4. 成果验收

勘察人向发包人提交成果资料后，如需对勘察成果组织验收的，发包人应及时组织验收。除专用合同条款对期限另有约定外，发包人 14 天内无正当理由不予组织验收，视为验收通过。

7.3.5 勘察合同费用管理条款

1. 合同价款与调整

1）依照法定程序进行招标工程的合同价款由发包人和勘察人依据中标价格载明在合同协议书中；非招标工程的合同价款由发包人和勘察人议定，并载明在合同协议书中。合同价款在合同协议书中约定后，除合同条款约定的合同价款调整因素外，任何一方不得擅自改变。

2）合同当事人可任选下列一种合同价款的形式，双方可在专用合同条款中约定：

① 总价合同。双方在专用合同条款中约定合同价款包含的风险范围和风险费用的计算方法，在约定的风险范围内合同价款不再调整。风险范围以外的合同价款调整因素和方法，应在专用合同条款中约定。

② 单价合同。合同价款根据工作量的变化而调整，合同单价在风险范围内一般不予调整，双方可在专用合同条款中约定合同单价调整因素和方法。

③ 其他合同价款形式。合同当事人可在专用合同条款中约定其他合同价格形式。

3）需调整合同价款时，合同一方应及时将调整原因、调整金额以书面形式通知对方，双方共同确认调整金额后作为追加或减少的合同价款，与进度款同期支付。除专用合同条款对期限另有约定外，一方在收到对方的通知后 7 天内不予确认也不提出修改意见，视为已经同意该项调整。合同当事人就调整事项不能达成一致的，则按照通用合同条款中〔争议解决〕条款的约定执行。

2. 定金或预付款

1）实行定金或预付款的，双方应在专用合同条款中约定发包人向勘察人支付定金或预付款数额，支付时间应不迟于约定的开工日期前 7 天。发包人不按约定支付，勘察人向发包人发出要求支付的通知，发包人收到通知后仍不能按要求支付，勘察人可在发出通知后推迟开工日期，并由发包人承担违约责任。

2）定金或预付款在进度款中抵扣，抵扣办法可在专用合同条款中约定。

3. 进度款支付

1）发包人应按照专用合同条款约定的进度款支付方式、支付条件和支付时间进行支付。

2）按照通用合同条款中〔合同价款与调整〕和〔变更合同价款确定〕条款确定调整的合同价款及其他条款中约定的追加或减少的合同价款，应与进度款同期调整支付。

3）发包人超过约定的支付时间不支付进度款，勘察人可向发包人发出要求付款的通知，发包人收到勘察人通知后仍不能按要求付款，可与勘察人协商签订延期付款协议，经勘察人同意后可延期支付。

4）发包人不按合同约定支付进度款，双方又未达成延期付款协议，勘察人可停止工程勘察作业和后期服务，由发包人承担违约责任。

4. 变更合同价款确定

1）变更合同价款按下列方法进行：①合同中已有适用于变更工程的价格，按合同已有的价格变更合同价款；②合同中只有类似于变更工程的价格，可以参照类似价格变更合同价款；③合同中没有适用或类似于变更工程的价格，由勘察人提出适当的变更价格，经发包人确认后执行。

2）除专用合同条款对期限另有约定外，一方应在双方确定变更事项后 14 天内向对方提出变更合同价款报告，否则视为该项变更不涉及合同价款的变更。

3）除专用合同条款对期限另有约定外，一方应在收到对方提交的变更合同价款报告之日起 14 天内予以确认。逾期无正当理由不予确认的，则视为该项变更合同价款报告已被确认。

4）一方不同意对方提出的合同价款变更，按通用合同条款中〔争议解决〕条款的约定执行。

5）因勘察人自身原因导致的变更，勘察人无权要求追加合同价款。

5. 合同价款结算

除专用合同条款另有约定外，发包人应在勘察人提交成果资料后 28 天内，依据通用合同条款中〔合同价款与调整〕和〔变更合同价款确定〕条款的约定进行最终合同价款确定，并予以全额支付。

7.3.6　勘察合同管理的其他条款

1. 知识产权

1）除专用合同条款另有约定外，发包人提供给勘察人的图纸、发包人为实施工程自行编制或委托编制的反映发包人要求或其他类似性质的文件的著作权属于发包人，勘察人可以为实现合同的目的而复制、使用此类文件，但不能用于与合同无关的其他事项。未经发包人书面同意，勘察人不得为了合同以外的目的而复制、使用上述文件或将之提供给任何第三方。

2）除专用合同条款另有约定外，勘察人为实施工程所编制的成果文件的著作权属于勘察人，发包人可因工程的需要而复制、使用此类文件，但不能擅自修改或用于与合同无关的其他事项。未经勘察人书面同意，发包人不得为了合同以外的目的而复制、使用上述文件或将之提供给任何第三方。

3）合同当事人保证在履行合同过程中不侵犯对方及第三方的知识产权。勘察人在工程勘察时，因侵犯他人的专利权或其他知识产权所引起的责任，由勘察人承担；因发包人提供的基础资料导致侵权的，由发包人承担责任。

4）在不损害对方利益情况下，合同当事人双方均有权在申报奖项、制作宣传印刷品及出版物时使用有关项目的文字和图片材料。

5）除专用合同条款另有约定外，勘察人在合同签订前和签订时已确定采用的专利、专有技术、技术秘密的使用费已包含在合同价款中。

2. 不可抗力

（1）不可抗力的确认

1）不可抗力是在订立合同时不可合理预见，在履行合同中不可避免的发生且不能克服的自然灾害和社会突发事件，如地震、海啸、瘟疫、洪水、骚乱、暴动、战争以及专用条款约定的其他自然灾害和社会突发事件。

2）不可抗力发生后，发包人和勘察人应收集不可抗力发生及造成损失的证据。合同当事双方对是否属于不可抗力或其损失发生争议时，按"争议解决"条款约定执行。

（2）不可抗力的通知

1）遇有不可抗力发生时，发包人和勘察人应立即通知对方，双方应共同采取措施减少损失。除专用合同条款对期限另有约定外，不可抗力持续发生，勘察人应每隔7天向发包人报告一次受害损失情况。

2）除专用合同条款对期限另有约定外，不可抗力结束后2天内，勘察人向发包人通报受害损失情况及预计清理和修复的费用；不可抗力结束后14天内，勘察人向发包人提交清理和修复费用的正式报告及有关资料。

（3）不可抗力后果的承担

1）因不可抗力发生的费用及延误的工期由双方按以下方法分别承担：①发包人和勘察人人员伤亡由合同当事人双方自行负责，并承担相应费用；②勘察人机械设备损坏及停工损失，由勘察人承担；③停工期间，勘察人应发包人要求留在作业场地的管理人员及保卫人员的费用由发包人承担；④作业场地发生的清理、修复费用由发包人承担；⑤延误的工期相应顺延。

2）因合同一方迟延履行合同后发生不可抗力的，不能免除迟延履行方的相应责任。

3. 合同生效与终止

1）双方在合同协议书中约定合同生效方式。

2）发包人、勘察人履行合同全部义务，合同价款支付完毕，本合同即告终止。

3）合同的权利义务终止后，合同当事人应遵循诚实信用原则，履行通知、协助和保密等义务。

4. 合同解除

1）有下列情形之一的，发包人、勘察人可以解除合同：①因不可抗力致使合同无法履行；②发生未按通用合同条款中〔定金或预付款〕或〔进度款支付〕条款的约定按时支付合同价款的情况，停止作业超过 28 天，勘察人有权解除合同，由发包人承担违约责任；③勘察人将其承包的全部工程转包给他人或者肢解以后以分包的名义分别转包给他人，发包人有权解除合同，由勘察人承担违约责任；④发包人和勘察人协商一致可以解除合同的其他情形。

2）一方依据上述"1）"条款约定要求解除合同的，应以书面形式向对方发出解除合同的通知，并在发出通知前不少于 14 天告知对方，通知到达对方时合同解除。对解除合同有争议的，按通用合同条款中〔争议解决〕条款的约定执行。

3）因不可抗力致使合同无法履行时，发包人应按合同约定向勘察人支付已完工作量相对应比例的合同价款后解除合同。

4）合同解除后，勘察人应按发包人要求将自有设备和人员撤出作业场地，发包人应为勘察人撤出提供必要条件。

5. 责任与保险

1）勘察人应运用一切合理的专业技术和经验，按照公认的职业标准尽其全部职责和谨慎、勤勉地履行其在本合同项下的责任和义务。

2）合同当事人可按照法律法规的要求在专用合同条款中约定履行合同所需要的工程勘察责任保险，并使其于合同责任期内保持有效。

3）勘察人应依照法律法规的规定为勘察作业人员参加工伤保险、人身意外伤害险和其他保险。

6. 违约

（1）发包人违约

1）发包人违约情形包括：①合同生效后，发包人无故要求终止或解除合同；②发包人未按通用合同条款中〔定金或预付款〕条款的约定按时支付定金或预付款；③发包人未按通用合同条款中〔进度款支付〕条款的约定按时支付进度款；④发包人不履行合同义务或不按合同约定履行义务的其他情形。

2）发包人违约责任包括：①合同生效后，发包人无故要求终止或解除合同，勘察人未开始勘察工作的，不退还发包人已付的定金或发包人按照专用合同条款约定向勘察人支付违约金；勘察人已开始勘察工作的，若完成计划工作量不足 50% 的，发包人应支付勘察人合同价款的 50%；完成计划工作量超过 50% 的，发包人应支付勘察人合同价款的 100%；②发包人发生其他违约情形时，发包人应承担由此增加的费用和工期延误损失，并给予勘察人合理赔偿。双方可在专用合同条款内约定发包人赔偿勘察人损失的计算方法或者发包人应支付违约金的数额或计算方法。

（2）勘察人违约

1）勘察人违约情形包括：①合同生效后，勘察人因自身原因要求终止或解除合同；②因勘察人原因不能按照合同约定的日期或合同当事人同意顺延的工期提交成果资料；③因勘察人原因造成成果资料质量达不到合同约定的质量标准；④勘察人不履行合同义务或未按约定履行合同义务的其他情形。

2）勘察人违约责任包括：①合同生效后，勘察人因自身原因要求终止或解除合同，勘察人应双倍返还发包人已支付的定金或勘察人按照专用合同条款约定向发包人支付违约金；

②因勘察人原因造成工期延误的，应按专用合同条款约定向发包人支付违约金；③因勘察人原因造成成果资料质量达不到合同约定的质量标准，勘察人应负责无偿给予补充完善使其达到质量合格；因勘察人原因导致工程质量安全事故或其他事故时，勘察人除负责采取补救措施外，应通过所投工程勘察责任保险向发包人承担赔偿责任或根据直接经济损失程度按专用合同条款约定向发包人支付赔偿金；④勘察人发生其他违约情形时，勘察人应承担违约责任并赔偿因其违约给发包人造成的损失，双方可在专用合同条款内约定勘察人赔偿发包人损失的计算方法和赔偿金额。

7. 索赔

（1）发包人索赔　勘察人未按合同约定履行义务或发生错误以及应由勘察人承担责任的其他情形，造成工期延误及发包人的经济损失，除专用合同条款另有约定外，发包人可按下列程序以书面形式向勘察人索赔：①违约事件发生后 7 天内，向勘察人发出索赔意向通知；②发出索赔意向通知后 14 天内，向勘察人提出经济损失的索赔报告及有关资料；③勘察人在收到发包人送交的索赔报告和有关资料或补充索赔理由、证据后，于 28 天内给予答复；④勘察人在收到发包人送交的索赔报告和有关资料后 28 天内未予答复或未对发包人做进一步要求，视为该项索赔已被认可；⑤当该违约事件持续进行时，发包人应阶段性向勘察人发出索赔意向，在违约事件终了 21 天内，向勘察人送交索赔的有关资料和最终索赔报告。索赔答复程序同上述②、④项的约定相同。

（2）勘察人索赔　发包人未按合同约定履行义务或发生错误以及应由发包人承担责任的其他情形，造成工期延误和（或）勘察人不能及时得到合同价款及勘察人的经济损失，除专用合同条款另有约定外，勘察人可按下列程序以书面形式向发包人索赔：①违约事件发生后 7 天内，勘察人可向发包人发出要求其采取有效措施纠正违约行为的通知，发包人收到通知 14 天内仍不履行合同义务，勘察人有权停止作业，并向发包人发出索赔意向通知；②发出索赔意向通知后 14 天内，向发包人提出延长工期和（或）补偿经济损失的索赔报告及有关资料；③发包人在收到勘察人送交的索赔报告和有关资料或补充索赔理由、证据后，于 28 天内给予答复；④发包人在收到勘察人送交的索赔报告和有关资料后 28 天内未予答复或未对勘察人做进一步要求，视为该项索赔已被认可；⑤当该索赔事件持续进行时，勘察人应阶段性向发包人发出索赔意向，在索赔事件终了后 21 天内，向发包人送交索赔的有关资料和最终索赔报告。索赔答复与程序与上述③、④项的约定相同。

8. 争议解决

（1）和解　因合同以及与合同有关事项发生争议的，双方可以就争议自行和解。自行和解达成协议的，经签字并盖章后作为合同补充文件，双方均应遵照执行。

（2）调解　因合同以及与合同有关事项发生争议的，双方可以就争议请求行政主管部门、行业协会或其他第三方进行调解。调解达成协议的，经签字并盖章后作为合同补充文件，双方均应遵照执行。

（3）仲裁或诉讼　因合同以及与合同有关事项发生争议的，当事人不愿和解、调解或者和解、调解不成的，双方可以在专用合同条款内约定以下一种方式解决争议：①双方达成仲裁协议，向约定的仲裁委员会申请仲裁；②向有管辖权的人民法院起诉。

7.4　建设工程设计合同的主要内容

《建设工程设计合同示范文本（房屋建筑工程）》（GF—2015—0209）和《建设工程设计合同示范文本（专业建设工程）》（GF—2015—0210）的内容基本相同，本节以《建设工程设计合同示范文本（房屋建筑工程）》为例介绍建设工程设计合同的主要内容。

7.4.1　发包人的主要工作

1. 发包人一般义务

1）发包人应遵守法律，并办理法律规定由其办理的许可、核准或备案，包括但不限于建设用地规划许可证、建设工程规划许可证、建设工程方案设计批准、施工图设计审查等许可、核准或备案。

2）发包人负责本项目各阶段设计文件向规划设计管理部门的送审报批工作，并负责将报批结果书面通知设计人。因发包人原因未能及时办理完毕前述许可、核准或备案手续，导致设计工作量增加和（或）设计周期延长时，由发包人承担由此增加的设计费用和（或）延长的设计周期。

3）发包人应当负责工程设计的所有外部关系（包括但不限于当地政府主管部门等）的协调，为设计人履行合同提供必要的外部条件。

4）专用合同条款约定的其他义务。

2. 发包人委派发包人代表

发包人应在专用合同条款中明确其负责工程设计的发包人代表的姓名、职务、联系方式及授权范围等事项。发包人代表在发包人的授权范围内，负责处理合同履行过程中与发包人有关的具体事宜。发包人代表在授权范围内的行为由发包人承担法律责任。发包人更换发包人代表的，应在专用合同条款约定的期限内提前书面通知设计人。

发包人代表不能按照合同约定履行其职责及义务，并导致合同无法继续正常履行的，设计人可以要求发包人撤换发包人代表。

3. 发包人的决定权

1）发包人在法律允许的范围内有权对设计人的设计工作、设计项目和（或）设计文件做出处理决定，设计人应按照发包人的决定执行，涉及设计周期和（或）设计费用等问题按通用合同条款中〔工程设计变更与索赔〕条款的约定处理。

2）发包人应在专用合同条款约定的期限内对设计人书面提出的事项做出书面决定，如发包人不在确定时间内做出书面决定，设计人的设计周期相应延长。

4. 提供工程设计资料

（1）提供工程设计必需的资料　发包人应当在工程设计前或专用合同条款附件 2 "发包人向设计人提交的有关资料及文件一览表" 约定的时间内向设计人提供工程设计所必需的工程设计资料，并对所提供资料的真实性、准确性和完整性负责。

按照法律规定确需在工程设计开始后方能提供的设计资料，发包人应及时地在相应工程设计文件提交给发包人前的合理期限内提供，合理期限应以不影响设计人的正常设计为限。

（2）逾期提供的责任　发包人提交上述文件和资料超过约定期限的，超过约定期限 15 天以内，设计人按本合同约定的交付工程设计文件时间相应顺延；超过约定期限 15 天以外时，设计人有权重新确定提交工程设计文件的时间。工程设计资料逾期提供导致增加设计工作量的，设计人可以要求发包人另行支付相应设计费用，并相应延长设计周期。

5. 支付合同价款

发包人应按合同约定向设计人及时足额支付合同价款。

6. 设计文件接收

发包人应按合同约定及时接收设计人提交的工程设计文件。

7. 施工现场配合服务

除专用合同条款另有约定外，发包人应为设计人派赴现场的工作人员提供工作、生活及交通等方面的便利条件。

7.4.2　设计人的主要工作

1. 设计人一般义务

1）设计人应遵守法律和有关技术标准的强制性规定，完成合同约定范围内的房屋工程方案设计、初步设计、施工图设计，提供符合技术标准及合同要求的工程设计文件，提供施工配合服务。

设计人应当按照专用合同条款约定配合发包人办理有关许可、核准或备案手续的，因设计人原因造成发包人未能及时办理许可、核准或备案手续，导致设计工作量增加和（或）设计周期延长时，由设计人自行承担由此增加的设计费用和（或）设计周期延长的责任。

2）设计人应当完成合同约定的工程设计及其他服务。

3）专用合同条款约定的其他义务。

2. 设计人委派项目负责人

1）项目负责人应为合同当事人所确认的人选，并在专用合同条款中明确项目负责人的姓名、执业资格及等级、执业证书编号、联系方式及授权范围等事项，项目负责人经设计人授权后代表设计人负责履行合同。

2）设计人需要更换项目负责人的，应在专用合同条款约定的期限内提前书面通知发包人，并征得发包人书面同意。通知中应当载明继任项目负责人的注册执业资格、管理经验等资料，继任项目负责人继续履行上述第 1）项约定的职责。未经发包人书面同意，设计人不得擅自更换项目负责人。设计人擅自更换项目负责人的，应按照专用合同条款的约定承担违约责任。对于设计人项目负责人确因患病、与设计人解除或终止劳动关系、工伤等原因更换项目负责人的，发包人无正当理由不得拒绝更换。

3）发包人有权书面通知设计人更换其认为不称职的项目负责人，通知中应当载明要求更换的理由。对于发包人有理由的更换要求，设计人应在收到书面更换通知后在专用合同条款约定的期限内进行更换，并将新任命的项目负责人的注册执业资格、管理经验等资料书面通知发包人。继任项目负责人继续履行项目负责人约定的职责。设计人无正当理由拒绝更换项目负责人的，应按照专用合同条款的约定承担违约责任。

3. 设计人委派设计人员

1）除专用合同条款对期限另有约定外，设计人应在接到开始设计通知后 7 天内，向发包人提交设计人项目管理机构及人员安排的报告，其内容应包括建筑、结构、给排水、暖通、电气等专业负责人名单及其岗位、注册执业资格等。

2）设计人委派到工程设计中的设计人员应相对稳定。设计过程中如有变动，设计人应及时向发包人提交工程设计人员变动情况的报告。设计人更换专业负责人时，应提前7天书面通知发包人，除专业负责人无法正常履职情形外，还应征得发包人书面同意。通知中应当载明继任人员的注册执业资格、执业经验等资料。

3）发包人对于设计人主要设计人员的资格或能力有异议的，设计人应提供资料证明被质疑人员有能力完成其岗位工作或不存在发包人所质疑的情形。发包人要求撤换不能按照合同约定履行职责及义务的主要设计人员的，设计人认为发包人有理由的，应当撤换。设计人无正当理由拒绝撤换的，应按照专用合同条款的约定承担违约责任。

4. 设计分包

（1）设计分包的一般约定　设计人不得将其承包的全部工程设计转包给第三人，或将其承包的全部工程设计肢解后以分包的名义转包给第三人。设计人不得将工程主体结构、关键性工作及专用合同条款中禁止分包的工程设计分包给第三人，工程主体结构、关键性工作的范围由合同当事人按照法律规定在专用合同条款中予以明确。设计人不得进行违法分包。

（2）设计分包的确定　设计人应按专用合同条款的约定或经过发包人书面同意后进行分包，确定分包人。按照合同约定或经过发包人书面同意后进行分包的，设计人应确保分包人具有相应的资质和能力。工程设计分包不减轻或免除设计人的责任和义务，设计人和分包人就分包工程设计向发包人承担连带责任。

（3）设计分包管理　设计人应按照专用合同条款的约定向发包人提交分包人的主要工程设计人员名单、注册执业资格及执业经历等。

（4）分包工程设计费

1）除以下第2）项约定的情况或专用合同条款另有约定外，分包工程设计费由设计人与分包人结算，未经设计人同意，发包人不得向分包人支付分包工程设计费。

2）生效的法院判决书或仲裁裁决书要求发包人向分包人支付分包工程设计费的，发包人有权从应付设计人合同价款中扣除该部分费用。

5. 联合体

1）联合体各方应共同与发包人签订合同协议书。联合体各方应为履行合同向发包人承担连带责任。

2）联合体协议应当约定联合体各成员工作分工，经发包人确认后作为合同附件。在履行合同过程中，未经发包人同意，不得修改联合体协议。

3）联合体牵头人负责与发包人联系，并接受指示，负责组织联合体各成员全面履行合同。

4）发包人向联合体支付设计费用的方式在专用合同条款中约定。

6. 施工现场配合服务

设计人应当提供设计技术交底、解决施工中设计技术问题和竣工验收服务。如果发包人在专用合同条款约定的施工现场服务时限之外仍要求设计人负责上述工作的，发包人应按所需工作量向设计人另行支付服务费用。

7.4.3 设计合同进度管理条款

1. 工程设计进度计划

（1）工程设计进度计划的编制 设计人应按照专用合同条款约定提交工程设计进度计划，工程设计进度计划的编制应当符合法律规定和一般工程设计实践惯例，工程设计进度计划经发包人批准后实施。工程设计进度计划是控制工程设计进度的依据，发包人有权按照工程设计进度计划中列明的关键性控制节点检查工程设计进度情况。

工程设计进度计划中的设计周期应由发包人与设计人协商确定，明确约定各阶段设计任务的完成时间区间，包括各阶段设计过程中设计人与发包人的交流时间，但不包括相关政府部门对设计成果的审批时间及发包人的审查时间。

（2）工程设计进度计划的修订 工程设计进度计划不符合合同要求或与工程设计的实际进度不一致的，设计人应向发包人提交修订的工程设计进度计划，并附具有关措施和相关资料。除专用合同条款对期限另有约定外，发包人应在收到修订的工程设计进度计划后5天内完成审核和批准或提出修改意见，否则视为发包人同意设计人提交的修订的工程设计进度计划。

2. 工程设计开始

发包人应按照法律规定获得工程设计所需的许可。发包人发出的开始设计通知应符合法律规定，一般应在计划开始设计日期7天前向设计人发出开始工程设计工作通知，工程设计周期自开始设计通知中载明的开始设计的日期起算。

设计人应当在收到发包人提供的工程设计资料及专用合同条款约定的定金或预付款后，开始工程设计工作。

各设计阶段的开始时间均以设计人收到的发包人发出开始设计工作的书面通知书中载明的开始设计的日期起算。

3. 工程设计进度延误

（1）因发包人原因导致工程设计进度延误 在合同履行过程中，发包人导致工程设计进度延误的情形主要有：

1）发包人未能按合同约定提供工程设计资料或所提供的工程设计资料不符合合同约定或存在错误或疏漏的。

2）发包人未能按合同约定日期足额支付定金或预付款、进度款的。

3）发包人提出影响设计周期的设计变更要求的。

4）专用合同条款中约定的其他情形。

因发包人原因未按计划开始设计日期开始设计的，发包人应按实际开始设计日期顺延完成设计日期。

除专用合同条款对期限另有约定外，设计人应在发生上述情形后5天内向发包人发出要求延期的书面通知，在发生该情形后10天内提交要求延期的详细说明供发包人审查。除专用合同条款对期限另有约定外，发包人收到设计人要求延期的详细说明后，应在5天内进行审查并就是否延长设计周期及延期天数向设计人进行书面答复。

如果发包人在收到设计人提交要求延期的详细说明后，在约定的期限内未予答复，则视为设计人要求的延期已被发包人批准。如果设计人未能按约定的时间内发出要求延期的通知并提交详细资料，则发包人可拒绝做出任何延期的决定。

发包人上述工程设计进度延误情形导致增加了设计工作量的，发包人应当另行支付相应设计费用。

（2）因设计人原因导致工程设计进度延误　因设计人原因导致工程设计进度延误的，设计人应当按照通用合同条款中〔设计人违约责任〕条款承担责任。设计人支付逾期完成工程设计违约金后，不免除设计人继续完成工程设计的义务。

4. 暂停设计

（1）发包人原因引起的暂停设计　因发包人原因引起暂停设计的，发包人应及时下达暂停设计指示。

因发包人原因引起的暂停设计，发包人应承担由此增加的设计费用和（或）延长的设计周期。

（2）设计人原因引起的暂停设计　因设计人原因引起的暂停设计，设计人应当尽快向发包人发出书面通知并按通用合同条款中〔设计人违约责任〕条款的规定承担责任，且设计人在收到发包人复工指示后 15 天内仍未复工的，视为设计人无法继续履行合同的情形，设计人应按通用合同条款中〔合同解除〕条款的约定承担责任。

（3）其他原因引起的暂停设计　当出现非设计人原因造成的暂停设计，设计人应当尽快向发包人发出书面通知。

在上述情形下设计人的设计服务暂停，设计人的设计周期应当相应延长，复工应有发包人与设计人共同确认的合理期限。

当发生上述约定的情况，导致设计人增加设计工作量的，发包人应当另行支付相应设计费用。

（4）暂停设计后的复工　暂停设计后，发包人和设计人应采取有效措施积极消除暂停设计的影响。当工程具备复工条件时，发包人向设计人发出复工通知，设计人应按照复工通知要求复工。

除设计人原因导致暂停设计外，设计人暂停设计后复工所增加的设计工作量，发包人应当另行支付相应设计费用。

5. 提前交付工程设计文件

1）发包人要求设计人提前交付工程设计文件的，发包人应向设计人下达提前交付工程设计文件指示，设计人应向发包人提交提前交付工程设计文件建议书，提前交付工程设计文件建议书应包括实施的方案、缩短的时间、增加的合同价格等内容。发包人接受该提前交付工程设计文件建议书的，发包人和设计人协商采取加快工程设计进度的措施，并修订工程设计进度计划，由此增加的设计费用由发包人承担。设计人认为提前交付工程设计文件的指示无法执行的，应向发包人提出书面异议，发包人应在收到异议后 7 天内予以答复。任何情况下，发包人不得压缩合理设计周期。

2）发包人要求设计人提前交付工程设计文件，或设计人提出提前交付工程设计文件的建议能够给发包人带来效益的，合同当事人可以在专用合同条款中约定提前交付工程设计文件的奖励。

7.4.4 设计合同质量管理条款

1. 工程设计要求

（1）工程设计一般要求

1）对发包人的要求。具体如下：

① 发包人应当遵守法律和技术标准，不得以任何理由要求设计人违反法律和工程质量、安全标准进行工程设计，降低工程质量。

② 发包人要求进行限额设计的，钢材用量、混凝土用量等主要技术指标控制值应当符合有关工程设计标准的要求，且应当在工程设计开始前书面向设计人提出，经发包人与设计人协商一致后以书面形式确定作为合同附件。

③ 发包人应当严格遵守主要技术指标控制的前提条件，由于发包人的原因导致工程设计文件超出主要技术指标控制值的，发包人承担相应责任。

2）对设计人的要求。具体如下：

① 设计人应当按法律和技术标准的强制性规定及发包人要求进行工程设计。有关工程设计的特殊标准或要求由合同当事人在专用合同条款中约定。设计人发现发包人提供的工程设计资料有问题的，设计人应当及时通知发包人并经发包人确认。

② 除合同另有约定外，设计人完成设计工作所应遵守的法律以及技术标准，均应视为在基准日期适用的版本。基准日期之后，前述版本发生重大变化，或者有新的法律以及技术标准实施的，设计人应就推荐性标准向发包人提出遵守新标准的建议，对强制性的规定或标准应当遵照执行。因发包人采纳设计人的建议或遵守基准日期后新的强制性的规定或标准，导致增加设计费用和（或）设计周期延长的，由发包人承担。

③ 设计人应当根据建筑工程的使用功能和专业技术协调要求，合理确定基础类型、结构体系、结构布置、使用荷载及综合管线等。

④ 设计人应当严格执行其双方书面确认的设计限额指标，由于设计人的原因导致工程设计文件超出在专用合同条款中约定的设计限额比例的，设计人应当承担相应的违约责任。

⑤ 设计人在工程设计中选用的材料、设备，应当注明其规格、型号、性能等技术指标及适应性，满足质量、安全、节能、环保等要求。

（2）工程设计保证措施

1）发包人的保证措施。发包人应按照法律规定及合同约定完成与工程设计有关的各项工作。

2）设计人的保证措施。设计人应做好工程设计的质量与技术管理工作，建立健全工程设计质量保证体系，加强工程设计全过程的质量控制，建立完整的设计文件的设计、复核、审核、会签和批准制度，明确各阶段的责任人。

（3）工程设计文件的要求

1）工程设计文件的编制应符合法律、技术标准的强制性规定及合同的要求。

2）工程设计依据应完整、准确、可靠，设计方案论证充分，计算成果可靠，并能够实施。

3）工程设计文件的深度应满足合同相应设计阶段的规定要求，并符合国家和行业现行有效的相关规定。

4）工程设计文件必须保证工程质量和施工安全等方面的要求，按照有关法律法规规定在工程设计文件中提出保障施工作业人员安全和预防生产安全事故的措施建议。

5）应根据法律、技术标准要求，保证房屋建筑工程的合理使用寿命年限，并应在工程设计文件中注明相应的合理使用寿命年限。

（4）不合格工程设计文件的处理

1）因设计人原因造成工程设计文件不合格的，发包人有权要求设计人采取补救措施，直至达到合同要求的质量标准，并按通用合同条款中〔设计人违约责任〕条款的约定承担责任。

2）因发包人原因造成工程设计文件不合格的，设计人应当采取补救措施，直至达到合同要求的质量标准，由此增加的设计费用和（或）设计周期的延长由发包人承担。

2. 工程设计文件交付

（1）工程设计文件交付的内容

1）工程设计图及设计说明。

2）发包人可以要求设计人提交专用合同条款约定的具体形式的电子版设计文件。

（2）工程设计文件的交付方式

设计人交付工程设计文件给发包人，发包人应当出具书面签收单，内容包括图纸名称、图纸内容、图纸形式、份数、提交和签收日期、提交人与接收人的亲笔签名。

（3）工程设计文件交付的时间和份数

工程设计文件交付的名称、时间和份数在专用合同条款附件3"设计人向发包人交付的工程设计文件目录"中约定。

3. 工程设计文件审查

1）设计人的工程设计文件应报发包人审查同意。审查的范围和内容在发包人要求中约定。审查的具体标准应符合法律规定、技术标准要求和合同约定。

除专用合同条款对期限另有约定外，自发包人收到设计人的工程设计文件以及设计人的通知之日起，发包人对设计人的工程设计文件审查期不超过15天。

发包人不同意工程设计文件的，应以书面形式通知设计人，并说明不符合合同要求的具体内容。设计人应根据发包人的书面说明，对工程设计文件进行修改后重新报送发包人审查，审查期重新起算。

合同约定的审查期满，发包人没有做出审查结论也没有提出异议的，视为设计人的工程设计文件已获发包人同意。

2）设计人的工程设计文件不需要政府有关部门审查或批准的，设计人应当严格按照经发包人审查同意的工程设计文件进行修改，如果发包人的修改意见超出或更改了发包人要求，发包人应当根据通用合同条款中〔工程设计变更与索赔〕条款的约定，向设计人另行支付费用。

3）工程设计文件需政府有关部门审查或批准的，发包人应在审查同意设计人的工程设计文件后在专用合同条款约定的期限内，向政府有关部门报送工程设计文件，设计人应予以协助。

对于政府有关部门的审查意见，不需要修改发包人要求的，设计人需按该审查意见修改设计人的工程设计文件；需要修改发包人要求的，发包人应重新提出发包人要求，设计人应根据新提出的发包人要求修改设计人的工程设计文件，发包人应当根据通用合同条款中〔工程设计变更与索赔〕条款的约定，向设计人另行支付费用。

4）发包人需要组织审查会议对工程设计文件进行审查的，审查会议的审查形式和时间安排，在专用合同条款中约定。发包人负责组织工程设计文件审查会议，并承担会议费用及发包人的上级单位、政府有关部门参加审查会议的费用。

设计人按通用合同条款中〔工程设计文件交付〕条款的约定向发包人提交工程设计文件，有义务参加发包人组织的设计审查会议，向审查者介绍、解答、解释其工程设计文件，并提供有关补充资料。

发包人有义务向设计人提供设计审查会议的批准文件和纪要。设计人有义务按照相关设计审查会议批准的文件和纪要，并依据合同约定及相关技术标准，对工程设计文件进行修改、补充和完善。

5）因设计人原因，未能按通用合同条款中〔工程设计文件交付〕条款约定的时间向发包人提交工程设计文件，致使工程设计文件审查无法进行或无法按期进行，造成设计周期延长、窝工损失及发包人增加费用的，设计人应按通用合同条款中〔设计人违约责任〕条款的约定承担责任。

因发包人原因，致使工程设计文件审查无法进行或无法按期进行，造成设计周期延长、窝工损失及设计人增加的费用，由发包人承担。

6）因设计人原因造成工程设计文件不合格致使工程设计文件审查无法通过的，发包人有权要求设计人采取补救措施，直至达到合同要求的质量标准，并按通用合同条款中〔设计人违约责任〕条款的约定承担责任。

因发包人原因造成工程设计文件不合格致使工程设计文件审查无法通过的，由此增加的设计费用和（或）延长的设计周期由发包人承担。

7）工程设计文件的审查，不减轻或免除设计人依据法律应当承担的责任。

7.4.5　设计合同费用管理条款

1. 合同价款组成

发包人和设计人应当在专用合同条款附件6"设计费明细及支付方式"中明确约定合同价款各组成部分的具体数额，主要包括：

1）工程设计基本服务费用。

2）工程设计其他服务费用。

3）在未签订合同前发包人已经同意或接受或已经使用的设计人为发包人所做的各项工作的相应费用等。

2. 合同价格形式

发包人和设计人应在合同协议书中选择下列一种合同价格形式：

（1）单价合同　单价合同是指合同当事人约定以建筑面积（包括地上建筑面积和地下建筑面积）每平方米单价或实际投资总额的一定比例等进行合同价格计算、调整和确认的建设工程设计合同，在约定的范围内合同单价不做调整。合同当事人应在专用合同条款中约定单价包含的风险范围和风险费用的计算方法，并约定风险范围以外的合同价格的调整方法。

（2）总价合同　总价合同是指合同当事人约定以发包人提供的上一阶段工程设计文件及有关条件进行合同价格计算、调整和确认的建设工程设计合同，在约定的范围内合同总价不做调整。合同当事人应在专用合同条款中约定总价包含的风险范围和风险费用的计算方法，并约定风险范围以外的合同价格的调整方法。

（3）其他价格形式　合同当事人可在专用合同条款中约定其他合同价格形式。

3. 定金或预付款

（1）定金或预付款的比例　定金的比例不应超过合同总价款的 20%。预付款的比例由发包人与设计人协商确定，一般不低于合同总价款的 20%。

（2）定金或预付款的支付　定金或预付款的支付按照专用合同条款约定执行，但最迟应在开始设计通知载明的开始设计日期前专用合同条款约定的期限内支付。

发包人逾期支付定金或预付款超过专用合同条款约定的期限的，设计人有权向发包人发出要求支付定金或预付款的催告通知，发包人收到通知后 7 天内仍未支付的，设计人有权不开始设计工作或暂停设计工作。

4. 进度款支付

1）发包人应当按照专用合同条款附件 6 "设计费明细及支付方式" 约定的付款条件及时向设计人支付进度款。

2）进度付款的修正。在对已付进度款进行汇总和复核中发现错误、遗漏或重复的，发包人和设计人均有权提出修正申请。经发包人和设计人同意的修正，应在下期进度付款中支付或扣除。

5. 合同价款的结算与支付

1）对于采取固定总价形式的合同，发包人应当按照专用合同条款附件 6 "设计费明细及支付方式" 的约定及时支付尾款。

2）对于采取固定单价形式的合同，发包人与设计人应当按照专用合同条款附件 6 "设计费明细及支付方式" 约定的结算方式及时结清工程设计费，并将结清未支付的款项一次性支付给设计人。

3）对于采取其他价格形式的，也应按专用合同条款的约定及时结算和支付。

6. 支付账户

发包人应将合同价款支付至合同协议书中约定的设计人账户。

7.4.6　设计合同管理的其他条款

1. 工程设计变更与索赔

1）发包人变更工程设计的内容、规模、功能、条件等，应当向设计人提供书面要求，设计人在不违反法律规定以及技术标准强制性规定的前提下应当按照发包人要求变更工程设计。

2）发包人变更工程设计的内容、规模、功能、条件或因提交的设计资料存在错误或做较大修改时，发包人应按设计人所耗工作量向设计人增付设计费，设计人可按约定和专用合同条款附件 7 "设计变更计费依据和方法" 的约定，与发包人协商对合同价格和/或完工时间做可共同接受的修改。

3）如果由于发包人要求更改而造成的项目复杂性的变更或性质的变更使得设计人的设

计工作减少，发包人可按约定和专用合同条款附件 7 "设计变更计费依据和方法" 的约定，与设计人协商对合同价格和（或）完工时间做可共同接受的修改。

4）基准日期后，与工程设计服务有关的法律、技术标准的强制性规定的颁布及修改，由此增加的设计费用和（或）延长的设计周期由发包人承担。

5）如果发生设计人认为有理由提出增加合同价款或延长设计周期的要求事项，除专用合同条款对期限另有约定外，设计人应于该事项发生后 5 天内书面通知发包人。除专用合同条款对期限另有约定外，在该事项发生后 10 天内，设计人应向发包人提供证明设计人要求的书面声明，其中包括设计人关于因该事项引起的合同价款和设计周期的变化的详细计算。除专用合同条款对期限另有约定外，发包人应在接到设计人书面声明后的 5 天内，予以书面答复。逾期未答复的，视为发包人同意设计人关于增加合同价款或延长设计周期的要求。

2. 专业责任与保险

1）设计人应运用一切合理的专业技术和经验知识，按照公认的职业标准尽其全部职责和谨慎、勤勉地履行其在本合同项下的责任和义务。

2）除专用合同条款另有约定外，设计人应具有发包人认可的、履行本合同所需要的工程设计责任保险并使其于合同责任期内保持有效。

3）工程设计责任保险应承担由于设计人的疏忽或过失而引发的工程质量事故所造成的建设工程本身的物质损失以及第三者人身伤亡、财产损失或费用的赔偿责任。

3. 知识产权

1）除专用合同条款另有约定外，发包人提供给设计人的图纸、发包人为实施工程自行编制或委托编制的技术规格书以及反映发包人要求的或其他类似性质的文件的著作权属于发包人，设计人可以为实现合同目的而复制、使用此类文件，但不能用于与合同无关的其他事项。未经发包人书面同意，设计人不得为了合同以外的目的而复制、使用上述文件或将之提供给任何第三方。

2）除专用合同条款另有约定外，设计人为实施工程所编制的文件的著作权属于设计人，发包人可因实施工程的运行、调试、维修、改造等目的而复制、使用此类文件，但不能擅自修改或用于与合同无关的其他事项。未经设计人书面同意，发包人不得为了合同以外的目的而复制、使用上述文件或将之提供给任何第三方。

3）合同当事人保证在履行合同过程中不侵犯对方及第三方的知识产权。设计人在工程设计时，因侵犯他人的专利权或其他知识产权所引起的责任，由设计人承担；因发包人提供的工程设计资料导致侵权的，由发包人承担责任。

4）合同当事人双方均有权在不损害对方利益和保密约定的前提下，在自己宣传用的印刷品或其他出版物上，或申报奖项时等情形下公布有关项目的文字和图片材料。

5）除专用合同条款另有约定外，设计人在合同签订前和签订时已确定采用的专利、专有技术、技术秘密的使用费应包含在签约合同价中。

4. 违约责任

（1）发包人违约责任

1）合同生效后，发包人因非设计人原因要求终止或解除合同，设计人未开始设计工作的，不退还发包人已付的定金或发包人按照专用合同条款的约定向设计人支付违约金；已开始设计工作的，发包人应按照设计人已完成的实际工作量计算设计费，完成工作量不足一半时，按该阶段设计费的一半支付设计费；超过一半时，按该阶段设计费的全部支付设计费。

2）发包人未按专用合同条款附件6"设计费明细及支付方式"约定的金额和期限向设计人支付设计费的，应按专用合同条款约定向设计人支付违约金。逾期超过15天时，设计人有权书面通知发包人中止设计工作。自中止设计工作之日起15天内发包人支付相应费用的，设计人应及时根据发包人要求恢复设计工作；自中止设计工作之日起超过15天后发包人支付相应费用的，设计人有权确定重新恢复设计工作的时间，且设计周期相应顺延。

3）发包人的上级或设计审批部门对设计文件不进行审批或合同工程停建、缓建，发包人应在事件发生之日起15天内按通用合同条款中〔合同解除〕条款的约定向设计人结算并支付设计费。

4）发包人擅自将设计人的设计文件用于本工程以外的工程或交第三方使用时，应承担相应法律责任，并应赔偿设计人因此遭受的损失。

（2）设计人违约责任

1）合同生效后，设计人因自身原因要求终止或解除合同，设计人应按发包人已支付的定金金额双倍返还给发包人或设计人按照专用合同条款约定向发包人支付违约金。

2）由于设计人原因，未按专用合同条款附件3"设计人向发包人交付的工程设计文件目录"约定的时间交付工程设计文件的，应按专用合同条款的约定向发包人支付违约金，前述违约金经双方确认后可在发包人应付设计费中扣减。

3）设计人对工程设计文件出现的遗漏或错误负责修改或补充。由于设计人原因产生的设计问题造成工程质量事故或其他事故时，设计人除负责采取补救措施外，应当通过所投建设工程设计责任保险向发包人承担赔偿责任或者根据直接经济损失程度按专用合同条款约定向发包人支付赔偿金。

4）由于设计人原因，工程设计文件超出发包人与设计人书面约定的主要技术指标控制值比例的，设计人应当按照专用合同条款的约定承担违约责任。

5）设计人未经发包人同意擅自对工程设计进行分包的，发包人有权要求设计人解除未经发包人同意的设计分包合同，设计人应当按照专用合同条款的约定承担违约责任。

5. 不可抗力

（1）不可抗力的确认　不可抗力是指合同当事人在签订合同时不可预见，在合同履行过程中不可避免且不能克服的自然灾害和社会性突发事件，如地震、海啸、瘟疫、骚乱、戒严、暴动、战争和专用合同条款中约定的其他情形。

不可抗力发生后，发包人和设计人应收集证明不可抗力发生及不可抗力造成损失的证据，并及时认真统计所造成的损失。合同当事人对是否属于不可抗力或其损失发生争议时，按通用合同条款中〔争议解决〕条款的约定处理。

（2）不可抗力的通知　合同一方当事人遇到不可抗力事件，使其履行合同义务受到阻碍时，应立即通知合同另一方当事人，书面说明不可抗力和受阻碍的详细情况，并在合理期限内提供必要的证明。

不可抗力持续发生的，合同一方当事人应及时向合同另一方当事人提交中间报告，说明不可抗力和履行合同受阻的情况，并于不可抗力事件结束后28天内提交最终报告及有关资料。

（3）不可抗力后果的承担　不可抗力引起的后果及造成的损失由合同当事人按照法律

规定及合同约定各自承担。不可抗力发生前已完成的工程设计应当按照合同约定进行支付。

不可抗力发生后，合同当事人均应采取措施尽量避免和减少损失的扩大，任何一方当事人没有采取有效措施导致损失扩大的，应对扩大的损失承担责任。

因合同一方迟延履行合同义务，在迟延履行期间遭遇不可抗力的，不免除其违约责任。

6. 合同解除

1）发包人与设计人协商一致，可以解除合同。

2）有下列情形之一的，合同当事人一方或双方可以解除合同：

① 设计人工程设计文件存在重大质量问题，经发包人催告后，在合理期限内修改后仍不能满足国家现行深度要求或不能达到合同约定的设计质量要求的，发包人可以解除合同。

② 发包人未按合同约定支付设计费用，经设计人催告后，在30天内仍未支付的，设计人可以解除合同。

③ 暂停设计期限已连续超过180天，专用合同条款另有约定的除外。

④ 因不可抗力致使合同无法履行。

⑤ 因一方违约致使合同无法实际履行或实际履行已无必要。

⑥ 因工程项目条件发生重大变化，使合同无法继续履行。

3）任何一方因故需解除合同时，应提前30天书面通知对方，对合同中的遗留问题应取得一致意见并形成书面协议。

4）合同解除后，发包人除应按通用合同条款中〔发包人违约责任〕相关条款的约定及专用合同条款约定期限内向设计人支付已完工作的设计费外，应当向设计人支付由于非设计人原因合同解除导致设计人增加的设计费用，违约一方应当承担相应的违约责任。

7. 争议解决

（1）和解　合同当事人可以就争议自行和解，自行和解达成协议的经双方签字并盖章后作为合同补充文件，双方均应遵照执行。

（2）调解　合同当事人可以就争议请求相关行政主管部门、行业协会或其他第三方进行调解，调解达成协议的，经双方签字并盖章后作为合同补充文件，双方均应遵照执行。

（3）争议评审　合同当事人在专用合同条款中约定采取争议评审方式解决争议以及评审规则，并按下列约定执行：

1）争议评审小组的确定。合同当事人可以共同选择一名或三名争议评审员，组成争议评审小组。除专用合同条款另有约定外，合同当事人应当自合同签订后28天内，或者争议发生后14天内，选定争议评审员。

选择一名争议评审员的，由合同当事人共同确定；选择三名争议评审员的，各自选定一名，第三名成员为首席争议评审员，由合同当事人共同确定或由合同当事人委托已选定的争议评审员共同确定，或由专用合同条款约定的评审机构指定第三名首席争议评审员。

除专用合同条款另有约定外，评审所发生的费用由发包人和设计人各承担一半。

2）争议评审小组的决定。合同当事人可在任何时间将与合同有关的任何争议共同提请争议评审小组进行评审。争议评审小组应秉持客观、公正原则，充分听取合同当事人的意见，依据相关法律、技术标准及行业惯例等，自收到争议评审申请报告后14天内做出书面决定，并说明理由。合同当事人可以在专用合同条款中对本事项另行约定。

3）争议评审小组决定的效力。争议评审小组做出的书面决定经合同当事人签字确认后，对双方具有约束力，双方应遵照执行。

任何一方当事人不接受争议评审小组决定或不履行争议评审小组决定的，双方可选择采用其他争议解决方式。

（4）仲裁或诉讼　因合同及合同有关事项产生的争议，合同当事人可以在专用合同条款中约定以下一种方式解决争议：①向约定的仲裁委员会申请仲裁；②向有管辖权的人民法院起诉。

（5）争议解决条款效力　合同有关争议解决的条款独立存在，合同的变更、解除、终止、无效或者被撤销均不影响其效力。

本章小结

本章主要围绕《建设工程勘察合同（示范文本）》（GF—2016—0203）、《建设工程设计合同示范文本（房屋建筑工程）》（GF—2015—0209）和《建设工程设计合同示范文本（专业建设工程）》（GF—2015—0210）3 个合同示范文本分别对《勘察/设计合同（示范文本）》简介、发包人和勘察人/设计人权利义务、进度、质量、费用管理以及其他主要条款进行了介绍。通过本章学习，应了解 3 个合同示范文本的主要条款；熟悉发包人和勘察人/设计人相互的权利和义务，发包人和勘察人/设计人合同管理中的质量、进度和费用管理。

习　题

1. 单项选择题

（1）某项目设计费用为 100 万元，合同中约定定金为 15%，发包方已支付定金，但是承包方不履行合同，此时，承包方应该返还给发包方（　　）费用。

A. 30 万元　　　　　　B. 依据发包方损失定　　C. 100 万元　　　　　　D. 15 万元

（2）《建设工程设计合同（示范文本）》的规定，设计合同在正常履行的情况下，（　　）时，设计人为合同项目的服务结束，合同终止。

A. 按设计合同要求，完成设计并提交全部图纸

B. 按设计合同要求，提交最后一部分图纸，发包人结清全部设计费

C. 工程施工完成竣工验收工作

D. 工程通过保修期检验

（3）《建设工程设计合同（示范文本）》规定，除专用合同条款另有约定外，发包人对设计文件的审查期限，自设计文件接收之日起不应超过（　　）日。

A. 30　　　　　　　　B. 28　　　　　　　　C. 20　　　　　　　　D. 15

（4）某勘察合同约定采用定金作为合同担保方式，当事人双方已在合同上签字盖章但发包人尚未支付定金时，该合同处于（　　）状态。

A. 成立但不生效　　　　　　　　　　B. 既不成立也不生效

C. 承诺生效但合同不成立　　　　　　D. 生效但不成立

（5）《建设工程勘察合同（示范文本）》规定，有毒、有害等危险勘察现场作业需要看守时，应由（　　）安排人员负责安全保卫工作。

A. 勘察人　　　　　　B. 发包人　　　　　　C. 监理人　　　　　　D. 项目施工单位

（6）设计合同中，判定设计人是否延误完成设计任务的期限是指（　　）。

A. 从订立合同之日起，至交付全部设计文件之日止

B. 从设计人接到发包人支付的定金之日起，至交付全部设计文件之日止

C. 从订立合同之日起，至完成全部变更设计文件之日止

D. 从设计人接到发包人支付的定金之日起，至完成全部变更设计文件之日止

（7）设计人交付设计文件完成合同约定的设计任务后，发包人从项目预期效益考虑要求增加部分专业工程的设计内容。由于设计人当时承接的设计任务较多，在发包人要求的时间内无力完成变更增加的工作，故发包人征得设计人同意后，将此部分的设计任务委托给另一设计单位完成。变更设计完成并经监理工程师审核后发给承包人施工，但因设计原因出现质量事故，则事故的责任应由（   ）。

A. 设计人承担

B. 承接变更的设计人承担

C. 设计人与承接变更的设计人共同承担

D. 承接变更的设计人与监理工程师共同承担

（8）设计合同履行过程中，设计审批部门拖延对设计文件审批的损失应由（   ）。

A. 发包人承担　　　　　B. 设计人承担　　　　　C. 双方各自承担　　　　　D. 设计审批部门承担

（9）某设计合同履行过程中，发包人要对部分设计进行变更，由于原设计人不具备相应的设计资质，发包人征得原设计人同意后将这部分设计任务委托另一设计人，则（   ）。

A. 原设计人对变更的设计不承担责任

B. 该部分设计成果需经原设计人审查批准

C. 原设计人对该部分设计质量承担连带责任

D. 原设计人对该部分设计未能按时交付承担责任

2. 多项选择题

（1）根据《建设工程设计合同（示范文本）》，设计人应在工程施工期间提供的设计配合服务工作有（   ）。

A. 审查勘察作业安全措施计划　　　　　B. 进行设计技术交底

C. 参与工程竣工验收　　　　　D. 解决施工中设计技术问题

E. 配合施工单位编制施工方案

（2）下列事项中，属于设计合同中设计人应承担义务的有（   ）。

A. 对设计文件的质量负责　　　　　B. 办理设计文件审批手续

C. 解决施工中出现的设计问题　　　　　D. 参加工程验收

E. 编制施工招标文件

（3）按照设计合同示范文本的规定，（   ）属于发包人的责任。

A. 提供设计依据资料　　　　　B. 提供设计预算资料

C. 向施工单位进行设计交底　　　　　D. 对设计成果组织鉴定和验收

E. 提供设计人员需要的工作和生活条件

（4）建设工程勘察合同委托的工作内容有（   ）。

A. 工程放线测量　　　B. 大地测量　　　　　C. 水文地质勘查　　　　　D. 结算工程量测量

E. 工程地质勘查

（5）关于建设工程设计合同内容约定的说法，错误的有（   ）。

A. 项目建议书应由承包人完成　　　　　B. 设计依据的标准应由发包人提出

C. 应当约定仲裁为解决合同争议的最终方式　　　　　D. 设计合同的违约金属于法定而无须约定

E. 发包人应为设计人提供现场服务

3. 思考题

（1）建设工程勘察设计合同的特点有哪些？

（2）建设工程勘察设计合同订立的条件是什么？

（3）《建设工程勘察合同（示范文本）》（GF—2016—0203）和《建设工程设计合同示范文本（房屋建筑工程）》（GF—2015—0209）由哪几部分组成？

（4）如何对建设工程勘察合同进行管理？

（5）简述建设工程勘察合同中发包人和勘察人的权利和义务。

（6）简述建设工程设计合同中发包人和设计人的主要工作。

（7）工程设计文件的质量要求有哪些？

（8）建设工程勘察合同和设计合同中，双方当事人应承担哪些违约责任？

二维码形式客观题

扫描二维码可在线做题，提交后可查看答案。

第 7 章
客观题

引导案例

从一起监理诉讼案，看业主对监理人员考核的重要性

2018 年，某国有发电企业（以下简称业主）拟建设某发电工程项目，并通过公开招标方式确定某监理单位对该项目实施全过程监理。在项目建设过程中，因项目核准、征地拆迁等多种原因导致工期几乎延长一倍，为此，业主通过补充协议的方式对延期期间的监理费用进行了补偿。该监理项目为项目总监承包制，由于人工成本越来越高，虽然业主给予了一定补偿，但项目总监仍认为项目亏损严重，于是以实际工程量大于招标工程量存在不公平为由要求业主另行补偿，业主拒绝了项目总监的要求。为此，项目总监以监理单位的名义将业主告上法庭，要求额外补偿监理费用。

法院在案件调查过程中，发现监理单位存在严重的违约情形，例如，未严格按照双方签订的监理合同要求配置监理人员，监理人员存在到位率不足等情形。为此，法院建议业主在积极应对本诉的同时，提出反诉。一方面可以追究监理单位的违约责任，维护自身的合法权益；另一方面，也可以作为诉讼策略，通过反诉给监理单位施加压力，缓解被动局面。业主接受了建议。

在司法实践中，业主提出反诉的主要理由是项目总监及监理人员投入不足，到位率低。而为了获得法院支持，业主必须在合同履行过程中加强监理人员考核，保存有效证据。在收集反诉证据过程中，法院发现业主在项目实施过程中对监理单位进行了考核，且每次考核均详细载明项目总监缺席的天数或比例，以及其他监理人员的到位情况。依据前述证据材料，法院起草了反诉状，要求监理单位承担违约责任，支付违约金，违约金额与本诉标的大体相当。反诉提出后不久，项目总监致电业主，主动要求和解。在法官的主持下，双方进行了调解，并由法院出具了调解书，为此，本案得以圆满解决。本案之所以圆满解决，得益于反诉证据较为充分。如果诉讼继续推进，监理单位可能不仅不能获得额外补偿，反而可能被要求承担违约责任，两相权衡，项目总监最后不得不主动和解。本案中监理单位存在的主要问题是监理单位不严格按照监理合同约定履行合同非常普遍，尤其是项目总监及监理人员投入不足、到位率低现象最为突出。项目监理工

作主要依靠监理人员开展工作，所以监理单位安排的项目总监、监理人员数量及监理人员的素质至关重要。为此，项目业主在招标时往往对项目总监及监理人员的安排作为技术评审的重点。为了获取中标，监理单位在投标文件中承诺的项目总监及监理人员往往在资历方面都非常优秀，且承诺投入的监理人数也非常多。但合同履行时，监理单位往往"偷梁换柱"，就会发生项目总监及项目监理人员的资格类别及等级、监理人员数量与监理合同的约定严重不符，以及监理人员到位率低的情况。因此，项目招标时，业主要严格进行对监理人员的考核，这是保障项目监理工作顺利完成的基础。

8.1　建设工程监理合同概述

8.1.1　建设工程监理的概念

建设工程监理是指具有相应资质的工程监理企业，接受建设单位的委托和授权，依据工程建设文件、有关的法律法规规章和标准规范、建设工程委托监理合同和有关的建设工程合同，承担其项目管理工作，并代表建设单位对承建单位的建设行为进行监控的专业化服务活动。实行建设工程监理的范围可以根据工程类别、建设阶段以及工程性质和规模进行不同的划分。

我国建设工程监理是在 20 世纪 80 年代后期，借鉴国际咨询工程师参与项目管理的模式与经验，逐渐形成的为委托方提供工程监理服务的一种新事业。1997 年颁布的《建筑法》第三十条以法律制度的形式明确规定："国家推行建筑工程监理制度。" 至此工程监理在全国范围内进入全面推行和大力发展阶段。在我国建筑业快速增长的特殊历史时期，提供工程监理服务的组织，在维护业主与承包商的合法权益、提高建筑生产过程的质量和水平等方面发挥了积极作用。

根据《建设工程质量管理条例》的规定，实行监理的建设工程，建设单位可以委托具有相应资质等级的工程监理单位进行监理，也可以委托具有工程监理相应资质等级，且与被监理工程的施工承包单位没有隶属关系或者其他利害关系的该工程的设计单位进行监理。按照法律法规的规定，必须实行监理的工程为以下五种类别。

1. 国家重点建设工程

根据《建设工程监理范围和规模标准规定》，国家重点建设工程是指依据《国家重点建设项目管理办法》所确定的对国民经济和社会发展有重大影响的骨干项目。

2. 大中型公用事业工程

大中型公用事业工程是指项目总投资额在 3000 万元以上的下列工程项目：①供水、供电、供气、供热等市政工程项目；②科技、教育、文化等项目；③体育、旅游、商业等项目；④卫生、社会福利等项目；⑤其他公用事业项目。

3. 成片开发建设的住宅小区工程

建筑面积在 5 万 m^2 以上的住宅建设工程必须实行监理；5 万 m^2 以下的住宅建设工程，可以实行监理，具体范围和规模标准，由省、自治区、直辖市人民政府建设行政主管部门规定。为了保证住宅质量，对高层住宅及地基、结构复杂的多层住宅应当实行监理。

4. 利用外国政府或者国际组织贷款、援助资金的工程

利用外国政府或者国际组织贷款、援助资金的工程范围包括：①使用世界银行、亚洲开发银行等国际组织贷款资金的项目；②使用国外政府及其机构贷款资金的项目；③使用国际组织或者国外政府援助资金的项目。

5. 国家规定必须实行监理的其他工程

项目总投资额在 3000 万元以上关系社会公共利益、公众安全的下列基础设施项目：①煤炭、石油、化工、天然气、电力、新能源等项目；②铁路、公路、管道、水运、民航以及其他交通运输业等项目；③邮政、电信枢纽、通信、信息网络等项目；④防洪、灌溉、排涝、发电、引（供）水、滩涂治理、水资源保护、水土保持等水利建设项目；⑤道路、桥梁、地铁和轻轨交通、污水排放及处理、垃圾处理、地下管道、公共停车场等城市基础设施项目；⑥生态环境保护项目；⑦其他基础设施项目；⑧学校、影剧院、体育场馆等项目。

8.1.2 建设工程监理合同的概念和特点

1. 建设工程监理合同的概念

建议工程委托监理合同简称监理合同，是指由建设单位（委托人）委托和授权具有相应资质的监理单位（监理人）为其对工程建设的全过程或某个阶段进行监督和管理而签订的，明确双方权利和义务的协议。

2. 建设工程监理合同的特点

从《民法典》的角度看，监理合同属于分则中所列 19 种典型合同中委托合同的范畴，因而具有委托合同的特征，譬如是诺成合同、双务合同等，此外，由于监理对象（建设工程）的复杂性，监理合同还具有以下特点：

（1）监理合同的当事人双方应当具有民事权利能力和民事行为能力　作为委托人，必须是有国家批准的建设项目，落实投资计划企事业单位、其他社会组织和在法律允许范围内的个人；作为受托人，必须是依法成立、具有法人资格并且具有相应资质的监理企业。目前监理企业资质分为综合类资质、专业类资质和事务所资质 3 个序列。综合类资质、事务所资质不分级别。专业类资质按照工程性质和技术特点划分为房屋建筑工程、冶炼工程、矿山工程、化工石油工程、水利水电工程、电力工程、农林工程、铁路工程、公路工程、港口与航道工程、航空工程、通信工程、市政公用工程、机电安装工程共 14 个工程类别，分为甲级、乙级；其中，房屋建筑、水利水电、公路和市政公用专业资质可设立丙级。工程监理企业可以根据其资质等级，监理经核定的工程类别中相应等级的工程。

（2）监理合同委托的工作内容及订立应符合工程项目建设程序　所谓建设程序是指一项建设工程从设想、提出、评估到决策，经过设计、施工、验收，直至投产或交付使用的整个过程中，应当遵循的内在规律。我国工程建设程序已不断完善。监理合同以对建设工程实施控制和管理为主要内容，因此监理合同订立前应审查工程建设各阶段的相关文件是否齐备；双方签订合同必须符合建设程序，符合国家和建设行政主管部门颁发的有关建设工程的法律、行政法规、部门规章和各种标准、规范要求。

（3）监理合同的标的是服务　建设工程实施阶段所签订的其他合同，如勘察设计合同、施工承包合同、物资采购合同、加工承揽合同的标的物是产生新的物质成果或信息成果，而建设工程监理的工作机理是监理工程师根据自己的知识、经验、技能受建设单位委托为其所签订其他合同的履行实施监督和管理。从合同法律关系的构成要素上来说，监理合同的客体属于行为，因而监理合同的标的应该是监理服务。这一特点决定了监理合同从订立到履行的管理重点。

8.2　《建设工程监理合同（示范文本）》简介

8.2.1　《建设工程监理合同（示范文本）》的组成

目前在我国签订建设工程委托监理合同一般采用《建设工程监理合同（示范文本）》（GF—2012—0202），依据《建筑法》等相关法律法规，在对 2000 年建设部、国家工商行政管理局联合颁布的《建设工程委托监理合同（示范文本）》（GF—2000—0202）进行修订的基础上，由住房和城乡建设部、国家工商行政管理局于 2012 年 3 月联合颁布。《建设工程监理合同（示范文本）》（GF—2012—0202）［简称《监理合同（示范文本）》］由协议书、通用条件和专用条件以及两个附录组成。

1. 协议书

"建设工程监理合同协议书"是一个总的协议，是纲领性文件，其主要内容是当事人双方确认的委托监理工程的概况（工程名称、工程地点、工程规模及总投资），总监名称、合同酬金和监理期限，双方愿意履行约定的各项义务的承诺，以及合同文件的组成。

2. 通用条件

通用条件是监理合同的通用文本，适用于各类建设工程监理委托，是所有监理工程都应遵守的基本条件。内容包括合同中的所有定义、监理人义务、委托人义务、违约责任、支付、合同生效、变更、暂停、解除和终止、争议解决和其他等内容。

3. 专用条件

专用条件是在签订具体监理合同时，就地域特点、专业特点和委托监理项目的特点，对通用条件中的某些条款进行补充、修改。

8.2.2　监理合同文件的解释顺序

组成监理合同的下列文件彼此应能相互解释、互为说明。除专用条件另有约定外，《监理合同（示范文本）》中的解释顺序如下所述：

1）协议书。

2）中标通知书（适用于招标工程）或委托书（适用于非招标工程）。

3）专用条件及附录 A、附录 B。

4）通用条件。

5）投标文件（适用于招标工程）或监理与相关服务建议书（适用于非招标工程）。

双方签订的补充协议与其他文件发生矛盾或歧义时，属于同一类内容的文件，应以最新签署的为准。

8.2.3　词语定义

《建设工程监理合同（示范文本）》（GF—2012—0202）的词语定义和解释如下所述：

（1）工程　工程是指按照监理合同约定实施监理与相关服务的建设工程。

（2）委托人　委托人是指监理合同中委托监理与相关服务的一方，及其合法的继承人或受让人。

（3）监理人　监理人是指监理合同中提供监理与相关服务的一方，及其合法的继承人。

（4）承包人　承包人是指在工程范围内与委托人签订勘察、设计、施工等有关合同的当事人，及其合法的继承人。

（5）监理　监理是指监理人受委托人的委托，依照法律法规、工程建设标准、勘察设计文件及合同，在施工阶段对建设工程质量、进度、造价进行控制，对合同、信息进行管理，对工程建设相关方的关系进行协调，并履行建设工程安全生产管理法定职责的服务活动。

（6）相关服务　相关服务是指监理人受委托人的委托，按照监理合同约定，在勘察、设计、保修等阶段提供的服务活动。

（7）正常工作　正常工作指监理合同订立时通用条件和专用条件中约定的监理人的工作。

（8）附加工作　附加工作是指监理合同约定的正常工作以外监理人的工作。

（9）项目监理机构　项目监理机构是指监理人派驻工程负责履行监理合同的组织机构。

（10）总监理工程师　总监理工程师是指由监理人的法定代表人书面授权，全面负责履行监理合同、主持项目监理机构工作的注册监理工程师。

（11）酬金　酬金是指监理人履行监理合同义务，委托人按照监理合同约定给付监理人的金额。

（12）正常工作酬金　正常工作酬金是指监理人完成正常工作，委托人应给付监理人并在协议书中载明的签约酬金额。

（13）附加工作酬金　附加工作酬金是指监理人完成附加工作，委托人应给付监理人的金额。

（14）一方、双方、第三方　一方是指委托人或监理人；双方是指委托人和监理人；第三方是指除委托人和监理人以外的有关方。

（15）书面形式　书面形式是指合同书、信件和数据电文（包括电报、电传、传真、电子数据交换和电子邮件）等可以有形地表现所载内容的形式。

（16）天　天是指第一天 0 时至第二天 0 时的时间。

（17）月　月是指按公历从一个月中任何一天开始的一个公历月时间。

（18）不可抗力　不可抗力是指委托人和监理人在订立合同时不可预见，在工程施工过程中不可避免发生并不能克服的自然灾害和社会性突发事件，如地震、海啸、瘟疫、水灾、骚乱、暴动、战争和专用条件约定的其他情形。

8.3　建设工程监理合同的主要内容

本节依据《建设工程监理合同（示范文本）》（GF—2012—0202）介绍建设工程监理

合同的主要内容。

8.3.1　双方的义务与责任

1. 监理人的义务

（1）监理的范围及工作内容　监理范围在专用条件中约定。除专用条件另有约定外，监理工作内容包括：

1）收到工程设计文件后编制监理规划，并在第一次工地会议7天前报委托人。根据有关规定和监理工作需要，编制监理实施细则。

2）熟悉工程设计文件，并参加由委托人主持的图纸会审和设计交底会议。

3）参加由委托人主持的第一次工地会议；主持监理例会并根据工程需要主持或参加专题会议。

4）审查施工承包人提交的施工组织设计，重点审查其中的质量安全技术措施、专项施工方案与工程建设强制性标准的符合性。

5）检查施工承包人工程质量、安全生产管理制度及组织机构和人员资格。

6）检查施工承包人专职安全生产管理人员的配备情况。

7）审查施工承包人提交的施工进度计划，核查承包人对施工进度计划的调整。

8）检查施工承包人的实验室。

9）审核施工分包人资质条件。

10）查验施工承包人的施工测量放线成果。

11）审查工程开工条件，对条件具备的签发开工令。

12）审查施工承包人报送的工程材料、构配件、设备质量证明文件的有效性和符合性，并按规定对用于工程的材料采取平行检验或见证取样方式进行抽检。

13）审核施工承包人提交的工程款支付申请，签发或出具工程款支付证书，并报委托人审核、批准。

14）在巡视、旁站和检验过程中，发现工程质量、施工安全存在事故隐患的，要求施工承包人整改并报委托人。

15）经委托人同意，签发工程暂停令和复工令。

16）审查施工承包人提交的采用新材料、新工艺、新技术、新设备的论证材料及相关验收标准。

17）验收隐蔽工程、分部分项工程。

18）审查施工承包人提交的工程变更申请，协调处理施工进度调整、费用索赔、合同争议等事项。

19）审查施工承包人提交的竣工验收申请，编写工程质量评估报告。

20）参加工程竣工验收，签署竣工验收意见。

21）审查施工承包人提交的竣工结算申请并报委托人。

22）编制、整理工程监理归档文件并报委托人。

（2）监理与相关服务依据

1）适用的法律、行政法规及部门规章。

2）与工程有关的标准。

3）工程设计及有关文件。

4）监理合同及委托人与第三方签订的与实施工程有关的其他合同。

5）双方根据工程的行业和地域特点，在专用条件中具体约定监理依据。

6）相关服务依据在专用条件中具体约定。

（3）组建项目监理机构和委派监理人员

1）监理人应组建满足工作需要的项目监理机构，配备必要的检测设备。项目监理机构的主要人员应具有相应的资格条件。

2）合同履行过程中，总监理工程师及重要岗位监理人员应保持相对稳定，以保证监理工作正常进行。

3）监理人可根据工程进展和工作需要调整项目监理机构人员。监理人更换总监理工程师时，应提前7天向委托人书面报告，经委托人同意后方可更换；监理人更换项目监理机构其他监理人员，应以相当资格与能力的人员替换，并通知委托人。

4）监理人应及时更换有下列情形之一的监理人员：①严重过失行为的；②有违法行为不能履行职责的；③涉嫌犯罪的；④不能胜任岗位职责的；⑤严重违反职业道德的；⑥专用条件约定的其他情形。

5）委托人可要求监理人更换不能胜任本职工作的项目监理机构人员。

（4）履行职责 监理人应遵循职业道德准则和行为规范，严格按照法律法规、工程建设有关标准及监理合同履行职责。

1）在监理与相关服务范围内，委托人和承包人提出的意见和要求，监理人应及时提出处置意见。当委托人与承包人之间发生合同争议时，监理人应协助委托人、承包人协商解决。

2）当委托人与承包人之间的合同争议提交仲裁机构仲裁或人民法院审理时，监理人应提供必要的证明资料。

3）监理人应在专用条件约定的授权范围内，处理委托人与承包人所签订合同的变更事宜。如果变更超过授权范围，应以书面形式报委托人批准。

在紧急情况下，为了保护财产和人身安全，监理人所发出的指令未能事先报委托人批准时，应在发出指令后的24小时内以书面形式报委托人。

4）除专用条件另有约定外，监理人发现承包人的人员不能胜任本职工作的，有权要求承包人予以调换。

（5）提交报告 监理人应按专用条件约定的种类、时间和份数向委托人提交监理与相关服务的报告。

（6）文件资料 在合同履行期内，监理人应在现场保留工作所用的图纸、报告及记录监理工作的相关文件。工程竣工后，应当按照档案管理规定将监理有关文件归档。

（7）使用委托人的财产 监理人无偿使用《监理合同（示范文本）》附录B中由委托人派遣的人员和提供的房屋、资料、设备。除专用条件另有约定外，委托人提供的房屋、设备属于委托人的财产，监理人应妥善使用和保管，在监理合同终止时将这些房屋、设备的清单提交委托人，并按专用条件约定的时间和方式移交。

2. 委托人的义务

（1）告知委托人 委托人应在委托人与承包人签订的合同中明确监理人、总监理工程师和授予项目监理机构的权限。如有变更，应及时通知承包人。

（2）提供资料　委托人应按照《监理合同（示范文本）》附录 B 约定，无偿向监理人提供工程有关的资料。在合同履行过程中，委托人应及时向监理人提供最新的与工程有关的资料。

（3）提供工作条件　委托人应为监理人完成监理与相关服务提供必要的条件。

1）委托人应按照《监理合同（示范文本）》附录 B 约定，派遣相应的人员，提供房屋、设备，供监理人无偿使用。

2）委托人应负责协调工程建设中所有外部关系，为监理人履行合同提供必要的外部条件。

（4）委派委托人代表　委托人应授权一名熟悉工程情况的代表，负责与监理人联系。委托人应在双方签订监理合同后 7 天内，将委托人代表的姓名和职责书面告知监理人。当委托人更换委托人代表时，应提前 7 天通知监理人。

（5）通知监理人委托人对承包人的意见或要求　在监理合同约定的监理与相关服务工作范围内，委托人对承包人提出的任何意见或要求应通知监理人，由监理人向承包人发出相应指令。

（6）答复监理人　委托人应在专用条件约定的时间内，对监理人以书面形式提交并要求做出决定的事宜，给予书面答复；逾期未答复的，视为委托人认可。

（7）支付监理人酬金　委托人应按监理合同约定，向监理人支付酬金。

3. 违约责任

（1）监理人的违约责任　监理人未履行监理合同义务的，应承担相应的责任。

1）因监理人违反监理合同约定给委托人造成损失的，监理人应当赔偿委托人损失。赔偿金额的确定方法在专用条件中约定，监理人承担部分赔偿责任的，其承担赔偿金额由双方协商确定。

2）监理人向委托人的索赔不成立时，监理人应赔偿委托人由此发生的费用。

（2）委托人的违约责任

1）委托人未履行合同义务的，应承担相应的责任。委托人违反合同约定造成监理人损失的，委托人应予以赔偿。

2）委托人向监理人的索赔不成立时，应赔偿监理人由此引起的费用。

3）委托人未能按期支付酬金超过 28 天的，应按专用条件约定支付逾期付款利息。

（3）除外责任

1）因非监理人的原因，且监理人无过错，发生工程质量事故、生产安全事故、工期延误等造成损失，监理人不承担赔偿责任。

2）因不可抗力导致监理合同全部或部分不能履行时，双方各自承担其因此而造成的损失、损害。

8.3.2　监理合同的支付

1. 支付货币

除专用条件另有约定外，酬金均以人民币支付。涉及外币支付的，所采用的货币种类、比例和汇率在专用条件中约定。

2. 支付申请

监理人应在监理合同约定的每次应付款时间的 7 天前，向委托人提交支付申请书。支付申请书应当说明当期应付款总额，并列出当期应支付的款项及其金额。

3. 支付酬金

支付的酬金包括正常工作酬金、附加工作酬金、合理化建议奖励金额及费用。

4. 有争议部分的付款

委托人对监理人提交的支付申请书有异议时，应当在收到监理人提交的支付申请书后 7 天内，以书面形式向监理人发出异议通知。无异议部分的款项应按期支付，有异议部分的款项按通用条件中〔争议解决〕条款的约定执行。

8.3.3 合同生效、变更、暂停与解除、终止及争议解决

1. 生效

除法律另有规定或者专用条件另有约定外，委托人和监理人的法定代表人或其授权代理人在协议书上签字并盖单位章后视为监理合同生效。

2. 变更

1）任何一方提出变更请求时，双方经协商一致后可进行变更。

2）除不可抗力外，因非监理人原因导致监理人履行合同期限延长、内容增加时，监理人应当将此情况与可能产生的影响及时通知委托人，增加的监理工作时间、工作内容应视为附加工作。附加工作酬金的确定方法在专用条件中约定。

3）合同生效后，如果实际情况发生变化使得监理人不能完成全部或部分工作时，监理人应立即通知委托人。除不可抗力外，其善后工作以及恢复服务的准备工作应为附加工作，附加工作酬金的确定方法在专用条件中约定。监理人用于恢复服务的准备时间不应超过 28 天。

4）合同签订后，遇到与工程相关的法律法规、标准颁布或修订的内容，双方应遵照执行。由此引起监理与相关服务的范围、时间、酬金变化的，双方应通过协商进行相应调整。

5）因非监理人原因造成工程概算投资额或建筑应进行相应调整。调整方法在专用条件中约定。

6）因工程规模、监理范围的变化导致监理人的正常工作量减少时，正常工作酬金应进行相应调整。调整方法在专用条件中约定。

3. 暂停与解除

除双方协商一致可以解除监理合同外，当一方无正当理由未履行监理合同约定的义务时，另一方可以根据监理合同约定暂停履行监理合同直至解除合同。

1）在监理合同有效期内，由于双方无法预见和控制的原因导致合同全部或部分无法继续履行或继续履行已无意义，经双方协商一致，可以解除合同或监理人的部分义务。在解除之前，监理人应做出合理安排，使开支减至最小。

因解除监理合同或解除监理人的部分义务导致监理人遭受的损失，除依法可以免除责任的情况外，应由委托人予以补偿，补偿金额由双方协商确定。

解除监理合同的协议必须采取书面形式，协议未达成之前，合同仍然有效。

2）在监理合同有效期内，因非监理人的原因导致工程施工全部或部分暂停，委托人可

通知监理人要求暂停全部或部分工作。监理人应立即安排停止工作，并将开支减至最小。除不可抗力外，由此导致监理人遭受的损失应由委托人予以补偿。

暂停部分监理与相关服务时间超过 182 天，监理人可发出解除合同约定的该部分义务的通知；暂停全部工作时间超过 182 天，监理人可发出解除合同的通知，监理合同自通知到达委托人时解除。委托人应将监理与相关服务的酬金支付至合同解除日，且应承担通用条件中〔委托人的违约责任〕条款约定的责任。

3）当监理人无正当理由未履行监理合同约定的义务时，委托人应通知监理人限期改正。若委托人在监理人接到通知后的 7 天内未收到监理人书面形式的合理解释，则可在 7 天内发出解除合同的通知，自通知到达监理人时监理合同解除。委托人应将监理与相关服务的酬金支付至限期改正通知到达监理人之日，但监理人应承担通用条件中〔监理人的违约责任〕条款约定的责任。

4）监理人在专用条件〔支付酬金〕条款中约定的支付之日起 28 天后仍未收到委托人按监理合同约定应付的款项，可向委托人发出催付通知。委托人接到通知 14 天后仍未支付或未提出监理人可以接受的延期支付安排，监理人可向委托人发出暂停工作的通知并可自行暂停全部或部分工作。暂停工作后 14 天内监理人仍未获得委托人应付酬金或委托人的合理答复，监理人可向委托人发出解除合同的通知，自通知到达委托人时监理合同解除。委托人未能按期支付酬金超过 28 天，应按专用条件约定支付逾期付款利息。

5）因不可抗力致使监理合同部分或全部不能履行时，一方应立即通知另一方，可暂停或解除合同。

6）监理合同解除后，合同约定的有关结算、清理、争议解决方式的条件仍然有效。

4. 终止

合同终止需满足以下 2 个条件：①监理人完成合同约定的全部工作；②委托人与监理人结清并支付全部酬金。

5. 争议解决

（1）协商　双方应本着诚信原则协商解决彼此间的争议。

（2）调解　如果双方不能在 14 天内或双方商定的其他时间内解决合同争议，可以将其提交给专用条件约定的或事后达成协议的调解人进行调解。

（3）仲裁或诉讼　双方均有权不经调解直接向专用条件约定的仲裁机构申请仲裁或向有管辖权的人民法院提起诉讼。

8.3.4　建设工程监理合同的其他条款

1. 外出考察费用

经委托人同意，监理人员外出考察发生的费用须由委托人审核后支付。

2. 检测费用

委托人要求监理人进行的材料和设备检测所发生的费用，由委托人支付，支付时间在专用条件中约定。

3. 咨询费用

经委托人同意，根据工程需要由监理人组织的相关咨询论证会以及聘请相关专家等发生的费用由委托人支付，支付时间在专用条件中约定。

4. 奖励

监理人在服务过程中提出的合理化建议，使委托人获得经济效益的，双方在专用条件中约定奖励金额的确定方法。奖励金额在合理化建议被采纳后，与最近一期的正常工作酬金同期支付。

5. 守法诚信

监理人及其工作人员不得从与实施工程有关的第三方处获得任何经济利益。

6. 保密

双方不得泄露对方申明的保密资料，也不得泄露与实施工程有关的第三方所提供的保密资料，保密事项在专用条件中约定。

7. 通知

监理合同涉及的通知均应当采用书面形式，并在送达对方时生效，收件人应书面签收。

8. 著作权

监理人对其编制的文件拥有著作权。

监理人可单独或与他人联合出版有关监理与相关服务的资料。除专用条件另有约定外，如果监理人在监理合同履行期间及合同终止后两年内出版涉及工程的有关监理与相关服务的资料，应当征得委托人的同意。

本章小结

本章主要围绕《建设工程监理合同（示范文本）》（GF—2012—0202）介绍了建设工程监理合同概述《监理合同（示范文本）》简介、监理合同的主要内容。通过本章学习，应掌握建设工程监理范围、工作内容、权利和义务及监理合同的主要条款。

习　题

1. 单项选择题

（1）在《建设工程监理合同（示范文本）》中，纲领性的法律文件是（　　）。

A. 建设工程监理合同　　　　　　　　B. 建设工程监理合同通用条件

C. 建设工程监理合同专用条件　　　　D. 双方共同签署的修正文件

（2）某监理合同中，出现了"需遵守×××市地方性标准《建设工程监理规程》"的约定，该约定应写在（　　）中。

A. 建设工程监理合同　　　　　　　　B. 中标函

C. 建设工程委托监理合同通用条件　　D. 建设工程监理合同专用条件

（3）依据《建设工程监理合同（示范文本）》，监理合同的有效期是从监理合同双方签字之日起，到（　　）止。

A. 完成监理合同约定的监理工作之日　B. 监理合同规定的到期日

C. 被监理的工程竣工移交后收到监理尾款之日　D. 完成正常工作和附加工作之日

（4）监理合同的有效期是指（　　）。

A. 合同约定的开始日至完成日　　　　B. 合同签订日至合同约定的完成日

C. 合同签订日至监理人收到监理报酬尾款日　D. 合同约定的开始日至工程验收合格日

（5）在监理合同履行过程中，委托人提供一部汽车供监理人使用。监理工作完成后，该部汽车应（　　）。

A. 无偿归监理人所有　　　　　　　　B. 按使用前的原值付款后归监理人

C. 归还委托人，监理人无须支付费用　　　　　D. 归还委托人，监理人支付折旧等费用

（6）某工程监理酬金总额 45 万元，监理单位已经缴纳的税金为 3 万元，在合同履行过程中因监理单位的责任给业主造成经济损失 60 万元。依据《监理合同（示范文本）》，监理单位应承担的赔偿金额为（　　）万元。

A. 45　　　　　　　　B. 57　　　　　　　　C. 42　　　　　　　　D. 60

（7）建设工程监理招标中，评标时需要考虑的最主要因素是（　　）。

A. 监理能力　　　　B. 监理收费　　　　C. 检测设备　　　　D. 企业信誉

2. 多项选择题

（1）依据《建设工程监理合同（示范文本）》的规定，委托人的义务包括（　　）。

A. 负责合同的协调管理工作　　　　　　B. 外部关系协调

C. 免费提供监理工作需要的资料　　　　D. 更换委托人代表需要经监理人同意

E. 将监理人、监理机构主要成员分工、权限及时书面通知被监理人

（2）依据《监理合同（示范文本）》的规定，监理人的主要职责有（　　）。

A. 在合同规定的权限范围内独立处理单价的合理调整和索赔批准

B. 在发包人授权范围内，负责发出指示、检查施工质量、控制进度等现场管理工作

C. 检查施工承包人提交的竣工验收申请，编写工程质量评估报告

D. 决定发包人与承包人有关合同争议的处理

E. 按照合同约定，公平合理地处理合同履行过程中涉及的有关事项

（3）根据《建设工程监理合同（示范文本）》，下列工作中属于监理人附加工作的有（　　）。

A. 两个承包人出现施工干扰后的协调工作

B. 因设计变更导致原定的监理期限到期后，需继续完成的监理工作

C. 施工需要穿越公路时，应委托人的要求到交通管理部门办理中断道路交通的许可手续

D. 应委托人要求，编制采用新工艺部分的质量标准和检验方法

E. 委托人因承包人严重违约解除施工合同后，对承包人已完工程的工程量进行支付款项的确认

（4）监理合同履行过程中，合同当事人承担违约责任的原则包括（　　）。

A. 委托人违约，赔偿监理人经济损失

B. 因监理人的过失造成工程损失时，应赔偿委托人全部损失

C. 因监理人过失造成的损失赔偿额，累计不超过扣除税金后的监理酬金总额

D. 因监理人工作失误，不赔偿委托人损失

E. 任何一方索赔要求不成立时，应当补偿对方的各种费用支出

（5）某监理合同履行过程中，由于委托人变更设计使监理工作增加，延长了持续时间。这种情况下监理人应（　　）。

A. 申请支付附加工作的报酬　　　　　　B. 延长完成监理任务的时间

C. 终止监理合同中增加内容的执行　　　D. 追索委托人的违约金

E. 及时通知委托人变动后果

（6）在监理合同中，监理人相对于委托人享有的权利有（　　）。

A. 完成监理任务后获得酬金　　　　　　B. 变更委托监理工作范围

C. 监督委托人执行法规政策　　　　　　D. 委托人严重违约时解除监理合同

E. 协调委托人和设计单位的关系

（7）按照《监理合同（示范文本）》的规定，委托人招标选择监理人签订合同后，对双方有约束力的合同文件包括（　　）。

A. 中标函　　　　　　　　　　　　　　B. 投标保函

C. 监理合同通用条件　　　　　　　　　D. 监理委托函

E. 标准、规范

（8）依照《监理合同（示范文本）》中标准条件的规定，监理人执行监理业务过程中可以行使的权力包括（　　）。

A. 工程设计的建议权　　　　　　　　　B. 工程规模的认定权

C. 工程设计变更的决定权　　　　　　　D. 承包人索赔要求的审核权

E. 施工协调的主持权

3. 思考题

（1）哪些建设工程必须实行监理？

（2）建设工程监理合同有哪些特点？

（3）《建设工程监理合同（示范文本）》由哪几部分内容构成？

（4）建设工程监理合同文件由哪些文件构成？解释顺序如何？

（5）监理的工作内容一般包括哪些？

（6）监理人的监理依据包括哪些？

（7）委托人和监理人承担的违约责任有哪些？

（8）试分析监理合同生效、变更与终止的具体内容。

二维码形式客观题

扫描二维码可在线做题，提交后可查看答案。

9

第 9 章
建设工程物资采购合同管理

建材买卖合同纠纷，法院判违约买方支付货款和迟延履行违约金

2015 年 12 月 23 日，原告（出卖人）与被告×××建筑工程有限公司（买受人）、被告王某签订《预制模板买卖合同》，约定出卖人向买受人供应木方、多层板和清水模板；具体标的物名称、规格型号、数量、单价、金额以送货单、欠款凭单或买受人入库单上现场收料人签字确认为标准，买受人订货须提前 5 日电话通知出卖人，以便给出卖人必要的准备及运输货物的时间；买受人委托现场收料人为张某、李某。买受人自货物到达施工地点以后应及时检验货物质量，如有质量异议，买受人应于货物到达当日书面向出卖人提出，由出卖人负责更换，如买受人逾期检验，则视为出卖人交付的货物质量合格；交货（提货）方式、地点：由出卖人汽运到买受人不同地区的三个施工现场；结算方式、时间及期限：①买受人自首批货到工地之日起 30 日以内向出卖人支付已供全部货款的 50%，自首批货物运达工地之日起 60 日以内付清全部货款，后续供货依此类推；②若买受人未按上述任一履行期限付款，则出卖人有权就已供货未到期的全部款项一并追偿；若买受人未按照合同约定的履行期限付款，除应按所欠货款总额以日千分之二的利率，自违约之日起至实际清偿之日止，向出卖人支付逾期违约金以外，还应承担出卖人为实现本债权而支出的全部费用，包括但不限于律师费、交通费等有关费用；买受人在未付清出卖人所供各工地的全部款项之前，不得另找供货商合作，否则出卖人有权停止供货并就各工地所供全部货款提前要求买受人一次性清偿；担保人王某自愿同意对买受人所欠的全部债务（包括各工地的货款本金、违约金及出卖人为实现本债权而支出的全部费用）承担连带担保责任，担保期限至买受人全部清偿之日止。

合同签订以后，原告分别于 2015 年 12 月 23 日、2015 年 12 月 26 日、2015 年 12 月 30 日向被告×××建筑工程有限公司供货，总金额为 295207.50 元，其中，2015 年 12 月 23 日的送货单由张某、李某共同签字，另外两张供货单只有李某的签字。原告履行供货的义务之后，被告×××建筑工程有限公司至今未支付货款，被告王某至今未履行担保责任。

原告（出卖人）于 2016 年 6 月 27 日向××市××区人民法院提起诉讼。人民法院依法判决：两被告连带给付原告货款人民币 295207.50 元；两被告支付原告违约金（以 295207.50 元为基数，按照日千分之二计算，自 2016 年 1 月 22 日起至被告实际给付之日止）；本案的诉讼费用由两被告负担。

被告×××建筑工程有限公司辩称，与原告的买卖关系成立，但原告所供货物存在 5% 的不合格产品，要求减少价款。合同约定原告送货的地点包括三个工地，但原告只给其中一个工地送货，给被告造成损失，原告违约在先；而原告在签订合同时承诺免除被告×××建筑工程有限公司的违约责任，因此，被告不同意支付原告违约金，主张双方的违约责任相抵。

被告王某辩称，签订合同时原告口头承诺免除其担保责任，不同意对被告×××建筑工程有限公司的债务承担连带责任。

法院判决结果：

（1）被告×××建筑工程有限公司于判决生效后 10 日内支付原告货款 295207.50 元。

（2）被告×××建筑工程有限公司于判决生效后 10 日以内支付原告自 2016 年 1 月 23 日起至本判决确定给付之日止的违约金（计算方法：以尚欠的货款 295207.50 元为基数按照年利率 24% 计算）。

（3）被告王某对本判决确定的第一项和第二项给付义务承担连带清偿责任。

（4）驳回原告的其他诉讼请求。

律师点评：

在本案当中，原告与被告×××建筑工程有限公司、王某签订的买卖合同是当事人真实的意思表示，且约定内容不违反法律、行政法规的强制性规定，应为合法有效。原告已履行供货义务，按照合同约定，被告×××建筑工程有限公司应当在 2016 年 1 月 22 日前给付全部货款的 50%，现其未支付货款，除继续履行给付货款的义务以外，还应承担相应的违约责任。法律依据是，《民法典》第五百八十五条规定："当事人就迟延履行约定违约金的，违约方支付违约金以后，还应当履行债务。"

关于违约金的计算，因被告×××建筑工程有限公司，主张违约金约定的额度过高，要求对其予以调整，法院综合考虑了原告的实际损失、合同的履行情况以及违约过错程度，调整违约金的计算方法，最终以所欠货款金额 295207.50 元为基数按照年利率 24% 计算违约金。

本案中，关于被告×××建筑工程有限公司有关货物质量的抗辩意见，被告×××建筑工程有限公司提供的证据不足以证明原告所供货物的质量问题，其有关减少价款的主张不能成立。法院对此不予采纳。

本案中，被告×××建筑工程有限公司主张原告违约在先的意见，合同约定的三个工地只是送货地点，原告并未承诺三个工地的货物均有其供应，且合同明确约定订货采用电话通知的方式，现被告×××建筑工程有限公司没有证据证实就三个工地的货物需求都通知过原告，其有关原告违约在先的抗辩意见缺乏事实和法律依据，法院不予采纳。

被告王某在买卖合同担保人处签字，表明其具有按照合同约定对被告×××建筑工程有限公司承担保证责任的意思表示，合同约定的担保期限应当依据《民法典》第六百九十二条的规定："债权人与保证人可以约定保证期间，但是约定的保证期间早于主债务履行期限或者与主债务履行期限同时届满的，视为没有约定；没有约定或者约定不明确的，保证期间为主债务履行期限届满之日起六个月。"现原告主张被告王某承担保证责任未超出保证期间。

两被告未举证证实原告具有免除其违约责任或者担保责任的意思表示，法院对其抗辩意见不予采纳。

9.1 建设工程物资采购合同概述

9.1.1 建设工程物资采购合同的概念

建设工程物资采购合同是指具有平等民事主体资格的法人、其他经济组织相互之间，为实现建设物资买卖，签订的明确相互权利义务关系的协议。建设工程物资采购合同属于买卖合同，具有买卖合同的一般特点：

1) 出卖人与买受人订立买卖合同，是以转移财产所有权为目的的。

2) 买卖合同的买受人取得财产所有权，必须支付相应的价款；出卖人转移财产所有权，必须以买受人支付价款为对价。

3) 买卖合同是双务、有偿合同。所谓双务有偿，是指合同双方互负一定义务，出卖人应当保质、保量、按期交付合同订购的物资、设备，买受人应当按合同约定的条件接收货物并及时支付货款。

4) 买卖合同是诺成合同。除了法律有特殊规定的情况外，当事人之间意思表示一致，买卖合同即可成立，并不以实物的交付为合同成立的条件。

9.1.2 建设工程物资采购合同的特征

建设工程物资采购合同是当事人在平等互利的基础上，经过充分协商达成一致的意思表示，体现了平等互利、协商一致的原则，因此具有如下特征：

1) 建设工程物资采购合同应依据工程承包合同订立。无论是业主提供建设物资，还是承包商提供建设物资，均须符合工程承包合同有关对物资的质量要求和工程进度需要的安排，也就是说，建设工程物资采购合同的订立要以工程承包合同为依据。

2) 建设工程物资采购合同以转移物资和支付货款为基本内容。依照建设工程物资采购合同，卖方收取相应的价款而将建设物资转移给买方，买方接收建设物资并支付价款，这是建设工程物资采购合同属于买卖合同的重要法律特征。

3) 建设工程物资采购合同的标的品种繁多，供货条件复杂。建设物资的特点在于品种、质量、数量和价格差异大，根据不同建设工程的需要，有的数量庞大，有的则对技术条件要求严格，因此，在合同中必须对各种所需物资逐一明细，以确保工程施工的需要。

4）建设工程物资采购合同应实际履行。由于建设工程物资采购合同是基于工程承包合同的需要订立的，物资采购合同的履行直接影响工程承包合同的履行，因此，建设工程物资采购合同成立后，卖方必须按合同规定实际交付标的，不允许卖方以支付违约金或损害赔偿金的方式代替合同的履行，除非卖方延迟履行合同，使合同标的的交付对于买方已无意义。

5）建设工程物资采购合同的书面形式。根据《民法典》第四百六十九条规定："当事人订立合同，可以采用书面形式、口头形式或者其他形式。"当事人约定采用书面形式的，应当采用书面形式。国家根据需要下达指令性任务或者国家订货任务的，有关法人、非法人组织之间应当依照有关法律、行政法规规定的权利和义务订立合同。

从实践来看，建设工程合同既涉及国家指令性计划又涉及市场调节，而且建设工程物资采购合同中的标的物用量大、质量要求高，且需要根据工程进度计划分期分批履行，同时还涉及售后维修服务工作，合同履行周期长，采用口头方式很不适宜，应采用书面形式。

9.2 建筑材料采购合同的主要内容

9.2.1 建筑材料采购合同的主要条款

依据《民法典》有关的合同内容条款，材料采购合同的主要条款如下：

1）双方当事人的名称、地址，法定代表人的姓名。委托代订合同的，应有授权委托书并注明代理人的姓名、职务等。

2）合同标的。材料的名称、品种、型号、规格等应符合施工合同的规定。

3）技术标准和质量要求。质量条款应明确各类材料的技术要求、试验项目、试验方法、试验频率以及国家法律规定的国家强制性标准和行业强制性标准。

4）材料数量及计量方法。材料数量的确定由当事人协商，应以材料清单为依据，并规定交货数量的正负尾差、合理磅差和在途自然减（增）量及计量方法；计量单位采用国家规定的度量衡标准，计量方法按国家的有关规定执行，没有规定的，可由当事人协商执行。

5）材料的包装。材料的包装是保护材料在储运过程中免受损坏不可缺少的环节。包装质量可按国家和有关部门规定的标准签订，当事人有特殊要求的，可由双方商定标准，但应保证材料包装适合材料的运输方式，并根据材料特点采取防潮、防雨、防锈、防震、防腐蚀的保护措施等。

6）材料交付方式。可采取送货、自提和代运3种方式。由于工程用料数量多、体积大、品种繁杂、时间性较强，当事人应采取合理的交付方式，明确交货地点，以便及时、准确、安全、经济地履行合同。

7）材料的交货期限。材料的交货期限应在合同中明确约定。

8）材料的价格。材料的价格应在订立合同时明确定价，可以是约定价格，也可以是政府定价或指导价。

9）结算。结算指供需双方对产品货款、实际支付的运杂费和其他费用进行货币清算和了结的一种形式。我国现行结算方式分为现金结算和转账结算两种。转账结算在异地之间进行，可分为托收承付、委托收款、信用证、汇兑或限额结算等方法；转账结算在同城进行，有支票、付款委托书、托收无承付和同城托收承付等。

10）违约责任。在合同中，当事人应对违反合同所负的经济责任做出明确规定。

11）特殊条款。如果双方当事人对一些特殊条件或要求达成一致意见，也可在合同中明确规定，成为合同的条款。当事人对以上条款达成一致意见形成书面协议后，经当事人签名盖章即产生法律效力，若当事人要求鉴证或公证的，则经鉴证机关或公证机关盖章后方可生效。

9.2.2　采购和供应方式

建筑材料的采购可以分为以下几个方式：

（1）公开招标　它与工程施工招标相似（也属于工程招标的一部分），需方制定招标文件，详细说明供应条件、品种、数量、质量要求、供应地点等，由供方报价，经过竞争签订供应合同。这种方式适用于大批量采购。

（2）询价报价　需方按要求向几个供应商发出询价函，由供应商做出。需方经过对比分析，选择一个符合要求、资信好、价格合理的供应商签订合同。

（3）直接采购　需方直接向供方采购，双方商谈价格，签订供应合同。另外，还有大量的零星材料（品种多、价格低）以直接采购形式购买，不需签订书面的供应合同。

9.2.3　建筑材料供应合同的履行

材料采购合同订立后，应当按照《民法典》的规定予以全面、实际地履行。

（1）按约定的标的履行　卖方交付的货物必须与合同规定的名称、品种、规格、型号相一致，除非买方同意，不允许以其他货物代替合同中规定的货物，也不允许以支付违约金或赔偿金的方式代替履行合同。

（2）按合同规定的期限、地点交付货物　交付货物的日期应当在合同规定的交付期限内。提前交付买方可拒绝接受。逾期交付的，应当承担逾期交付的责任。如果逾期交货，买方不再需要，应在接到卖方交货通知后 15 日内通知卖方，逾期不答复的，视为同意延期交货。

交付的地点应当在合同指定的地点。合同双方当事人应当约定交付标的物的地点，如果当事人没有约定交付地点或者约定不明确，事后没有达成补充协议，也无法按照合同有关条款或者交易习惯确定的，则适用下列规定：标的物需要运输的，卖方应当将标的物交付给第一承运人以运交给买方；标的物不需要运输的，买卖双方在订立合同时知道标的物在某一地点的，卖方应当在该地点交付标的物；不知道标的物在某一地点的，应当在卖方合同订立时的营业地交付标的物。

（3）按合同规定的数量和质量交付货物　对于交付货物的数量，应当当场检验，清点账目后，由双方当事人签字。对质量的检验，外在质量可当场检验，内在质量需做物理或化学试验的，试验的结果为验收的依据。卖方在交货时，应当将产品合格证随同产品交买方据以验收。

材料的检验，对买方来说既是一项权利也是一项义务，买方在收到标的物时，应当在约定的检验期间内检验，没有约定检验期间的，应当及时检验。

当事人约定检验期间的，买方应当在检验期间内将标的物的数量或者质量不符合约定的情形通知卖方。买方怠于通知的，视为标的物的数量或者质量符合约定。当事人没有约定检验期间的，买方应当在发现或者应当发现标的物的数量或者质量不符合约定的合理期间内通知卖方。买方在合理期间内未通知或者自标的物收到之日起两年内未通知卖方的，视为标的物的数量或者质量符合约定，但对标的物有质量保证期的，适用质量保证期，不适用其两年的规定。卖方知道或者应当知道提供的标的物不符合约定的，买方不受前两款规定的通知时间的限制。

（4）买方义务 买方在验收材料后，应当按照合同规定履行支付义务，否则应当承担法律责任。

（5）违约责任

1）卖方违约责任。卖方不能交货的，应当向买方支付违约金；卖方所交货物与合同规定不符的，应根据情况由卖方负责包换、包退，包赔由此造成的买方损失；卖方承担不能按照合同规定期限交货的责任或提前交货的责任。

2）买方违约责任。买方中途退货，应向卖方偿付违约金；逾期付款，应当按照中国人民银行关于延期付款的规定向卖方偿付逾期付款违约金。

9.3 设备采购合同的主要内容

9.3.1 大型设备采购合同的主要内容

大型设备采购合同指采购方（通常为业主，也可能是承包人）与供货方（大多为生产厂家，也可能是供货商）为提供工程项目所需的大型复杂设备而签订的合同。大型设备采购合同的标的物可能是非标准产品，需要专门加工制作，也可能虽为标准产品，但技术复杂而市场需求量较小，一般没有现货供应，需待双方签订合同后由供货方专门进行加工制作，因此属于承揽合同的范畴。一个较为完备的大型设备采购合同，通常由合同条款和附件组成。

1. 合同条款的主要内容

当事人双方在合同内根据具体订购设备的特点和要求，约定以下几方面的内容：合同中的词语定义；合同标的；供货范围；合同价格；付款；交货和运输；包装与标记；技术服务；质量监造与检验；安装、调试、时运和验收；保证与索赔；保险；税费；分包与外购；合同的变更、修改、中止和终止；不可抗力；合同争议的解决；其他。

2. 合同条款的主要附件

为了对合同中某些约定条款涉及内容较多部分做出更为详细的说明，还需要编制一些附件作为合同的一个组成部分。附件通常可能包括：技术规范；供货范围；技术资料的内容和交付安排；交货进度；监造、检验和性能验收试验；价格表；技术服务的内容；分包和外购计划；大部件说明表等。

3. 建设工程中的设备供应方式

建设工程中的设备供应方式主要有以下3种：

（1）委托承包 由设备成套公司根据发包单位提供的成套设备清单进行承包供应，并收取设备价格一定百分比的成套业务费。

（2）按设备包干　根据发包单位提出的设备清单及双方核定的设备预算总价，由设备成套公司承包供应。

（3）招标投标　发包单位对需要的成套设备进行招标，设备成套公司参加投标，按照中标结果承包供应。

9.3.2　大型设备采购合同的设备监造

设备监造也称为设备制造监理，指在设备制造过程中采购方委托有资质的监造单位派出驻厂代表，对供货方提供合同设备的关键部位进行质量监督。但质量监造不解除供货方对合同设备质量应负的责任。

设备制造前，供货方向监理提交订购设备的设计、制造及检验标准，包括与设备监造有关的标准、设计图、资料、工艺要求。在合同约定的时间内，监理应组织有关方面的人员进行会审，然后尽快给予同意与否的答复。尤其是对生产厂家定型设计的设计图需要做部分改动要求时，对修改后的设计应进行慎重审查。

1. 设备监造方式

监理对设备制造过程的监造实行现场见证和文件见证。

1）现场见证的形式包括：①以巡视的方式监督生产制造过程，检查使用的原材料、元器件质量是否合格，制造操作工艺是否符合技术规范的要求等；②接到供货方的通知后，参加合同内规定的中间检查试验和出厂前的检查试验；③在认为必要时，有权要求进行合同内没有规定的检验。如对某一部分的焊接质量有疑问，可以对该部分进行无损探伤试验。

2）文件见证：文件见证指对所进行的检查或检验认为质量达到合同规定的标准后，在检查或试验记录上签署认可意见，以及就制造过程中有关问题发给供货方的相关文件。

2. 对制造质量的监督

（1）监督检验的内容　采购方和供货方应在合同内约定设备监造的内容，监理依据合同的规定进行检查和试验。具体内容可能包括监造的部套（以订购范围确定）、每套的监造内容、监造方式（可以是现场见证、文件见证或停工待检）、检验的数量等。

（2）检查和试验的范围　检查和试验的范围包括：①原材料和元器件的进厂检验；②部件的加工检验和试验；③出厂前预组装检验；④包装检验。

（3）制造质量责任

1）监理在监造中对发现的设备和材料质量问题，或不符合规定标准的包装，提出改正意见但暂不予以签字时，供货方需采取相应改进措施保证交货质量。无论监理是否要求和是否知道，供货方均有义务主动、及时地向其提供设备制造过程中出现的较大的质量缺陷和问题，不得隐瞒，在监理不知道的情况下，供货方不得擅自处理。

2）监造代表发现重大问题要求停工检验时，供货方应当遵照执行。

3）不论监理是否参与监造与出厂检验，或者参加了监造与检验并签署了监造与检验报告，均不能被视为免除供货方对设备质量应负的责任。

3. 监理工作应注意的事项

1）制造现场的监造检验和见证，尽量结合供货方工厂实际生产过程进行，不应影响正常的生产进度（不包括发现重大问题时的停工检验）。

2）监理应按时参加合同规定的检查和试验。若监理不能按供货方通知的时间及时到场，供货方工厂的试验工作可以正常进行，试验结果有效。但是监理有权事后了解、查阅、复制检查试验报告和结果（转为文件见证）。若供货方未及时通知监造代表而单独检验，监理不承认该检验结果的，则供货方应在监理在场的情况下进行该项试验。

3）供货方供应的所有合同设备、部件（包括分包与外购部分），在生产过程中都需进行严格的检验和试验，出厂前还需进行部套或整机总装试验。所有检验、试验和总装（装配）必须有正式的记录文件，只有以上所有工作完成后才能出厂发运。这些正式记录文件和合格证明提交给监理，作为技术资料的一部分存档。此外，供货方还应在随机文件中提供合格证和质量证明文件。

4. 对生产进度的监督

1）对供货方在合同设备开始投料制造前提交的整套设备的生产计划进行审查并签字认可。

2）每个月月末供货方均应提供月报表，说明本月包括制造工艺过程和检验记录在内的实际生产进度，以及下一月的生产、检验计划。中间检验报告需说明检验的时间、地点、过程、试验记录，以及不一致性原因分析和改进措施。监理审查同意后，作为对制造进度控制和与其他合同及外部关系进行协调的依据。

9.3.3 大型设备采购合同的现场交货

1. 准备工作

1）供货方应在发运前及合同约定的时间内向采购方发出通知，以便对方做好接货准备工作。

2）供货方向承运部门办理申请发运设备所需的运输工具计划，负责合同设备从供货方到现场交货地点的运输。

3）供货方在每批货物备妥及装运车辆（船）发出 24 小时内，应以电报或传真将该批货物的如下内容通知采购方：合同号；机组号；货物备妥发运日期；货物名称及编号和价格；货物总毛重；货物总体积；总包装件数；交运车站（码头）的名称、车号（船号）和运单号；质量超过 20t 或尺寸超过 9m×3m×3m 的每件特大型货物的名称、质量、体积和件数，还应对每件该类设备（部件）标明重心和吊点位置，并附有草图。

4）采购方应在接到发运通知后做好现场接货的准备工作，并按时到运输部门提货。

5）如果由于采购方原因要求供货方推迟设备发货，应及时通知对方，并承担推迟期间的仓储费和必要的保养费。

2. 到货检验

（1）检验程序

1）货物到达目的地后，采购方向供货方发出到货检验通知，邀请对方派代表共同进行检验。

2）货物清点。双方代表共同根据运单和装箱单对货物的包装、外观和件数进行清点。如果发现任何不符之处，经过双方代表确认属于供货方责任后，由供货方处理解决。

3）开箱检验。货物运到现场后，采购方应尽快与供货方共同进行开箱检验，如果采购方未通知供货方而自行开箱或每一批设备到达现场后在合同规定时间内不开箱，产生的后果由采购方承担。双方共同检验货物的数量、规格和质量，检验结果和记录对双方有效，并作为采购方向供货方提出索赔的证据。

（2）损害、缺陷、短缺的责任

1）现场检验时，如发现设备由于供货方原因（包括运输）有任何损坏、缺陷、短缺或不符合合同中规定的质量标准和规范，应做好记录，并由双方代表签字，各执一份，作为采购方向供货方提出修理或更换索赔的依据。如果供货方要求采购方修理损坏的设备，所有修理设备的费用由供货方承担。

2）由于采购方原因，发现到货损坏或短缺，供货方在接到采购方通知后，应尽快提供或替换相应的部件，但费用由采购方自负。

3）供货方如对采购方提出修理、更换、索赔的要求有异议，应在接到采购方书面通知后合同约定的时间内提出，否则上述要求即告成立。如有异议，供货方应在接到通知后派代表赴现场同采购方代表共同复验。

4）双方代表在共同检验中对检验记录不能取得一致意见时，可由双方委托的权威第三方检验机构进行裁定检验。检验结果对双方都有约束力，检验费用由责任方负担。

5）供货方在接到采购方提出的索赔后，应按合同约定的时间尽快修理、更换或补发短缺部分，由此产生的制造、修理和运费及保险费均应由责任方负担。

9.3.4　大型设备采购合同的设备安装验收

1. 启动试车

安装调试完毕后，双方共同参加启动试车的检验工作。试车分成无负荷空运和带负荷试运行两个步骤进行，且每一阶段均应按技术规范要求的程序维持一定的持续时间，以检验设备的质量。试验合格后，双方在验收文件上签字，正式移交采购方进行生产运行。若检验不合格属于设备质量原因，由供货方负责修理、更换并承担全部费用；如果是因为工程施工质量问题，则由采购方负责拆除后纠正缺陷。不论何种原因试车不合格，经过修理或更换设备后应再次进行试车试验，直到满足合同规定的试车质量要求为止。

2. 性能验收

性能验收又称为性能指标达标考核。启动试车只是检验设备安装完毕后是否能够顺利安全运行，但各项具体的技术性能指标是否达到供货方在合同内承诺的保证值还无法判定，因此合同中均要约定设备移交试生产稳定运行多少个月后进行性能测试。由于合同规定的性能验收时间采购方已正式投产运行，这项验收试验由采购方负责，供货方参加。试验大纲由采购方准备，与供货方讨论后确定。试验现场和所需的人力、物力由供货方提供。供货方应提供试验所需的测点、一次性元器件和装设的试验仪表，并做好技术配合和人员配合工作。性能验收试验完毕，每套合同设备都达到合同规定的各项性能保证值指标后，采购方与供货方共同会签合同设备初步验收证书。如果合同设备经过性能测试检验未能达到合同约定的一项或多项保证指标，可以根据缺陷或技术指标试验值与供货方在合同内的承诺值偏差程度，按下列原则区别对待：

1）在不影响合同设备安全、可靠运行的条件下，如有个别微小缺陷，供货方在双方商定的时间内免费修理，采购方则可同意签署初步验收证书。

2）如果第一次性能验收试验达不到合同规定的一项或多项性能保证值，则双方应共同分析原因，澄清责任，由责任一方采取措施，并在第一次验收试验结束后合同约定的时间内进行第二次验收试验。如能顺利通过，则签署初步验收证书。

3）在第二次性能验收试验后，如仍有一项或多项指标未能达到合同规定的性能保证值，按责任的原因分别对待。

① 属于采购方原因，合同设备应被认为初步验收通过，共同签署初步验收证书。此后供货方仍有义务与采购方一起采取措施，使合同设备性能达到保证值。

② 属于供货方原因，则应按照合同约定的违约金计算方法赔偿采购方的损失。

4）在合同设备稳定运行规定的时间后，如果由于采购方原因造成性能验收试验的延误超过约定的期限，采购方也应签署设备初步验收证书，视为初步验收合格。初步验收证书只是证明供货方所提供的合同设备性能和参数截至出具初步验收证明时可以按合同要求予以接受，不能视为供货方对合同设备中存在的可能引起合同设备损坏的潜在缺陷所应负责任解除的证据。所谓潜在缺陷，是指设备的隐患在正常情况下不能在制造过程中被发现，供货方应承担纠正缺陷责任。供货方的质量缺陷责任期时间应保证到合同规定的保证期终止后或到第一次大修时。当发现这类潜在缺陷时，供货方应按照合同的规定进行修理或调换。

3. 最终验收

1）合同内应约定具体的设备保证期限，保证期从签发初步验收证书之日起开始计算。

2）在保证期内的任何时候，如果由于供货方责任而需要进行检查、试验、再试验、修理或调换，当供货方提出请求时，采购方应做好安排并配合上述工作。供货方应负担修理或调换的费用，并按实际修理或更换使设备停运所延误的时间将保证期限进行相应延长。

3）如果供货方委托采购方施工人员进行加工、修理、更换设备，或由于供货方设计图错误以及因供货方技术服务人员的指导错误造成返工，供货方应承担因此所发生的合理费用。

4）合同保证期满后，采购方在合同规定时间内应向供货方出具合同设备最终验收证书。条件是此前供货方已完成采购方保证期满前提出的各项合理索赔要求，设备的运行质量符合合同的约定。供货方对采购方人员的非正常维修和误操作，以及正常磨损造成的损失不承担责任。

5）每套合同设备最后一批交货到达现场之日起，如果因采购方原因在合同约定的时间内未能进行试运行和性能验收试验，期满后即视为通过最终验收。此后，采购方应与供货方共同会签合同设备的最终验收证书。

9.3.5 大型设备采购合同的价格与支付

1. 合同价格

设备采购合同通常采用固定总价合同，在合同交货期内为不变价格。合同价内包括合同设备（含备品备件、专用工具）、技术资料、技术服务等费用，还包括合同设备的税费、运杂费、保险费等与合同有关的其他费用。

2. 支付

支付条件、支付时间和费用内容应在合同中具体约定。

（1）支付条件 合同生效后，供货方提交金额为约定的合同设备价格某一百分比，不可撤销的履约保函，作为采购方支付合同款的先决条件。

（2）支付程序

1）合同设备款的支付。订购的合同设备价格分三次支付：①设备制造前供货方提交履约保函和金额为合同设备价格10%的商业发票后，采购方支付合同设备价格的10%作为预付款；②供货方按交货顺序在规定的时间内将每批设备（部组件）运到交货地点，并将该批设备的商业发票、清单、质量检验合格证明、货运提单提供给采购方，支付该批设备价格的80%；③剩余合同设备价格的10%作为设备保证金，待每套设备保证期满且没有问题后，采购方签发设备最终验收证书后支付。

2）技术服务费的支付。合同约定的技术服务费分两次支付：①第一批设备交货后，采购方支付给供货方该套合同设备技术服务费的30%；②每套合同设备通过该套机组性能验收试验，初步验收证书签署后，采购方支付该套合同设备技术服务费的70%。

3）运杂费的支付。运杂费在设备交货时由供货方分批向采购方结算，结算总额为合同规定的运杂费。

本章小结

本章主要介绍了建设工程物资采购合同概述、建筑材料采购合同和设备采购合同的主要内容。通过本章学习，应了解建设工程物资采购合同的特征、采购供应合同的履行以及大型设备采购合同的主要内容。

习 题

1. 单项选择题

（1）建设工程物资采购合同体现了的原则不包括（ ）。

A. 公平 B. 公开市场 C. 平等互利 D. 协商一致

（2）建设工程的设备供应主要方式不包括（ ）。

A. 委托承包 B. 按设备包干 C. 招标投标 D. 政府指定

（3）某材料采购方口头将材料采购的任务委托给材料供应方，但是双方没有签订书面合同。供应方将委托采购的材料交给采购方并进行了交验后，由于采购方拖欠材料款引发纠纷，此时应当认定（ ）。

A. 双方没有合同关系 B. 合同已经成立 C. 采购方不承担责任 D. 合同没有成立

（4）设备制造前供货方提交履约保函和金额为合同设备价格10%的商业发票后，采购方支付合同设备价格的（ ）作为预付款。

A. 2% B. 5% C. 7% D. 10%

（5）施工企业与材料供应商订立了材料供应合同，约定的定金为2万元，违约金为5万元。后因材料供应商违约，给施工企业造成7万元损失，施工企业可要求材料供应商承担违约责任的最大款额为（ ）万元。

A. 2 B. 5 C. 7 D. 12

（6）甲公司与乙公司订立了一份总货款额为20万元的设备供货合同。合同约定的违约金为货款总值的10%。同时，甲公司向乙公司给付定金5000元，后乙公司违约，给甲公司造成损失2万元。乙公司应依法向甲公司支付（ ）。

A. 2万元 B. 3万元 C. 2.5万元 D. 3.5万元

（7）某工程项目，发包人将工程主体结构施工和电梯安装分别发包给了甲、乙两个承包人。乙承包人在进行电梯安装时，由于甲承包人不配合，给乙承包人造成了一定的损失，该损失应当由（ ）承担。

A. 发包人　　　　　B. 乙承包人　　　　　C. 甲承包人　　　　　D. 工程师

（8）在建设工程材料采购合同中，由供货方运送的货物，运输过程中发生的问题由（　　）负责。

A. 供货方　　　　　B. 运输部门　　　　　C. 采购方　　　　　D. 供货方和运输部门

（9）有关技术服务费的支付，下列说法正确的有（　　）。

A. 第一批设备交货后，采购方支付给供货方该套合同设备技术服务费的30%

B. 第一批设备交货后，采购方支付给供货方该套合同设备技术服务费的40%

C. 每套合同设备通过该套机组性能验收试验，初步验收证书签署后，采购方支付该套合同设备技术服务费的50%

D. 每套合同设备通过该套机组性能验收试验，初步验收证书签署后，采购方支付该套合同设备技术服务费的60%

（10）材料采购合同在履行过程中，供货方提前一个月通过铁路运输部门将订购物资运抵项目所在地的车站，且交付数量多于合同约定的尾差，（　　）。

A. 采购方不能拒绝提货，多交货的保管费用应由采购方承担

B. 采购方不能拒绝提货，多交货的保管费用应由供货方承担

C. 采购方可以拒绝提货，多交货的保管费用应由采购方承担

D. 采购方可以拒绝提货，多交货的保管费用应由供货方承担

（11）某大宗水泥采购合同，进行交货检验清点数量时，发现交货数量少于订购的数量，但少交的数额没有超过合同约定的合理尾差限度，采购方应（　　）。

A. 按订购数量支付　　　　　　　　　　　B. 按实际交货数量支付

C. 待供货方补足数量后再按订购数量支付

D. 按订购数量支付但扣除少交数量依据合同约定计算的违约金

2. 多项选择题

（1）下列有关设备监造的叙述中，错误的有（　　）。

A. 质量监造可以解除供货方对合同设备质量应负的责任

B. 监理对设备制造过程的监造实行现场见证和文件见证

C. 设备监造是指施工方委托有资质的监造单位对供货方提供合同设备的制造、施工和过程进行监督和协调

D. 采购方和供货方应在合同内约定设备监造的内容，监理依据合同的规定进行检查和试验

E. 设备制造前，施工方向监理提交订购设备的设计和制造、检验的标准

（2）在材料采购合同履行过程中，供货方交付产品时，可以作为双方验收依据的有（　　）。

A. 双方签订的采购合同　　　　　　　　　B. 施工合同对材料的要求

C. 合同未约定的推荐性质量标准　　　　　D. 合同约定的质量标准

E. 双方当事人共同封存的样品

3. 思考题

（1）建设工程物资采购合同有哪些特点？

（2）材料采购合同履行过程中，哪些情况采购方可以拒付货款？

（3）设备订购合同条款包括哪些内容？

（4）采购方对设备制造的监造包括哪些监督工作？

（5）设备安装完工后，确认供货方质量是否达到合同要求需要进行哪些检验？

二维码形式客观题

扫描二维码可在线做题，提交后可查看答案。

第9章
客观题

第 10 章
建设工程索赔管理

建设工程索赔与反索赔案例之不可抗力导致的延误

2019 年 7 月 27 日，某城建（集团）股份有限公司（以下简称城建股份公司）与某有限公司新疆分公司（以下简称新疆分公司）签订《爆破施工合同书》，由城建股份公司将其承包的某改建工程第二合同段土建工程中的岩石爆破工程，以包工包料形式专业分包给新疆分公司施工。该合同约定："由甲方指定施工地点，乙方按照施工图及甲方技术交底对施工道路进行岩石爆破；按甲方清场后现场双方实地测量的地面标高及设计图交底标高计算工程量，并由双方负责人现场确认签字为依据；如在施工期间发生人力不可抗拒的灾害，如大风、暴雪等恶劣天气和其他特殊原因造成延误工期，施工期限由双方协商顺延，顺延期限不得超过误工期限，并由双方签字确认；本合同生效后，任何一方不得违约或者单方面撕毁，如一方单方面撕毁或者违约，赔偿对方工程总额的 10%；乙方延期交工，每天按工程总额的 1% 承担违约责任。"

合同签订后，新疆分公司组织人员及设备进场进行了施工，城建股份公司依约支付了相应的工程进度款。2019 年 12 月 14 日，城建股份公司与新疆分公司签订了《爆破施工合同书 补充协议》，该协议约定："承包人应当最迟于 2020 年 1 月 30 日前完成已经钻眼部位的土石方爆破工作，2020 年 3 月 30 日前达到设计要求，满足验收条件；承包人为赶工而发生的所有税费均由其自行承担；对逾期完工且不超过 3 天的，每逾期 1 天，承包人按每天 1.5 万元向发包人支付违约金；对逾期完工超过 3 天的，发包人有权解除合同，且承包人应在接到发包人通知后的 8 小时内清场退出施工地点，由发包人重新有偿委托第三方完成剩余工程量；逾期完工期间承包人负责承担监理、设代、业主、发包人等现场工作人员的驻勤费，以每人每天发生的实际费用为准，现场工作人员数量由业主确认；除不可抗力情形或发包人书面同意外，本协议约定的工期不得顺延，延误工期的责任由承包人承担。"

2019 年 12 月 22 日，阿勒泰地区青河县气象局发布寒潮橙色预警信息，青河县气温预计在 23 日白天至 24 日将低至 -37℃。同年 12 月 23 日，青河县雷峰民用爆炸物品经营有限公司通知青河县境内各涉爆单位，暂停对民爆物品的配送服务。随后，青河县气象局陆续于 2020 年 1 月 6 日发布暴雪蓝色预警、1 月 7 日发布寒潮黄色预警、1 月 17 日发布暴雪蓝色预警和寒潮橙色预警（强调最低气温可达−45～−40℃）。山体坡度大于 35°的地方极易引发雪崩。2020 年 3 月 2 日发布寒潮蓝色预警期间，新疆分公司鉴于上述原因向城建股份公司发函，要求城建股份公司顺延补充协议约定的完工日期，城建股份公司同意自 2019 年 12 月 2 日开始顺延 7 个工作日。

2020 年 3 月 21 日 16 时许，青河县发生融雪性洪水，通往外界的通道桥梁被冲毁，到 5 月 10 日恢复通车。5 月 14 日，在青河县公安局主持下，城建股份公司与新疆分公司达成由新疆分公司继续施工的协议，但城建股份公司随后又向新疆分公司发出进场通知。2020 年 5 月 20 日，城建股份公司将涉案工程交由某爆破公司施工，但未对新疆分公司工程量及未完成工程量进行确认。

新疆分公司遂将城建股份公司上诉至法院，要求城建股份公司支付已完工部分工程款 1208456.50 元及违约金 538070.10 元。城建股份公司提出反诉，要求新疆分公司支付工期延误违约金 140 万元。

法院在审理中接受新疆分公司申请，委托新疆某工程造价咨询有限公司（以下简称造价公司）对新疆分公司已完工工程量进行了鉴定。法院经审理认为，在履行合同过程中，由于城建股份公司单方做出解除合同的决定，在未对新疆分公司已完成的工程量进行实地测量的情况下，将其清离出施工现场，造成新疆分公司无法施工。并且，当时发生的寒潮、暴雪、洪水等极端天气也造成新疆分公司不能施工。因此，造成工程延期的责任不在新疆分公司一方，新疆分公司不构成违约，城建股份公司要求新疆分公司支付违约金 140 万元的主张没有事实和法律依据，不予支持。

法院最终依据造价公司做出的鉴定结论并结合审理查明的事实做出判决，由城建股份公司支付新疆分公司工程款 874106.50 元及违约金 458449.70 元；同时驳回城建股份公司的反诉请求。

律师点评：在建设工程施工合同纠纷案件中，对不可抗力情形的认定标准往往较高，能否构成免除承包人违约责任的不可抗力事件往往要以"经验丰富的承包商"的标准衡量。在司法实践中，往往可将异常恶劣气候条件、地震、台风、洪水、冰冻灾害等自然风险因素导致承包人无法按约定开展施工建设的情况认定为不可抗力事件，但由于不可抗力事件的发生不可归责于任何一方，且承发包双方都因不可抗力事件的发生而遭受损失，因此不可抗力导致的工期延误一般属于可顺延但不可补偿的情形。承包人可据此提出工程延期申请或作为发包人向其提出工期索赔时的有效抗辩事由。

10.1　建设工程索赔概述

10.1.1　索赔及工程索赔的概念

索赔是当事人在合同实施过程中，根据法律、合同规定及惯例，对不应由自己承担责任的情况造成的损失，向合同的另一方当事人提出给予赔偿或补偿要求的行为。索赔涉及商贸、财会、法律、公共关系和工程技术、工程管理等诸多专业学科，存在于社会的方方面面，如旅游、贸易、医疗、交通、商品买卖、房地产、家庭装修、工程建设等领域。

工程索赔是指在工程合同履行过程中，当事人一方因非自己原因受到经济损失或权利损失时，通过一定的合法程序向对方提出经济或时间补偿要求的行为。在工程建设的各阶段，都有可能发生索赔，但在施工阶段索赔发生最多。由于施工现场条件、水文、气候条件的变化，施工进度的调整，物价的变化，以及合同条款、规程规范、标准文件和施工图的变更、差异、延误等因素的影响，使工程承包中不可避免地出现索赔。

对施工合同的双方来说，都有通过索赔维护自己合法利益的权利，依据双方约定的合同责任，构成正确履行合同义务的制约关系。一般情况下，习惯把承包商向业主提出的索赔称为施工索赔，而把业主向承包商提出的索赔称为反索赔。

10.1.2　工程索赔的特征

1）索赔是双向的，不仅承包人可以向发包人索赔，发包人同样也可以向承包人索赔。由于实践中发包人向承包人索赔发生的频率相对较低，而且在索赔处理中，发包人始终处于主动和有利地位，对承包人的违约行为他可以直接从应付工程款中扣抵、扣留保留金或通过履约保函向银行索赔来实现自己的索赔要求。因此在工程实践中，大量发生的、处理比较困难的是承包人向发包人的索赔，也是工程师进行合同管理的重点内容之一。

2）只有实际发生了经济损失或权利损害，一方才能向对方索赔。经济损失是指因对方因素造成合同外的额外支出，如人工费、材料费、机械费、管理费等额外开支；权利损害是指虽然没有经济上的损失，但造成了一方权利上的损害，如由于恶劣气候条件对工程进度的不利影响，承包人有权要求工期延长等。因此，发生了实际的经济损失或权利损害，应是一方提出索赔的一个基本前提条件。有时上述两者同时存在，如发包人未及时交付合格的施工现场，既造成承包人的经济损失，又侵犯了承包人的工期权利，因此，承包人既要求经济赔偿，又要求工期延长；有时两者则可单独存在，如恶劣气候条件影响、不可抗力事件等，承包人根据合同规定或惯例则只能要求工期延长，不应要求经济补偿。

3）索赔是一种未经对方确认的单方行为。索赔与我们通常所说的工程签证不同。在施工过程中签证是承发包双方就额外费用补偿或工期延长等达成一致的书面证明材料和补充协议，它可以直接作为工程款结算或最终增减工程造价的依据；而索赔则是单方面行为，对对方尚未形成约束力，这种索赔要求能否得到最终实现，必须要通过确认（如双方协商、调解、仲裁和诉讼）才能实现。

索赔是一种正当的权利或要求，是合情、合理、合法的行为，它是在正确履行合同的基础上争取合理的偿付，不是无中生有，无理争利。索赔同守约、合作并不矛盾、对立，索赔本身就是市场经济中合作的一部分，只要是符合有关规定的、合法的或者符合有关惯例的，就应该理直气壮地、主动地向对方索赔。大部分索赔都可以通过协商谈判和调解等方式获得解决，只有在双方坚持己见而无法达成一致时才会提交仲裁或诉诸法院求得解决。

10.1.3　工程索赔的分类

1. 按索赔目的分类

按索赔目的不同，索赔分为工期索赔和费用索赔两类。

（1）工期索赔　由于非承包人责任的原因而导致施工进程延误，要求批准顺延合同工期的索赔，称为工期索赔。工期索赔形式上是对权利的要求，以避免在原定合同竣工日不能完工时，被发包人追究拖期违约责任。一旦获得批准合同工期顺延后，承包人不仅免除了承担拖期违约赔偿费的严重风险，而且可能因提前工期而得到奖励，最终仍反映在经济收益上。

（2）费用索赔　费用索赔的目的是要求经济补偿。若施工的客观条件改变导致承包人增加开支，可要求对超出计划成本的附加开支给予补偿，以挽回不应由其承担的经济损失。

2. 按索赔当事人分类

按索赔当事人分类，索赔可以分为：

（1）承包商与业主之间索赔　这类索赔大都是有关工程量计算、变更、工期、质量和价格方面的争议，也有中断或终止合同等其他违约行为的索赔。

（2）承包商与分包商之间索赔　其内容与前一种大致相似，但大多数是分包商向总包商索要付款和赔偿及承包商向分包商罚款或扣留支付款等。

（3）承包商与供货商之间索赔　其内容多是商贸方面的争议，如货物质量不符合技术要求、数量短缺、交货拖延、运输损坏等。

（4）承包商与保险公司之间索赔　此类索赔多是承包商受到灾害、事故或其他损害或损失，按保险单向其投保的保险公司索赔。

上述前两种发生在施工过程中的索赔，有时也称为施工索赔；后两种发生在物资采购、运输等过程中的索赔，有时也称为商务索赔。

3. 按索赔原因分类

按索赔原因的不同，索赔可分为工程延误索赔、工作范围索赔、施工加速索赔、不利现场条件索赔、合同条款引起的索赔和不可抗力引起的索赔六类。

（1）工程延误索赔　因发包人未按合同要求提供施工条件，如未及时交付设计图、施工现场、道路等，或因发包人指令工程暂停等造成工期拖延的，承包商对此提出索赔。

（2）工作范围索赔　工作范围索赔是指发包人和承包商对合同中规定工作理解的不同而引起的索赔。

（3）施工加速索赔　施工加速索赔经常是延期或工作范围索赔的结果，有时也被称为"赶工索赔"。而施工加速索赔与劳动生产率的降低有极大关系，因此又可称为劳动生产率损失索赔。

（4）不利现场条件索赔　不利现场条件索赔近似于工作范围索赔，然而又与大多数工作范围索赔有所不同。不利现场条件索赔应归咎于确实不易预知的某个事实，如现场的水文、地质条件要在设计时全部弄得一清二楚几乎是不可能的，只能根据某些地质钻孔和土样试验资料进行分析和判断。要对现场进行彻底全面的调查将会耗费大量的费用和时间，一般发包人不会这样做，承包商在短短的投标报价时间内更不可能做这种现场调查工作。因此这种不利现场条件的风险由发包人来承担是合理的。

（5）合同条款引起的索赔　合同条款可能在两种情况下引发争议，进而引起索赔：①条款本身在客观上存在错误；②承包方与发包方双方在主观上对合同条款存在理解争议。从客观角度讲，如果合同存在条款不全、条款前后矛盾、关键性文字错误等明显问题，承包方存在据此提出索赔主张的可能性。如果是由于条款存在理解争议，承包方根据自己主观理解在施工时发生损失或损害，也可向发包方主张索赔。但相比较而言，前者得到发包方认可的可能性更大一些。

（6）不可抗力引起的索赔　所谓不可抗力，是指不能预见，不能避免并且不能克服的客观情况。例如，在工程建设过程中发生地震、海啸、战争等情况，造成承包方的工期损失，承包方可据此不可抗力事由向发包方主张索赔。

4. 按索赔依据分类

按索赔依据的不同，索赔可分为合同内索赔、合同外索赔和道义索赔三类。

（1）合同内索赔　此种索赔是以合同条款为依据，在合同中有明文规定的索赔，如工期延误、工程变更、承包人提供的放线数据有误、发包人不按合同规定支付进度款等。这种索赔由于在合同中有明文规定，往往容易申请成功。

（2）合同外索赔　此种索赔在合同文件中没有明确的叙述，但可以根据合同文件的某些内容合理推断出来，而且此索赔并不违反合同文件的其他任何内容。

（3）道义索赔　道义索赔也称为额外支付，是指承包商在合同内或合同外都找不到可以索赔的合同依据或法律根据，因而没有提出索赔的条件和理由，但承包商认为自己有要求补偿的道义基础，而对其遭受的损失提出具有优惠性质的补偿要求。

5. 按索赔处理方式分类

按索赔处理方式的不同，索赔可分为单项索赔和综合索赔两类。

（1）单项索赔　单项索赔是针对某一干扰事件提出的，在影响原合同正常运行的干扰事件发生时或发生后，由合同管理人员立即处理，并在合同规定的索赔有效期内向发包人或监理人提交索赔要求和报告。单项索赔通常原因单一，责任单一，分析起来相对容易，由于涉及的金额一般较小，双方容易达成协议，处理起来也比较简单。因此，合同双方应尽可能地用此种方式来处理索赔。

（2）综合索赔　综合索赔又称为一揽子索赔，一般指在工程竣工前和移交前，承包商将工程实施过程中因各种原因未能及时解决的单项索赔集中起来进行综合考虑，提出一份综合索赔报告，由合同双方在工程交付前后进行最终谈判，以一揽子方案解决索赔问题。

10.1.4　工程索赔的原因

1. 工程项目的特殊性

现代工程规模大、技术性强、投资额度大、工期长、材料设备价格变化快，使得工程项目在实施过程中存在许多的不确定因素。

而工程合同必须在工程开始时签订，合同双方绝不可能对项目中遇到的所有问题都做出合理的预见和规定，而且业主在实施过程中会有许多新的决策，这一切都会使合同变更更为频繁。然而，合同变更必然导致项目工期和成本的变化，这是索赔产生的主要原因之一。

2. 工程项目外部环境的复杂性和多变性

工程项目的技术环境、经济环境、法律环境的变化，也是索赔产生的原因之一。如地质条件变化、材料价格的变化、货币贬值、国家政策、法律法规变化会对工程实施过程产生影响，使工程的计划实施过程与实际情况不一致，导致工程工期和费用的变化。

3. 参与建设主体的多元化

由于工程参与单位多，一个项目往往会有业主、总承包商、监理工程师、分包商、指定材料供应商等众多参与单位，各方面的技术、经济关系错综复杂，相互联系又互相影响，只要一方失误，不仅会造成自己的损失，而且会影响其他合作者，造成他人损失，形成复杂的经济纠纷，进而导致索赔和争执。

4. 工程合同的复杂性和易出错性

建设工程合同文件多而复杂，经常会出现措辞不当、缺陷、图纸错误以及合同文件前后自相矛盾和意思解释上的偏差，容易造成合同双方对合同文件理解不一致而出现索赔。

5. 不同国家的文化差异

在国际承包工程中，合同双方来自不同的国家，使用不同的语言，适用不同的法律参照系，有不同的工程习惯，以及双方对合同责任理解的差异也是引起索赔的原因之一。

10.1.5 工程索赔的依据

索赔依据部分包括该索赔事件所涉及的一切证据资料，以及对这些索赔依据的说明。索赔依据是索赔报告的重要组成部分，没有翔实可靠的索赔依据，索赔是不能成功的。引用索赔依据时，要注意该依据的效力和可信程度。为此，对重要的索赔依据资料最好附以文字证明或确认件。例如，一个重要的电话内容，仅附上自己的记录是不够的，最好附上经过双方签字确认的电话记录；或附上发给对方要求确认该电话记录的函件，即使对方未复函确认或修改，按惯例应理解为已默认，这样一旦发生纠纷，便于明确对方的责任。

1. 索赔依据的要求

（1）真实性　索赔依据必须是在实施合同过程中确定存在和发生的，必须完全反映实际情况，能经得住推敲。

（2）全面性　索赔依据应能说明事件的全过程。索赔报告中涉及的索赔理由、事件过程、影响、索赔数额等都应有相应依据，不能零乱和支离破碎。

（3）关联性　索赔依据应当能够相互说明、具有关联性，不能互相矛盾。

（4）及时性　索赔依据的取得及提出应当及时，符合合同约定。

（5）具有法律证明效力　索赔依据必须是书面文件，有关记录、协议、纪要必须是双方签署的；工程重大事件，特殊情况的记录、统计必须由合同约定的监理人签证认可。

2. 索赔证据的种类

1）招标文件、工程合同、发包人认可的施工组织设计、工程图、技术规范等。

2）工程各项有关的设计交底记录、变更图、变更施工指令等。

3）工程各项经发包人或合同中约定的发包人现场代表或监理人签认的签证。

4）工程各项往来信件、指令、信函、通知、答复等。

5）工程各项会议纪要。

6）施工计划及现场实施情况记录。

7）施工日志及工长工作日志、备忘录。

8）工程送电、送水、道路开通、封闭的日期及数量记录。

9）工程停电、停水和干扰事件影响的日期及恢复施工的日期记录。

10）工程预付款、进度款拨付数额及日期的记录。

11）工程图、图纸变更、交底记录的送达份数及日期记录。

12）工程有关施工部位的照片及录像等。

13）工程现场气候记录，如有关天气的温度、风力、雨雪等。

14）工程验收报告及各项技术鉴定报告等。

15）工程材料采购、订货、运输、进场、验收、使用等方面的凭据。

16）国家和省级或行业建设主管部门有关影响工程造价、工期的文件、规定等。

10.2　施工索赔程序

10.2.1　施工索赔的一般程序

承包人和发包人的索赔程序是按照《建设工程施工合同（示范文本）》（GF—2017—0201）通用合同条款第 19 条的相关规定。

1. 承包人的索赔程序

（1）承包人的索赔　根据合同约定，承包人认为有权得到追加付款和（或）延长工期的，应按以下程序向发包人提出索赔：

1）承包人应在知道或应当知道索赔事件发生后 28 天内，向监理人递交索赔意向通知书，并说明发生索赔事件的事由；承包人未在前述 28 天内发出索赔意向通知书的，丧失要求追加付款和（或）延长工期的权利。

2）承包人应在发出索赔意向通知书后 28 天内，向监理人正式递交索赔报告；索赔报告应详细说明索赔理由以及要求追加的付款金额和（或）延长的工期，并附必要的记录和证明材料。

3）索赔事件具有持续影响的，承包人应按合理时间间隔继续递交延续索赔通知，说明持续影响的实际情况和记录，列出累计的追加付款金额和（或）工期延长天数。

4）在索赔事件影响结束后 28 天内，承包人应向监理人递交最终索赔报告，说明最终要求索赔的追加付款金额和（或）延长的工期，并附必要的记录和证明材料。

（2）对承包人索赔的处理程序　具体程序如下：

1）监理人应在收到索赔报告后 14 天内完成审查并报送发包人。监理人对索赔报告存在异议的，有权要求承包人提交全部原始记录副本。

2）发包人应在监理人收到索赔报告或有关索赔的进一步证明材料后的 28 天内，由监理人向承包人出具经发包人签认的索赔处理结果。发包人逾期答复的，则视为认可承包人的索赔要求。

3）承包人接受索赔处理结果的，索赔款项在当期进度款中进行支付；承包人不接受索赔处理结果的，按照通用合同条款〔争议解决〕条款约定处理。

（3）提出索赔的期限　按照以下规定处理：

1）承包人按通用合同条款中〔竣工结算审核〕条款的约定接收竣工付款证书后，应被视为已无权再提出在工程接收证书颁发前所发生的任何索赔。

2）承包人按通用合同条款中〔最终结清〕条款提交的最终结清申请单中，只限于提出工程接收证书颁发后发生的索赔。提出索赔的期限自接受最终结清证书时终止。

2. 发包人的索赔程序

（1）发包人的索赔　根据合同约定，发包人认为有权得到赔付金额和（或）延长缺陷责任期的，监理人应向承包人发出通知并附有详细的证明。

发包人应在知道或应当知道索赔事件发生后 28 天内通过监理人向承包人提出索赔意向通知书；发包人未在上述 28 天内发出索赔意向通知书的，则丧失要求赔付金额和（或）延长缺陷责任期的权利。发包人应在发出索赔意向通知书后 28 天内，通过监理人向承包人正式递交索赔报告。

（2）对发包人的索赔处理　具体如下：

1）承包人收到发包人提交的索赔报告后，应及时审查索赔报告的内容、查验发包人证明材料。

2）承包人应在收到索赔报告或有关索赔的进一步证明材料后 28 天内，将索赔处理结果答复发包人。如果承包人未在上述期限内做出答复的，则视为对发包人索赔要求的认可。

3）承包人接受索赔处理结果的，发包人可从应支付给承包人的合同价款中扣除赔付的金额或延长缺陷责任期；发包人不接受索赔处理结果的，按通用合同条款〔争议解决〕的约定处理。

10.2.2　索赔文件

索赔文件是承包商向业主索赔的正式书面材料，也是业主审议承包商索赔请求的主要依据，它包括索赔意向通知、索赔报告两部分。

1. 索赔意向通知

索赔意向通知是指某一索赔事件发生后，承包人意识到该事件将要在以后工程进行中对己方产生额外损失，而当时又没有条件和资料确定以后所产生额外损失的数量时所采用的一种维护自身索赔权利的文件。

（1）索赔意向通知的作用　对应延续时间比较长、涉及内容比较多的工程事件来说，索赔意向通知对以后的索赔处理起着较好的促进作用，具体表现在以下方面：

1）对发包人起提醒作用，使发包人意识到所通知事件会引起事后索赔。

2）对发包人起督促作用，使发包人要特别注意该事件持续过程中所产生的各种影响。

3）给发包人创造挽救机会，使发包人接到索赔意向通知后，可以尽量采取必要措施减少事件的不利影响，降低额外费用的产生。

4）对承包人合法利益起保护作用，避免事后发包人以承包人没有提出索赔而使索赔落空。

5）承包人提出索赔意向通知后，应进一步观察事态的发展，有意识地收集用于后期索赔报告的有关证据。

6）承包人可以根据发包人收到索赔意向通知的反应及提出的问题，有针对性地准备索赔资料，避免失去索赔机会。

（2）索赔意向通知的内容　索赔意向通知没有统一的要求，一般可考虑有下述内容：

1）事件发生时间、地点或工程部位。

2）事件发生时的双方当事人或其他有关人员。

3）事件发生原因及性质，应特别说明是非承包人的责任或过错。

4）承包人对事件发生后的态度，应说明承包人为控制事件对工程的不利发展、减少工程及其相关损失所采取的行动。

5）写明事件的发生将会使承包人产生额外经济支出或其他不利影响。

6）注明提出该项索赔意向的合同条款依据。

（3）索赔意向通知编写实例 某学校建设施工土方工程中，承包商在合同标明有松软石的地方没有遇到松软石，因此工期提前 1 个月。但在合同中另一未标明有坚硬岩石的地方遇到更多的坚硬岩。开挖工作变得更加困难，由此造成了实际施工进度比原计划延后，经测算拖延工期 3 个月。由于施工速度减慢，使得部分施工任务拖延到雨季进行，按一般工人标准推算，又拖延工期 2 个月。为此承包商准备提出索赔。承包商就此事件拟定的索赔意向通知如图 10-1 所示。

索赔意向通知

致甲方代表（或监理工程师）：

我方希望你对工程地质条件变化问题引起重视：在合同文件未标明有坚硬岩石的地方遇到了坚硬岩石，致使我方实际施工进度比原计划延后，并不得不在雨季施工。

上述施工条件变化，造成我方施工现场设计与原设计有很大不同，为此向你方提出工期索赔及费用索赔要求，具体工期索赔及费用索赔依据与计算书附于随后的索赔报告中。

承包商：

年 月 日

图 10-1 索赔意向通知

2. 索赔报告

索赔报告的具体内容，因索赔事件的性质和特点的不同而有所不同。一般来说，完整的索赔报告应包括以下四个部分。

（1）总论部分 一般包括以下内容：序言、索赔事项概述、具体索赔要求、索赔报告编写及审核人员名单。

总论部分首先应概要地论述索赔事件的发生日期与过程；施工单位为该索赔事件所付出的努力和附加开支；施工单位的具体索赔要求。在总论部分的最后，附上索赔报告编写组主要人员及审核人员的名单，注明有关人的职称、职务及施工经验，以表示该索赔报告的严肃性和权威性。总论部分的阐述要简明扼要，说明问题。

（2）根据部分 本部分主要是说明自己具有的索赔权利，这是索赔能否成立的关键。根据部分的内容主要来自该工程项目的合同文件，并参照有关法律规定编写。该部分中施工单位应引用合同中的具体条款，说明自己理应获得经济补偿或工期延长。

根据部分的具体内容随各个索赔事件的情况而不同。一般情况下，根据部分应包括以下内容：索赔事件的发生情况、已递交索赔意向书的情况、索赔事件的处理过程、索赔要求的合同根据、所附的证据资料。

在写法结构上，按照索赔事件发生、发展、处理和最终解决的过程编写，并明确全文引用有关的合同条款，使建设单位和监理工程师能历史地、逻辑地了解索赔事件的始末，并充分认识该项索赔的合理性和合法性。

（3）计算部分 该部分是以具体的计算方法和计算过程，说明自己应得经济补偿的款额或延长时间。如果说根据部分的任务是解决索赔能否成立，则计算部分的任务就是决定应获得多少索赔款额和工期。前者是定性的，后者是定量的。

在款额计算部分，施工单位必须阐明下列问题：索赔款的要求总额；各项索赔款的计算，如额外开支的人工费、材料费、管理费和损失的利润；指明各项开支的计算依据及证据资料。施工单位应注意采用合适的计价方法，至于采用哪一种计价法，应根据索赔事件的特点及自己所掌握的证据资料等因素来确定。此外，应注意每项开支款的合理性，并指出相应的证据资料的名称及编号。切忌采用笼统的计价方法和列出不实的开支款额。

（4）证据部分　证据部分包括该索赔事件所涉及的一切证据资料，以及对这些证据的说明，证据是索赔报告的重要组成部分。

任何索赔事件的确立，其前提条件是必须有正当的索赔理由。对正当的索赔理由的说明必须具有证据，因为进行索赔主要是靠证据说话。没有证据或证据不足，索赔是难以成功的。

10.3　工期索赔

10.3.1　工期延误的概念

工期延误又称为工程延误或进度延误，是指工程实施过程中任何一项或多项工作的实际完成日期迟于计划规定的完成日期，从而可能导致整个合同工期的延长。工期延误对合同双方一般都会造成损失，业主将不能按照计划实现投资效果，失去盈利机会。承包商会因工期延误增加工程成本，降低生产效率，甚至会遭到误期损害赔偿的处罚。工期延误的后果是形式上的时间损失，实质上会造成经济损失。

承包商工期索赔的目的主要是免去或减轻自身对已经产生的工期延长的合同责任，使自己不支付或尽可能少支付工期延长的罚款；对因工期延长造成的费用损失进行索赔。

对已经产生的工期延长，业主常采用的解决办法是：①不采取加速措施，将合同工期顺延，工程施工仍按原定方案和计划实施；②指令承包商采取加速措施，以全部或部分地弥补已经损失的工期。

10.3.2　工期延误的分类

1. 按照工期延误的原因划分

1）因业主或工程师原因引起的延误，也就是非承包商的原因引起的延误。

由于下列非承包商原因造成的工期延误，承包商有权获得工期延长，包括：①业主未能及时交付合格的施工现场；②业主未能及时交付施工图；③业主或工程师未能及时审批图纸、施工方案、施工计划等；④业主未能及时支付预付款或工程款；⑤业主未能及时提供合同规定的材料或设施；⑥业主自行发包的工程未能及时完工或其他承包商违约导致的工期延误；⑦业主或工程师拖延关键线路上工序的验收时间导致下道工序的工期延误；⑧业主或工程师发布暂停施工指令导致延误；⑨业主或工程师设计变更导致工期延误或工程量增加；⑩业主或工程师提供的数据错误导致的延误。

延期的责任者是业主或工程师，承包商有权同时要求延长工期和经济补偿。

2）因承包商原因引起的延误。由于承包商原因引起的延误一般是由于其管理不善所引起的，包括：①施工组织不当，出现窝工或停工待料等现象；②质量不符合合同要求而造成返工；③资源配置不足；④开工延误；⑤劳动生产率低；⑥分包商或供货商延误等。

由于承包商的原因造成的工期延误，承包商须向业主支付延期损害赔偿费，并无权获得工期延长。

3）不可控制因素引起的延误。主要是人类不可抗拒的自然灾害导致的延误、特殊风险（如战争或叛乱等）造成的延误、不利的施工条件或外界障碍引起的延误等。

不可控制因素引起的工期延误，业主可给予工期延长，但不能对相应经济损失给予补偿，因为是客观因素造成的延期。

2. 按照索赔要求和结果划分

按照承包商可能得到的要求和索赔结果划分，工期延误可以分为可索赔延误和不可索赔延误。

（1）可索赔延误　可索赔延误是指非承包商原因引起的工期延误，包括业主或工程师的原因和双方不可控制的因素引起的索赔。根据补偿的内容不同，可以进一步划分为以下三种情况：①只可索赔工期的延误；②只可索赔费用的延误；③可索赔工期和费用的延误。

（2）不可索赔延误　不可索赔延误是指因承包商原因引起的延误，承包商不应向业主提出索赔，而且应该采取措施赶工，否则应向业主支付误期损害赔偿。

3. 按照延误工作所在的工程网络计划的线路划分

按照延误工作所在的工程网络计划的线路性质，工程延误划分为关键线路延误和非关键线路延误。

由于关键线路上任何工作（或工序）的延误都会造成总工期的推迟，因此，非承包商原因造成关键线路延误都是可索赔延误。而非关键线路上的工作一般都存在机动时间，其延误是否会影响到总工期的推迟取决于其总时差的大小和延误时间的长短。如果延误时间少于该工作的总时差，业主一般不会给予工期顺延，但可能给予费用补偿；如果延误时间大于该工作的总时差，非关键线路的工作就会转化为关键工作，从而成为可索赔延误。

4. 按照延误事件之间的关联性划分

（1）单一延误　在某一延误事件从发生到终止的时间间隔内，没有其他延误事件的发生，该延误事件引起的延误称为单一延误。

（2）共同延误　当两个或两个以上的延误事件从发生到终止的时间完全相同时，这些事件引起的延误称为共同延误。共同延误的补偿分析比单一延误要复杂一些。当业主引起的延误或双方不可控制因素引起的延误与承包商引起的延误共同发生时，即可索赔延误与不可索赔延误同时发生时，可索赔延误就将变成不可索赔延误，这是工程索赔的惯例之一。

（3）交叉延误　当两个或两个以上的延误事件从发生到终止只有部分时间重合时，称为交叉延误。由于工程项目是一个较为复杂的系统工程，影响因素众多，常常会出现由多种原因引起的延误交织在一起的情况，这种交叉延误的补偿分析更加复杂。

比较交叉延误和共同延误，不难看出，共同延误是交叉延误的一种特例。

10.3.3　工期索赔的分析和计算方法

1. 工期索赔的分析

工期索赔的分析包括延误原因分析、延误责任的界定、网络计划（CPM）分析、工期索赔的计算等。

运用网络计划（CPM）方法分析延误事件是否发生在关键线路上，以决定延误是否可以索赔。在工期索赔中，一般只考虑对关键线路上的延误或者非关键线路因延误而变为关键线路时才给予顺延工期。

2. 工期索赔的计算方法

（1）网络分析法 通过分析干扰事件发生前后的网络计划，对比两种工期计算结果，计算索赔值。网络分析法实质是利用进度计划，分析其关键线路。如果延误的工作为关键工作，则总延误的时间为批准顺延的工期；如果延误的工作为非关键工作，当该工作由于延误超过时差限制而成为关键工作时，可以批准延误时间为总时差的差值；若该工作延误后仍为非关键工作，则不存在工期索赔问题。

1）由于非承包商自身原因的事件造成关键线路上的工序暂停施工：

工期索赔天数=关键线路上的工序暂停施工的日历天数

2）由于非承包商自身原因的事件造成非关键线路上的工序暂停施工：

工期索赔天数=工序暂停施工的日历天数-该工序的总时差天数

工期索赔天数小于或等于0时，不能索赔工期。

【例10-1】 已知某工程网络计划如图10-2所示。总工期16天，关键工作为A、B、E、F。若由于业主原因造成B工作延误2天，则由此对总工期将造成2天延误，故向业主索赔工期2天；若因业主原因造成工作C延误1天，承包商是否可以向业主提出1天的工期补偿？若因业主原因造成C工作延误3天，承包商是否可以向业主提出3天的工期补偿？

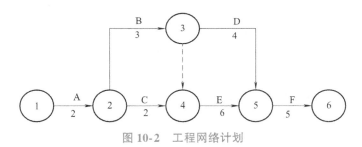

图10-2 工程网络计划

【解】 C工作总时差为1天，有1天的机动时间，业主原因造成的1天延误对总工期不会有影响。实际上，将1天的延误代入原网络图，即C工作时间变为3天，计算结果工期仍为16天。

若由于业主原因造成C工作延误3天，由于C本身有1天的机动时间，对总工期造成延误为3天-1天=2天，故可向业主索赔工期2天。也可将C工作延误的3天代入网络图中，即C工作时间变为2天+3天=5天，计算可以发现网络图关键线路发生了变化，C工作由非关键工作变成了关键工作，总工期变为18天，索赔工期为18天-16天=2天。

（2）直接法 如果某干扰事件直接发生在关键线路上或一次性地发生在一个项目上，造成总工期的延误，这是可以通过查看施工日志、变更指令等资料，直接将这些资料中记载的延误时间作为工期索赔值。如承包商依据工程师的书面工程变更指令施工，那么完成变更工程所用的实际工时即为工期索赔值。

（3）比例类推法　如果某干扰事件仅仅影响某单项工程、单位工程或分部分项工程的工期，要分析其对总工期的影响，可以采用较简单的比例类推法。比例类推法可分为以下两种情况：

1）按工程量进行比例类推。当计算出某一分部分项工程的工期延长后，还要把局部工期转变为整体工期，可以用局部工程的工程量占整个工程工程量的比例来折算。

【例 10-2】　某工程基础施工中出现了意外情况，业主指令承包商进行处理，土方工程量由原来的 $2800m^3$ 增加到 $3500m^3$，原定工期是 40 天，则承包商可以提出的工期索赔值是多少？

【解】　工期索赔值＝原工期×额外或新增工程量/原工程量＝40 天×（3500-2800）/2800＝10 天。

若本例中合同规定工程量增减 10% 为承包商应承担的风险，则工期索赔值应该是：

工期索赔值＝［40×（3500-2800×110%）/2800］天＝6 天

2）按造价进行比例类推。若施工中出现了很多大小不等的工期索赔事由，较难准确地单独计算且又麻烦时，可经双方协商，采用造价比较法确定工期补充天数。

【例 10-3】　某工程合同总价 380 万元，总工期 15 个月。现业主指令增加附加工程的价格为 76 万元，则承包商提出索赔工期多少？

【解】　总工期索赔＝原合同总工期×附加或新增工程量价格/原合同总价

＝（15×76/380）个月＝3 个月

比例类推法简单、方便，易于被人们理解和接受，但不尽科学、合理，有时不符合工程实际情况，且对有些情况如业主变更施工次序等不适用，甚至会得出错误的结果，因此在实际工作中应予以注意，要正确掌握其适用范围。

10.4　费用索赔

在现代承包工程中特别是在国际承包工程中索赔经常发生而且索赔额很大。在承包工程中对承包商或施工单位来说索赔的范围十分广泛。一般只要不是承包商自身责任而是由于外界干扰造成工期延长或成本增加都有可能提出索赔，且索赔值的计算是十分复杂的，需要广博的知识和实践经验。本节根据近年来国内外建筑市场的发展并结合在现实施工索赔中遇到的问题，分析费用索赔计算的基本原则和计算方法。

10.4.1　费用索赔计算的基本原则

费用索赔是整个合同索赔的重点和最终目标，工期索赔在很大程度上也是为了费用索赔。在承包工程中干扰事件对成本和费用的影响的定量分析和计算是极为困难和复杂的，目前还没有大家统一认可的、通用的计算方法，而选用不同的计算方法对索赔值影响很大。计算方法必须符合大家所公认的基本原则且能够为业主、监理工程师、调解人或仲裁人接受，如果计算方法不合理使费用索赔值计算明显过高则会使整个索赔报告和索赔要求被否定。所以费用索赔要注意以下几个基本原则：

1. 实际损失原则

费用索赔都以赔（补）偿实际损失为原则，在费用索赔计算中它体现在如下几个方面：

1）实际损失即为干扰事件对承包商工程成本和费用的实际影响，这个实际影响即可作为费用索赔值。按照索赔原则，承包商不能因为索赔事件而受到额外的收益或损失，索赔对业主不具有任何惩罚性质。实际损失包括两个方面：①直接损失，即承包商财产的直接减少，在实际工程中常常表现为成本的增加和实际费用的超支；②间接损失，即可能获得的利益的减少。例如，由于业主拖欠工程款使承包商失去这笔款项的利息收入。

2）所有干扰事件引起的实际损失以及这些损失的计算都应有详细的具体的证明，在索赔报告中必须出具这些证据，没有证据索赔要求是不能成立的。实际损失以及这些损失计算的证据通常有：各种费用支出的账单，工资表、工资单，现场用工、用料、用机的证明，财务报表，工程成本核算资料，甚至还包括承包商同期企业经营和成本核算资料等。监理工程师或业主代表在审核承包商索赔要求时常常要求承包商提供这些证据并全面审查。

3）当干扰事件属于对方的违约行为时，如果合同中有违约条款应按照相关法规原则先用违约金抵充实际损失，不足的部分再赔偿。

2. 合同原则

费用索赔计算方法必须符合合同的规定。赔偿实际损失原则并不能理解为必须赔偿承包商的全部实际超支费用和增加的成本。在实际工程中许多承包商常常以自己的实际生产值、实际成生效率、工资水平和费用开支水平来计算索赔值，他们认为这即为赔偿实际损失原则。这是一种误解。这样常常会过高地计算索赔值而使整个索赔报告被对方否定。在索赔值的计算中还必须考虑以下几个因素：

1）扣除承包商自己责任造成的损失，即由于承包商自己管理不善、组织失误等原因造成的损失应由自己承担。

2）符合合同规定的赔（补）偿条件，扣除承包商应承担的风险。任何工程承包合同都有承包商应承担的风险条款，对风险范围内的损失由承包商自己承担。如某合同规定合同价格是固定的，承包商不得以任何理由增加合同价格，如市场价格上涨、货币价格浮动、生活费用提高、工资基限提高、调整税法等。在此范围内的损失是不能提出索赔的。此外超过索赔有效期提出的索赔要求无效。

3）合同规定的计算基础。合同既是索赔的依据又是索赔值计算的依据，合同中的人工费单价、材料费单价、机械费单价、各种费用的取值标准和各分部、分项工程合同单价都是索赔值的计算基础。当然有时按合同规定可以对它们做调整，例如，由于社会福利费增加造成人工工资基限提高，而合同规定可以调整即可以提高人工费单价。

4）有些合同对索赔值的计算规定了计算方法、计算公式、计算过程等。

3. 合理性原则

1）符合规定的或通用的会计核算原则。索赔值的计算是在成本计算和成本核算基础上通过计划和实际成本对比进行的。实际成本的核算必须与计划成本、报价成本的核算有一致性而且符合通用的会计核算原则。例如，采用正确的成本项目的划分方法、各成本项目的核算方法、工地管理费和总部管理费的分摊方法等。

2）符合工程惯例即采用能被业主、调解人、仲裁人认可的在工程中常用的计算方法。

4. 有利原则

如果选用不利的计算方法会使索赔值计算过低使自己的实际损失而得不到应有的补偿或失去可能获得的利益。通常索赔值中应包括如下几个方面的因素：

（1）承包商所受的实际损失　它是索赔的实际期望值也是最低目标，如果最后承包商通过索赔从业主处获得的实际补偿低于这个值则导致亏本。有时承包商还希望通过索赔弥补自己其他方面的损失，如报价低、报价失误、合同规定风险范围内的损失、施工中管理失误造成的损失等。

（2）对方的反索赔　在承包商提出索赔后对方常常采取各种措施反索赔以抵消或降低承包商的索赔值。例如，在索赔报告中寻找薄弱环节以否定其索赔要求，抓住承包商工程中的失误或问题向承包商提出罚款、扣款或其他索赔以平衡承包商提出的索赔。工程实践中，业主的管理人员、监理工程师或业主代表需要反索赔的业绩和成就感故而会积极地进行反索赔。

（3）最终解决中的让步　对重大的索赔特别是重大的一揽子索赔在最后解决中承包商常常必须做出让步，即在索赔值上打折扣以争取对方对索赔的认可，以争取索赔的早日解决。

这几个因素常常使得索赔报告中的费用赔偿要求与最终解决即双方达成一致的实际赔偿值相差甚远。承包商在索赔值的计算中应考虑这几个因素而留有余地，索赔要求应大于实际损失值，这样最终解决才会有利于承包商。

10.4.2　索赔费用的组成与计算

1. 可索赔费用的组成

索赔事项导致的工程成本的增加，承包商都可以提出费用索赔。一般索赔费用主要包括以下几个方面的内容：

（1）人工费　人工费是构成工程成本中直接费的主要项目之一，主要包括生产工人的基本工资、工资性质的津贴、辅助工资、劳保福利费、加班费、奖金等。索赔费用中的人工费，需要考虑以下几个方面：

1）完成合同计划以外的工作所花费的人工费用。

2）由于非承包商责任的施工效率降低所增加的人工费用。

3）超过法定工作时间的加班劳动费用。

4）法定人工费的增长。

5）由于非承包商的原因造成工期延误只是人员窝工增加的人工费等。

（2）材料费　材料费在直接费中占有很大比例。由于索赔事项的影响，在某些情况下，会使材料费的支出超过原计划的材料费支出。索赔的材料费主要包括以下内容：

1）由于索赔事项材料实际用量超过计划用量而增加的材料费。

2）对于可调价格合同，由于客观原因材料价格大幅度上涨。

3）由于非承包商责任使工期延长导致材料价格上涨。

4）由于非承包商原因致使材料运杂费、材料采购与保管费的上涨等。

索赔的材料费中应包括材料原价、材料运输费、采保费、包装费、材料的运输损耗等。但由于承包商自身管理不善等原因造成材料损坏、失效等费用损失不能计入材料费索赔。

（3）施工机械使用费　由于索赔事项的影响，使施工机械使用费的增加主要体现在以下几个方面：

1）由于完成工程师指示的，超出合同范围的工作所增加的施工机械使用费。

2）由于非承包商的责任导致的施工效率降低而增加的施工机械使用费。

3）由于业主或者工程师原因导致的机械停工窝工费用等。

（4）管理费

1）工地管理费。工地管理费的索赔是指承包商为完成索赔事项工作，业主指示的额外工作及合理的工期延长期间所发生的工地管理费用，包括工地管理人员的工资、办公费、通信费、交通费等。

2）总部管理费。索赔款中的总部管理费是指索赔事项引起的工程延误期间所增加的管理费用，一般包括总部管理人员工资、办公费用、财务管理费用、通信费用等。

3）其他直接费和间接费。国内工程一般按照相应费用定额计取其他直接费和间接费等，索赔时可以按照合同约定的相应费率计取。

（5）利润　承包商的利润是其正常合同报价中的一部分，也是承包商进行施工的根本目的。所以当索赔事项发生时，承包商会相应提出利润的索赔。但是对于不同性质的索赔，承包商可能得到的利润补偿也会不同。一般由于业主方工作失误造成承包商的损失，可以索赔利润，而业主方也难以预见的事项造成的损失，承包商一般不能索赔利润。在 FIDIC 合同条件中，对于以下几项索赔事项，明确规定了承包商可以得到相应的利润补偿：

1）工程师或者业主提供的施工图或指示延误。

2）业主未能及时提供施工现场。

3）合同规定或工程师通知的原始基准点、基准线、基准标高错误。

4）不可预见的自然条件。

5）承包商服从工程师的指示进行试验（不包括竣工试验），或由于雇主应负责的原因对竣工试验的干扰。

6）因业主违约，承包商暂停工作及终止合同。

7）一部分应属于雇主承担的风险等。

（6）利息　在实际施工过程中，由于工程变更和工期延误，会引起承包商投资的增加。业主拖期支付工程款，也会给承包商造成一定的经济损失，因此承包商会提出利息索赔。利息索赔一般包括以下几个方面：

1）业主拖期支付工程进度款或索赔款的利息。

2）由于工程变更和工期延长所增加投资的利息。

3）业主错误扣款的利息等。

无论是何种原因致使业主错误扣款，由承包商提出反驳并被证明是合理的情况下，业主一方错误扣除的任何款项都应该归还，并应支付扣款期间的利息。

如果工程部分进行分包，分包商的索赔款同样也包括上述各项费用。当分包商提出索赔时，其索赔要求如数列入总包商的索赔要求中一并向工程师提交。

2. 索赔费用的计算

（1）人工费的计算　要计算索赔的人工费，就要知道人工费的单价和人工的消耗量。

人工费的单价，首先要按照报价单中的人工费标准确定。如果是额外工作，要按照国家或地区统一制定发布的人工费定额来计算。随着物价的上涨，人工费也在不断上涨。如果是可调价合同，在进行索赔人工费计算时，也要考虑到人工费的上涨可能带来的影响。如果因为工程拖期，使得大量工作推迟到人工费涨价以后的阶段进行，人工费会大大超过计算标准。这时再进行单价计算，一定要明确工程延期的责任，以确定相应人工费的合理单价。如果施工现场同时出现人工费单价的提高和施工效率的降低，则在人工费计算时要分别考虑这两种情况对人工费的影响，分别进行计算。

人工的消耗量，要按照现场实际记录、工人的工资单据以及相应定额中的人工消耗量定额来确定。如果涉及现场施工效率降低，要做好实际效率的现场记录，与报价单中的施工效率相比，确定出实际增加的人工数量。

（2）材料费的计算　索赔的材料费，要计算增加的材料用量和相应材料的单价。

材料单价的计算，首先要明确材料价格的构成。材料的价格一般包括材料供应价、包装费、运输费、运输损耗费和采购保管费五部分。如果不涉及材料价格的上涨，可以直接按照投标报价中的材料价格进行计算。如果涉及材料价格的上涨，则按照材料价格的构成，按照正式的订货单、采购单，或者官方公布的材料价格调整指数，重新计算材料的市场价格。

$$材料单价 = （供应价 + 包装费 + 运输费 + 运输损耗费）×（1 + 采购保管费费率） -$$
$$包装品回收值 \tag{10-1}$$

增加材料用量的计算，要依据增加的工程量和相应材料消耗定额规定的材料消耗量指标计算实际增加的材料用量。

（3）施工机械使用费的计算　施工机械使用费的计算，按照不同机械的具体情况采用不同的处理方法。

1）如果是工程量增加，可以按照报价单中的机械台班费用单价和相应工程增加的台班数量，计算增加的施工机械使用费。如果因工程量的变化双方协议对合同价进行了调整，则按照调整以后的新单价进行机械使用费的计算。

2）如果是由于非承包商的原因导致施工机械窝工闲置，窝工费的计算要区别是承包商自有机械还是租赁机械分别进行计算。

对于承包商自有机械设备，窝工机械费仅按照台班费计算。使用租赁的设备的，如果租赁价格合理，又有正式的租赁收据，就可以按照租赁价格计算窝工的机械台班使用费。

3）施工机械降效。如果实际施工中是由于非承包商导致的施工效率降低，承包商将不能按照原定计划完成施工任务。工程拖期后，会增加相应的施工机械费用。确定机械降低效率导致机械费的增加，可以考虑按下式计算增加的机械台班数：

$$实际台班数量 = 计划台班数量 × [1 +（原定效率 - 实际效率）/ 原定效率] \tag{10-2}$$

其中的原定效率是合同报价所报的施工效率，实际效率是受到干扰以后现场的实际施工效率。知道了实际所需的机械台班数量，就可以按以下公式计算出施工机械降效增加的机械费：

$$增加的机械台班数量 = 实际台班数量 - 计划台班数量 \tag{10-3}$$

则机械降效增加的机械费为

$$机械降效增加的机械费 = 机械台班单价 × 增加的机械台班数量 \tag{10-4}$$

（4）管理费的计算

1）工地管理费。工地管理费是按照人工费、材料费、施工机械使用费之和的一定百分率计算确定的。所以当承包商完成额外工程或者附加工程时，索赔的工地管理费也是按照同样的比例计取。但是如果是其他非承包商原因导致现场施工工期延长，由此增加的工地管理费，可以按原报价中的工地管理费平均计取，计算公式为

$$索赔的工地管理费 = （合同价中工地管理费总额／合同总工期）×$$
$$工程延期的天数 \qquad (10-5)$$

2）总部管理费。总部管理费的计算，一般可以有以下几种计算方法：

① 按照投标书中总部管理费的比例计算，即

$$总部管理费 = 合同中总部管理费费率×（直接费索赔款+工地管理费索赔款）\quad (10-6)$$

② 按照原合同价中的总部管理费平均记取，即

$$总部管理费 = （合同价中总部管理费总额／合同总工期）×工程延期的天数 \quad (10-7)$$

（5）利润的计算　一般来说，对于工程延误工期并未影响或者减少某些项目的实施从而导致利润的减少，一般工程师很难同意在延误的费用索赔中加入利润损失。索赔利润额的计算通常是与原中标合同中的利润保持一致，即

$$利润索赔额 = 合同价中的利润率×（直接费索赔额 + 工地管理费索赔额 +$$
$$总部管理费索赔额）\qquad (10-8)$$

（6）利息的计算　承包商对利息索赔额可以采用以下方法计算：

1）按当时的银行贷款利率计算。

2）按当时的银行透支利率计算。

3）按合同双方协议的利率计算。

10.5　反索赔

10.5.1　反索赔概述

1. 反索赔的含义

反索赔是指一方提出索赔时，另一方对索赔要求提出反驳、反击，防止对方提出索赔，不让对方的索赔成功或全部成功，并借此机会向对方提出索赔以保护自身合法权益的管理行为。

在工程实践中，当合同方提出索赔要求时，作为另一方面对对方的索赔时应做出如下的抉择：如果对方提出的索赔依据充分，证据确凿，计算合理，则应实事求是地认可对方的索赔要求，赔偿或补偿对方的经济损失或损害；反之，则应以事实为根据，以法律（合同）为准绳，反驳、拒绝对方不合理的索赔要求或索赔要求中的不合理部分，这就是反索赔。

因而，反索赔不是不认可、不批准对方的索赔，而是应有理有据地反驳，拒绝对方索赔要求中不合理的部分，进而维护自身的合法权益。

2. 反索赔的意义

反索赔对合同双方有同等重要的意义，主要表现在以下三个方面：

1）减少和防止损失的发生。如果不能进行有效的反索赔，不能推卸自己对干扰事件的合同责任，则必须满足对方的索赔要求，支付赔偿费用，致使自己蒙受损失。由于合同双方

利益不一致，索赔和反索赔又是一对矛盾，所以一个索赔成功的案例，常常又是反索赔不成功的案例。因而对合同双方来说，反索赔同样直接关系工程经济效益的高低，反映着工程管理水平。

2）成功的反索赔有利于鼓舞管理人员的信心，有利于整个工程及合同的管理，提高工程管理的水平，取得在合同管理中的主动权。在工程承包中，常有这种情况：由于不能进行有效的反索赔，一方管理者处于被动地位，工作中缩手缩脚，与对方交往诚惶诚恐，丧失主动权，这样必然会影响到自身的利益。

3）成功的反索赔工作不仅可以反驳、否定或全部否定对方的不合理要求，而且可以寻找索赔机会，维护自身利益。因为反索赔同样要进行合同分析、事态调查、责任分析、审查对方的索赔报告，由此可以摆脱被动局面，变不利为有利，使守中有攻，能达到更好的索赔效果，并为自己的索赔工作的顺利开展提供帮助。

3. 索赔与反索赔的关系

1）索赔与反索赔是完整意义上索赔管理的两个方面。即在合同管理中，既要做好索赔工作，又应做好反索赔工作，以最大限度维护自身利益。索赔表现为当事人自觉地将索赔管理作为工程及合同管理的重要组成部分，成立专门机构认真研究索赔方法，总结索赔经验，不断提高索赔成功率，在工程实施过程中，能仔细分析合同缺陷，主动寻找索赔机会，为己方争取应得的利益；而反索赔在索赔管理策略上表现为防止被索赔，不给对方留下可以索赔的漏洞，使对方找不到索赔机会。在工程管理中反索赔体现为签署严密合理、责任明确的合同条款，并在合同实施过程中，避免己方违约，在反索赔解决过程中表现为：当对方提出索赔时，对其索赔理由予以反驳，对其索赔证据进行质疑，指出其索赔计算的问题，以达到尽量减少索赔额度，甚至完全否定对方的索赔要求。

2）索赔与反索赔是进攻与防守的关系。如果把索赔比作进攻，那么反索赔就是防守，没有积极的进攻，就没有有效的防守；同样，没有积极的防守，也就没有有效的进攻。在工程合同实施过程中，一方提出索赔，一般都会遇到对方的反索赔，对方不可能立即予以认可，索赔和反索赔都不太可能一次性成功，合同当事人必须能攻善守，攻守相济，才能立于不败之地。

3）索赔与反索赔都是双向的，合同双方均可向对方提出索赔与反索赔。由于工程项目的复杂性，对于干扰事件常常双方都负有责任，所以索赔中有反索赔，反索赔中又有索赔，业主或承包商不仅要对对方提出的索赔进行反驳，而且要防止对方对己方索赔的反驳。

10.5.2　反索赔的内容

反索赔的工作内容可包括两个方面：一是防止对方提出索赔；二是反击或反驳对方的索赔要求。

1. 防止对方提出索赔

这是一种积极防御的反索赔措施，其主要表现为以下几个方面：

1）认真履行合同，避免自身违约给对方留下索赔的机会。这就要求当事人自身加强合同管理及内部管理，使对方找不到索赔的理由和依据。

2）出现了应由自身承担责任或风险的干扰事件时，给对方造成了额外的损失时，力争主动与对方协商提出补偿办法，这样做到先发制人，可能比被动等待对方向自己提出索赔更有利。

3）在出现了双方都有责任的干扰事件时，应采取先发制人的策略，干扰事件（索赔事件）一旦发生应着手研究，收集证据；先向对方提出索赔要求，同时又准备反驳对方的索赔。这样做可以避免超过索赔有效期而失去索赔机会，同时可使自身处于有利地位。因为对方要花时间和精力分析研究己方的索赔要求，可以打乱对方的索赔计划。再者可为最终解决索赔留下余地，因为通常在索赔的处理过程中双方都可能做出让步，而先提出索赔的一方其索赔额可能较高而处在有利位置。

2. 反击或反驳对方的索赔

为了减少己方的损失必须反驳对方的索赔。反击对方的措施及应注意的问题主要有以下几个方面：

1）利用己方的索赔来对抗对方的索赔要求，抓住对方的失误或不作为行为对抗对方的要求。如我国《民法典》中依据诚实信用的原则，规定了当事人双方有减损义务，即在合同履行中发生了应由对方承担责任或风险的事件使自身有损失时，这时受损者一方应采取有效的措施使损失降低或避免损失进步的发生，若受损方能采取措施但没有采取措施，使损失扩大了，则受损一方将失去补偿和索赔的权利，因而可以利用此原则来分析索赔方是否有这方面的行为，若有，就可对其进行反驳。

2）反驳对方的索赔报告，找出理由和证据，证明对方的索赔报告不符合事实情况，不符合合同规定，没有根据，计算不准确等，以推卸或减轻自己的赔偿责任，使自己不受或少受损失。

3）在反索赔中，应当以事实为依据，以法律（合同）为准绳，实事求是、有理有据地认可对方合理的索赔，反驳拒绝对方不合理的索赔，按照公平、诚信的原则解决索赔问题。

10.5.3 反索赔的主要步骤

反索赔要取得成功，必须坚持一定的工作程序，一般工作程序如图 10-3 所示。

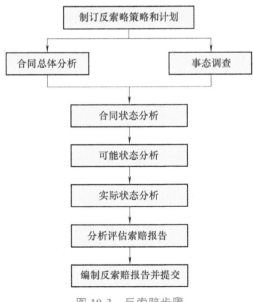

图 10-3　反索赔步骤

1. 制订反索赔策略和计划

反索赔一方应加强工程管理与合同分析，并利用以往的经验，对对方在哪些地方、哪些事件可能提出索赔进行预测，制订相应的应急反索赔计划。一旦对方提出索赔要求后，结合实际的索赔要求及反索赔的应急计划来制订反索赔的详细计划和方法。

2. 合同总体分析

主要对索赔事件产生的原因进行合同分析，分析索赔是否符合合同约定、法律法规及交易习惯。同时通过对这些索赔依据的分析，寻找出对对方不利的条款或相关规定，使对方的要求无立足之地。

3. 事态调查

反索赔的处理中，应以各种实际工程资料作为证据，用以对照索赔报告所描述的事情经过和所附证据。通过调查可以确定干扰事件的起因、事件经过、持续时间、影响范围等真实的详细的情况，以反驳不真实、不肯定、没有证据的索赔事件。

在此阶段应收集整理所有与反索赔相关的工程资料。

4. 三种状态分析

在事态调查和收集、整理工程资料的基础上进行合同状态、可能状态、实际状态分析。通过三种状态的分析可以达到以下目的：

1）全面地评价合同、合同实施状况，评价双方合同责任的完成情况。

2）对对方有理由提出索赔的部分进行总概括，分析出对方有理由提出索赔的干扰事件有哪些，索赔的大约值或最高值。

3）对对方的失误和风险范围进行具体指认，这样在谈判中才有攻击点。

4）针对对方的失误做进一步分析，以准备向对方提出索赔，这是在反索赔中同时使用索赔手段。国外的承包商和业主在进行反索赔时，特别注意寻找向对方索赔的机会。

5. 分析评估索赔报告

对对方索赔报告进行反驳和分析，指出其不合理的地方，可以从以下几个方面进行：

（1）索赔事件的真实性　不真实、不肯定、没有根据或仅出于猜测的事件是不能提出索赔的。事件的真实性可以从以下两方面证实：

1）对方索赔报告中列出的证据。不管事实怎样，只要对方索赔报告形成后未提出事件经过的得力证据，本方即可要求对方补充证据，或否定索赔要求。

2）本方合同跟踪的结果，从其中寻找对对方不利的、构成否定对方索赔要求的证据。

从这两个方面的对比，即可得到干扰事件的实情。

（2）干扰事件责任分析

1）责任在于索赔者自己，由于疏忽大意、管理不善造成损失，或在于干扰事件发生后未采取得力有效的措施降低损失等，或未遵守工程师的指令、通知等。

2）干扰事件是其他方引起的，不应由本方赔偿。

3）合同双方都有责任，则应按各自的责任分担损失。

（3）索赔理由分析　反索赔和索赔一样，要能找到对自己有利的法律条文，推卸自己的合同责任；或找到对对方不利的法律条文，是对方不能推卸或不能完全推卸自己的合同责任。这样可以从根本上否定对方的索赔要求，如以下几种情况：

1）对方未能在合同规定的索赔有效期内提出索赔，故该索赔无效。

2）该干扰事件（如工程量扩大、通货膨胀、外汇汇率变化等）在合同规定的对方应承担的风险范围内，不能提出索赔要求，或应从索赔中扣除这部分。

3）索赔要求不在合同规定的赔（补）偿范围内，如合同未明确规定，或未具体规定补偿条件、范围、补偿方法等。虽然干扰事件为本方责任，但按合同规定本方没有赔偿责任。

（4）干扰事件的影响分析　对于干扰事件的影响，分析索赔事件和影响之间是否存在因果关系，可通过网络计划分析和施工状态分析两方面得到其影响范围。如在某工程中，总承包商负责的某种装饰材料未能及时运达工地，使分包商装饰工程受到干扰而拖延，但拖延天数在该工程活动的时差范围内，不影响工期。如果总包已事先通知分包，而施工计划又允许人力做调整，则不能对工期和劳动力损失进行索赔。

（5）证据分析　证据不足、证据不当或仅有片面的证据，索赔是不成立的。

（6）索赔值的审核　如果经过上面的各种分析、评价，仍不能从根本上否定该索赔要求，则必须对最终认可的合情合理的索赔要求进行认真细致的索赔值的审核。因为索赔值计算的工作量大，涉及资料多，过程复杂，要花费许多时间和精力。主要包括以下两方面的审核：

1）各数据的准确性。对索赔报告中所涉及的各个计算基础数据都须进行审查、核对，找出其中的错误和不恰当的地方。例如，工程量增加或附加工程的实际用量结果，工地上劳动力、管理人员、材料、机械设备的实际用量，支出凭据上的各种费用支出，各个项目的计划、实际量差分析，索赔报告中所引用的单价、价格指数等。

2）计算方法的选用是否合情合理。尽管通常都用分项法计算，但不同的计算方法对计算结果影响很大。在实际工程中，这种争执常常很多，对于重大的索赔，需经过双方协商谈判才能使计算方法达到一致。

6. 编制反索赔报告并提交

反索赔报告也是正规的法律文件。在调解或仲裁中，反索赔报告应递交给调解人或仲裁人。

10.5.4　反驳索赔报告的内容

反索赔报告是对反索赔工作的总结，向对方（索赔者）表明自己的分析结果、立场，对索赔要求的处理意见以及反索赔的证据。根据索赔事件的性质、索赔值的大小、复杂程度及对索赔认可程度的不同，反索赔报告的内容不同，其形式也不一样。目前对反索赔报告没有统一的格式，但作为一份反索赔报告应主要包括以下的内容：

1. 向索赔方的致函

在这份信函中表明反索赔方的态度和立场，提出解决双方有关索赔问题的意见或安排等。

2. 合同责任的分析

这里对合同进行总体分析，主要分析合同的法律基础、合同语言、合同文件及变更、合同价格、工程范围、工程变更补偿条件、施工工期的规定及延长的条件、合同违约责任、争执的解决规定等。

3. 合同实施情况的简述和评价

主要包括合同状态、可能状态、实际状态的分析。这里重点针对对方索赔报告中的问题和干扰事件，叙述事实情况，应包括三种状态的分析结果，对双方合同的履行情况和工程实施情况进行评价。

4. 对对方索赔报告的分析

主要分析对方索赔的理由是否充分，证据是否可靠可信，索赔值是否合理，指出其不合理的地方，同时表明反索赔方处理的意见和态度。

5. 反索赔的意见和结论

主要针对对方提出的索赔值等结论给出明确的答复意见。

6. 各种附件

主要包括反索赔方提出反索赔的各种证据资料等。

本章小结

本章主要介绍了索赔的概念、特征、分类、原因及索赔成立的依据、索赔程序、工期和费用索赔、反索赔等相关内容。通过本章学习，应了解工程索赔的原因和依据，反索赔的内容；熟悉索赔的概念和分类、索赔文件的组成、索赔报告的内容；掌握工期索赔和费用索赔的计算方法，工期和费用索赔成立的条件。

习　题

1. 单项选择题

（1）将施工索赔分为合同中明示的索赔和合同中默示的索赔，是按照（　　）进行的分类。

A. 索赔事件的性质　　B. 索赔的合同依据　　C. 索赔起因　　D. 索赔目的

（2）在施工过程中，承包商遇到了"一个有经验的承包商无法合理预见的"地质条件变化，则承包商有权索赔（　　）。

A. 成本，但不包括工期和利润　　　　　　B. 成本和利润，但不包括工期

C. 成本和工期，但不包括利润　　　　　　D. 成本、工期和利润

（3）由于特殊恶劣气候，导致承包商工期延长和成本上升，则承包商有权索赔（　　）。

A. 成本，但不包括工期　　　　　　　　　B. 工期，但不包括成本

C. 工期、成本，但不包括利润　　　　　　D. 工期、成本和利润

（4）某工程项目施工过程中，承包人运料车由于公共道路断路不能向工地运送材料，致使工期拖延5天，承包人就此向发包人提出工期索赔，其理由是发包人应承担外部协调不力责任。此种索赔属于（　　）。

A. 总索赔　　　　　B. 道义索赔　　　　　C. 默示索赔　　　　　D. 工程变更索赔

（5）依据《建设工程施工合同（示范文本）》（GF—2017—0201）规定，索赔事件发生后的28天内，承包人应向工程师递交（　　）。

A. 现场同期记录　　B. 索赔意向通知　　　C. 索赔报告　　　　　D. 索赔证据

（6）在工期索赔中，对于持续影响时间超过28天以上的延误事件，工程师最终批准的总展延工期天数（　　）。

A. 必须等于以前各阶段已同意展延天数之和

B. 是承包商每隔28天报送的阶段天数之和

C. 不应少于以前各阶段，已由工程师同意展延天数之和

D. 工程师有全部权限处理工期展延

（7）《建设工程施工合同（示范文本）》规定，承包人向工程师提交的索赔报告工程师在收到后的 28 天内未做出任何答复，则该索赔应认为（   ）。

A. 已经批准   B. 不批准

C. 尚待批准   D. 承包商还需进一步报送证明材料

（8）当工程师根据规定，对承包商同时给予费用补偿和工期展延时，（   ）。

A. 工程师的决定为最终决定

B. 业主有权根据工程实际情况不同意顺延工期，宁可给承包人增加费用补偿

C. 由工程师与业主协商一致

D. 业主不得变更工程师已下达的决定

（9）依据《建设工程施工合同（示范文本）》（GF—2017—0201）的规定，下列关于承包商索赔的说法，错误的是（   ）。

A. 只能向有合同关系的对方提出索赔

B. 工程师可以对证据不充分的索赔报告不予理睬

C. 工程师的索赔处理决定不具有强制性的约束力

D. 索赔处理应尽可能协商达成一致

（10）当监理工程师与承包商就索赔问题经过谈判不能达成一致意见时，应（   ）。

A. 由监理工程师单方面决定一个他认为合理的单价或价格

B. 由业主自行决定索赔的处理意见

C. 由业主协调监理工程师与承包商的意见，形成一个都能接受的结果

D. 提请仲裁机关处理

（11）根据《建设工程施工合同（示范文本）》，下列关于承包人提交索赔意向通知的说法中，正确的是（   ）。

A. 承包人应向业主提交索赔意向通知

B. 承包人应向工程师提交索赔意向通知

C. 承包人提交索赔意向通知没有期限限制

D. 承包人不提交索赔意向通知不会导致索赔权利的损失

（12）某建设工程施工期间，承包商按照索赔程序提交了索赔报告，工程师在授权范围内处理承包商索赔时，错误的做法是（   ）。

A. 顺延合同工期，给予费用补偿   B. 顺延合同工期，不给予费用补偿

C. 不顺延合同工期，给予费用补偿   D. 缩短合同工期，给予费用补偿

（13）在下列情况下，承包人工期不予顺延的是（   ）。

A. 发包人未按时提供施工条件

B. 设计变更造成工期延长，但有时差可利用

C. 不可抗力事件

D. 现场工人操作不当引起生产安全事故，造成工期延误 2 天

2. 多项选择题

（1）按索赔的依据进行分类，索赔可以分为（   ）。

A. 工程加速索赔   B. 工程变更索赔

C. 合同内的索赔   D. 道义索赔

E. 合同中明示的索赔

（2）引起索赔的原因有（   ）。

A. 工程变更索赔   B. 意外风险和不可预见因素索赔

C. 工程项目的特殊性   D. 工程项目内外环境的复杂性和多变性

E. 参与工程建设主体的多元性

（3）承包商向监理工程师提交索赔意向通知后的（　　），还应递送正式的索赔报告。

A. 14 天

B. 28 天

C. 工程师同意的其他合理时间内

D. 业主同意的其他合理时间内

E. 56 天

（4）工程师进行索赔管理的原则（　　）。

A. 预测和分析导致索赔的原因和可能性

B. 公平合理地处理索赔

C. 从事实出发，实事求是

D. 及时做出决定和处理索赔

E. 诚实信用

（5）当承包人向工程师递交索赔报告后，工程师应认真审核索赔的证据。承包人可以提供的证据包括（　　）。

A. 经工程师认可的施工进度计划

B. 汇率变化表

C. 施工会议记录

D. 招标文件

E. 合同履行中的来往信函

（6）工程师可以对承包商索赔提出质疑的情况有（　　）。

A. 业主和承包商共同负有责任

B. 损失计算不足

C. 合同依据不足

D. 承包商没有采取适当措施减少损失

E. 承包商以前已经暗示放弃索赔要求

（7）承包商向业主索赔成立的条件包括（　　）。

A. 由于业主原因造成费用增加和工期损失

B. 由于工程师原因造成费用增加和工期损失

C. 由于分包商原因造成费用增加和工期损失

D. 按约定提交了索赔意向

E. 提交了索赔报告

（8）在建设工程施工索赔中，工程师判定承包人索赔成立的条件包括（　　）。

A. 事件造成了承包人施工成本的额外支出或总工期延误

B. 造成费用增加或工期延误的原因，不属于承包人应承担的责任

C. 造成费用增加或工期延误的原因，属于分包人的过错

D. 按合同约定的程序，承包人提交了索赔意向通知

E. 按合同约定的程序，承包人提交了索赔报告

（9）索赔的表述中，正确的有（　　）。

A. 索赔要求的提出不需经对方同意

B. 索赔具有惩罚性质

C. 在索赔事件发生后的 28 天内递交索赔报告

D. 工程师的索赔处理决定超过权限时应报发包人批准

E. 承包人必须执行工程师的索赔处理决定

（10）在承包工程中，最常见、最有代表性、处理起来比较困难的是（　　）向（　　）的索赔，所以人们通常将它作为索赔管理的重点和主要对象。

A. 业主　　　　　B. 设计单位　　　　　C. 监理单位　　　　　D. 承包商

E. 供应商

（11）索赔是当事人在合同实施过程中，根据（　　）对不应由自己承担责任的情况造成的损失，向合同的另一方当事人提出给予赔偿或补偿要求的行为。

A. 法律　　　　　B. 合同规定　　　　　C. 惯例　　　　　D. 法院判决

E. 仲裁决定

（12）索赔的特征包括（　　）。

A. 索赔是单向的 　　　　　　　　　　 B. 索赔是双向的

C. 只有一方实际发生了经济损失或权利损害，才能向对方索赔

D. 索赔只是对费用的主张 　　　　　　 E. 索赔是未经对方确认的单方行为

（13）下列（　　）事件承包人不可以向发包人提出索赔。

A. 施工中遇到地下文物被迫停工 　　　 B. 施工机械大修，误工 5 天

C. 发包人要求提前竣工，导致工程成本增加 　　 D. 设计图错误造成返工

E. 施工方案调整造成工期延误

3. 思考题

（1）工程索赔的概念及程序是什么？

（2）工程索赔有哪些特征？

（3）工程索赔是如何分类的？

（4）索赔证据有哪些？

（5）工期索赔的必要条件有哪些？计算方法有哪些？

（6）可以索赔的费用有哪些？

（7）简述承包人索赔的程序。

二维码形式客观题

微信扫描二维码可在线做客观题，提交后可查看答案。

第 11 章
FIDIC 合同

引导案例

FIDIC 合同条件下因沟通不畅导致合同双方各承担一半损失

新加坡某码头工程，采用 FIDIC 合同条件。招标文件的工程量表中规定钢筋由业主提供，投标日期为 2018 年 6 月 3 日。但在收到标书后，业主发现之前预备的钢筋已用于其他工程，无法再为此工程提供钢筋。于是业主在 2018 年 6 月 11 日由工程师致信承包商，要求承包商另报出提供工程量表中所需钢材的价格。

自然这封信是作为一个询价文件。2018 年 6 月 19 日，承包商做出了答复，提出了各类钢材的单价及总价。接信后，业主于 2018 年 6 月 30 日复信表示接受承包商的报价，并要求承包商准备签署一份由业主提供的正式协议。但此后业主未提供书面协议，双方未做任何新的商谈，也未签订正式协议。

在此情况下，业主认为承包商已经接受了提供钢材的要求，而承包商却认为业主又放弃了由承包商提供钢材的要求。开工约 3 个月后，2018 年 10 月 20 日，承包商向业主提出业主的钢材应该进场，这时候才发现双方都没有准备工程所需要的钢材。而此时重新采购钢材，不仅钢材价格上升、运费增加，而且会造成工期拖延，进而造成施工现场相关费用的损失约 60000 元。于是承包商向业主提出了索赔要求。但由于之前双方缺少沟通，因此被认定为双方都有责任，故最终解决结果为，合同双方各承担一半损失。

该工程有如下几个问题应注意：

（1）双方就钢材的供应做了许多商讨，但都是表面性的，主要是询价和报价（或新的要约）文件。由于最终没有确认文件，如签订书面协议，或修改合同协议书，所以缺少具有约束力的文件。

（2）如果在 2018 年 6 月 30 日的复信中业主接受了承包商的 2018 年 6 月 19 日的报价，并指令由承包人按规定提供钢材，而不提出签署一份书面协议，那么这样就可以构成对承包商的一个变更指令。若承包商对此不提反驳意见，则这个合同文件就形成了，那么最终承包商必须承担责任。

（3）在合同签订和执行过程中，沟通是十分重要的。及早沟通，钢筋问题就可以及早落实，避免损失。该工程合同签订并执行几个月后，双方就如此重大问题的不再提及，令人费解。

11.1 FIDIC 合同条件

11.1.1 FIDIC 组织简介

FIDIC 是国际咨询工程师联合会（Fédération International Des Ingénieurs Conseils）的法文缩写，其相应的英文名称为 International Federation of Consulting Engineers，中文音译为"菲迪克"。FIDIC 于 1913 年在比利时根特成立，秘书处现设在瑞士日内瓦，拥有来自全球 100 多个国家和地区的成员（1996 年中国工程咨询协会代表中国成为正式会员），多年来已成为国际最具权威的咨询工程师组织。FIDIC 每年举办各类研讨会、开展专业培训、发布各类出版物，为咨询工程师、项目业主等提供信息和服务。FIDIC 编写出版的建设工程项目系列合同条件影响力非常大，权威性高，该合同在国际上被广泛应用，也是工程建设领域最为重要的合同范本。

FIDIC 合同条件虽然不是法律法规，但已成为公认的一种国际惯例。这些合同和协议文本，条款内容严密、程序严谨、公正合理、责任分明、易于操作。为了适应国际工程业和国际经济的发展，FIDIC 会对其合同条件进行修改和调整，以使其更能反映国际工程实践，更加严谨、完善，更具权威性和操作性。

11.1.2 FIDIC 发布的标准合同条件

目前得到广泛应用的 FIDIC 发布的标准合同条件主要包括以下几种：

1. 《土木工程施工合同条件》

《土木工程施工合同条件》（Conditions of Contract for Works of Civil Engineering Construction）（1977 年第 3 版，1987 年第 4 版，1992 年修订版），又称为"红皮书"，适用于承包商按发包人设计进行施工的房屋建筑工程和土木工程的施工项目，采用工程量清单计价，一般情况下单价可随物价波动而调整，由业主委派工程师管理合同。合同文本获得了世界银行、欧洲建筑业国际联合会、亚洲及西太平洋承包商协会国际联合会、美洲国家建筑业联合会、美国普通承包商联合会、国家疏浚公司协会的共同认可和广泛推荐。

2. 《施工合同条件》

《施工合同条件》（Conditions of Contract for Construction）（1999 年第 1 版，2017 年第 2 版），又称为"新红皮书"，适用于各类大型或较复杂的工程或房建项目，尤其适合传统的"设计—招标—建造"（Design—Bid—Construction）模式。承包商按照业主提供的设计进行施工，采用工程量清单计价，业主委托工程师管理合同，由工程师监管施工并签证支付。

3. 《生产设备与设计—施工合同条件》

《生产设备与设计—施工合同条件》（Conditions of Contract for Plant and Design-Build）（1999 年第 1 版，2017 年第 2 版），又称为"黄皮书"，适用于"设计—建造"（Design-

Construction）模式。业主提交工程目标、范围和技术标准等"业主要求"，由承包商按照业主要求进行设计、提供设备并施工安装的机械、电气、房建等工程，采用总价合同、分期支付方式，业主委托工程师管理合同，由工程师监管承包商设备的现场安装及签证支付。

4.《设计—采购—施工（EPC）/交钥匙工程合同条件》

《设计—采购—施工（EPC）/交钥匙工程合同条件》（*Conditions of Contract for EPC / Turnkey Projects*）（1999 年第 1 版，2017 年第 2 版），又称为"银皮书"，适用于承包商以交钥匙方式进行设计、采购和施工工程的总承包，完成一个配备完善的业主只需"转动钥匙"即可运行的工程项目，采用总价合同、分阶段支付方式。

5.《简明合同格式》

《简明合同格式》（*Short Form of Contract*）（1999 年第 1 版），又称为"绿皮书"，适用于投资金额相对较小、工期短，或技术简单，或重复性的工程项目施工，既适用于业主设计也适用于承包商设计。

6.《设计—建造与交钥匙工程合同条件》

《设计—建造与交钥匙工程合同条件》（*Conditions of Contract for Design-Build and Turn-key*）（1995 年第 1 版），又称为"橘皮书"，适用于"设计—建造"与"交钥匙"模式，推荐用于国际招标工程（也适用于国内工程）中由承包商根据业主要求设计和施工的工程（土木、机械、电气）项目和房建项目，采用总价合同、分期支付方式。

7.《设计施工和营运合同条件》

《设计施工和营运合同条件》（*Conditions of Contract for Design，Build and Operate Projects*）（2008 年第 1 版），又称为"金皮书"，适用于承包商不仅需要承担设施的设计和施工，还要负责实施的长期运营，并在运营期到期后将设施移交给政府，即 DBO 项目。

8.《土木工程施工分包合同条件》

《土木工程施工分包合同条件》（*Conditions of Subcontract for Work of Civil Engineering Construction*）（1994 年第 1 版），又称为"褐皮书"，适用于承包商与专业工程施工分包商订立的施工合同，建议与《土木工程施工合同条件》配套使用。

9.《客户/咨询工程师（单位）服务协议书》

《客户/咨询工程师（单位）服务协议书》（*Client-Consultant Model Services Agreement*）（1998 年第 3 版，2006 年第 4 版，2017 年第 5 版），又称为"白皮书"，适用于业主委托工程咨询单位进行项目的前期投资研究、可行性研究、工程设计、招标评标、合同管理和投产准备等的咨询服务合同。

FIDIC 合同条件不仅在国际承包工程中得到广泛应用，也是我国编制标准施工合同示范文本的重要参考文本，如住房和城乡建设部、国家工商行政管理总局颁布的《建设工程施工合同》《建设项目工程总承包合同（示范文本）》，国家发改委、财政部等九部委颁发的标准施工招标文件中的施工合同等，均大量借鉴了 FIDIC 合同条件的管理模式、文本格式和条款内容，可以说是 FIDIC 合同体系在我国的改造、推广与应用。

11.1.3　FIDIC《施工合同条件》简介

在上述合同文本共同构成的 FIDIC 系列合同文件（又因其封面的不同颜色被称"FIDIC 彩虹系列"）中，《土木工程施工合同条件》《施工合同条件》是 FIDIC 编制其他合同条件的基础性文本。通过对比不难发现，其他合同条件如《生产设备与设计—施工合同条件》《设计—采购—施工（EPC）/交钥匙工程合同条件》等，无论在文本格式上，还是在合同条款的内容和表述上，大部分均与《施工合同条件》相同或相似，而《简明合同格式》则可以说是《施工合同条件》的简化版，对业主与承包商履行合同的责任、权利、义务、风险等大多数条款的规定基本相同。因此，以下对《施工合同条件》进行要点阐述。

《施工合同条件》由通用条件、专用条件及附件构成，其中，附件包含保证格式、投标函、合同协议书和争端裁决协议书格式。对于每一份具体的合同，都必须填写专用条件。通用条件和专用条件共同构成了合同各方权利与义务的合同条件。

以下将主要根据1999年版并兼顾2017年版FIDIC《施工合同条件》进行介绍。

《施工合同条件》内容上主要分为七大类条款，分别是一般性条款、法律条款、商务条款、技术条款、权利与义务条款、违约惩罚与索赔条款、附件和补充条款。

其中，通用条件包括20项条款。第1条是一般规定，主要对合同文件重点关键术语进行了明确的定义，对合同文件的组成和文件的优先次序、合同双方沟通信息和文件颁发的原则、合同语言和联合承包做了规定；第2~6条对业主、承包商、工程师、指定承包商、职员与劳工的权利和义务做了明确规定；第7~11条主要对施工设备材料与工艺、开工、延误和暂停做了明确规定，对竣工验收以及缺陷责任做了具体规定；第12~14条主要对工程量的计量与估价、变更与调整、合同价及付款方式做了具体规定；第15条、16条对业主与承包商提出的暂停与终止的规则做了具体规定；第17~19条对风险的分担与不可抗力做了具体规定；第20条对索赔争端的解决途径做了具体规定。

11.1.4 FIDIC《施工合同条件》中的部分重要定义

通用条件定义了58个术语，部分术语的定义如下所述。

1. 合同

（1）合同（Contract） 合同是指合同协议书、中标函、投标函、合同条件（包括专用条件和通用条件）、规范、图纸、资料表，以及在合同协议书或中标函中列明的其他进一步的文件（如有）。

（2）合同协议书（Contract Agreement） 合同协议书是指在承包商收到雇主发出中标通知函后的28天内，双方要签署的文件，协议书的格式需要符合专用条件中的格式。

（3）中标函（Letter of Acceptance） 中标函是指雇主对投标文件签署的正式接受函，包括其后所附的备忘录（由合同各方达成并签订的协议构成）。在没有此中标函的情况下，"中标函"一词就指合同协议书，颁发或接收中标函的日期就指双方签订合同协议书的日期。

（4）投标函（Letter of Tender） 投标函是指名称为"投标函"的文件，由承包商填写，包括已签字的对雇主的工程报价。

（5）规范（Specification） 规范是指合同中名称为"规范"的文件，及根据合同规定对规范的增加和修改。此文件具体描述了工程。

（6）图纸（Drawings） 图纸是指合同中规定的工程图，及由雇主（或代表）根据合同颁发的对图纸的增加和修改。

（7）资料表（Schedules） 资料表是指合同中名称为"资料表"的文件，由承包商填写并随投标函提交。此文件可能包括工程量表、数据、列表，以及费率和（或）单价表。

2. 当事各方及当事人

（1）雇主（Employer）　雇主是指在投标函附录中指定为雇主的当事人或此当事人的合法继承人。

（2）承包商（Contractor）　承包商是指在雇主收到的投标函中指明为承包商的当事人（一个或多个）及其合法继承人。

（3）工程师（Engineer）　工程师是指雇主为合同的目的指定，作为工程师工作并在投标函附录中指明的人员，或者在实施中雇主替换工程师由其重新任命并通知承包商的人员。

（4）雇主的人员（Employer's Personnel）　雇主的人员主要包括工程师、工程师助理及所有其他职员、劳工和工程师或雇主的其他雇员，以及所有其他由雇主或工程师作为雇主的人员通知给承包商的人员。

（5）承包商的人员（Contractor's Personnel）　承包商的人员是指承包商的代表和所有承包商在现场使用的人员，包括职员、劳工和承包商及各分包商的其他雇员，以及其他所有帮助承包商实施工程的人员。

（6）分包商（Subcontractor）　分包商是指合同中指明为分包商的所有人员，或为部分工程指定为分包商的人员，以及所有上述人员的合法继承人。

3. 日期、检验、期限和完成

（1）基准日期（Base Date）　基准日期是指提交投标文件截止日前 28 天的当日。

（2）开工日期（Commencement Date）　开工日期是计算工期的起点，若在合同中没有明确规定的具体的开工日期，则应当在承包商收到中标函后的 42 天内开工，由工程师在这个日期前 7 天通知承包商。

（3）竣工时间（Time of Completion）　竣工时间是指合同要求承包商完成工程的时间，包括承包商合理获得的延长时间，可以用竣工时间来判断承包商是否延期。

（4）缺陷通知期（Defects Notification Period）　缺陷通知期是指从工程或区段被证明完工的日期算起，通知工程或区段存在缺陷的期限，在此期间应完成工程接收证书中指明的扫尾工作，以及完成修补缺陷或损害所需的工作时间。

4. 款项与支付

（1）合同价格（Contract Price）　合同价格是指按照合同条款的约定，承包商完成工程建造和缺陷责任后，对所有合格工程有权获得全部的工程支付，实质上是工程结算时发生的应由雇主支付的实际价格，可以简单地理解为完工后的竣工结算价款，包括根据合同所做的调整。

（2）费用（Cost）　费用是指承包商在现场内或现场外正当发生（或将要发生）的所有合理开支，包括管理费和类似支出，但不包括利润。

（3）期中支付证书（Interim Payment Certificate）　期中支付证书是指由承包商按合同约定申请期中付款，经工程师审核验收后向承包商签发的支付证书，但不包括最终支付证书。

（4）最终支付证书（Final Payment Certificate）　最终支付证书是指工程通过了缺陷通知期，工程师签发了履约证书后，由承包商提交最终支付申请（结清单），经工程师审核，向承包商签发的最后支付的凭证。在此证书中包括承包人完成工程应得的所有款项中，扣除期中支付款项后最后应由雇主支付的款项。

（5）暂列金额（Provisional Sum）　暂列全额是指合同中指明为暂列金额的一笔款额（如有），用于根据 FIDIC 合同中尚未确定或不可预见项目的储备金额，施工过程中工程师有权依据工程进展的实际需要经业主同意后，用于实施工程的任何部分或提供生产设备、材料和服务。

（6）保留金（Retention Money）　保留金是指雇主按照合同条款的规定在支付期中款项时扣发的一种款额。

11.1.5　FIDIC《施工合同条件》各方的责任和义务

1. 雇主的主要责任和义务

1）委托任命工程师代表雇主进行合同管理。

2）承担大部分或全部设计工作并及时向承包商提供设计图资料。

3）给予承包商现场占有权。

4）向承包商及时提供信息、指示、同意、批准及发出通知。

5）避免可能干扰或阻碍工程进展的行为。

6）提供雇主应提供的保障、物资并实施各项工作。

7）在必要时指定专业分包商和供应商。

8）在承包商完成相应工作时按时支付工程款。

2. 承包商的主要责任和义务

1）承包商应按照合同的规定以及工程师的指示（在合同规定的范围内）对工程进行设计、施工和竣工，并修补缺陷。

2）承包商应为工程的设计、施工、竣工以及修补缺陷提供所需的临时性或永久性的设备，合同中注明的承包商的文件，所有承包商的人员、货物、消耗品以及其他物品或服务。

3）承包商应对所有现场作业和施工方法的完备性、稳定性和安全性负责。

4）在开始竣工检验之前，承包商应按照规范规定向工程师提交竣工文件以及操作和维修手册，且应足够详细，以使雇主能够操作、维修、拆卸、重新安装、调整和修理该部分工程。

3. 工程师的主要责任和义务

雇主应任命工程师，该工程师应履行合同中赋予他的职责。工程师的人员包括有恰当资格的工程师以及其他有能力履行上述职责的专业人员。

工程师无权修改合同。

工程师可行使合同中明确规定的或必然隐含的赋予他的权力。如果要求工程师在行使其规定权力之前需获得雇主的批准，则此类要求应在合同专用条件中注明。雇主不能对工程师的权力加以进一步限制，除非与承包商达成一致。

然而，每当工程师行使某种需经雇主批准的权力时，则被认为他已从雇主处得到任何必要的批准（为合同的目的）。

除非合同条件中另有说明，否则：

1）当履行职责或行使合同中明确规定的或必然隐含的权力时，均认为工程师为雇主工作。

2）工程师无权解除任何一方依照合同具有的任何职责、义务或责任。

3）工程师的任何批准、审查、证书、同意、审核、检查、指示、通知、建议、请求、检验或类似行为（包括没有否定），不能解除承包商依照合同应具有的任何责任，包括其错误、漏项、误差以及未能遵守合同的责任。

11.2　工程质量进度计价管理

11.2.1　工程前期业主工作

1. 给予承包商现场进入权（Right of Access to the Site）

业主应给予承包商在合理的时间内进入和占用现场所有部分的权利，使承包商可以按照提交的进度计划顺利开始施工。

如果由于业主一方未能在规定时间内给予承包商进入现场和占用现场的权利，致使承包商延误了工期和（或）增加了费用，承包商应向工程师发出通知，并依据承包商的索赔，获得以下权利：①如果竣工已经或将被延误，可获得延长的工期；②获得有关费用加上合理利润的支付。

2. 协助办理许可、执照或批准（Permits，Licenses or Approvals）

业主应根据承包商的请求，为获得与合同有关的但不易取得的工程所在国的法律的副本、申请法律所要求的许可、执照或批准（如货物出口清关）等事宜向承包商提供合理的协助。

11.2.2　工程前期承包商工作

1. 提交履约保证（Performance Security）

承包商应在收到中标函后 28 天内将履约保证提交给业主，在承包商完成工程和竣工并修补任何缺陷之前，应确保履约保证持续有效。业主应在接到履约保证副本后 21 天内将履约保证退还给承包商。

2. 道路通行权（Right of Way）

承包商应为包括进入现场在内其所需的特殊和（或）临时的道路通行权承担全部费用和开支。

3. 进场路线（Access Route）**的承诺**

承包商应被认为对其选用的进场路线的适宜性和可用性感到满意。承包商应付出合理的努力保护这些道路或桥梁免于因为承包商的交通运输或承包商的人员而遭受损坏。承包商应负责其使用的进场路线的任何必要的维护，应提供所有沿进场路线必需的标志或方向指示。

4. 避免干扰（Avoidance of Interference）

承包商不应不必要地或不适当地干扰：①公众的方便；②进入和使用以及占用所有道路和人行道。

11.2.3　工程质量管理

1. 放线（Setting Out）

承包商应根据合同中规定的或工程师通知的原始基准点、基准线和参照标高对工程进行放线。承包商应对工程各部分的正确定位负责。业主应对此类给定的或通知的参照项目的任何差错负责，但承包商在使用这些参照项目前应付出合理的努力去证实其准确性。

如果由于这些参照项目的差错而不可避免地对实施工程造成延误和（或）导致了费用，而且一个有经验的承包商无法合理发现这种差错并避免此类延误和（或）费用，承包商应向工程师发出通知并有权索赔：①如果竣工已经或将被延误，获得延长的工期；②获得有关费用加上合理利润的支付。

2. 质量保证（Quality Assurance）

承包商应按照合同的要求建立一套质量保证体系，工程师有权审查质量保证体系的任何方面。遵守该质量保证体系不应解除承包商依据合同具有的任何职责、义务和责任。

3. 实施方式（Manner of Execution）

承包商进行永久设备的制造、材料的制造和生产，并实施所有其他工程时，应：①以合同中规定的方法；②按照公认的良好惯例，以恰当、熟练和谨慎的方式；③使用适当配备的设施以及安全材料。

4. 检查（Inspection）

业主的人员在一切合理的时间内：

1）应完全能进入现场及获得自然材料的所有场所。

2）有权在生产、制造和施工期间（在现场或其他地方）对材料和工艺进行审核、检查、测量与检验，并对永久设备的制造进度和材料的生产及制造进度进行审查。

承包商应向业主的人员提供一切机会执行该任务，但此类活动并不解除承包商的任何义务和责任。

在覆盖、掩蔽或包装之前，当此类工作已准备就绪时，承包商应及时通知工程师。工程师应随即进行审核、检查、测量或检验，不得无故拖延，或立即通知承包商无须进行上述工作。如果承包商未发来此类通知而工程师要求时，承包商应打开这部分工程并随后自费恢复原状。

5. 试验（Testing）

承包商应提供所有试验（竣工试验除外）所需的仪器、协助文件和其他资料、电力、装置、燃料、消耗品、工具、劳力、材料与人员。承包商应与工程师商定对永久设备、材料和工程进行试验的时间和地点。

工程师应提前至少24小时将其参加试验的意图通知承包商。如果工程师未在商定的时间和地点参加试验，除非工程师另有指示，承包商可着手进行试验，并且此试验应被视为是在工程师在场的情况下进行的。

如果由于遵守工程师的指示或因业主的延误而使承包商遭受延误和（或）导致了费用，则承包商应通知工程师并有权提出工期、费用和利润索赔。

承包商应立即向工程师提交具有有效证明的试验报告。当规定的试验通过后，工程师应对承包商的试验证书批注认可或就此向承包商颁发证书。若工程师未能参加试验，他应被视为对试验数据的准确性予以认可。

6. 拒收（Rejection）

如果根据检验、试验，发现任何永久设备、材料或工艺有缺陷或不符合合同规定，工程师可通知承包商并说明理由，拒收此永久设备、材料或工艺。承包商应立即修复上述缺陷并保证符合合同规定。

若工程师要求对此永久设备、材料或工艺再度进行试验，则试验应按相同条款和条件重新进行。如果此类拒收和再度试验致使业主产生了附加费用，则承包商应按照业主索赔的规定，向业主支付这笔费用。

7. 修补工作（Remedial Work）

无论之前是否经过了试验或颁发了证书，工程师仍可以指示承包商：

1）将工程师认为不符合合同规定的永久设备或材料从现场移走并进行更换。

2）把不符合合同规定的任何其他工程移走并重建。

3）实施任何因保护工程安全而急需的工作。

承包商应在指示规定的期限内或立即执行该指示。

如果承包商未能遵守该指示，则业主有权雇用其他人来实施工作，并予以支付。除非承包商有权获得此类工作的付款，否则将按照业主索赔的规定，应向业主支付因其未完成工作而导致的费用。

11.2.4　施工进度管理

1. 工程的开工及竣工（Commencement and Completion of Project）

关于工程的开工时间，可以在专用条件中明确约定，如专用条件中没有约定，开工日期（Commencement Date）应在合同协议书规定的合同全面实施和生效日期后的 42 天内。工程师应至少提前 7 天向承包商发出开工日期的通知。承包商应在开工日期后，在合理情况下尽早开始工程的设计和施工，随后应以正常速度、不拖延地实施工程。

承包商应在工程或分项工程（视情况而定）的竣工时间内，完成整个工程和每个分项工程，包括通过竣工试验，完成合同提出的工程和分项工程等竣工要求所需要的全部工作。

2. 进度计划（Programme）

承包商应在开工日期后 28 天内向工程师提交一份进度计划。当原定进度计划与实际进度或承包商的义务不相符时，承包商还应提交一份修订的进度计划，内容包括：承包商计划实施工程的工作顺序，工程各主要阶段的时间计划安排，合同中规定的各项检验和试验的顺序及时间安排。

承包商应按照进度计划，并遵守合同规定的其他义务开展工作（除非工程师在收到进度计划后 21 天内向承包商发出通知，就其不符合合同要求的地方提出改正）。

承包商应及时将未来可能对工作造成不利影响、增加合同价格，或延误工程施工的事件或情况，向工程师发出通知。工程师可要求承包商提交此类未来事件或情况预期影响的估计，和（或）根据"变更程序"条款的规定提出建议。

如果任何时候工程师向承包商发出通知，指出进度计划（在指明的范围）不符合合同要求，或与实际进度和承包商提出的意向不一致时，承包商应按照规定向工程师提交一份修订进度计划。

3. 竣工时间的延长（Extension of Time for Completion）

如由于下列原因，致使达到按照工程和分项工程的接收要求的竣工受到或将受到延误的程度，承包商有权根据索赔的规定提出延长竣工时间：

1）延误发放图纸。

2）延误移交施工现场。

3）承包商依据工程师提供的错误数据导致放线错误。

4）不可预见的外界条件。

5）发生工程变更。

6）施工中遇到文物和古迹干扰施工进度。

7）非承包商原因检验导致施工的延误。

8）发生变更或合同中实际工程量与计划工程量出现实质性变化。

9）施工中遇到有经验的承包商也不能合理预见的异常不利气候条件的影响。

10）由于传染病或其他政府行为导致工期的延误。

11）施工中受到业主或其他承包商的干扰。

12）施工涉及有关公共部门原因引起的延误。

13）业主提前占用工程导致后续施工的延误。

14）非承包商原因使竣工检验不能按计划正常进行。

15）后续法规调整引起的延误。

16）业主或业主雇用的其他承包商造成的延误。

17）发生不可抗力事件的影响［2017年版FIDIC《施工合同条件》将"不可抗力"（Force Majeure）重新命名为"例外事件"（Exceptional Events）］。

如承包商认为有权提出延长竣工时间，应按照索赔的规定，向工程师发出通知。

4. 工程进度（Rate of Progress）

承包商应保证工程按照进度计划准时完工。如果实际工程进度过于迟缓，或进度已经或将要落后于根据进度计划的规定所制订的现行进度计划时，除由于竣工时间的延长中列举的原因外，工程师可指示承包商根据进度计划的规定提交一份修订的进度计划，并附承包商为加快进度在竣工时间内完工所采取修订方法的补充报告。如果这些修订方法使业主招致附加费用，承包商应根据业主索赔及误期损害赔偿费的规定，向业主支付这些费用。

5. 误期损害赔偿费（Delay Damages）

如果承包商未能遵守竣工时间的要求，承包商应当根据业主索赔的要求为其违约行为支付误期损害赔偿费。误期损害赔偿费应按照专用条件中规定的每天应付金额，以接收证书上注明的日期超过相应的竣工时间的天数计算，且计算的赔偿总额不得超过专用条件中规定的误期损害赔偿费的最高限额。

除在工程竣工前根据由业主规定终止的情况外，这些误期损害赔偿费应是承包商为此类违约应付的唯一损害赔偿费。这些损害赔偿费不应解除承包商完成工程的义务或合同规定的其可能承担的其他责任、义务或职责。

6. 暂时停工（Suspension of Work）

在工程实施过程中，工程师可以随时指示承包商暂停工程某部分或全部的施工。在暂停期间，承包商应保护、保管并保证该部分或全部工程不致产生任何变质、损失或损害。

对于暂停产生的后果，应由责任方承担相应责任。第三方导致的停工，如政府的临时停工要求，一般可按不可抗力处理，具体应按照合同规定处理。

7. 持续的暂停（Prolonged Suspension）

在工程实施过程中，应避免出现持续的暂停。如果暂时停工已持续 84 天以上，承包商可以要求工程师允许继续施工。如在提出这一要求后 28 天内，工程师没有给出许可，则承包商可以通知工程师，将工程受暂停影响的部分视为根据变更和调整规定的删减项目。若暂停影响到整个工程，承包商可以根据由承包商终止的规定发出终止的通知。

8. 复工（Resumption of Work）

在发出继续施工的许可或指示后，双方应共同对受暂停影响的工程、生产设备和材料进行检查。承包商应负责恢复在暂停期间发生的工程或生产设备或材料的任何变质、缺陷或损失。

11. 2. 5　工程计量和估价

1. 需计量的工程（Works to be Measured）

FIDIC《施工合同条件》采用工程量清单计价模式，当工程师要求对工程量进行计量时，应通知承包商的代表立即参加或协助工程师进行测量，提供工程师所要求的全部详细资料。

如果承包商不同意工程量测量记录，应通知工程师并说明记录中不准确之处，工程师应予复查，或予以确认或修改。如果承包商在被要求对记录进行审查后 14 天内未向工程师发出此类通知，则认为它们是准确的并被接受。

2. 计量方法（Method of Measurement）

一般，在工程量的计量方法上有以下规定：①计量应该是测量每部分永久工程的实际净值；②计量方法应符合工程量表或其他适用报表。

3. 估价（Evaluation）

工程师应通过对每项工作的估价，商定或决定合同价格。每项工作的估价是依据测量数据乘以此项工作的相应价格费率或价格得到的。对每一项工作，该项费率或价格应该是合同中对此项工作规定的费率或价格；如果没有该项，则为对其类似工作所规定的费率或价格。

11. 2. 6　变更管理

1. 变更权（Right to Vary）

在颁发工程接收证书前的任何时间，工程师都可通过发布指示或以要求承包商提交建议书的方式来提出变更。承包商应遵守并执行每项变更，除非承包商及时向工程师发出通知，说明承包商难以取得所需要的货物。工程师接到此类通知后，应取消、确认或改变原指示。

2. 价值工程（Value Engineering）

承包商可随时向工程师提交书面建议，提出（其认为）采纳后将：①加快竣工；②降低业主的工程施工、维护或运行的费用；③提高业主的竣工工程的效率或价值；④给业主带来其他利益的建议。

此类建议书应由承包商自费编制，并应包括变更程序所列的内容。

3. 变更程序（Variation Procedure）

如果工程师在发出变更指示前要求承包商提出一份建议书，承包商应尽快进行书面回应，或提交：

1）对建议的设计和（或）要完成工作的说明，以及实施的进度计划。

2）根据进度计划和（或）竣工时间的要求，承包商对进度计划进行必要修改的建议书。

3）承包商对调整合同价格的建议书。工程师收到回应后，应尽快给予批准、不批准或提出意见的回复。在等待答复期间，承包商不应延误任何工作。

4. 暂列金额（Provisional Sums）

暂列金额类似于"备用金"。每笔暂列金额只应按工程师指示全部或部分地使用，并对合同价格相应进行调整。付给承包商的总金额只应包括工程师已指示的，与暂列金额有关的工作、供货或服务的应付款项。

5. 计日工作（Daywork）

对于一些小的或附带性的工作，工程师可指示按计日工（又称为"点工"）做实施变更。这时，工作应按照包括在合同中的计日工作计划表，并按程序进行估价。报表如果正确或经同意，将由工程师签署。

6. 因法律改变的调整（Adjustments for Changes in Legislation）

在基准日期后，工程所在国的法律有改变（包括施用新法律、废除或修改现有法律），或对此类法律的司法或政府解释有改变，对承包商履行合同规定的义务产生影响时，合同价格应考虑由上述改变造成的任何费用增减，进行调整。

如果由于在基准日期后进行的法律改变，使承包商已（或将）遭受延误和（或）招致增加费用，承包商应向工程师发出通知，并有权根据承包商的索赔规定提出：如果竣工已（或将）受到延误，可给予延长期；任何此类费用计入合同价格，并给予支付。

工程师收到此类通知后，应对这些事项进行商定或确定。

7. 因成本改变的调整（Adjustments for Changes in Cost）

当合同价格要根据劳动力、货物及其他投入的成本的升降进行调整时，可根据投标书附录中填写的调整数据表，根据规定的公式进行调整。所用公式采用如下一般形式：

$$P_n = a + b(L_n/L_0) + c(E_n/E_0) + d(M_n/M_0) + \cdots \tag{11-1}$$

式中　　P_n——用于在 n 期间（单位一般为 1 个月）所完成的工作的调价系数；

a——调整数据表中规定的固定系数，即合同价款中不予调整的部分；

b、c、d——调整数据表中列出的，与工程施工有关的各成本要素（如劳动力、设备、材料等）的估计比例系数；

L_n、E_n、M_n——适用于付款证书期间最后一天 49 天前的表列相关成本要素（如劳动力、设备、材料等）n 期间现行成本指数或参考价格；

L_0、E_0、M_0——适用于基准日期时表列相关成本要素的基准成本指数或参考价格。

8. 变更估价（Valuation of Variation）

（1）变更估价的原则　承包人按照工程师的变更指示实施变更工作后，往往涉及对变更工程的估价问题。变更工程的价格或费率，往往是双方协商时的焦点。计算变更工程应采用的费率或价格，可分为三种情况：①变更工作在工程量表中若有同种工作内容的单价，应以该费率计算变更工程费用；②工程量表中虽然列有同类工作的单价或价格，但对具体变更工作而言已不适用，则应在原单价和价格的基础上制定合理的新单价或价格；③变更工作的内容在工程量表中没有同类工作的费率和价格，应按照与合同单价水平相一致的原则，确定新的费率或价格。

（2）可以调整合同工作单价的原则　具备以下条件时，允许对某项工作规定的费率或价格加以调整：①此项工作实际测量的工程量比工程量表或其他报表中规定的工程量的变动大于 10%；②工程量的变更与对该项工作规定的具体费率的乘积超过了合同款额的 0.01%；③由此工程量的变更直接造成该项工作每单位工程量费用的变动超过 1%。

11.3　工程验收与缺陷责任及合同终止

11.3.1　竣工验收管理

1. 竣工试验（Tests on Completion）

工程施工完成后需进行竣工试验，如果合同约定有单位工程完成后的分部移交，则单位工程施工完成也应进行相应的竣工试验。这些试验包括某些性能试验，以确定工程或单位工程是否符合规定的标准，是否满足业主接收工程的条件。承包商应提前 21 天将其可以进行每项竣工试验的日期通知工程师。竣工试验应在此通知日期后的 14 天内，在工程师指示的某日或某几日内进行。

2. 对竣工试验的干扰（Interference with Tests on Completion）

如果由业主应负责的原因妨碍承包商进行竣工试验达 14 天以上，业主应被视为已在竣工试验原应完成的日期接收了工程和分项工程，工程师应相应地颁发接收证书。如果由于竣工试验的延误，使承包商施工的工程遭受延误和（或）增加费用，承包商应向工程师发出通知，并有权要求此类增加的费用和合理的利润应计入合同价格，给予支付。

3. 延误的试验（Delayed Tests）

如果承包商不当地延误竣工试验，工程师可通知承包商，要求在接到通知后 21 天内进行竣工试验。承包商应在上述期限内的某日或某几日内进行竣工试验，并将该日期通知工程师。

如果承包商未在规定的 21 天内进行竣工试验，业主人员可自行进行这些试验。试验的风险和费用应由承包商承担。这些竣工试验应被视为是承包商在场时进行的，试验结果应认为准确，并予以认可。

4. 重新试验（Retesting）

如果工程或分项工程未能通过竣工试验，应适用拒收条款的规定，工程师或承包商可要求按相同的条款和条件，重新进行此项未通过的试验和相关工程的竣工试验。

5. 未能通过竣工试验（Failure to Pass Tests on Completion）

如果工程或某分项工程未能通过根据重新试验的规定进行的的竣工试验，工程师应有权：

1）要求再次进行重复竣工试验。

2）如果此项试验未通过，使业主实质上丧失了工程或分项工程的整体利益时，拒收工程或分项工程，在此种情况下，业主应采取与未能修补缺陷规定相同的补救措施。

3）颁发接收证书。

在采用颁发接收证书办法的情况下，承包商应继续履行合同中规定的所有其他义务，并且合同价格应按照可以适当弥补由于此类失误而给雇主造成的价值损失。除非合同中已规定此类失误的有关扣除（或定义了计算方法），雇主可以要求扣除经双方商定的数额（仅限于用来弥补此类失误），并在颁发接收证书前获得支付，或依据"雇主的索赔"条款和"决定"条款的规定做出决定及支付。

6. 部分工程的接收（Taking Over of Parts of the Works）

在业主的决定下，工程师可以为部分永久工程颁发接收证书。

除非且直至工程师已颁发该部分的接收证书，业主不得使用工程的任何部分。但是，如果在接收证书颁发前业主确实使用了工程的任何部分，则：

1）该被使用的部分自被使用之日，应视为已被业主接收。

2）承包商应从使用之日起停止对该部分的照管责任，此时责任应转给业主。

3）当承包商要求时，工程师应为此部分颁发接收证书。

如果由于业主接收或使用该部分工程而使承包商招致费用，承包商应通知工程师，并有权依据承包商的索赔获得有关费用以及合理利润。

7. 工程和分项工程的接收（Taking Over of Works and Sections）

承包商可在其认为工程将要竣工并做好接收准备的日期前不少于 14 天，向工程师发出申请接收证书的通知。若工程被分成若干个分项工程，承包商可类似地为每个分项工程申请接收证书。工程师在收到承包商申请通知后 28 天内，应：

1）向承包商颁发接收证书，注明工程或分项工程按照合同要求竣工的日期，任何对工程或分项工程预期使用目的没有实质影响的少量收尾工作和缺陷（直到或当收尾工作和缺陷修补完成时）除外。

2）或拒绝申请，说明理由，并指出在可以颁发接收证书前承包商需做的工作。承包商应在再次根据拒绝申请的说明理由发出申请通知前，完成此项工作。

如果工程师在 28 天期限内既未颁发接收证书，又未拒绝承包商的申请，而工程或分项工程实质上符合合同规定。接收证书应视为已在上述规定期限的最后一日颁发。

8. 保留金的支付（Payment of Retention Money）

保留金在工程师颁发工程接收证书和颁发履约证书后分两次返还。颁发工程接收证书后，将保留金的 50% 返还承包商。若为其颁发的是按合同约定的分部移交工程接收证书，则返还按分部工程价值比例计算保留金的 40%。

颁发履约证书后将全部保留金返还承包商。由于分部移交工程的缺陷责任期的到期时间早于整个工程的缺陷责任期的到期时间，对分部移交工程的二次返还，也为该部分剩余保留金的 40%。

11.3.2　缺陷责任管理

1. 完成扫尾工作（Completion of Outstanding Work and Remedying Defects）

为了使工程、承包商文件和每个分项工程在相应缺陷通知期限期满日期或其后尽快达到合同要求，承包商应：

1）在工程师指示的合理时间内，完成接收证书注明日期时尚未完成的任何工作。

2）在工程或分项工程的缺陷通知期限期满日期或其以前，按照业主可能通知的要求，完成修补缺陷或损害所需要的所有工作。

如果由于下述原因造成需要进行修补缺陷或损害的工作，应由承包商承担其风险和费用：①承包商负责的工程设计；②生产设备、材料或工艺不符合合同要求；③承包商未能遵守任何其他义务。

如果因为某项缺陷或损害达到使工程或某项主要生产设备（视情况而定，并在接收以后）不能按原定目的使用的程度，业主应有权根据索赔的规定对工程或某一分项工程的缺陷通知期限提出一个延长期。但是，缺陷通知期限的延长不得超过 2 年。

2017 年版 FIDIC《施工合同条件》将"缺陷责任"改为"接收后的缺陷"。

2. 未能修补的缺陷（Failure to Remedy Defects）

如果承包商未能在合理的时间内修补任何缺陷和损害，业主可确定一个日期，要求不迟于该日期修补好缺陷或损害，并应将该日期及时通知承包商。如果承包商到该通知日期仍未修补好缺陷或损害，且此项修补工作根据修补缺陷的费用的规定应由承包商承担实施的费用，业主可以自行选择：

1）以合理的方式由业主或他人进行此项工作，由承包商承担费用，但承包商对此项工作将不再负责任；承包商应按照业主索赔的规定，向业主支付由业主修补缺陷或损害而发生的合理费用。

2）按照确定的要求，商定或确定合同价格的合理减少额。

3）如果上述缺陷或损害使业主实质上丧失了工程或工程的任何主要部分的整体利益时，可终止整个合同或不能按原定意图使用的部分。业主还应有权收回对工程或该部分工程的全部支出总额，加上融资费用和拆除工程、清理现场以及将生产设备和材料退还给承包商所支付的费用。

3. 进一步试验（Further Tests）

如果任何缺陷或损害的修补，可能对工程的性能产生影响，工程师可要求重新进行合同提出的任何试验，包括竣工试验和（或）竣工后试验。这要求应在缺陷或损害修补后 28 天内发出通知。

4. 承包商调查（Contractor to Search）

如果工程师要求承包商调查任何缺陷的原因，承包商应在工程师的指导下进行调查。除根据规定应由承包商承担修补费用的情况外，调查费用加合理的利润，应按合同规定计入合同价格。

5. 履约证书（Performance Certificate）

只有履约证书应被视为对工程的认可。履约证书应由工程师在最后一个缺陷通知期限期满后 28 天内颁发，或在承包商提供所有承包商文件、完成了所有工程的施工和试验，包括修补了任何缺陷后立即颁发。

颁发履约证书后，每一方仍应负责完成当时尚未履行的任何义务。为了确定这些未完成义务的性质和范围，合同应被视为仍然有效。

6. 现场清理（Clearance of Site）

在收到履约证书时，承包商应从现场撤走任何剩余的承包商设备、多余材料、残余物、垃圾和临时工程等。

11.3.3 最终结算与支付

1. 最终结算（Final Settlement）

最终结算是指颁发履约证书后，对承包商完成全部工作的详细结算，根据合同对应付给承包商的费用进行核实，并确定合同的最终价格。

颁发履约证书后的 56 天内，承包商应向工程师提交最终报表草案，以及工程师要求提交的有关资料，详细说明根据合同完成的全部工程和依据合同认为还应支付的任何款项，如剩余的保留金及缺陷通知期内发生的索赔费用等。

2. 最终支付（Final Payment）

工程师审核后与承包商协商，对最终报表草案进行适当补充或修改后可形成最终报表。承包商将最终报表送交工程师的同时，还需向业主提交一份结清单进一步证实最终报表中的支付总额，书面确认业主再支付多少金额后同意与业主终止合同。工程师在接到最终报表和结清单附件后的 28 天内签发最终支付证书，业主应在收到证书后的 56 天内支付。只有当业主按照最终支付证书的金额支付并退还履约保函后，结清单才生效，承包商的索赔权也即行终止。

11.3.4 工程暂停和合同终止

1. 通知改正（Notice to Correct）

如果承包商未能根据合同履行任何义务，工程师可通知承包商，要求其在规定的合理时间内，纠正并补救其违约行为。

2. 由业主终止（Termination by Employer）

如果承包商有下列行为，业主有权终止合同：

1）未能遵守履约担保的规定或根据通知改正的规定发出通知的要求。
2）放弃工程或明确表现出不继续按照合同履行其义务的意向。
3）无合理解释，未按照开工、延误和暂停的规定进行工程。
4）未经必要的许可将整个工程分包出去或将合同转让他人。
5）破产或无力偿债，停业清理。
6）发生贿赂、礼品、赏金、回扣等不轨行为。

在出现上述情况时，业主可提前 14 天向承包商发出通知，终止合同并要求其离开现场。在上述5）或6）项情况下，业主可发出通知立即终止合同。

3. 承包商暂停工作（Suspension of Work）**的权利**

如果工程师未能按照期中付款证书颁发的规定颁发证书，或业主未能遵守业主的资金安排或付款的时间安排的规定，承包商可在不少于 21 天前通知业主，暂停工作（或放慢工作速度），除非并直到承包商根据情况和通知中所述，收到付款证书、合理的证明或付款为止。

如果在发出终止通知前承包商随后收到了付款证书、证明或付款，承包商应在合理可能的情况下，尽快恢复正常工作。

如果因暂停工作（或放慢工作速度）承包商遭受延误和（或）招致费用，承包商应向工程师发出通知，有权根据承包商的索赔规定提出工期、费用和利润索赔。

4. 承包商终止（Termination by Contractor）

如果出现下列情况，承包商有权终止合同：

1）承包商根据暂停工作的权利，就业主未能遵照其资金安排的规定发出通知后 42 天内，承包商仍未收到合理的证明。

2）在规定的付款时间到期后 42 天内，承包商仍未收到该期间的应付款额（按照业主的索赔规定的减少部分除外）。

3）业主实质上未能根据合同规定履行其义务。

4）业主未遵守权益转让的规定。

5）拖长的停工影响了整个工程。

6）业主破产或无力偿债，停业清理。

在上述任何时间或情况下，承包商可通知业主 14 天后终止合同。但在 5）或 6）项情况下，承包商可发出通知立即终止合同。

在终止通知生效后，承包商应迅速：

1）停止所有进一步的工作，但工程师为保护生命财产或工程的安全而指示的工作除外。

2）移交承包商已得到付款的承包商文件、生产设备、材料和其他工作。

3）从现场运走除为了安全需要以外的所有其他货物，并撤离现场。

根据承包商终止规定发出的终止通知生效后，业主应迅速：①将履约担保退还承包商；②按照自主选择的终止、支付和解除的规定，向承包商付款；③付给承包商因此项终止而蒙受的利润或其他损失或损害的款额。

11.4　风险管理、索赔和仲裁

11.4.1　风险管理

1. 不可预见（Unforeseeable）

所谓"不可预见"，是指一个有经验的承包商在提交投标书日期前不能合理预见。"不可预见"要满足三个条件：一是承包商是"有经验的"；二是以"提交投标书日期"为时限（2017 年版 FIDIC《施工合同条件》将该时限改为基准日期，即投标截止前 28 天）；三是要不能"合理预见"。不可预见性的风险分配方式使承包商在投标时将风险限制在"可预见的"范围内，业主获得的是不考虑不可预见风险的合理标价和施工方案。

2. 不可预见的外界物质条件（Unforeseen External Material Conditions）

"外界物质条件"是指承包商在实施工程中遇见的外界自然条件及人为的条件和其他外界障碍和污染物，包括地表以下和水文条件，但不包括气候条件。如果承包商遇到在其认为是无法预见的外界条件，则承包商应尽快通知工程师，并说明认为其是不可预见的原因。承包商应继续实施工程，采用在此外界条件下合适的措施，并且应该遵守工程师给予的任何指示。如果承包商因此遭到延误或导致费用，承包商应有权依据承包商的索赔要求提出工期和费用（但不包括利润）索赔。

3. 业主的风险（Employer's Risks）

业主的风险包括：

　　1）战争、敌对行动、入侵、外敌行动。

　　2）工程所在国内的叛乱、恐怖活动、革命、暴动、政变或内战。

　　3）暴乱、骚乱或混乱（承包商和分包商雇用人员中的事件除外）。

　　4）工程所在国的军火、爆炸性物、离子辐射或放射性污染（由于承包商使用的情况除外）。

　　5）以音速或超音速飞行的飞行器产生的压力波。

　　6）业主使用或占用永久工程的任何部分（合同中另有规定的除外）。

　　7）因工程任何部分设计不当而造成的，且此类设计是由业主负责提供的。

　　8）一个有经验的承包商不可预见且无法合理防范的自然力的作用。

　　4. 业主的风险造成的后果（Consequences of Employer's Risks）

　　如果上述所列业主的风险导致了承包商的损失或损害，则承包商应尽快通知工程师，并应按工程师的要求弥补损失或修复损害。如果为了弥补损失或修复损害使承包商延误了工期或承担了费用，则承包商应进一步通知工程师，并有权根据规定索赔工期、费用和利润。

11.4.2　索赔

　　在合同履行过程中，承包商或业主发现根据合同责任约定自己的合法权益受到侵害时，均有权向对方提出相应的补偿要求，发生"承包商的索赔"或"业主的索赔"，即受到损害方首先提出索赔，当原因满足合同中索赔条款的约定时，对方应予以补偿或赔偿。一方提出的索赔要求均应通过工程师予以处理，由工程师判定索赔条件是否成立以及确定工期的延长天数和费用及利润的补偿金额。

　　1. 承包商的索赔（Contractor's Claims）

　　如果承包商认为，根据合同条款或与合同有关的其他文件，承包商有权得到竣工时间的延长期和（或）任何追加付款，承包商应向工程师发出通知，说明引起索赔的事件或情况。该通知应在承包商察觉或应已察觉该事件或情况后 28 天内尽快发出。

　　在承包商觉察或应已觉察引起索赔的事件或情况后 42 天内，或在承包商可能建议并经业主认可的其他期限内，承包商应向业主递交一份充分详细的索赔报告，包括索赔的依据、要求延长的时间和（或）追加付款的全部详细资料。

　　如果引起索赔的事件或情况具有连续影响，则承包商应按月向业主递交进一步的中间索赔报告，说明累计索赔的延误时间和（或）金额，以及业主合理要求提供的进一步详细资料；承包商应在引起索赔的事件或情况产生的影响结束后 28 天内，或在承包商可能建议并经业主认可的此类其他期限内，递交最终索赔报告。

　　工程师在收到索赔报告或对过去索赔的任何进一步证明资料后 42 天内，或在工程师可能建议并经承包商认可的其他期限内，做出回应，还可以要求任何必需的进一步的资料，表示批准或不批准并附具体意见。

　　2. 业主的索赔（Employer's Claims）

　　业主也可以根据合同条件向承包商提出索赔要求，通过索赔获得支付和（或）缺陷责任期的延长。业主应在了解引起索赔的事件或情况后尽快向承包商发出通知并说明细节。

　　通知的细节应说明提出索赔依据的条款或其他依据，还应包括业主认为根据合同有权得到的索赔金额和（或）延长缺陷责任期的事实依据。业主可将上述金额在给承包商的到期或将到期的应付款中扣减，或另外对承包商提出索赔。延长缺陷责任期的通知，应在该期限到期前发出。

1999 年版 FIDIC《施工合同条件》中分别规定了承包商的索赔和业主的索赔，但这两个条款对业主和承包商索赔权利和义务的规定是不对称的，对承包商索赔的规定更为细化严格，2017 年版则对承包商和业主索赔规定了相同的程序：要求在发现导致索赔的事件后 28 天内发出索赔通知。相对于 1999 年版合同条件，提交全面详细索赔资料的期限已从 42 天（发现导致索赔的事件后）延长至 84 天。

11.4.3　争端和仲裁

1. 争端裁决委员会的任命（Appointment of the Dispute Adjudication Board）

合同争端可按照争端裁决委员会决定的规定，由争端裁决委员会（Dispute Adjudication Board, DAB）裁决。双方应在规定的日期前联合任命 DAB。DAB 应按专用条件中的规定，由具有适当资格的一名或三名人员（"成员"）组成。如果 DAB 由三人组成，各方均应推荐一人，报另一方认可，双方应同这些成员协商，并商定第三名成员，该成员应被任命为主席。DAB 成员的报酬条件由双方协商任命条件时共同商定，每方应负担报酬的一半。

2017 年版 FIDIC《施工合同条件》将争端裁决委员会改为争端避免裁决委员会（Dispute Avoidance/ Adjudication Board, DAAB），强调了 DAAB 避免纠纷的作用，鼓励其日常非正式地参与或处理合同双方潜在的问题或分歧，及早化解争端。

2. 取得争端裁决委员会的决定（Obtaining the Decision of the Dispute Adjudication Board）

如果双方间发生了有关或起因于合同或工程实施的争端，任一方可以将该争端事项以书面形式提交 DAB，委托 DAB 做出决定。双方应立即向 DAB 提供对该争端做出决定可能需要的所有资料、现场进入权及相应设施。DAB 应在收到此项委托后 84 天内，或在可能由 DAB 建议并经双方认可的此类其他期限内，提出其有理由的决定。除非根据友好解决或仲裁裁决该决定应做出修改，该决定应对双方具有约束力，双方都应立即遵照执行。如果任一方对 DAB 的决定不满意，可以在收到该决定通知后 28 天内，将其不满向另一方发出通知。如果 DAB 已就争端事项向双方提交了它的决定，而任一方在收到 DAB 决定后 28 天内，均未发出表示不满的通知，则该决定应作为最终决定并对双方均有约束力。

3. 友好解决（Amicable Settlement）

如果已按照上述规定发出了表示不满的通知，双方应在着手仲裁前，努力以友好方式来解决争端。但是，除非双方另有协议，仲裁应在表示不满的通知发出后第 56 天后方可启动。

4. 仲裁（Arbitration）

对经 DAB 做出的决定（如果有）未能成为最终的和有约束力的决定的争端，除非已获得友好解决，应通过国际仲裁对其做出最终裁决。

本章小结

本章主要介绍了 2017 年版 FIDIC 合同条件及其应用、合同条件的构成、名词术语及主要规定和核心条款，重点阐述了工程质量进度计价管理、工程验收与缺陷责任及合同终止、风险管理及索赔和仲裁等内容。

习　题

1. 单项选择题

（1）在 FIDIC 合同条件中，合同工期是指（　　）。

A. 合同内注明工期

B. 合同内注明工期与经工程师批准顺延工期之和

C. 发布开工令之日起至颁发移交证书之日止的日历天数

D. 发布开工令之日起至颁发解除缺陷责任证书止的日历天数

（2）按 FIDIC 合同条件规定，在（　　）之后，业主应将剩余的保留金返还给承包商。

A. 颁发工程移交证书　　　　　　　　　　B. 签发结清单

C. 颁发履约证书　　　　　　　　　　　　D. 签发最终支付证书

（3）组成 FIDIC 合同文件的以下几部分可以互为解释，互为说明。当出现含糊不清或矛盾时，具有第一优先解释顺序的文件是（　　）。

A. 合同专用条件　　　B. 投标书　　　C. 合同协议书　　　D. 合同通用条件

（4）按照 FIDIC 合同规定，不属于合同文件组成部分的是（　　）。

A. 合同专用条件　　　B. 投标书　　　C. 招标文件　　　D. 合同协议书

（5）FIDIC 合同条件中规定的"指定分包商"是指承担部分施工任务的单位，他是（　　）。

A. 由业主选定，与总包商签订合同　　　　B. 由总包商选定，与业主签订合同

C. 由工程师选定，与承包商签订合同　　　D. 由业主选定，与工程师签订合同

（6）FIDIC 合同条件规定的"合同有效期"是指从双方签署合同协议书之日起，至（　　）。

A. 工程移交证书指明的竣工日　　　　　　B. 颁发工程移交证书日

C. 颁发履约证书日　　　　　　　　　　　D. 承包商提交的结清单生效日

（7）FIDIC《施工合同条件》的"缺陷通知期"是指（　　）。

A. 工程保修期　　　　　　　　　　　　　B. 承包商的施工期

C. 工程师在施工过程中发出改正质量缺陷通知的时限

D. 工程师在施工过程中对承包商改正缺陷限定的时间

（8）采用 FIDIC 合同条件的施工合同，计入合同总价在内的暂定金额使用权由（　　）控制。

A. 业主　　　B. 工程师　　　C. 承包商　　　D. 分包

（9）在 FIDIC 合同条件下，（　　）有权将工程的部分项目的实施发包给指定的分包商。

A. 业主　　　B. 承包商　　　C. 分包商　　　D. 设计单位

（10）按照 FIDIC《施工合同条件》的规定，施工中遇到（　　），则属于承包商应承担的风险。

A. 外界的人为干扰　　　　　　　　　　　B. 不利气候条件的影响

C. 现场周围污染物的影响　　　　　　　　D. 图纸未标明的市政地下供水管道

（11）在 FIDIC 合同条件中，（　　）是承包商应承担的风险。

A. 战争　　　　　　　　　　　　　　　　B. 放射性污染

C. 因工程设计不当而造成的损失

D. 有经验的承包商可以预测和防范的自然力

（12）FIDIC 合同条件规定，某种自然力的作用致使施工受到损害时，该自然力的作用是否属于有经验的承包商无法预测和防范的，由（　　）来判断。

A. 业主　　　B. 工程师　　　C. 承包商　　　D. 政府主管部门

（13）根据 FIDIC 合同文件的规定，承包商的挖掘机在现场施工闲置期间准备调往其他工程使用，承包商（　　）。

A. 可自行将设备撤离工地　　　　　　　　B. 需征得业主同意才可撤离

C. 需征得工程师同意后才可撤离　　　　　　D. 撤离现场即视为违背投标书中的承诺

（14）FIDIC 合同条件规定，工程师视工程的进展情况，有权发布暂停施工指令。属于（　　）的暂停施工，承包商可能得到补偿。

A. 合同中有规定　　　　　　　　　　　　　B. 由于不利的现场气候条件影响

C. 为工程施工安全　　　　　　　　　　　　D. 现场气候条件以外的外界条件或者障碍导致

（15）FIDIC《施工合同条件》规定，工程款应按（　　）结算。

A. 实际计量的工程量　　　　　　　　　　　B. 工程量清单中注明的工程量

C. 工程概算书中的工程量　　　　　　　　　D. 承包商提交的工程量

（16）FIDIC《施工合同条件》内规定的保留金，属于（　　）。

A. 合同计价方式　　　　　　　　　　　　　B. 业主的风险费用

C. 制约承包商履约的措施　　　　　　　　　D. 工程师可以自主使用的费用

（17）FIDIC 合同条件规定，保留金是在（　　）时，从承包商应得款项中按投标书附件规定比例扣除的金额。

A. 支付预付款　　　　B. 中期付款　　　　　C. 竣工结算　　　　　D. 最终支付

（18）FIDIC 合同条件规定，合同的有效期是指从合同签字之日起到（　　）日止。

A. 颁发工程移交证书　　　　　　　　　　　B. 颁发解除缺陷责任证书

C. 承包商提交给业主的"结算清单"生效　　D. 工程移交证书注明的竣工之日

（19）FIDIC 合同条件规定的"暂列金额"特点之一是（　　）。

A. 该笔费用的金额包括在中标的合同价内

B. 业主有权根据施工的实际需要控制使用

C. 此项费用的支出只能用于中标承包商的施工

D. 工程竣工前该笔费用必须全部使用

（20）在 FIDIC 合同条件中，（　　）属于承包商应承担的风险。

A. 施工遇到图纸上未标明的地下构筑物　　　B. 社会动乱导致施工暂停

C. 专用条款内约定为固定汇率，合同履行过程中汇率的变化

D. 施工过程中当地税费的增长

（21）FIDIC 合同条件规定，（　　）之后，工程师就无权再指示承包商进行任何施工工作。

A. 颁发工程移交证书　　　　　　　　　　　B. 颁发解除履约证书

C. 签发最终支付证书　　　　　　　　　　　D. 承包商提交结清单

2. 多项选择题

（1）FIDIC《施工合同条件》规定的"不可预见物质条件"范围包括（　　）。

A. 不利于施工的自然条件　　　　　　　　　B. 招标文件未说明的污染物影响

C. 不利的气候条件　　　　　　　　　　　　D. 招标文件未提供的地质条件

E. 战争或外敌入侵

（2）FIDIC《施工合同条件》规定的指定分包商，其特点为（　　）。

A. 由业主选定并管理　　　　　　　　　　　B. 与承包商签订合同

C. 其工程款从工程量清单中的工作内容项目内开支

D. 承担不属于承包商应完成工作的施工任务

E. 由承包商负责协调管理

（3）在 FIDIC 合同条件中，工程接收证书的主要作用有（　　）。

A. 指明竣工日期　　　　　　　　　　　　　B. 转移工程照管责任

C. 颁发证书日，即缺陷责任期起始日　　　　D. 作为办理竣工结算的依据

E. 意味着承包商与合同有关的实际义务已经完成

（4）FIDIC《施工合同条件》规定的合同文件组成部分包括（　　）。

A. 规范　　　　　　B. 图纸　　　　　　C. 资料表　　　　　　D. 投标保函

E. 中标函

（5）在 FIDIC 合同条件中，对于颁发工程移交证书的程序，下列说法正确的有（　　）。

A. 工程达到基本竣工要求后，承包商以书面形式向工程师申请颁发移交证书

B. 工程师接到申请后的 28 天内，若认为已满足基本竣工条件，即可颁发证书

C. 如工程师认为没有达到基本竣工条件则指出还应完成哪些工作

D. 承包商按工程师指示完成相应工作并得到其认可后，需再次提出申请

E. 承包商按工程师指示完成相应工作并得到其认可后，不一定需要再次提出申请

（6）在 FIDIC 合同条件中，对于分包工程变更管理，下列说法正确的有（　　）。

A. 工程师可根据总包合同对分包工程发布变更指令

B. 承包商可根据工程进度情况自主发布变更指令

C. 对分包商完成的变更工程的估价，应参照总包合同工程量表中相同或类似的费率来核定

D. 若变更指令的起因不属于分包商责任，分包商可向承包商索赔

E. 若变更指令的起因不属于承包商责任，分包商不可向承包商索赔

3. 思考题

（1）简述 FIDIC 合同条件的特点及适用范围。

（2）FIDIC 发布的系列标准合同条件主要有哪些？

（3）FIDIC《施工合同条件》规定了主要角色分别应承担哪些权利和义务？

（4）FIDIC《施工合同条件》中，指定承包商和一般承包商有何区别？

二维码形式客观题

微信扫描二维码可在线做客观题，提交后可查看答案。

第 11 章
客观题

参 考 文 献

[1] 李海凌，王莉．建设工程招投标与合同管理［M］．北京：机械工业出版社，2018．

[2] 崔东红，肖萌．建设工程招投标与合同管理实务［M］．2 版．北京：北京大学出版社，2014．

[3] 王秀琴．建设工程招投标与合同管理［M］．郑州：郑州大学出版社，2018．

[4] 《标准文件》编制组．中华人民共和国标准施工招标文件：2007 年版［M］．北京：中国计划出版社，2007．

[5] 《标准文件》编制组．中华人民共和国标准施工招标资格预审文件：2007 年版［M］．北京：中国计划出版社，2007．

[6] 朱昊．建设工程合同管理与案例评析［M］．北京：机械工业出版社，2008．

[7] 赵振宇．建设工程招投标与合同管理［M］．北京：清华大学出版社，2019．

[8] 中华人民共和国住房和城乡建设部．建设工程工程量清单计价规范：GB 50500—2013［S］．北京：中国计划出版社，2013．

[9] 中华人民共和国住房和城乡建设部，国家工商行政管理总局．建设工程施工合同（示范文本）：GF—2017—0201［M］．北京：中国建筑工业出版社，2017．

[10] 秦甫．最新合同示范文本大全及要点解读：上下册［M］．北京：中国经济出版社，2016．

[11] 王志毅．GF—2012—0202 建设工程监理合同（示范文本）评注［M］．北京：中国建材工业出版社，2012．

[12] 全国职业水平考试辅导教材指导委员会．招标采购法律法规与政策［M］．北京：中国计划出版社，2012．

[13] 全国一级建造师执业资格考试用书编写委员会．建设工程法规及相关知识［M］．北京：中国建筑工业出版社，2020．

[14] 中国建设监理协会．建设工程合同管理［M］．北京：中国建筑工业出版社，2021．

[15] 全国造价工程师职业资格考试培训教材编审委员会．建设工程造价案例分析［M］．北京：中国城市出版社，2019．

[16] 王艳艳，黄伟典．工程招投标与合同管理［M］．3 版．北京：中国建筑工业出版社，2019．

[17] 王宇静，杨帆．建设工程招投标与合同管理［M］．北京：清华大学出版社，2018．

[18] 康香萍．建设工程招投标与合同管理［M］．武汉：华中科技大学出版社，2018．

[19] 吴渝玲．工程招投标与合同管理［M］．北京：高等教育出版社，2016．

[20] 陈勇强，吕文学，张水波，等．2017 版 FIDIC 系列合同条件解析［M］．北京：中国建筑工业出版社，2019．

[21] 梁晋．建筑合同无效时法院怎么判［J］．中国招标，2016（16）：40-41．

[22] 王健民．招标文件内容不合规导致招标失败［J］．中国招标，2020（6）：24-25．

[23] 白如银．项目经理身兼两职导致投标保证金被没收［J］．中国招标，2016（19）：36-37．

[24] 宦文祥．从一起监理诉讼案，看业主对监理人员考核的重要性［J］．企业管理，2016（S1）：254-255．

[25] 高大欣．建设工程索赔与反索赔案例之不可抗力导致的延误［EB/OL］．（2019-10-17）［2020-07-28］．https://new.qq.com/omn/20191017/20191017A0GB7D00.html．

[26] 君耀律师事务所．建材买卖合同纠纷，法院判违约买方支付货款和迟延履行违约金［EB/OL］．（2017-06-27）［2020-08-05］．http://www.tjjylawyer.com/Item/Show.asp? m=1&d=2920．